全国水利行业规划教材　高职高专水利水电类
中国水利教育协会策划组织

水利水电工程施工

主　编　刘祥柱　郝和平　陈宇翔
副主编　王新军　李方灵　黄世涛　李和毅
主　审　孙家国

黄河水利出版社
·郑州·

内 容 提 要

本书是全国水利行业规划教材，是根据中国水利教育协会全国水利水电高职教研会制定的水利水电工程施工课程教学大纲编写完成的。本书共分14章，较全面地介绍了水利水电工程各工种的施工技术和水工建筑物施工技术。在编写过程中，我们努力体现高职高专教育教学特点，并结合我国水利水电工程施工的实际精选内容，突出针对性和实用性，以贯彻理论联系实际，注重实践能力的整体要求，便于学生学习。编写采用新规范、新标准，广泛吸纳新技术。同时，我们还适当照顾了不同地区的特点和要求，力求反映国内外水利水电工程施工技术的先进性。

本书是高职高专水利工程、水利工程施工技术、水利水电建筑工程等专业的教材，可作为水利水电类专业成人高等教育的参考教材，也可供水利水电工程施工技术人员参考。各学校使用本教材时，可根据专业特点、地区特点以及各学校培养目标的具体要求，酌情取舍。

图书在版编目(CIP)数据

水利水电工程施工/刘祥柱，郝和平，陈宁翔主编. —郑州：黄河水利出版社，2009.8 (2013.1 重印)
全国水利行业规划教材
ISBN 978-7-80734-699-9

Ⅰ. 水… Ⅱ. ①刘…②郝…③陈… Ⅲ. ①水利工程-工程施工-高等学校：技术学校-教材②水力发电工程-工程施工-高等学校：技术学校-教材 Ⅳ. TV5

中国版本图书馆 CIP 数据核字(2009)第148355号

组稿编辑：王路平 电话：0371-66022212 E-mail：hhslwlp@163.com

出 版 社：黄河水利出版社
地址：河南省郑州市顺河路黄委会综合楼14层 邮政编码：450003
发行单位：黄河水利出版社
发行部电话：0371-66026940、66020550、66028024、66022620(传真)
E-mail：hhslcbs@126.com
承印单位：郑州海华印务有限公司
开本：787 mm×1 092 mm 1/16
印张：21.25
字数：490千字 印数：16 001—21 000
版次：2009年8月第1版 印次：2013年1月第5次印刷
2011年10月修订

定价：36.00元

前　言

本书是根据《教育部、财政部关于实施国家示范性高等职业院校建设计划，加快高等职业教育改革与发展的意见》（教高［2006］14 号）、《教育部关于全面提高高等职业教育教学质量的若干意见》（教高［2006］16 号）等文件精神，由全国水利水电高职教研会拟定的教材编写规划，在中国水利教育协会指导下，由全国水利水电高职教研会组织编写的第二轮水利水电类专业规划教材。第二轮教材以学生能力培养为主线，具有鲜明的时代特点，体现出实用性、实践性、创新性的教材特色，是一套理论联系实际、教学面向生产的高职高专教育精品规划教材。

本书共分 14 章，内容包括水利水电土建工程常见工种的施工工艺及建筑物施工技术两大部分。在编写过程中，我们努力体现高等职业技术教育教学特点，按照突出技术应用，有利于实践能力培养的原则，并结合我国水利水电工程施工的实际进行编写。同时，我们还适当照顾了不同地区的特点和要求，力求反映国内外水利水电工程施工的先进经验和技术成就。

本书编写人员及编写分工如下：浙江同济科技职业学院陈宇翔（绪论、第六章）；山东水利职业学院刘祥柱（第一章、第七章、第十四章）；安徽水利水电职业技术学院李方灵（第二章）；山西水利职业技术学院薛桦（第三章）；长江工程职业技术学院黄世涛（第四章）；华北水利水电学院水利职业学院王新军（第五章）；四川水利职业技术学院李桢（第八章）；山东水利职业学院张云清（第九章）；沈阳农业大学高等职业技术学院魏坤肖（第十章）；杨凌职业技术学院穆创国（第十一章）；内蒙古机电职业技术学院李和毅（第十二章）；内蒙古机电职业技术学院郝和平（第十三章）。本书由刘祥柱、郝和平、陈宇翔担任主编，刘祥柱、陈宇翔共同对稿件进行了校核和完善，刘祥柱负责全书统稿，由王新军、李方灵、黄世涛、李和毅担任副主编，由黑龙江农垦科技职业学院孙家国担任主审。

由于编者水平有限，加之时间仓促，难免存在错误和不足之处，诚恳地希望读者批评指正。

编　者

2009 年 4 月

目　录

绪 论

一、水利水电工程施工的概念

水利水电工程施工是一门理论与实践紧密结合的专业课。它是在总结国内外水利水电工程建设经验的基础上，从施工技术、施工机械、施工组织与管理三个层面，来研究水利水电工程建设基本规律的一门学科。水利水电工程建设，大致分为勘测、规划、设计和施工四个阶段，各个阶段既有分工，又有联系。施工是最后的一个阶段，其主要任务是充分发挥施工技术人员的能动性和创造性，利用人、财、物等资源，运用施工技术，以最短的时间，将设计蓝图付诸实施。水利水电工程施工是将水利水电工程的规划、设计方案转变为工程实体的过程。

二、水利水电工程施工的任务和特点

水利水电工程施工的主要任务有以下三个方面：

(1)依据设计、合同任务和有关部门的要求，根据工程所在地区的自然条件，当地社会经济状况，设备、材料和人力等的供应情况以及工程特点，编制切实可行的施工组织设计。

(2)按照施工组织设计，作好施工准备，加强施工管理，有计划地组织施工，合理使用建设资金，确保施工质量，加快施工进度，优质快速完成施工任务。

(3)在施工过程中开展观测、试验、研究工作，以促进水利水电工程建设科学技术的发展。

水利水电工程施工具有以下特点：

(1)受水流影响较大。水利水电工程施工多在河流上进行，因而需要采取导流、截流、基坑排水、施工度汛、施工期通航及下游供水等措施，以保证工程施工的顺利进行。

(2)受地形地质及水文地质条件影响较大。水利水电工程施工经常遇到复杂的地形地质条件，如岩溶、软弱夹层、断层破碎等，因而要进行相应的地基处理，以保证施工质量。

(3)受水文气象条件影响较大。水利水电工程多为露天施工，需要采取适合冬季、夏季、雨季等不同季节的施工措施，保证工程施工质量和进度。

(4)质量安全问题突出。水利水电工程一般都是挡水或过水建筑物，这些建筑物的安全往往关系到国计民生和下游千百万人民生命财产的安全，因此必须确保施工质量与安全。

(5)施工安全隐患多。水利水电施工中的爆破工程、高空作业、地下作业等常平行交叉进行，对施工安全很不利，施工中需要全方位注意施工安全，防止发生安全事故。

(6)施工组织复杂。水利水电工程由许多单项工程组成，工程量大、工种多、施工强度高、施工干扰大。因此，要统筹规划，重视施工现场的组织与管理，运用系统工程学原理，因时因地选择最优的施工方案。

(7)临时辅助设施多。水利水电工程往往在交通不便的地区，施工准备工作量大，需要修建为施工服务的场内外交通道路和辅助设施，还需要修建生活、办公用房等。

(8)涉及利益广。水利水电工程往往涉及其他许多经济部门的利益，所以水利工程施工必须全面规划、统筹兼顾、合理安排。

三、我国水利水电工程施工的成就及施工技术的发展

在我国历史上，水利建设成就卓著。春秋战国时期修建的黄河堤防工程、秦代时期修建的都江堰工程、元代开通的京杭大运河等，都是劳动人民智慧的结晶。建于公元前256年的四川都江堰水利工程，按“乘势利导，因时制宜”的原则，灌溉面积现已突破2 000万亩(1亩=1/15 hm^2，后同)，发挥了防洪和灌溉的巨大效益。2008年5月12日，都江堰水利工程又经受住了汶川8.0级特大地震的考验。用现代系统工程的观点来分析，该工程在结构布局、施工措施、维修管理制度等方面都是相当成功的。这些伟大的水利工程和独特的施工技术，目前仍发挥着巨大的作用，有力地促进了我国水利事业的发展。此外，在截流堵口工程多种施工中总结的竹笼、杩槎围堰和卵石砌筑经验，至今还为各地工程所沿用。

新中国成立以来，我国的水利水电事业更是迅猛发展，取得了辉煌的成就，有计划有步骤地开展了黄河、淮河、海河、辽河等大江大河的综合治理。建成了人民胜利渠、淠史灌区、内蒙古引黄灌区、林县红旗渠、宁夏扬黄灌区、东港供水、引滦入津、南水北调东线一期、引黄济青、万家寨引黄入晋等一些大型灌溉、输水工程。修建了新安江、三门峡、丹江口、刘家峡、葛洲坝、龙羊峡、二滩、小浪底、李家峡、天生桥等一大批综合利用的水利枢纽工程和大型水电站，中小型水利水电工程也得到了蓬勃的发展，同时还抓紧进行了病险水库的除险加固工程。21世纪，结合国家西部大开发战略，对金沙江、雅砻江、大渡河、澜沧江、乌江、红水河、黄河上游的水电资源进行全面开发，形成南、中、北三条“西电东送”大通道，更是迎来了我国水利水电工程建设的高速持续发展时期，目前在建的特大型水电站有龙滩、小湾、糯扎渡、三峡、溪洛渡、向家坝、锦屏一级、锦屏二级、拉西瓦等。

随着水利水电事业的发展，施工机械的装备能力迅速增长，使用了斗轮式挖掘机、大吨位自卸汽车、重型碾压机械、全自动化混凝土搅拌楼、高架门机、大型塔机、缆式起重机、胎带机、塔带机、混凝土平仓振捣机、隧洞掘进机和盾构机等，已经具有实现高强度快速施工的能力；施工技术水平不断提高，采用了垂直铺塑防渗、砂砾地基混凝土防渗墙、高压旋喷、振冲法加固地基、水力冲填筑坝、定向爆破、光面爆破、预裂爆破、岩塞爆破、喷锚支护、滑模施工、混凝土防渗面板、碾压混凝土、模袋混凝土及预应力混凝土等新技术、新工艺，进行了长江、黄河等大江大河的截流，土石坝工程、混凝土坝工程和地下工程的综合机械化组织管理水平逐步提高。水利水电工程施工学科的发展，为水利水电事业展示出一片广阔的前景。

在取得巨大成就的同时，应认识到我国施工水平与先进国家相比尚有较大差距。目前大容量、高效率、多功能的施工机械的通用化、系列化、自动化程度还不高，中小型水利水电工程施工中施工机械利用率不充分，新技术、新工艺的研究推广和使用不够普遍，施

工组织管理水平不高，还不能与我国水利水电建设事业的发展很好地相适应。因此，必须认真总结过去的经验和教训，努力学习和引进国外的先进经验，学习和借鉴其他领域的施工技术，把我国水利水电工程施工技术推向更高的水平。

四、本课程的主要内容及学习方法

本书着重阐述了水利水电工程施工中各主要工种的施工工艺，主要水工建筑物的施工程序与方法。施工机械内容由于学时和篇幅的限制，仅结合施工技术、施工方案的论述作适当介绍。本书主要包括以下内容：

(1)土方工程施工、砌体工程施工、爆破工程施工、钢筋工程施工、模板工程施工、混凝土工程施工、灌浆工程施工、施工导流与截流、基坑施工等九章，由于和水工建筑物的各单项工程施工都有联系，故集中阐明其原理和方法，其应用则应与具体的工程对象联系起来进行考虑。

(2)土石坝施工、混凝土坝施工、地下工程施工、渠系建筑物施工、泵站工程施工等五章，主要介绍有代表性的水工建筑物，通过对这些建筑物的施工介绍，举一反三，以说明各类单项施工工程的特点、原理和方法。

通过学习，要求了解水利水电工程施工常用施工机械的主要组成部分、主要性能及其选择原则；掌握主要工种的施工过程、施工方法、操作技术、质量控制检查、施工安全技术，以及主要水工建筑物的施工特点、施工程序和施工技术要求、施工方法、质量控制检查方法。

根据全书内容和课程实践性很强的特点，学生应掌握基本概念、基本原理、基本方法，结合所学过的课程，循序渐进地进行。必须密切联系生产实际，通过生产实习、生产劳动、生产现场教学、电化教学、多媒体教学、课程设计、毕业综合实习等教学环节，牢固掌握所学的施工知识。另外，我国幅员辽阔，而水利水电工程施工又具有鲜明的地方特色，因而需因地制宜地对具有当地特点的施工工艺、施工方法、施工管理经验等进行学习，注重理论和实践相结合，这样才能有效地掌握本课程的内容。

第一章　土方工程施工

学习指导

学习目标：掌握土的工程性质及分级，理解土方施工机械的种类，特点及适用条件，了解土方工程碾压试验的方法及影响压实的因素，掌握土方压实标准和压实方法，能根据土体工程的特性选用施工机械。

学习重点：土方工程施工中有关挖运和填筑压实的施工方法；土方挖运机械的选择；土方工程的挖、运、填施工工艺，质量控制。

第一节　土的工程性质及分级

在进行土石方开挖及确定挖运组织时，须根据各种土石的工程性质、具体指标来选择施工方法及施工机具，确定工料消耗和劳动定额。对土石方工程施工影响较大的因素有土的施工分级与性质。

从广义的角度而言，土包括土质土和岩石两大类。由于开挖的难易程度不同，水利水电工程中沿用十六级分类法时，通常把前Ⅰ～Ⅳ级叫做土（即土质土），Ⅴ级以上的都叫做岩石。

一、土的工程性质

土的工程性质对土方工程的施工方法及工程进度影响很大。主要的工程性质有：密度、含水量、渗透性、可松性等。

（一）土的工程性质指标

1. 密度

土壤密度，就是单位体积土壤的质量。土壤保持其天然组织、结构和含水量时的密度称为自然密度。单位体积湿土的质量称为湿密度。单位体积干土的质量称为干密度。它是体现黏性土密实程度的指标，常用它来控制压实的质量。

2. 含水量

土的含水量表示土壤空隙中含水的程度，常用土壤中水的质量与干土质量的百分比表示。含水量的大小直接影响黏性土压实质量。

3. 可松性

自然状态下的土经开挖后因变松散而使体积增大，这种性质称为土的可松性。土的可松性用可松性系数表示，即

$$K = \frac{V_2}{V_1} \qquad (1\text{-}1)$$

式中　V_2——土经开挖后的松散体积,m^3;

V_1——土在自然状态下的体积,m^3。

土的可松性系数,用于计算土方量、进行土方填挖平衡计算和确定运输工具数量,各种土的可松性系数见表 1-1。

表 1-1　各种土的可松性系数

土的类别	自然状态		挖松后		弃土堆	
	ρ_1(t/m^3)	K_1	ρ_2(t/m^3)	K_2	ρ_3(t/m^3)	K_3
砂土	1.65~1.75	1.00	1.50~1.55	1.05~1.15	1.60~1.65	1.00~1.10
壤土	1.75~1.85	1.00	1.65~1.70	1.05~1.10	1.75~1.80	1.00~1.05
黏土	1.80~1.95	1.00	1.60~1.65	1.10~1.20	1.75~1.80	1.00~1.10
砂砾土	1.90~2.05	1.00	1.50~1.70	1.10~1.40	1.70~1.90	1.00~1.20
含砂砾壤土	1.85~2.00	1.00	1.70~1.80	1.05~1.10	1.85~1.95	1.00~1.05
含砂砾黏土	1.90~2.10	1.00	1.55~1.75	1.10~1.35	1.75~2.00	1.00~1.20
卵石	1.95~2.15	1.00	1.70~1.90	1.15	1.90~2.05	1.00~1.05

4. 自然倾斜角

自然堆积土壤的表面与水平面间所形成的角度,称为土的自然倾斜角。挖方与填方边坡的大小,与土壤的自然倾斜角有关。确定土体开挖边坡和填土边坡应慎重考虑,重要的土方开挖,应通过专门的设计和计算确定稳定边坡。挖深在 5 m 以内的窄槽未加支撑时的安全施工边坡一般可参考表 1-2。

表 1-2　挖深在 5 m 以内的窄槽未加支撑时的安全施工边坡

土的类别	人工开挖	机械开挖	备注
砂土	1:1.00	1:0.75	1. 必须做好防水措施,雨季应加支撑; 2. 附近如有强烈震动,应加支撑
轻亚黏土	1:0.67	1:0.50	
亚黏土	1:0.50	1:0.33	
黏土	1:0.33	1:0.25	
砾石土	1:0.67	1:0.50	
干黄土	1:0.25	1:0.10	

(二)土的颗粒分类

根据土的颗粒级配,土可分为碎石类土、砂土和黏性土。按土的沉积年代,黏性土又可分为老黏性土、一般黏性土和新近沉积黏性土。按照土的颗粒大小,又可分为块石、碎石、砂粒等,详见表 1-3。

表1-3　土的颗粒分类

颗粒名称	粒径(mm)	颗粒名称	粒径(mm)
漂石或块石	>200	砂粒	2.0~0.05
卵石或碎石	200~20	粉粒	0.05~0.005
圆砾或角砾	20~2.0	黏粒	≤0.005

(三)土的松实关系

当自然状态的土挖松后,再经过人工或机械的碾压、振动,土可被压实。例如,在填筑拦河坝时,从土区取 1 m^3 的自然方,经过挖松运至坝体进行碾压后的实体方,就小于原 1 m^3 的自然方,这种性质叫做土的可缩性。

在土方工程施工中,经常有三种土方的名称,即:自然方、松方、实体方。它们之间有着密切的关系。

1. 土的体积关系

土体在自然状态下由土粒(矿物颗粒)、水和气体三相组成。当自然土体松动后,气体体积(即孔隙)增大,若土粒数量不变,原自然土体积 $V_{自}$ < 松动后的土体积 $V_{松}$;当经过碾压或振动后,气体被排出,则压实后的土体 $V_{实} < V_{自}$。三者之间的关系即:$V_{实} < V_{自} < V_{松}$,$V_{实}$ 为经压实后的实体方,$V_{松}$ 为经扰动后的松方。

对于砾、卵石和爆破后的块碎石,由于它们的块度大或颗粒粗,可塑性远小于土粒,因而它们的压实方大于自然方,几种典型土的体积变化换算系数见表1-4。

表1-4　几种典型土的体积变化换算系数

土壤种类	$V_{自}$	$V_{松}$	$V_{实}$
黏土	1.00	1.27	0.90
壤土	1.00	1.25	0.90
砂	1.00	1.12	0.95
爆破块石	1.00	1.50	1.30
固结砾石	1.00	1.42	1.29

当 1 m^3 的自然土体松动后,土体增大了,因而单位体积的质量变轻了;再经过碾压或振动,土粒紧密度增加,因而单位体积质量增大。即 $\rho_{松} < \rho_{自} < \rho_{实}$,$\rho_{松}$ 为开挖后的土体密度,$\rho_{自}$ 为未扰动的土体密度,$\rho_{实}$ 为碾压后的土体密度,单位为 kg/m^3。

2. 自然方和实体方的关系

在土方工程施工中,设计工程量为压实后的实体方,取料场的储量是自然方。在计算压实工程的备料量和运输量时,应该将二者之间的关系考虑进去,并考虑施工过程中技术处理、要求以及其他不可避免的各种损耗。水利水电系统在多年施工实践经验的基础上,提出了压实后的实体方与所需自然方的换算公式

$$V_{实} = \left(1 + \frac{A}{100}\right)\frac{\rho_0}{\rho_d}V_{自} \quad (1\text{-}2)$$

式中 $V_{实}$——压实后的实体方的体积,m^3；

$V_{自}$——自然方的体积,m^3；

A——综合系数；

ρ_d——设计干密度,kg/m^3；

ρ_0——未经扰动的自然干密度,kg/m^3。

式(1-2)中综合系数 A 考虑了施工中的各种损失。它包括坝上运输、雨后清理、边坡削坡、接缝削坡、施工沉陷、取土坑、试验坑和不可避免的压坏等损失因素。土料施工综合系数见表1-5。

表1-5 土料施工综合系数 A

填筑料	A	填筑料	A
机械填筑混合坝坝体土料	5.86	人工填筑心墙土料	3.43
机械填筑均质坝坝体土料	4.93	坝体砂石料、反滤料	2.20
机械填筑心墙土料	5.70	坝体堆石料	1.40
人工填筑坝体土料	3.43		

二、土的工程分级

土的工程分级按照十六级分类法,前Ⅰ~Ⅳ级称为土(见表1-6)。同一级土中各类土壤的特征有着很大的差异。例如,坚硬黏土和含砾石黏土,前者含黏粒量(粒径 < 0.005 mm)在50%左右,而后者含砾石量在50%左右。它们虽都属Ⅰ级土,但颗粒组成不同,开挖方法也不尽相同。

表1-6 一般工程土壤分级表

土质级别	土壤名称	自然湿密度(kg/m³)	外形特征	开挖方法
Ⅰ	1. 砂土 2. 种植土	1 650 ~ 1 750	疏松、黏着力差或易透水,略有黏性	用锹,有时略加脚踩开挖
Ⅱ	1. 壤土 2. 淤泥 3. 含壤土种植土	1 750 ~ 1 850	开挖时能成块并易碎	用锹并用脚踩开挖
Ⅲ	1. 黏土 2. 干燥黄土 3. 干淤泥 4. 含少量砾石黏土	1 800 ~ 1 950	粘手,看不见砂粒或干硬	用镐、三齿耙开挖或用锹并加脚用力踩开挖
Ⅳ	1. 坚硬黏土 2. 砾质黏土 3. 含砾石黏土	1 900 ~ 2 100	土壤结构坚硬,将土分裂后成块状或含黏粒、砾石较多	用镐、三齿耙等工具开挖

在实际工程中,对土壤的特性及外界条件应在分级的基础上,进行分析研究,认真确定土的级别。

第二节　土方开挖技术

一、土方边坡

当边坡的高度 h 为已知时,边坡的宽度 b 则等于 mh(m 为坡度系数)。若土壁高度较高,土方边坡可根据各层土质及土体所受的压力,做成折线形或台阶形,以减少土方量。

土方边坡的大小,应根据土质条件、挖方深度、地下水位、施工方法及工期长短、附近堆土及相邻建筑物情况等因素确定。

当土质均匀且地下水位低于基槽(坑)或管沟底面标高,其挖方深度不超过表 1-7 规定时,挖方边坡可做成直立壁不加支撑。

表 1-7　直立壁不加支撑挖方深度

土的类别	挖方深度(m)
密实、中密的砂土和碎石类土(填充物为砂土)	1.00
硬塑、可塑的轻亚黏土及亚黏土	1.25
硬塑、可塑的黏土和碎石类土(填充物为黏性土)	1.50
坚硬的黏土	2.00

当地质条件良好,土质均匀且地下水位低于基槽(坑)或管沟底面标高时,挖方深度在 5 m 以内不加支撑的边坡最陡坡度应符合表 1-8 的规定。

表 1-8　深度在 5 m 内的基槽(坑)、管沟边坡的最陡坡度

土的类别	边坡坡度(1:m)		
	坡顶无荷载	坡顶有静载	坡顶有动载
中密的砂土	1:1.00	1:1.25	1:1.50
中密的碎石类土(填充物为砂土)	1:0.75	1:1.00	1:1.25
硬塑的轻亚黏土	1:0.67	1:0.75	1:1.00
中密的碎石类土(填充物为黏性土)	1:0.50	1:0.67	1:0.75
硬塑的亚黏土、黏土	1:0.33	1:0.50	1:0.67
老黄土	1:0.10	1:0.25	1:0.33
软土(经过井点降水后)	1:1.00		

注:静载指堆土或材料等,动载指机械挖土或汽车运输作业等。

为了保证边坡和直立壁的稳定性,在挖方边坡上侧堆土或材料以及有施工机械行驶时,应与挖方边缘保持一定距离。当土质良好时,堆土或材料应距挖方边缘 0.8 m 以外,高度不宜超过 1.5 m。在软土地区开挖时，挖出的土方应随挖随运走，不得堆放在边坡顶上，避免由于地面上加荷载引起边坡塌方事故。

根据工程实践分析，造成边坡塌方的主要原因有以下几点：①雨水、地下水或施工用水渗入边坡，使土体的重量增大及抗剪能力降低，这是造成边坡塌方的最主要原因。②基坑边坡留得太陡，使土体本身的稳定性不够而发生塌方。③基坑上边缘附近大量堆土或停放机具，使土体中产生的剪应力超过土体的抗剪强度。

因此，为防止边坡塌方，除保证边坡大小与边坡上边缘的荷载符合规定要求外，在施工中还必须做好排除地面水工作，防止地表水、施工用水和生活用水浸入开挖场地或冲刷土方边坡。在雨季施工时，更应注意检查边坡的稳定性，必要时可适当放缓边坡坡度或设置支撑，以防塌方。

二、土壁支撑

基槽（坑）或管沟开挖时，如果土质或周围场地条件允许，采用放坡开挖，往往是比较经济的。但是，在建筑物稠密的地区施工，有时不允许按规定的坡度进行放坡，或深基槽（坑）开挖时，放坡所增加的土方量过大，就需要用设置土壁支撑的施工方法，以保证土方开挖的顺利进行和安全，并减少对相邻已有建筑物的不利影响。

土壁支撑方法，根据工程特点、土质条件、开挖速度、地下水位和施工方法等不同情况，可以选择钢（木）支撑、板桩支撑、土层锚杆。

（一）钢（木）支撑

开挖基槽（坑）或管沟常用的钢（木）支撑有横撑式支撑和锚锭式支撑等。

1. 横撑式支撑

在开挖狭窄的基槽（坑）或管沟时，可采用横撑式支撑（见图 1-1）。横撑式支撑根据挡土板放置方式的不同，可以分为水平挡土板支撑和垂直挡土板支撑。水平挡土板支撑由水平挡土板、竖楞木和横撑三部分组成，又可分为断续式和连续式两种。断续式水平挡土板支撑（见图 1-1(a)）在湿度小的黏性土及挖土深度小于 3 m 时采用。连续式水平挡土板支撑用于较潮湿的土或散粒的土，挖土深度可达 5 m。垂直挡土板支撑（见图 1-1(b)）用于松散和潮湿度很高的土，挖土深度不限。

采用横撑式支撑时，应随挖随撑，支撑牢固。施工中应经常检查，如有松动变形等现象时，应及时加固或更换。支撑的拆除，应按回填土顺序，依次进行。多层支撑拆除时，应按自下而上的顺序，在下层支撑拆除并回填土完成后才能拆除上层的支撑。拆除支撑时，应防止附近建筑物和构筑物等产生下沉和破坏，必要时应采取妥善的保护措施。

2. 锚锭式支撑

当基坑宽度较大，横撑自由长度（跨度）过大而稳定性不足或采用机械挖土基坑内不允许有水平支撑阻拦时，则可设置锚锭式支撑（见图 1-2），即用拉锚来代替横撑，锚桩应设置在土体破坏棱体范围以外，以保证锚锭不失去应有的作用。

（二）板桩支撑

板桩是一种支护结构，可用来抵抗土和水所产生的水平压力，既挡土又挡水。当开挖的基坑较深，地下水位较高又有可能出现流砂现象时，如果未采用井点降水方法，则宜采

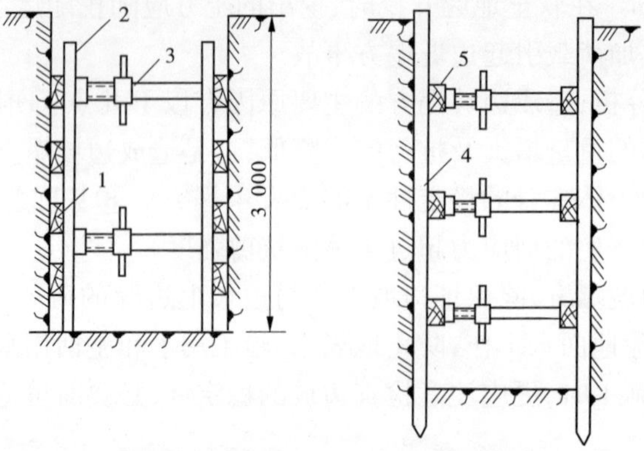

(a)水平挡土板支撑　　(b)垂直挡土板支撑

1—水平挡土板;2—竖棱木;3—工具式横撑;4—垂直挡土板;5—横棱木

图 1-1　横撑式支撑　(单位:mm)

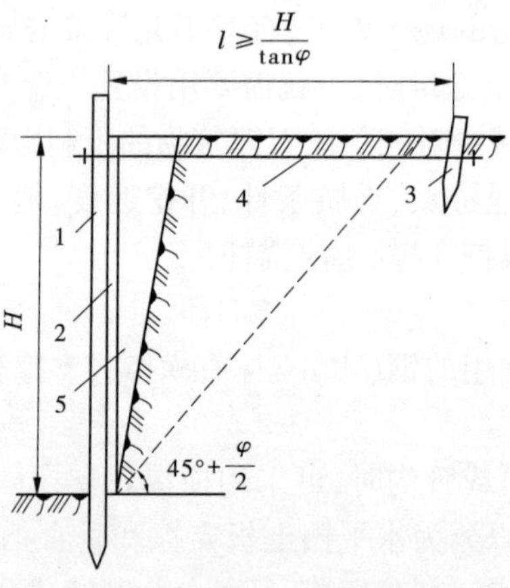

1—柱桩;2—挡土板;3—锚桩;4—拉杆;

5—回填土;φ—土的内摩擦角

图 1-2　锚锭式支撑

用板桩打入土中的方法,使地下水在土中渗流的路线延长,降低水力坡度,阻止地下水渗入基坑内,从而防止流砂产生。在靠近原有建筑物开挖基槽(坑)时,为了防止原有建筑物基础下沉,通常也采用打板桩方法进行支护。

板桩的种类有钢板桩、木板桩和钢筋混凝土板桩等。钢板桩在临时工程中可重复多次使用,打设方便,强度高,应用最广泛。

钢板桩由带锁口或钳口的热轧型钢制成,把这种钢板桩互相连接就形成钢板桩墙,可用于挡土和挡水。常用的钢板桩有平板桩和波浪形板桩(通常称为"拉森"板桩)两类(见图 1-3)。平板桩容易打入地下,挡水和承受轴向力的性能良好,但长轴方向抗弯能力较小。波浪形板桩挡水和抗弯性能都较好。

板桩支撑根据有无设置锚锭结构,分为无锚锭板桩和有锚锭板桩两类。无锚锭板桩即为悬壁式板桩,这种板桩对土的性质、荷载大小等非常敏感,由于它仅依靠入土部分的

(a)平板桩　　(b)波浪形板桩（“拉森”板桩）

图 1-3　常用的钢板桩

土压力来维持板桩的稳定，所以其高度一般不大于 4 m，否则就不经济，这种板桩仅适用于较浅的基坑土壁支护。有锚碇板桩是在板桩上部用拉锚装置加以固定，以提高板桩的支护能力。单锚板桩是常用的有锚碇板桩的一种支护形式，它由板桩、横梁、拉杆、锚碇桩和螺母等组成（见图 1-4），钢板桩顶端通过横梁（槽钢）、钢拉杆、螺母固定在锚碇桩上。

单锚板桩的设计主要取决于板桩入土深度、截面弯矩和锚杆拉力三个要素，应使板桩支护结构的强度和稳定性有足够的保证。

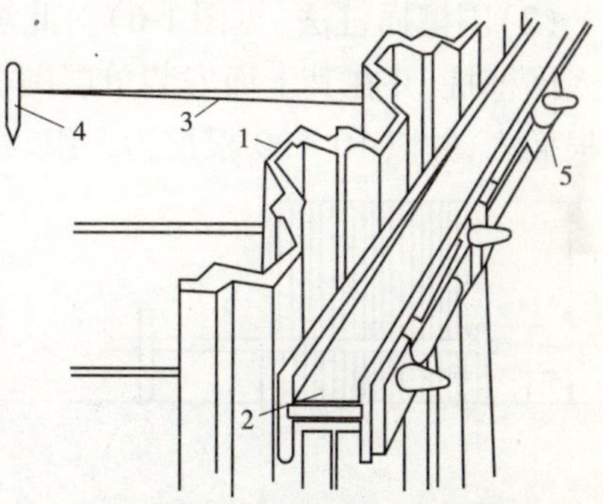

1—钢板桩（“拉森”板桩）；2—横梁（槽钢）；
3—钢拉杆；4—锚碇桩；5—垫板

图 1-4　单锚板桩

工程实践表明，单锚板桩破坏主要有下列几种情况：

（1）板桩底端向外移动。当板桩入土深度不够或由于挖土超深及坑底土过于软弱等，在土压力作用下，都可能产生板桩绕拉锚点转动，使板桩底端向外移动（见图 1-5（a））。

（2）板桩弯曲破坏。板桩本身断面太小，刚度不够，在土压力作用下失稳而发生弯曲破坏（见图 1-5（b））。

（3）锚碇系统破坏。锚碇系统破坏可能是拉杆强度不够被拉断，也可能是锚碇桩失效等，使板桩在土压力作用下，向前倾倒，使土体滑动（见图 1-5（c））。

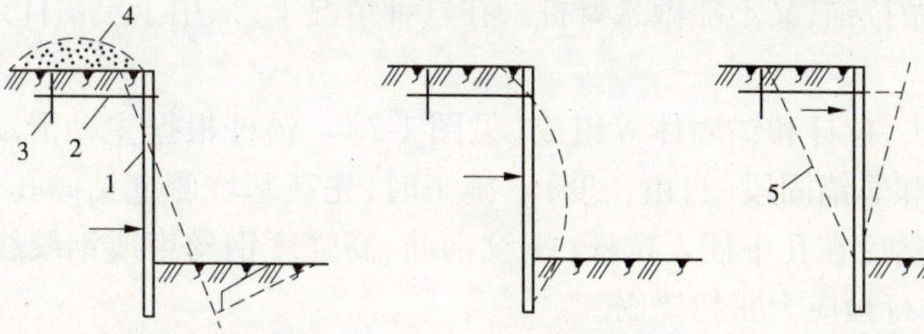

(a)板桩底端向外移动　　(b)板桩弯曲破坏　　(c)锚碇系统破坏

1—板桩；2—拉杆；3—锚碇；4—堆土；5—破坏面

图 1-5　板桩破坏情况

此外，也可能因为软黏土发生圆弧滑动而引起整个板桩墙的破坏。

后两种破坏情况，常常是由于施工时，大量弃土无计划堆置于板桩后面的地面上所引起的，尤其是在雨季施工时更容易发生这种情况，因此要特别注意这一点。

板桩施工时要正确选择打桩方法、打桩机械和流水段划分，以便使打设后的板桩墙有足够的刚度和良好的挡水作用。对封闭式的钢板桩墙要求做到墙面平直、平面尺寸准确，封闭合拢好。打桩流水段大小的划分，直接影响合拢点的数量和误差积累。如流水段长则合拢点少，而误差积累大，封闭合拢时需调整的范围就大；如流水段短，则合拢点多，误差积累小，轴线位置较准确，但封闭合拢时调整次数多。一般情况下，打桩流水段大小，要根据打桩工程规模和打桩机械的特点加以正确的划分。

钢板桩的打设，通常采用下面方法：

(1)单独打入法。此法是从板桩墙一角开始逐根打入，直至打桩工程结束。其优点是板桩打设时不需要辅助支架，施工简便，打设速度快；缺点是易使桩的一侧倾斜，且误差积累后不容易纠正。因此，这种打法只适于对板桩墙质量要求一般，且板桩长度较小(如小于 10 m)的情况。

(2)围檩插桩法(见图 1-6)。此法是打桩前先在地面上沿板桩墙两侧每隔一定距离打入围檩桩，并在其上面安装单层围檩或双层围檩，然后根据钢围檩上的画线，将钢板桩逐根插入，并以 10～20 根桩为一组，每组桩打设时，先将两端的钢板桩打入地下，作为定位板桩，而后再按阶梯状打设其他钢板桩。这样一组一组地进行打设。这种打桩方法的优点是可以减少桩倾斜误差积累，防止板桩过大的倾斜和扭转，且易于实现封闭合拢，板桩墙施工质量较好。其缺点是插桩的自立高度较大，要注意插桩的稳定和施工安全。一般情况下多采用此法打设板桩墙。如果对板桩墙质量要求很高，可以采用双层围檩插桩法。

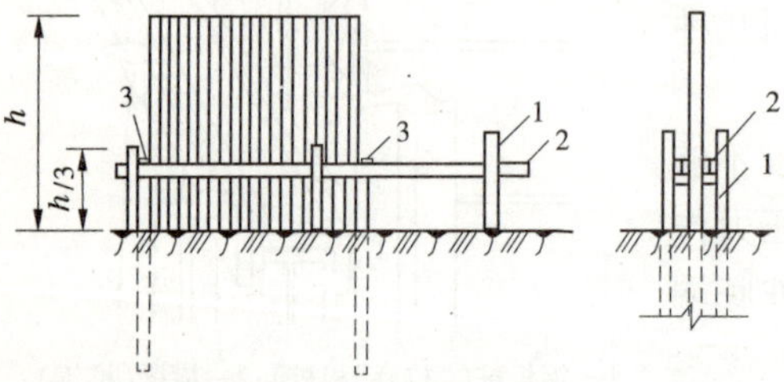

1—围檩桩；2—围檩；3—两端先打入的定位钢板桩

图 1-6 围檩插桩法

(三)土层锚杆

当开挖深度大的基坑，采用钢板桩、钢筋混凝土桩做坑壁支撑时，若受周围场地限制，挡土桩顶端既不能做拉锚，又不能做悬臂桩。在这种情况下，采用土层锚杆是一种好的方法。

土层锚杆由锚头、拉杆和锚固体等组成(见图 1-7)。锚杆根据主动滑动面分为锚固段(有效锚固长度)和非锚固段(自由长度)。施工时，先在基坑侧壁钻倾孔(沿水平线向下倾斜 10°～45°)，然后在孔中插入拉杆(螺纹钢筋、高强度钢丝束或钢绞线等)，再灌注水泥砂浆，必要时进行预应力张拉锚固。

土层锚杆一端插入土层中，另一端与挡土桩拉结，借助锚杆与土层的摩擦阻力产生的水平抗力来抵抗土的侧压力，维护挡土桩的稳定。

土层锚杆的类型主要有以下几种：

(1)一般灌浆锚杆。用水泥砂浆(或水泥浆)灌注入孔中，将拉杆锚固于地层内部，拉杆所承受的拉力通过锚固段传递到周围地层中。

(2)预压锚杆。它与一般灌浆锚杆不同的是在灌浆时施加一定压力，在压力下水泥砂浆渗入孔壁四周的裂缝中，并在压力下固结，从而使锚杆具有较大的抗拔力。

(3)预应力锚杆。先对锚固段用快凝水泥砂浆进行一次压力灌浆，然后将锚杆与挡

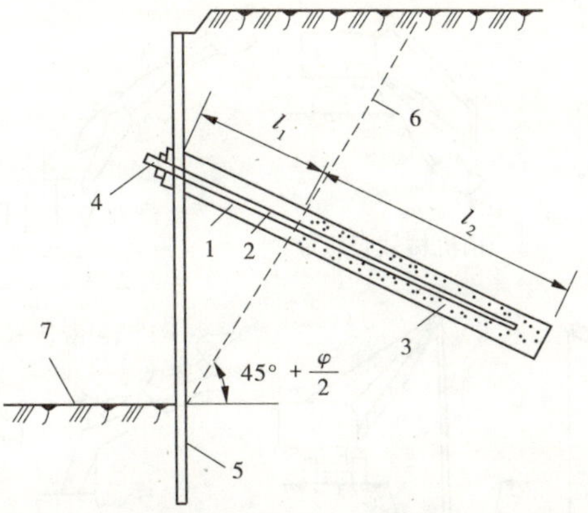

1—钻孔;2—拉杆;3—锚固体;4—锚头;5—挡土桩;6—主动滑动面;7—基坑;

l_1—非锚固段长度;l_2—锚固段长度

图1-7 土层锚杆示意图

土桩相连接,并施加预应力和锚固,最后再在非锚固段进行不加压力的灌浆。这种锚杆往往用于穿过松软地层而锚固在稳定的土层中,并使穿过的地层和砂浆都受有预加压力,在土压力作用下,可以减少挡土桩的位移。

(4)扩孔锚杆。一般土层锚杆钻孔直径为90~130 mm,如用特制的内部扩孔钻头扩大锚固段的钻孔直径,一般可将直径加大3~5倍,或用炸药爆扩法扩大钻孔端头,均可提高锚杆的抗拔力。这种扩孔锚杆主要用于松软土层中。

深基础施工中,采用挡土桩并加设单层或多层锚杆,对维护坑壁稳定,防止塌方,保证施工安全,改善施工条件,加快施工进度等起着很大的作用。土层锚杆是一项新技术,在我国北京、上海等地一些高层建筑深基础施工中,已成功地加以应用,并取得了良好的效果。

三、土方的开挖与运输机械

开挖和运输是土方工程施工的两项主要过程,承担这两项过程施工的机械是各类挖掘机械、挖运组合机械和运输机械。

(一)挖掘机械

挖掘机械的作用主要是完成挖掘工作,并将所挖土料卸在机身附近或装入运输工具中。挖掘机械按工作机构可分为单斗式和多斗式两类。

1.单斗式挖掘机

1)单斗式挖掘机的类型

单斗式挖掘机由工作装置、行驶装置和动力装置等组成。工作装置有正向铲、反向铲、索铲和抓铲(见图1-8)等。工作装置可用钢索或液压操作。行驶装置一般为履带式或轮胎式。动力装置可分为内燃机拖动、电力拖动和复合式拖动等几种类型。

(1)正向铲挖掘机。该种挖掘机,由推压和提升完成挖掘,开挖断面是弧形,最适用于挖停机面以上的土方,也能挖停机面以下的浅层土方。由于稳定性好,铲土能力大,可以挖各种土料及软岩、岩渣进行装车。它的特点是循环式开挖,由挖掘、回转、卸土、返回

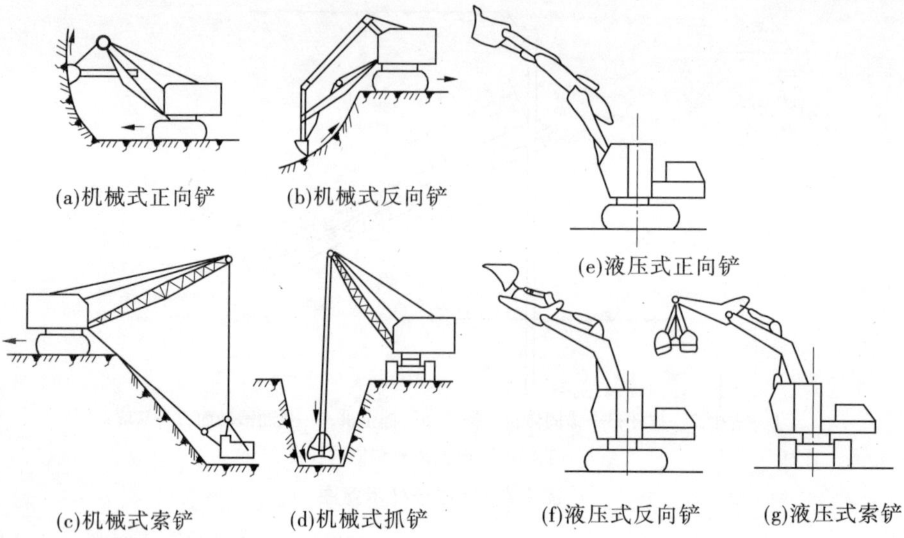

图 1-8 单斗式挖掘机

构成一个工作循环，生产率的大小取决于铲斗大小和循环时间长短。正向铲的斗容从 5 m^3 至几十立方米，工程中常用 1～4 m^3。基坑土方开挖常采用正面开挖，土料场及渠道土方开挖常用侧面开挖，还要考虑与运输工具配合问题。

正向铲挖掘机施工时，应注意以下几点：为了操作安全，使用时应将最大挖掘高度、最大挖掘半径值减少 5%～10%；在挖掘黏土时，工作面高度宜小于最大挖土半径时的挖掘高度，以防止出现土体倒悬现象；为了发挥挖掘机的生产效率，工作面高度应不低于挖掘一次即可装满铲斗的高度。

挖掘机的工作面称为掌子面，正向铲挖掘机主要用于停机面以上的掌子面开挖。根据掌子面布置的不同，正向铲挖掘机有不同的作业方式，如图 1-9 所示。

正向挖土，侧向卸土（见图 1-9(a)）：挖掘机沿前进方向挖土，运输工具停在它的侧面装土（可停在停机面或高于停机面上）。这种挖掘运输方式在挖掘机卸土时，动臂回转角度很小，卸料时间较短，挖运效率较高，施工中应尽量布置成这种施工方式。

正向挖土，后方卸土（见图 1-9(b)）：挖掘机沿前进方向挖土，运输工具停在它的后面装土。卸土时挖掘机动臂回转角度大，运输车辆需倒退对位，运输不方便，生产效率低。适用于开挖深度大、施工场地狭小的场合。

（2）反向铲挖掘机。反向铲挖掘机为液压操作方式时，适用于停机面以下土方开挖。挖土时后退向下，强制切土，挖掘力比正向铲挖掘机小，主要用于小型基坑、沟渠、基槽和管沟开挖。反向铲挖土时，可用自卸汽车配合运土，也可直接弃土于坑槽附近。由于稳定性及铲土能力均比正向铲差，只用来挖Ⅰ～Ⅱ级土，硬土要先进行预松。反向铲的斗容有 0.5 m^3、1.0 m^3、1.6 m^3 几种，目前最大斗容已超过 3 m^3。

反向铲挖掘机工作方式分为以下两种：

沟端开挖（见图 1-10(a)）。挖掘机停在基坑端部，后退挖土，汽车停在两侧装土。

沟侧开挖（见图 1-10(b)）。挖掘机停在基坑的一侧移动挖土，可用汽车配合运土，也

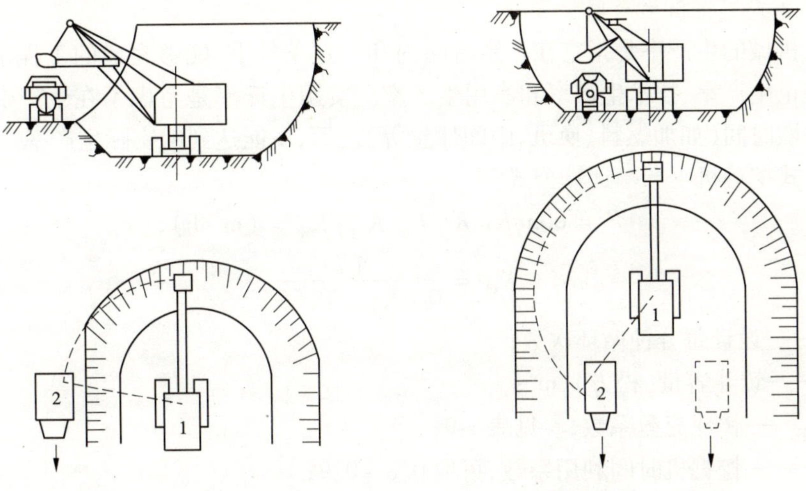

(a)正向开挖，侧向卸土　　(b)正向开挖，后方卸土

1—正向铲挖掘机;2—自卸汽车

图 1-9　正向铲挖掘机的作业方式

可将土卸于弃土堆。由于挖掘机与挖土方向垂直,挖掘机稳定性较差,而且挖土的深度和宽度均较小,故这种开挖方法只是在无法采用沟端开挖或不需将弃土运走时采用。

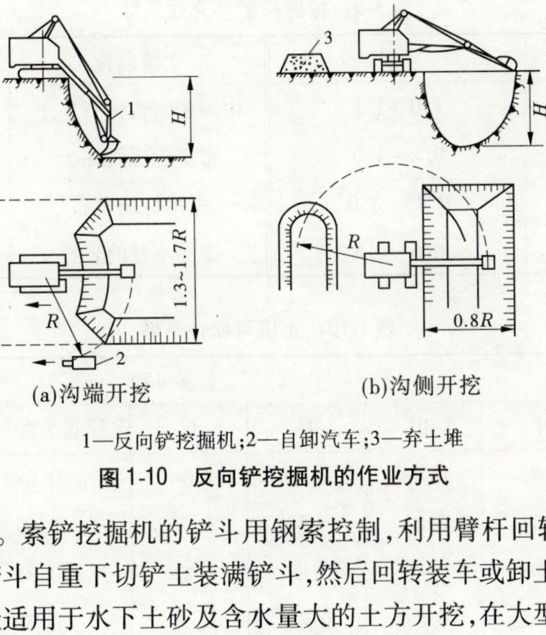

(a)沟端开挖　　(b)沟侧开挖

1—反向铲挖掘机;2—自卸汽车;3—弃土堆

图 1-10　反向铲挖掘机的作业方式

(3)索铲挖掘机。索铲挖掘机的铲斗用钢索控制,利用臂杆回转将铲斗抛至较远距离,回拉牵引索,靠铲斗自重下切铲土装满铲斗,然后回转装车或卸土。挖掘半径、卸土半径、卸土高度较大,最适用于水下土砂及含水量大的土方开挖,在大型渠道、基坑及水下砂卵石开挖中应用广泛。开挖方式有沟端开挖和沟侧开挖两种。当开挖宽度和卸土半径较小时,用沟端开挖;当开挖宽度大,卸土距离远时,用沟侧开挖。

(4)抓铲挖掘机。抓铲挖掘机靠铲斗自由下落中斗瓣分开切入土中,抓取土料合瓣后提升,回转卸土。其适用于挖掘窄深型基坑或沉井中的水下淤泥开挖,也可用于散粒材料装卸,在桥墩等柱坑开挖中应用较多。

2)单斗式挖掘机生产率计算

施工机械的生产率是指它在一定时间内和一定条件下，能够完成的工程量。生产率可分为理论生产率、技术生产率和实用生产率。实用生产率是考虑了在生产中各种不可避免的停歇时间（如加燃料、换班、中间休息等）之后，所能达到的实际生产率。

单斗式挖掘机生产率计算公式

$$P = 60nqK_{充} K_{时} K_{修} K_{延} /K_{松} \quad (m^3/h) \tag{1-3}$$

其中

$$K_{修} = \frac{1}{0.4K_{土} + 0.6\beta}$$

式中 n——设计每分钟循环次数；

q——铲斗容量（松方），m^3；

$K_{充}$——铲斗充盈系数，参见表1-9；

$K_{时}$——挖掘机时间利用系数，可取0.8～0.9；

$K_{修}$——工作循环时间修正系数；

$K_{延}$——卸载延误系数，卸入弃土堆为1.0，卸入车厢为0.9；

$K_{松}$——土壤可松性系数，参见表1-10；

$K_{土}$——土壤级别修正系数，可采用1.0～1.2；

β——转角修正系数，转角90°时为1.0，转角100°～135°时为1.08～1.37。

表1-9 挖掘机铲斗充盈系数

土壤名称	$K_{充}$	土壤名称	$K_{充}$
湿砂、壤土	1.0～1.1	中等密实含砾石黏土	0.6～0.8
小砾石、砂壤土	0.8～1.0	密实含砾石黏土	0.6～0.7
中等黏土	0.75～1.0	爆得好的岩石	0.6～0.75
密实黏土	0.6～0.8	爆得不好的岩石	0.5～0.7

表1-10 土壤可松性系数

挖掘机斗容（m^3）	土壤级别					
	Ⅰ	Ⅱ	Ⅲ	Ⅳ	爆得好的岩石	爆得不好的岩石
0.25～0.75	0.89	0.82	0.79	0.74	0.68	0.67
1.0～2.0	0.91	0.83	0.80	0.76	0.69	0.68
3.0～15.0	0.93	0.85	0.82	0.78	0.71	0.69
20.0～40.0	0.95	0.87	0.83	0.80	0.73	0.70

从式(1-3)可以看出，要想提高挖掘机的实用生产率，必须提高单位时间的循环次数和所装容量。为此可采取下述措施：①加长中间斗齿长度，以减小铲土阻力，从而减少铲土时间。②合并回转、升起、降落的操纵过程，采用卸土转角小的装车或卸土方式，以缩短循环时间。③挖松散土料时，可更换大铲斗。④加强机械的保养维修，保证机械正常运

转。⑤合理布置工作面，做好场地准备工作，使工作时间得以充分利用。⑥保证有足够的运输工具并合理地组织好运输路线，使挖掘机能不断地进行工作。

2. 多斗式挖掘机

多斗式挖掘机是一种连续作业式挖掘机械，按构造不同，可分为链斗式和斗轮式两类。链斗式是由传动机械带动固定在传动链条上的土斗进行挖掘的，多用于挖掘河滩及水下砂砾料；斗轮式是用固定在转动轮上的土斗进行挖掘的，多用于挖掘陆地上的土料。

1）链斗式采砂船

链斗式采砂船如图1-11所示，水利水电工程中常用的国产采砂船有120 m^3/h和250 m^3/h两种，采砂船是无自航能力的砂砾石采掘机械。当远距离移动时，须靠拖轮拖带；近距离移动时（如开采时移动），可借助船上的绞车和钢丝绳移动。其配合的运输工具一般采用轨距为1 435 mm和762 mm的机车牵引矿斗车（河滩开采）或与砂驳船（河床水下开采）配合使用。

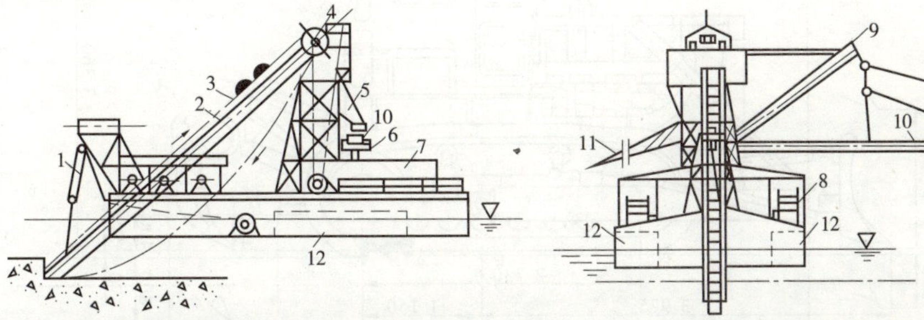

1—斗架提升索；2—斗架；3—链条和链斗；4—主动链轮；5—卸料漏斗；6—回转盘；
7—主机房；8—卷扬机；9—吊杆；10—皮带机；11—泄水槽；12—平衡水箱

图1-11　链斗式采砂船

2）斗轮式挖掘机

斗轮式挖掘机（见图1-12）的斗轮装在可仰俯的斗轮臂上，斗轮上装有7～8个铲斗，当斗轮转动时，即可挖土，铲斗转到最高位置时，斗内土料借助自重卸到受料皮带机上卸入运输工具或直接卸到料堆上。斗轮式挖掘机的主要特点是斗轮转速较快，连续作业，因而生产率高。此外，斗轮臂倾角可以改变，且可回转360°，因而开挖范围大，可适应不同形状工作面的要求。

（二）挖运组合机械

挖运组合机械是指由一种机械同时完成开挖、运输、卸土任务，有推土机、铲运机及装载机。

1. 推土机

推土机（见图1-13）在水利水电工程施工中应用很广，可用于平整场地、开挖基坑、推平填方、堆积土料、回填沟槽等。推土机的运距不宜超过60～100 m。挖深不宜大于1.5～2.0 m，填高不宜大于2～3 m。

推土机按安装方式可分为固定式和万能式两种，按操纵机构可分为索式及液压式两种，按行驶机构可分为轮胎式和履带式两种。

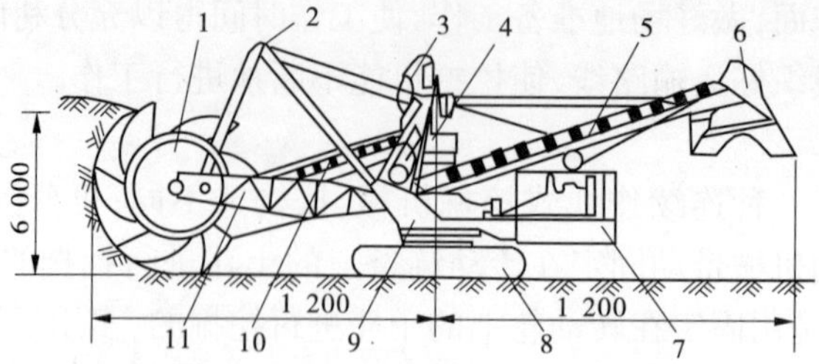

1—斗轮;2—升降机构;3—司机室;4—中心料仓;5—卸料皮带机;6—双槽卸料斗;
7—动力装置;8—履带;9—转台;10—受料皮带机;11—斗轮臂

图 1-12　斗轮式挖掘机　（单位:mm）

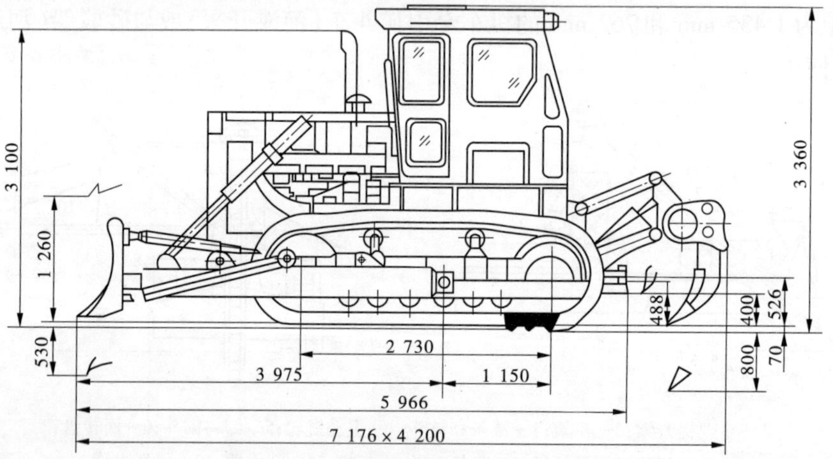

图 1-13　T180 型推土机　（单位:mm）

固定式推土机的推土器仅能升降,而万能式不仅能升降,还可在三个方向调整角度。固定式结构简单,应用广泛。索式推土机的推土器升降是利用卷扬机和钢索滑轮组进行的,升降速度较快,操作较方便,缺点是推土器不能强制切土,铲硬土有困难。液压式推土机升降是利用液压装置来进行控制的,因而可以强制切土,但提升高度和速度不如索式。由于液压式推土机具有重量轻、构造简单、操作容易、震动小、噪音低等特点,应用较为广泛。

推土机的开行方式基本上是穿梭式的。为了提高推土机的生产率,应力求减少推土器两侧散失土料,一般可采用槽行开挖、下坡推土、分段铲土、集中推运及多机并列推土等方法。

2. 铲运机

铲运机是一种能铲土、运土和填土的综合性土方工程机械。它一次能铲运几立方米到几十立方米的土方,经济运距达几百米。铲运机能开挖黏性土和砂卵石,多用于平整场地、开采土料、修筑渠道和路基以及软基开挖等。

铲运机按操纵系统分为索式和液压式两种,按牵引方式分为施行式和自行式(见图 1-14)两种,按卸土方式分为自由卸土、强制卸土和半强制卸土三种。

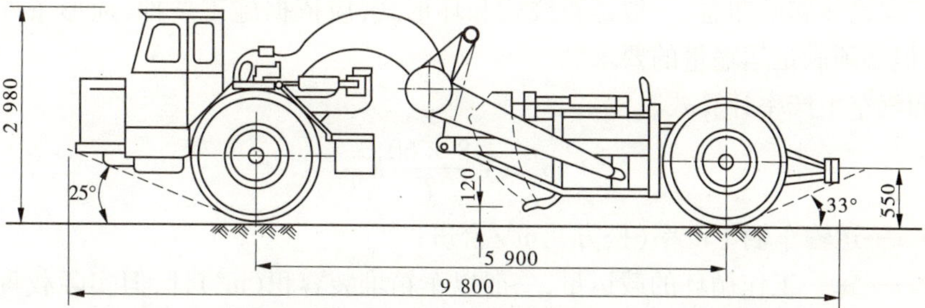

图 1-14　CL7 自行式铲运机　（单位:mm）

3. 装载机

装载机(见图 1-15)是一种工作效率高、用途广泛的工程机械,它不仅可对堆积的松散物料进行装、运、卸作业,还可以对岩石、硬土进行轻度的铲掘工作,并能用于清理、刮平场地及牵引作业。如更换工作装置,还可完成堆土、挖土、松土、起重以及装载棒状物料等工作,因此被广泛应用。

装载机按行走装置可分为轮胎式和履带式两种,按卸载方式可分为前卸式、后卸式和回转式三种,按铲斗的额定重量可分为小型(<1 t)、轻型(1 ~3 t)、中型(4 ~8 t)、重型(>10 t)四种。

图 1-15　装载机

(三)运输机械

水利工程施工中,运输机械有无轨运输、有轨运输和皮带机运输等。

1. 无轨运输

在我国水利水电工程施工中,汽车运输因其操纵灵活、机动性大,能适应各种复杂的地形,已成为最广泛采用的运输工具。

土方运输一般采用自卸汽车。目前常用的车型有上海、黄河、解放、斯太尔、康巴司和卡特等。随着施工机械化水平的不断提高,工程规模愈来愈大,国内外都倾向于采用大吨位重型和超重型自卸汽车。其载重量可达 60 ~100 t 以上。

对于车型的选择,自卸汽车车厢容量,应与装车机械斗容相匹配。一般自卸汽车容量应为挖装机械斗容的 3 ~5 倍较适合。汽车容量太大,其生产率降低,反之挖装机械生产率减少。

对于施工道路,要求质量优良。加强经常性养护,可提高汽车运输能力和延长汽车使用年限;汽车道路的路面应按工程需要而定,一般多为泥结碎石路面,运输量及强度大的可采用混凝土路面。

对于运输线路的布置，一般是双线式和环形式，应依据施工条件、地形条件等具体情况确定，但必须满足运输量的要求。

自卸汽车生产率计算式

$$p = V\frac{8 \times 60}{T}K_{时} \tag{1-4}$$

式中 p——运输车辆生产率(松方)，m^3/台班；

V——每一工作循环的载运量，一般以车箱堆装容积(m^3)计，但实际载重不得超过车辆的重量；

$K_{时}$——时间利用系数；

T——运输车辆工作循环时间，min。

运输车辆工作循环时间可用式(1-5)计算

$$T = t_1 + t_2 + t_3 + t_4 \tag{1-5}$$

式中 t_1——装车时间，min；

t_2——包括重车运输和空车返回的行驶时间，min；

t_3——卸车和倒车转向时间，min，参见表 1-11；

t_4——在装载机旁的调车时间，但不包括因等候装车耽误的时间，单位为 min，参见表 1-12。

表 1-11 运输车辆的卸车和倒车转向(即调头)时间 t_3 (单位：min)

作业条件	后卸车	底卸车	侧卸车
顺利	1.0	0.4	0.7
一般	1.3	0.7	1.0
不顺利	1.5~2.0	1.0~1.5	1.5~2.0

表 1-12 运输车辆的调车(即定位)时间 t_4 (单位：min)

作业条件	后卸车	底卸车	侧卸车
顺利	0.15	0.15	0.15
一般	0.30	0.50	0.50
不顺利	0.80	1.00	1.00

装车时间 t_1 的计算

$$t_1 = \frac{V}{P} \times 60 \tag{1-6}$$

式中 P——装载机械的生产率(松方)，m^3/h。

行驶时间 t_2 由行驶距离和平均行驶速度而定，应根据具体情况计算。

2. 有轨运输

水利水电工程施工中所用的有轨运输，除巨型工程以外，其他工程均为窄轨铁路。窄轨铁路的轨距有 1 000 mm、762 mm、610 mm 几种。轨距 1 000 mm 和 762 mm 窄轨铁路的钢轨质量为 11 ~ 18 kg/m，其上可行驶 3 m^3、6 m^3、15 m^3 可倾翻的车箱，用机车牵引。轨距 610 mm 的钢轨质量为 8 kg/m，其上可行驶 1.5 ~ 1.6 m^3 可倾翻的铁斗车，可用人力推运或电瓶车牵引。

铁路运输的线路布置方式，有单线式、单线带岔道式、双线式和环形式四种。线路布置及车型应根据工程量的大小、运输强度、运距远近以及当地地形条件来选定。需要指出的是，随着大吨位汽车的发展和机械化水平的提高，目前国内水电工程一般多采用无轨运输方式，仅在一些有特殊条件限制的情况下才考虑采用有轨运输（如小断面隧洞开挖运输）。若选用有轨运输，为确保施工安全，工人只许推车不许拉车，两车前后应保持一定的距离：当为坡度小于 0.5% 的下坡道时，不得小于 10 m；当为坡度大于 0.5% 的下坡道或车速大于 3 m/s 时，不得小于 30 m。每一个工人在平直的轨道上只能推运重车一辆。

3. 皮带机运输

皮带机是一种连续式运输设备，适用于地形复杂、坡度较大、通过地形较狭窄和跨越深沟等情况，特别适用于运输大量的粒状材料。

按皮带机能否移动，可分为固定式和移动式两种。固定式皮带机，没有行走装置，多用于运距长而路线固定的情况。移动式皮带机则有行走装置，一般长 5 ~ 15 m，移动方便，适用于需要经常移动的短距离运输，如图 1-16 所示。按承托带条的托辊分，有水平和槽形两种形式，一般常用槽形。皮带宽度有 300 mm、400 mm、500 mm、650 mm、800 mm、1 000 mm、1 200 mm、1 400 mm、1 600 mm等几种。其运行速度一般为 1 ~ 2.5 m/s。皮带机的允许坡度和运行速度，可参考表 1-13。

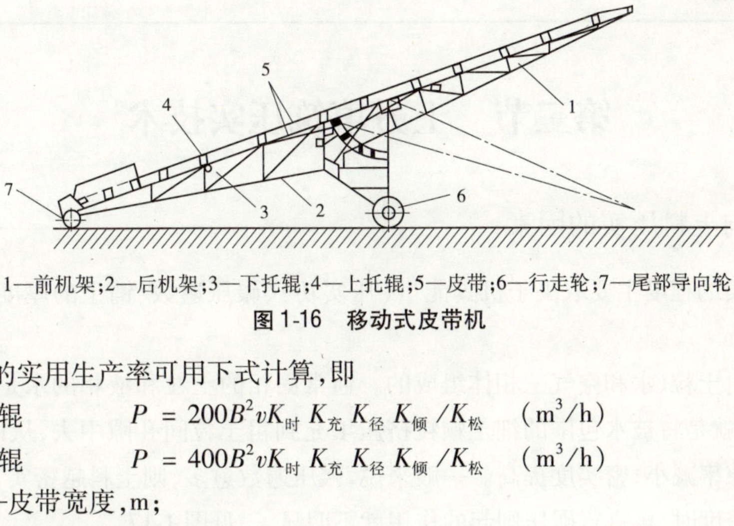

1—前机架；2—后机架；3—下托辊；4—上托辊；5—皮带；6—行走轮；7—尾部导向轮

图 1-16　移动式皮带机

皮带机的实用生产率可用下式计算，即

水平托辊　$P = 200B^2vK_{时}K_{充}K_{径}K_{倾}/K_{松}$　(m^3/h)　(1-7)

槽形托辊　$P = 400B^2vK_{时}K_{充}K_{径}K_{倾}/K_{松}$　(m^3/h)　(1-8)

式中　B——皮带宽度，m；

v——皮带运行速度，m/s；

$K_{时}$——时间利用系数，取 0.75 ~ 0.80；

$K_{充}$——充盈系数，取 0.5 ~ 1.0；

$K_{径}$——粒径系数，当粒径为(0.1 ~ 0.3)B 时取 0.75，粒径为(0.05 ~ 0.09)B 时取 0.9，粒径小于 0.05B 时取 1.0；

$K_{倾}$——倾角影响系数，当倾角为 11° ~ 15°时取 0.95，倾角为 16° ~ 18°时取 0.9，倾

角为19°~22°时取0.85；

$K_{松}$——可松性系数。

表1-13　皮带机的允许坡度和运行速度

材料	带条最大运行速度(m/s)			允许坡度(°)	
	带宽(mm)				
	400,650	800,1 000	1 200,1 400	上升	下降
干砂	1.25~2.0	1.6~2.5	1.6~2.5	15	9~10
湿砂	1.25~2.0	1.6~2.5	1.6~2.5	15	21~22
砾石	1.25~2.0	1.6~2.5	1.6~2.5	20	14~15
碎石	1.0~1.6	1.25~2.0	1.25~2.0	18	11~12
干松泥土	1.25~2.0	1.6~2.5	1.6~2.5	20	14~15
水泥	1.5	1.5	1.5	20	—
混凝土(坍落度<4 cm)	1.5	1.5	1.5	18	12
混凝土(坍落度4~8 cm)	1.5	1.5	1.5	15	10

第三节　土方填筑压实技术

一、影响土料压实的因素

土料压实的程度主要取决于机具能量(压实功)、碾压遍数、铺土的厚度和土料的含水量等。

土料是由土粒、水和空气三相体组成的。通常固相的土粒和液相的水是不会被压缩的，土料压实就是将被水包围的细土颗粒挤压填充到粗土粒间孔隙中去，从而排走空气，使土料的空隙率减小，密实度提高。一般来说，碾压遍数愈多，则土料越密实，当碾压到接近土料极限密度时，再进行碾压则起的作用就不明显了，见图1-17。

在同一碾压条件下，土的含水量对碾压质量有直接的影响。当土具有一定含水量时，水的润滑作用使土颗粒间的摩擦阻力减小，从而使土易于压实。但当含水量超过某一限度时，土中的孔隙全由水来填充而呈饱和状态，反而使土难以压实。图1-18中曲线最高点所对应的含水量即为土料压实的最优含水量，即土料在这样含水量的条件下，所得到的土料密实度最大。

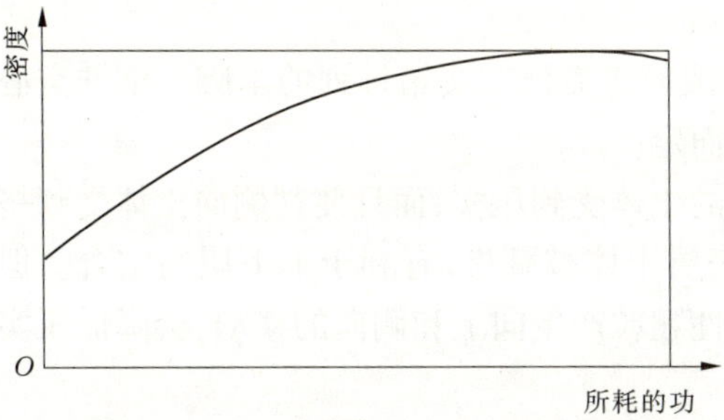

图 1-17　土的密度与压实功的关系

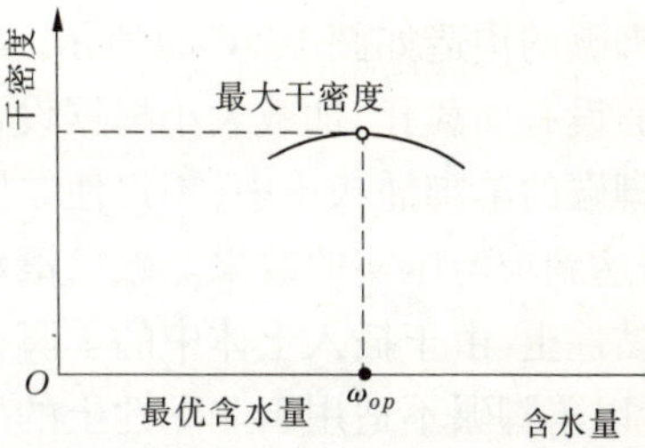

图 1-18　土的干密度与含水量的关系曲线

二、土料压实方法、压实机械及其选择

(一)压实方法

土料的物理力学性能不同，压实时要克服的压实阻力也不同。黏性土的压实主要是克服土体内的凝聚力，非黏性土的压实主要是克服颗粒间的摩擦力。压实机械作用于土体上的外力有静压碾压、振动碾压和夯击三种，见图 1-19。

静压碾压：作用在土体上的外荷不随时间而变化，如图 1-19(a)所示。振动碾压：作用在土体上的外力随时间作周期性的变化，如图 1-19(b)所示。夯击：作用在土体上的外力是瞬间冲击力，其大小随时间而变化，如图 1-19(c)所示。

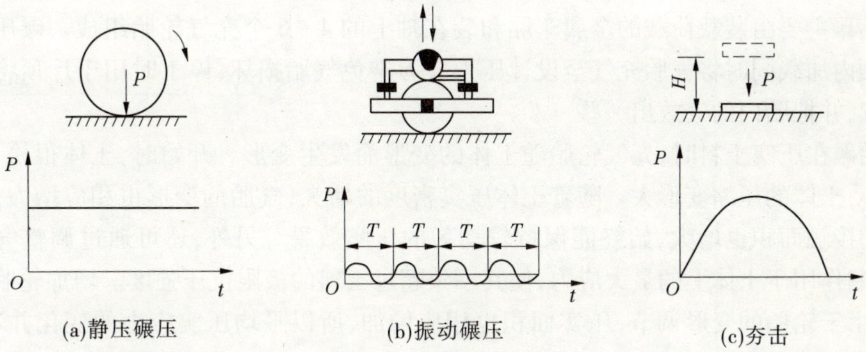

图 1-19　土料的压实外力

(二)压实机械

在碾压式的小型土坝施工中，常用的碾压机具有平碾、肋形碾，也有用重型履带式拖拉机作为碾压机具使用的。碾压机具主要是靠沿土面滚动时碾滚本身的重量，在短时间内对土体产生静荷重作用，使土粒互相移动而达到密实。

1. 平碾

平碾的构造如图 1-20(a)所示。钢铁空心滚筒侧面设有加载孔，加载大小根据设计要求而定。平碾碾压质量差、效率低，较少采用。

2. 肋形碾

肋形碾的构造如图 1-20(b)所示。一般采用钢筋混凝土预制。肋形碾单位面积压力较平碾大，压实效果比平碾好，用于黏性土的碾压。

3. 羊脚碾

羊脚碾的构造如图 1-20(c)所示。其碾压滚筒表面设有交错排列的羊脚。钢铁空心滚筒侧面设有加载孔,加载大小根据设计要求而定。

羊脚碾的羊脚插入土中,不仅使羊脚底部的土体受到压实,而且使其侧向土体受到挤压,从而达到均匀压实的效果。碾筒滚动时,表层土体被翻松,有利于上下层间结合。但对于非黏性土,由于插入土体中的羊脚使无黏性颗粒产生向上和侧向的移动,会降低压实效果,所以羊脚碾不适用于非黏性土的压实。

羊脚碾压实有两种方式:圈转套压和进退错距。后种方式压实效果较好。羊脚碾的碾压遍数,可按土层表面都被羊脚压过一遍,即可达到压实要求考虑。所以,碾压遍数 n 可用下式计算,即

$$n = K\frac{S}{mF} \tag{1-9}$$

式中 K——考虑羊脚碾在碾压时分布不均匀的修正系数,一般取 1.3;

S——滚筒表面面积,cm^2;

m——滚筒上羊脚的个数;

F——每个羊脚的底面面积,cm^2。

4. 气胎碾

气胎碾是一种拖式碾压机械,分单轴和双轴两种。图 1-20(d)所示是单轴气胎碾。单轴气胎碾主要由装载荷载的金属车厢和装在轴上的 4 ~ 6 个充气轮胎组成。碾压时在金属车厢内加载同时将气胎充气至设计压力。为避免气胎损坏,停工时用千斤顶将金属车厢顶起,并把胎内的气放出一些。

气胎碾在压实土料时,充气轮胎随土体的变形而发生变形。开始时,土体很松,轮胎的变形小,土体的压缩变形大。随着土体压实密度的增大,气胎的变形也相应增大,气胎与土体的接触面积也增大,始终能保持较均匀的压实效果。另外,还可通过调整气胎内压,来控制作用于土体上的最大应力,使其不致超过土料的极限抗压强度。增加轮胎上的荷重后,由于轮胎的变形调节,压实面积也相应增加,所以平均压实应力的变化并不大。因此,气胎的荷重可以增加到很大的数值。对于平碾和羊脚碾,由于碾滚是刚性的,不能适应土壤的变形,荷载过大就会使碾滚的接触应力超过土壤的极限抗压强度,而使土壤结构遭到破坏。

气胎碾既适宜于压实黏性土,又适宜于压实非黏性土,适用条件好,压实效率高,是一种十分有效的压实机械。

5. 振动碾

振动碾是一种振动和碾压相结合的压实机械,如图 1-20(e)所示。它是由柴油机带动与机身相连的轴旋转,使装在轴上的偏心块产生旋转,迫使碾滚产生高频振动。振动功能以压力波的形式传递到土体内。非黏性土料在振动作用下,内摩擦力迅速降低,同时由于颗粒不均匀,振动过程中粗颗粒质量大、惯性力大,细颗粒质量小、惯性力小。粗细颗粒由于惯性力的差异而产生相对移动,细颗粒填入粗颗粒间的空隙,使土体密实。而对于黏性土,由于土粒比较均匀,在振动作用下,不能取得像非黏性土那样的压实效果。

6. 蛙夯

夯击机械是利用冲击作用来压实土方的，具有单位压力大、作用时间短的特点，既可用来压实黏性土，也可用来压实非黏性土，如图1-20(f)所示。蛙夯由电动机带动偏心块旋转，在离心力的作用下带动夯头上下跳动而夯击土层。夯击作业时各夯之间要套压。一般用于施工场地狭窄、碾压机械难以施工的部位。

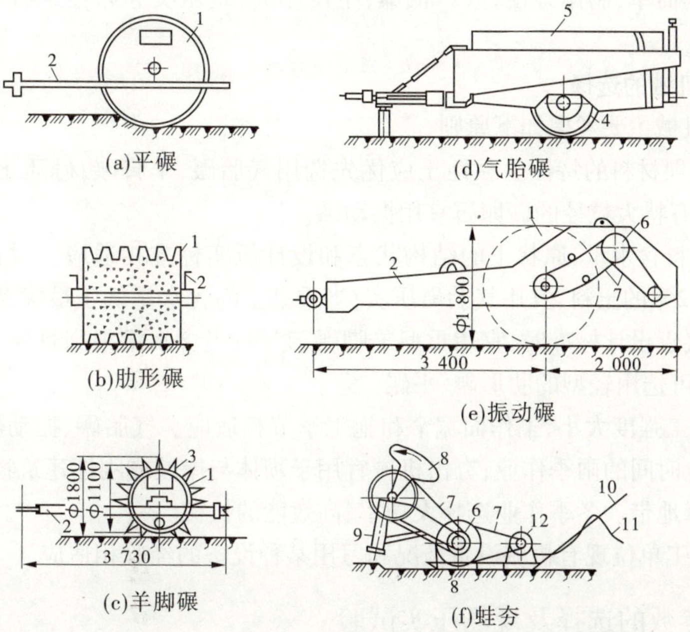

1—碾滚；2—机架；3—羊脚；4—充气轮胎；5—压重箱；6—主动轮；
7—传动皮带；8—偏心块；9—夯头；10—扶手；11—电缆；12—电动机

图1-20 常用土方压实机械 （单位：mm）

以上碾压机械碾压实土料的方法有两种：圈转套压法和进退错距法，见图1-21。

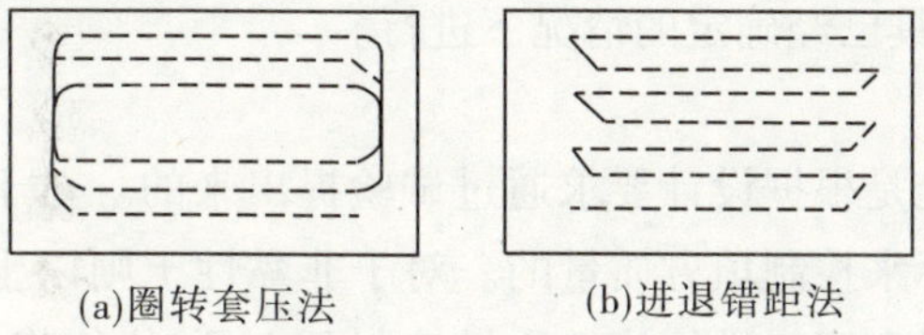

图1-21 碾压方式

圈转套压法：碾压机械从填方一侧开始，转弯后沿压实区域中心线另一侧返回，逐圈错距，以螺旋形线路移动进行压实。这种方法适用于碾压工作面大，多台碾具同时碾压的情况，生产效率高。但转弯处重复碾压过多，容易引起超压剪切破坏，转角处易漏压，难以保证工程质量。

进退错距法：碾压机械沿直线错距进行往复碾压。这种方法操作简单，容易控制碾压遍数，便于组织分段流水作业，漏压重压少，有利于保证压实质量。此法适用于工作面狭窄的情况。

由于振动作用，振动碾的压实影响深度比一般碾压机械大 1 ~ 3 倍，可达 1 m 以上。它的碾压面积比振动夯、振动器压实面积大，生产率高。振动碾压实效果好，使非黏性土料的相对密实度大为提高，坝体的沉陷量大幅度降低，稳定性明显增强，使土工建筑物的抗震性能大为改善。故抗震规范明确规定，对有防震要求的土工建筑物必须用振动碾压实。振动碾结构简单，制作方便，成本低廉，生产率高，是压实非黏性土石料的高效压实机械。

（三）压实机械的选择

选择压实机械主要考虑如下原则：

（1）适应筑坝材料的特性。黏性土应优先选用气胎碾、羊脚碾；砾质土宜用气胎碾、夯板；堆石与含有特大粒径的砂卵石宜用振动碾。

（2）应与土料含水量、原状土的结构状态和设计压实标准相适应。对含水量高于最优含水量 1% ~2% 的土料，宜用气胎碾压实；当重黏土的含水量低于最优含水量，原状土天然密度高并接近设计标准时，宜用重型羊脚碾、夯板；当含水量很高且要求压实标准较低时，黏性土也可选用轻型的肋形碾、平碾。

（3）应与施工强度大小、工作面宽窄和施工季节相适应。气胎碾、振动碾适用于生产要求强度高和抢时间的雨季作业；夯击机械宜用于坝体与岸坡或刚性建筑物的接触带、边角和沟槽等狭窄地带。冬季作业选择大功率、高效能的机械。

（4）应与施工单位现有机械设备情况和习用某种设备的经验相适应。

三、压实参数的选择及现场压实试验

坝面的铺土压实，除应根据土料的性质正确地选择压实机具外，还应合理地确定黏性土料的含水量、铺土厚度、压实遍数等各项压实参数，以便使坝体达到要求的密度，而消耗的压实功能又最少。由于影响土石料压实的因素很复杂，目前还不能通过理论计算或由实验室确定各项压实参数，宜通过现场压实试验进行选择。现场压实试验应在坝体填筑以前，土石料和压实机具已经确定的情况下进行。

（一）压实标准

土石坝的压实标准是根据设计要求通过试验提出来的。对于黏性土，在施工现场是以干密度作为压实指标来控制填方质量的。对于非黏性土则以土料的相对密度来控制。由于在施工现场用相对密度来进行施工质量控制不方便，往往将相对密度换算成干密度作为现场控制质量的依据。

（二）压实参数的选择

当初步选定压实机具类型后，即可通过现场碾压试验进一步确定为达到设计要求的各项压实参数。对于黏性土，主要是确定含水量、铺土厚度和压实遍数。对于非黏性土，一般多加水可压实，所以主要是确定铺土厚度和压实遍数。

（三）碾压试验

根据设计要求和参考已建工程资料，可以初步确定压实参数，并进行现场碾压试验。

1. 试验场地选择

要求试验场地地面密实，地势平坦开阔，可以在建筑物附近或在建筑物的不重要部位。

2. 场地布置

一般布置成 60 m×6 m 的条带形，然后将此条带等分为 4 段，每段长 15 m，各段含水量依次为 ω_1、ω_2、ω_3、ω_4，其误差不超过 1%，再将每段沿长边等分为 4 块，段内各块规定碾压遍数依次为 n_1、n_2、n_3、n_4，见图 1-22。

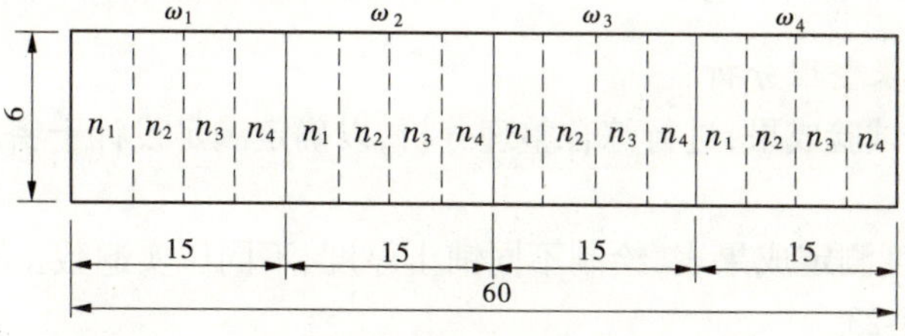

图 1-22　土料压实试验场地布置示意图　（单位：m）

压实试验土料的含水量可根据土料性质分别确定。黏性土料一般采用 4 种含水量：$\omega_1=\omega_p-4\%$，$\omega_2=\omega_p-2\%$，$\omega_3=\omega_p$，$\omega_4=\omega_p+2\%$，ω_p 为土的塑性下限。

试验的铺土厚度和压实遍数，可参照表 1-14 的数据选用。

表 1-14　试验的铺土厚度和压实遍数

序号	压实机械名称	铺松土厚度 h (cm)	碾压遍数 n	
			黏性土	非黏性土
1	80 型履带拖拉机	10—13—16	6—8—10—12	4—6—8—10
2	10 t 平碾	16—20—24	4—6—8—10	2—4—6—8
3	5 t 双联羊脚碾	19—23—27	8—11—14—18	
4	30 t 双联羊脚碾	50—25—65	4—6—8—10	
5	13.5 t 振动平碾	75—100—150		2—4—6—8
6	25 t 气胎碾	28—34—40	4—6—8—10	2—4—6—8
7	50 t 气胎碾	40—50—60	4—6—8—10	2—4—6—8
8	2～3 t 夯板	80—100—150	2—4—6	2—3—4

3. 现场碾压试验记录

试验时依次按规定碾压遍数进行碾压。将每段压 n_1 遍的小块各取 9 个试样组成一组，依次对各段压 n_2、n_3、n_4 遍的小块，各取 9 个试样，组成相应的组，然后分别测定其含水量和干密度。以上试验是在同一铺土厚度下进行的，如果要确定不同铺土厚度的压实参数，试验在不同铺土厚度的地段进行。试验土料的土质、含水量应与筑坝土料一致。现场碾压试验记录可填入干密度测定成果表，如表 1-15 所示。

表 1-15　干密度测定成果表

n	h_1				h_2				h_3				h_4			
	ω_1	ω_2	ω_3	ω_4	ω_1	ω_2	ω_3	ω_4	ω_1	ω_2	ω_3	ω_4	ω_1	ω_2	ω_3	ω_4
n_1																
n_2																
n_3																
n_4																

4. 碾压试验成果整理分析

根据上述碾压试验成果，进行综合整理分析，以确定满足设计干密度要求的最合理碾压参数，步骤如下：

(1) 根据干密度测定成果表，绘制不同铺土厚度、不同压实遍数土料含水量和干密度的关系曲线，见图 1-23。

(2) 从图 1-23 上查出最大干密度对应的最优含水量，填入最大干密度与最优含水量汇总表，见表 1-16。

(3) 根据表 1-16，绘制出铺土厚度、压实遍数和最优含水量、最大干密度的关系曲线，见图 1-24。

(4) 根据设计干密度 ρ_d，从图 1-24 上分别查出不同铺土厚度时所对应的压实遍数 a、b、c 和最优含水量 d、e、f，分别计算 h_1/a、h_2/b 及 h_3/c 之值（即单位压实遍数的压实厚度）进行比较，以单位压实遍数的压实厚度最大者，为最经济合理。

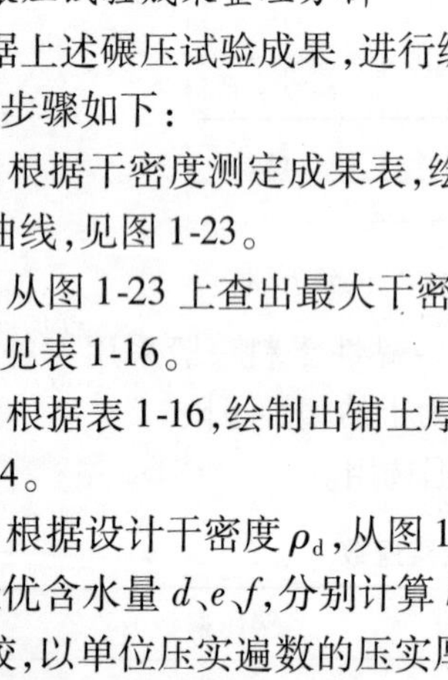

图 1-23　不同铺土厚度、不同压实遍数土料含水量和干密度的关系曲线

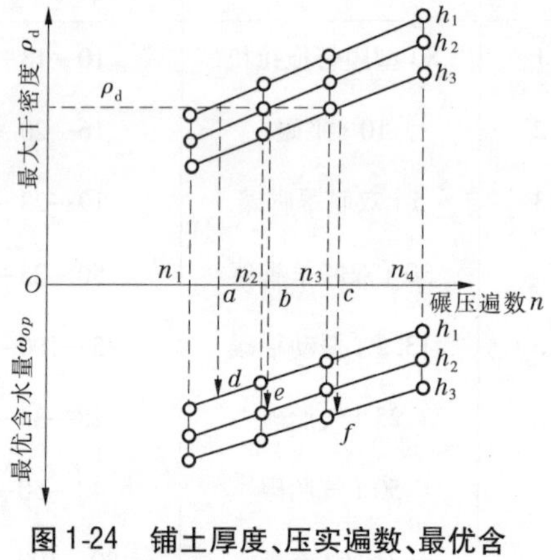

图 1-24　铺土厚度、压实遍数、最优含水量、最大干密度的关系曲线

表 1-16　最大干密度与最优含水量汇总表

h	h_1				h_2				h_3				h_4			
n																
最大干密度																
最优含水量																

对于非黏性土料的压实试验，也可用上述类似的方法进行，但因含水量的影响较小，可以不作考虑。根据试验成果，按不同铺土厚度绘制干密度（或相对密度）与压实遍数的关系曲线，然后根据设计干密度（或相对密度）即可由曲线查得在某种铺土厚度情况下所需的压实遍数，再选择其中压实工作量最小的，即仍以单位压实遍数的压实厚度最大者为经济值，取其铺土厚度和压实遍数作为施工的依据。

选定经济压实厚度和压实遍数后，应首先核对是否满足压实标准的含水量要求，然后将选定的含水量控制范围与天然含水量比较，看是否便于施工控制，否则可适当改变含水量和其他参数。有时对同一种土料采用两种压实机具、两种压实遍数是最经济合理的。

第四节　土方工程的季节性施工

一、土方工程冬季施工

在寒冷地区的冬季，气温常在零度以下，由于土料冻结，给土方工程施工带来很大的困难。《水利水电施工组织设计规范》（SL 303—2004）规定：当日平均气温低于 0 ℃时，黏性土应按低温季节施工；当日平均气温低于 -10 ℃时，一般不宜填筑土料，否则应进行技术经济论证。土方工程冬季施工的中心环节是防止土料的冻结。通常可以采用以下三方面的措施。

（一）防冻

（1）降低土料含水量。在入冬前，采用明沟截、排地表水或降低地下水位，使砂砾料的含水量降低到最低限度；对黏性土将其含水量降低到塑限的 90% 以下，并在施工中不再加水。

（2）降低土料冻结温度。在填土中加入一定量的食盐，降低土料冻结温度。

（3）加大施工强度，保证填土连续作业。采用严密的施工组织，严格控制各工序的施工速度，使土料在运输和填筑过程中的热量损失最小，下层土料未冻结前被新土迅速覆盖，以利于上下层间的良好结合。发现冻土应及时清除。

（二）保温

（1）覆盖隔热材料。对开挖面积不大的料场，可覆盖树枝、树叶、干草、锯末等保温材料。

（2）覆盖积雪。积雪是天然的隔热保温材料，覆盖一定厚度的积雪可以达到一定的保温效果。

（3）冰层保温。采取一定措施，在开挖土料表面形成 10 ~ 15 cm 厚度的冰层，利用冰层下的空气隔热对土料进行保温。

（4）松土保温。在寒潮到来前，对将要开采的料场表层土料翻松、击碎，并平整至 5 ~ 35 cm 厚，利用松土内的空气隔热保温。

一般来讲，开采土料温度不低于 5 ~ 10 ℃，压实温度不低于 2 ℃，便能保证土料的压实效果。

（三）加热

当气温低、风速过大，一般保温措施不能满足要求时，则可采用加热和保温相结合的暖棚作业，在棚内用蒸汽或火炉升温。蒸汽可以用暖气管或暖气包放热。暖棚作业费用高，只有在冬季较长，工期很紧，质量要求很高，工作面狭长的情况下才使用。

二、土方工程雨季施工

在多雨的地区进行土方工程施工，特别是黏性土，常因含水量过大而影响施工质量和施工进度。因此，SL 303—2004 要求：土料施工尽可能安排在少雨季节，若在雨季或多雨地区施工，应选用合适的土料和施工方法，并采取可靠的防雨措施。雨季作业通常采取以下措施：

（1）改进黏性土特性，使之适应雨季作业。在土料中掺入一定比例的砂砾料或岩石碎屑，滤出土料中的水分，降低土料含水量。

（2）合理安排施工，改进施工方法。对含水量高的料场，采用推土机平层松土取料，以利于降低含水量。晴天多采土，加以翻晒，堆成土堆，并将土堆表面压实抹光，以利排水，形成储备土料的临时土库，即所谓"土牛"。充分利用气象预报，晴天安排黏性土施工，雨天安排非黏性土施工。

（3）增加防雨措施，保证更多有效工作日。对作业面不大的土方填筑工程，雨季施工可以采用搭建防雨棚的方法，避免雨天停工；或在雨天到来时，用帆布或塑料薄膜加以覆盖；当雨量不大，降雨历时不长时，可在降雨前迅速撤离施工机械，然后用平碾或振动碾将土料表面压成光面，并使其表面向一侧倾斜，以利排水。

复习思考题

1-1　土方工程的主要施工机械有哪几种类型？

1-2　土方工程的基本施工过程有哪几个环节？

1-3　试述土的可松性及其对土方施工有何影响。

1-4　提高推土机生产率的方法有哪些？

1-5　提高铲运机的生产率的措施有哪些？

1-6　正向铲挖掘机施工时，应注意哪些问题？

1-7　根据掌子面布置的不同，正向铲挖掘机的作业方式有哪些？

1-8　提高挖掘机生产率的措施有哪些？

1-9　土方压实的目的有哪些？

1-10　简述土方压实的理论。

1-11　影响土方压实的因素有哪些？

1-12　试述各种压实机械碾压土方的机理。

1-13　选择压实机械主要考虑哪些原则？

1-14　土方工程冬季施工措施有哪些？

1-15　土方工程雨季作业措施有哪些？

第二章　砌体工程施工

学习指导

学习目标：了解脚手架的分类、作用及搭设与拆除方法，掌握砖基础的施工工艺及砌筑要点，理解干砌石的施工方法、封边、施工缺陷，掌握浆砌石施工工艺，了解砌体施工安全技术要求。

学习重点：砖基础及砖墙的施工工艺和砌筑要点，干砌石的施工方法和浆砌石的施工工艺。

第一节　脚手架

一、脚手架

脚手架是施工作业中不可缺少的设备工具，是为施工现场工作人员生产和堆放部分建筑材料所提供的操作平台。它既要满足施工的需要，又要为保证工程质量和提高工作效率创造条件。其主要作用有：

(1)保证工程作业面的连续性施工；

(2)能满足施工操作所需要的运料和堆料要求，并方便操作；

(3)对高处作业人员能起到防护作用，以确保施工人员的人身安全；

(4)使操作不致影响工效和工程的质量；

(5)能满足多层作业、交叉作业、流水作业和多工种之间配合作业的要求。

二、脚手架的分类

脚手架的分类方法很多，通常按以下几种方式分类。

(一)按脚手架的用途划分

(1)结构工程作业脚手架(简称结构脚手架)。它是为满足结构施工作业需要而设置的脚手架，也称砌筑脚手架。

(2)装修工程作业脚手架(简称装修脚手架)。它是为满足装修施工作业而设置的脚手架。

(3)支撑和承重脚手架(简称模板支撑架或承重脚手架)。它是为支撑模板及其荷载或为满足其他承重要求而设置的脚手架。

(4)防护脚手架。它包括作业围护用墙式单排脚手架和通道防护棚等，是为施工安全设置的脚手架。

(二)按脚手架的设置状态划分

(1)落地式脚手架。脚手架荷载通过立杆传递给架设脚手架的地面、楼面、屋面或其他支持结构物。

(2)挑脚手架。从建筑物内伸出的或固定于工程结构外侧的悬挑梁或其他悬挑结构上向上搭设的脚手架。脚手架通过悬挑结构将荷载传递给工程结构。

(3)挂脚手架。使用预埋托挂件或挑出悬挂结构将定型作业架悬挂于建筑物的外墙面。

(4)吊脚手架。悬吊于屋面结构或屋面悬挑梁之下的脚手架。当脚手架为篮式构造时,就称为“吊篮”。

(5)桥式脚手架。由桥式工作台及其两端支柱(一般采用格构式)构成的脚手架。桥式工作台可自由提升和下降。

(6)移动式脚手架。自身具有稳定结构,可移动使用的脚手架。

(三)按脚手架的搭设位置划分

(1)外脚手架。外脚手架是沿建筑物外墙外侧周边搭设的一种脚手架。它既可用于砌筑墙柱,又可用于外装修。

(2)里脚手架。用于建筑物内墙的砌筑、装修用的脚手架。在施工中,里脚手架搭设在各层楼板上,每层楼板只需搭设两三步。

(四)按脚手架杆件、配件材料和连接方式划分

(1)木、竹脚手架;

(2)扣件式钢管脚手架;

(3)碗扣式钢管脚手架;

(4)门式钢管脚手架;

(5)其他连接形式钢脚手架。

三、木脚手架

(一)概述

木脚手架取材方便、经济实用、历史悠久、搭设经验丰富、技术成熟,是我国工程施工中应用较为广泛的脚手架。但这些脚手架由于木材用量大、重复利用率低,因而在各方面条件允许的情况下,尽可能不使用木脚手架。

这类脚手架选用木杆为主要杆件,采用 8 号铁丝绑扎而成。木脚手架根据使用要求可搭设成单排脚手架或双排脚手架。它是由立杆、大横杆、小横杆、斜撑、剪刀撑、抛撑、扫地杆及脚手板等组成的。

(二)木脚手架的搭设

木脚手架的搭设方式通常有单排外脚手架和双排外脚手架。单排外脚手架外侧只有一排立杆,小横杆一端与立杆或大横杆连接,另一端搁置在建筑物上。搭设注意事项如下:

(1)由于单排外脚手架稳定性差,搭设高度一般不得超过 20 m。

(2)小横杆在墙上的搁置宽度不宜小于 240 mm。

(3)立杆埋设深度一般不小于 0.5 m,也可直接立于地面,但应加设垫板,并用扫地杆帮助稳定。

(4)立杆的间距以1.5 m左右为宜,最大不能超过2 m。横杆的距离一般为1~1.2 m,最大不得超过1.5 m。

(5)十字盖之间的间距。一般每隔六根立杆设一档十字盖,十字盖占两个立杆档,从下到上绑扎,要撑到地面,与地面的夹角为60°。

双排外脚手架是内外两侧均设立杆,小横杆两端分别与内、外侧立杆连接的外脚手架。它的稳定性比较好,搭设高度一般不超过30 m。

此外,木脚手架常可作为坡道的架设。

四、扣件式钢管脚手架

扣件式钢管脚手架由钢管和扣件组成,搭拆方便、灵活,能适应建筑物中平立面的变化,强度高,坚固耐用。它还可以格成井字架、栈桥和上料台架等,是应用较多的脚手架。

(一)材料要求

1. 杆件用料要求

扣件式钢管脚手架的主要杆件有:立杆、顺水杆(大横杆)、排木(小横杆)、十字盖(剪刀撑)、压柱子(抛撑、斜撑)、底座、扣件等。

钢管采用外径48~51 mm、壁厚3~3.5 mm的钢管,长度以4~6.5 m和2.1~2.3 m为宜。

2. 底座

扣件式钢管脚手架的底座是由套管和底板焊成的。套管一般用外径57 mm、壁厚3.5 mm的钢管(或用外径60 mm、壁厚3~4 mm的钢管),长150 mm。底板一般用边长(或直径)150 mm、厚5 mm的钢板。

3. 扣件

扣件是用铸铁锻制成的,螺栓用Q235钢制成,其形式有以下三种(见图2-1):

(1)回转扣件。回转扣件用于连接扣紧呈任意角度相交的杆件,如立杆与十字盖的连接。

(2)直角扣件。直角扣件又称十字扣件,用于连接扣紧两根垂直相交的杆件,如立杆与顺水杆、排木的连接。

(3)对接扣件。对接扣件又称一字扣件,用于两根杆件的接长。用于连接扣紧两根垂直相交的杆件,如立杆。

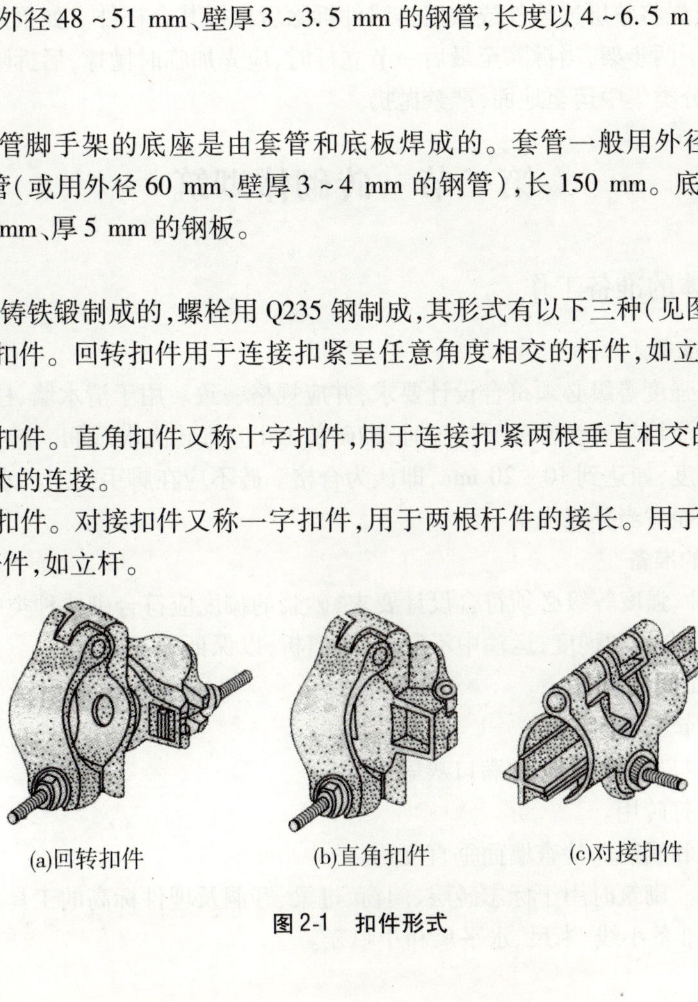

(a)回转扣件　(b)直角扣件　(c)对接扣件

图2-1　扣件形式

(二)扣件式钢管脚手架的搭设与拆除

1. 搭设

脚手架的搭设要求钢管的规格相同,地基平整夯实,对高层建筑物脚手架的基础要进行验算,脚手架地基的四周排水畅通,立杆底端要设底座或垫木。通常脚手架搭设顺序为:放置纵向扫地杆→立杆→横向扫地杆→第一步纵向水平杆(大横杆)→第一步横向水平杆(小横杆)→连墙件(或加抛撑)→第二步纵向水平杆(大横杆)→第二步横向水平杆(小横杆)……

开始搭设第一节立杆时,每六跨应暂设一根抛撑,当搭设至设有连墙件的构造层时,应立即设置连墙件与墙体连接,当装设两道连墙件后,抛撑便可拆除。双排脚手架的小横杆,靠墙一端应离开墙体装饰面至少 100 mm,杆件相交的伸出端长度不小于 100 mm,以防止杆件滑脱,扣件规格必须与钢管外径相一致,扣件螺栓拧紧。除操作层的脚手板外,宜每隔 1.2 m 高满铺一层脚手板,在脚手架全高或高层脚手架的每个高度区段内,铺板不多于六层,作业不超过三层,或者根据设计搭设。

2. 拆除

扣件式脚手架的拆除按由上而下,后搭者先拆,先搭者后拆的顺序进行外,严禁上下同时拆除,以及先将整层连墙件或数层连墙件拆除后再拆其余杆件。如果采用分段拆除,其高差不应大于两步架,当拆除至最后一节立杆时,应先加临时抛撑,后拆除连接件,拆下的材料应及时分类集中运至地面,严禁抛扔。

第二节　砖砌体砌筑

一、砖砌体的准备工作

(一)砖的准备

砖的品种、强度等级必须符合设计要求,并应规格一致。用于清水墙、柱表面的砖,还应边角整齐、色泽均匀。在常温下施工时,砌砖前 1 d 应将砖浇水湿润。施工中可将砖砍断,检查吸水深度,如达到 10 ~ 20 mm,即认为合格。砖不应在脚手架上浇水,若砌筑时砖块干燥,可用喷壶适当补充浇水。

(二)砂浆的准备

砂浆的品种、强度等级必须符合设计要求,砂浆的稠度应符合砌体种类的规定。拌制中保证砂浆的配合比和稠度,运输中不漏浆、不离析,以保证施工质量。

(三)施工工具的准备

(1)大铲。铲灰和刮灰用。

(2)瓦刀。打砖、打灰条、披满口灰等用。

(3)刨锛。打砖用。

(4)靠尺板和线锤。检查墙面垂直度用。

(5)皮数杆。砌筑时用于标志砖层、门窗、过梁、开洞及埋件标高的工具。

此外,还应准备小线、米尺、水平尺和小喷壶。

（四）砌体工作段划分

（1）相邻工作段的分段位置，宜设在伸缩缝、沉降缝、防震缝构造柱或门窗洞口处。

（2）相邻工作段的高度差，不得超过一个楼层的高度，且不得大于4 m。

（3）砌体临时间断处的高度差，不得超过一步脚手架的高度。

（4）砌体施工时，楼面堆载不得超过楼板允许荷载值。

（5）尚未安装楼板或屋面的墙和柱，当可能遇到大风时，其允许自由高度不得超过有关规定。如超过规定，必须采取临时支撑等有效措施以保证墙或柱在施工中的稳定性。

（6）雨天施工应防止雨水冲刷砂浆（或基槽灌水），砂浆的稠度应适当减小，每日砌筑高度不宜超过1.2 m，收工时应遮盖砌体表面。

（7）设有钢筋混凝土抗风柱的房屋，应在柱顶与屋架以及屋架间的支撑均已连接固定后，方可砌筑山墙。

二、砌筑工艺

（一）砖基础砌体工程

1. 砖的加工与摆放

在砌筑时根据需要打砍加工的砖，按其尺寸不同可分为“七分头”、“半砖”、“二寸条”、“二寸头”，如图2-2所示。

砌入墙内的砖，由于摆放位置不同，又分为卧砖（也称顺砖或眠砖）、陡砖（也称侧砖）、立砖以及顶砖，如图2-3所示。

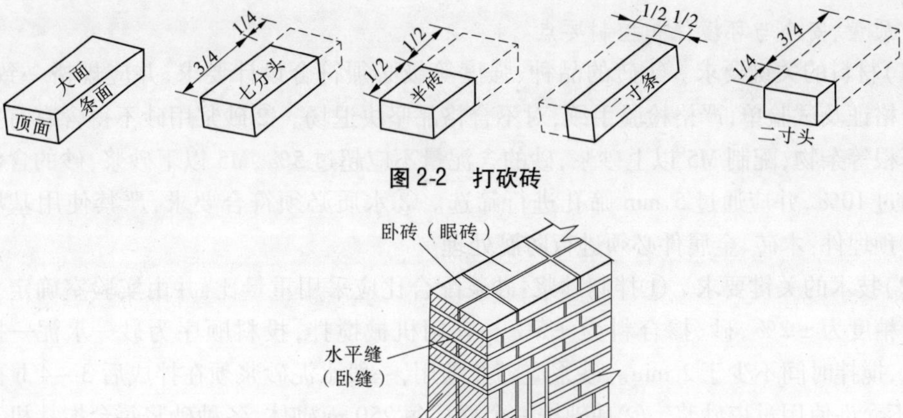

图2-2　打砍砖

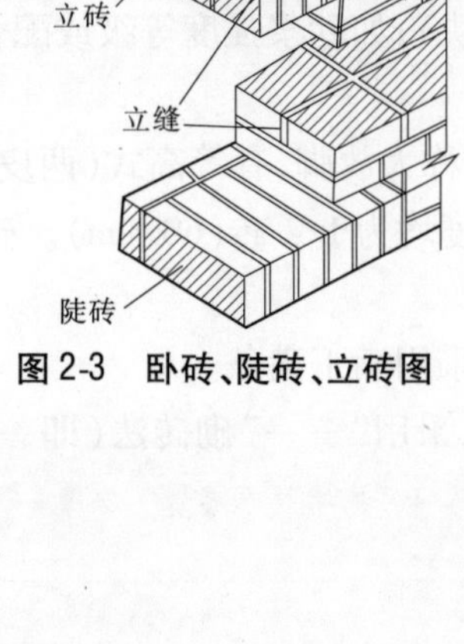

图2-3　卧砖、陡砖、立砖图

2. 施工准备

1)技术准备

(1)根据施工图纸(已会审)及标准规范,编制砌体的施工方案并经相关单位批准通过;

(2)根据现场条件,完成工程测量控制点的定位、移交、复核工作;

(3)编制工程材料、机具、劳动力的需求计划;

(4)完成进场材料的见证取样复检及砌筑砂浆的试配工作;

(5)组织施工人员进行技术、质量、安全、环境交底。

2)材料要求

(1)砌筑砂浆强度等级必须符合以下设计要求:①水泥。一般采用32.5级或42.5级普通硅酸盐水泥或矿渣硅酸盐水泥。②砂。一般宜用中砂,并不得含有有害物质,勾缝宜用细砂。③水。使用自来水或天然洁净可供饮用的水。

(2)砖的品种、强度等级必须符合设计要求,并应规格一致,有出厂合格证及试验报告。①用于基础的砖宜用烧结普通砖;②蒸压灰砂砖和蒸压粉煤灰砖也可用于基础,但不得用于长期受热200 ℃以上、受急冷急热和有酸性介质侵蚀的部位。

3)主要机具

(1)机械设备:砂浆搅拌机、水平运输机械等;

(2)主要工具:瓦刀、大铁锹、刨锛、手锤、钢凿、筛子、铁锹、手推车等;

(3)检测工具:水准仪、经纬仪、钢卷尺、卷尺、锤线球、水平尺、磅秤、砂浆试模等。

4)质量、安全与环境保护控制要点

(1)材料的关键要求。①砖的品种、强度等级必须符合设计要求,并应规格一致,有出厂合格证及试验单,严格检验手续,对不合格品坚决退场。②砂浆用砂不得含有有害物质及草根等杂物,配制M5以上砂浆,砂的含泥量不应超过5%,M5以下砂浆,砂的含泥量不应超过10%,并应通过5 mm筛孔进行筛选。③水质必须符合要求,严禁使用基坑积水。④预埋件:木砖、金属件必须进行防腐处理。

(2)技术的关键要求。①拌制砂浆:砂浆配合比应采用重量比,并由实验室确定。水泥计量精度为±2%,砂、掺合料为±5%。宜用机械搅拌,投料顺序为砂—水泥—掺合料—水,搅拌时间不少于2 min。砂浆应随拌随用,一般水泥砂浆须在拌成后3~4 h内使用完,不允许使用过夜砂浆。②基础按一个楼层每250 m砌体,各种砂浆每台搅拌机至少抽检一次,做一组试块(一组6块);如砂浆强度等级或配合比变更,还应制作试块。

3. 砖基础的构造形式

砖基础一般做成阶梯形,俗称大放脚,有等高式(两皮一收)和间隔式(两皮一收与一收相间)两种,每一种收退台宽度均为1/4砖(60 mm)。砖基础大放脚形式见图2-4。

1)砌筑方法

(1)组砌方法应正确,一般采用满丁满条。

(2)里外咬槎,上下层错缝,采用“三一”砌砖法(即一铁锹灰、一块砖、一挤揉),严禁用水冲砂浆灌缝的方法。

2)排砖撂底

(1)基础大放脚的撂底尺寸及收退方法必须符合设计图纸规定,如一层一退,里外均应砌丁砖;如两层一退,第一层为条砖,第二层为砌丁砖。

(2)大放脚的转角处,应按规定放七分头,其数量为一砖半厚墙放三块,两砖墙放四块,以此类推。

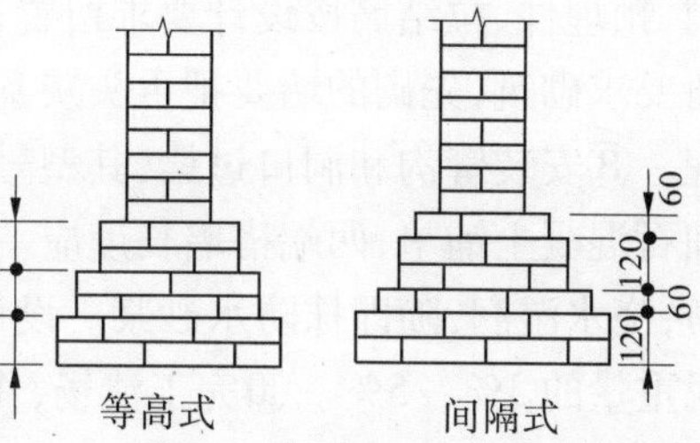

图 2-4 砖基础大放脚形式 (单位:mm)

(3)常见撂底排砖方法有六皮三收等高式大放脚。

4. 砖基础施工工艺

(1)砖基础施工工艺流程,如图 2-5 所示。

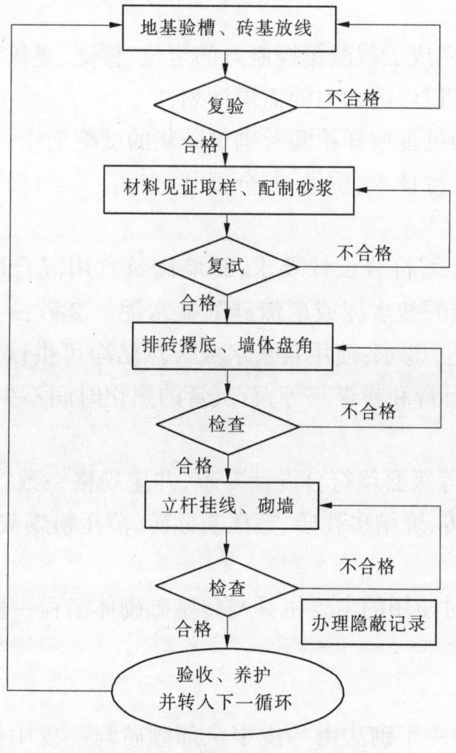

图 2-5 砖基础施工工艺流程

(2)操作工艺。①砖基础砌筑前,基础垫层表面应清扫干净,洒水湿润。先盘墙角,每次盘角高度不应超过五层砖,随盘随靠平、吊直。②砌基础墙应挂线,240 mm 墙反手挂线,370 mm 及以上墙应双面挂线。③基础标高不一致或有局部加深部位,应从最低处往上砌筑,应经常拉线检查,以保持砌体通顺、平直,防止砌成“螺丝”墙。④基础大放脚砌至基础上部时,要拉线检查轴线及边线,保证基础墙身位置正确。同时还要对照皮数杆的皮数及标高,如有偏差时,应在水平灰缝中逐渐调整,使砖墙的皮数与皮数杆一致。⑤暖气沟挑檐砖及上一层压砖,均应用砖砌筑,灰缝要严实,挑檐砖标高必须正确。⑥各种预留洞、预埋件、拉结筋按设计要求留置,避免后剔凿,影响砌体质量。⑦变形缝的墙角应按直角要求砌筑,先砌的墙要把舌头灰刮尽,后砌的墙可采用缩口灰,掉入缝内的杂物随时清理。⑧安装管沟和洞口过梁,其型号、标高必须正确,底灰饱满,如坐灰超过 20 mm 厚,用细石混凝土铺垫,两端搭墙长度应一致。⑨防潮层施工,将墙顶活动砖重新砌好,清扫干净,浇水湿润,随即抹防水砂浆。设计无规定时,一般厚度为 15 ~20 mm,防水粉掺量为水泥重量的 3% ~5% 。⑩完工清场,作好成品保护,准备基础工程验收。⑪工程验收后,应及时进行回填。

(二)砖墙砌体工程

1. 施工准备

1)技术准备

(1)根据设计施工图纸及标准规范编制砖墙砌体专项的施工方案,并经相关单位批准通过;

(2)根据现场条件,完成工程测量控制点的定位、移交、复核工作;

(3)编制工程材料、机具、劳动力的需求计划;

(4)完成进场材料的见证取样检验及砌筑砂浆的试配工作;

(5)组织施工人员进行技术、质量、安全、环境交底。

2)材料要求

(1)砂浆强度等级必须符合设计要求,砖墙砌筑宜用混合砂浆。①水泥:一般采用 32.5 级或 42.5 级普通硅酸盐水泥或矿渣硅酸盐水泥。②砂:一般宜用中砂并不得含有有害物质,勾缝宜用细砂。③水:使用自来水或天然洁净可供饮用的水。④塑化材料:有石灰膏、磨细石灰粉、电石膏和粉煤灰等,石灰膏的熟化时间不少于 7 d,严禁使用冻结和脱水硬化的石灰膏。

(2)砖的品种、强度等级必须符合设计要求,并应规格一致,有出厂合格证及试验单,用于砖墙常有烧结普通砖、烧结多孔砖、蒸压灰砂砖、蒸压粉煤灰砖等。

3)主要机具

砖墙砌体工程施工时使用的主要机具与砖基础砌体工程一样。

2. 墙体组砌方式

1)组砌形式

(1)一顺一丁。一顺一丁砌法由一皮中全部顺砖与一皮中全部丁砖相互间隔砌成,上下皮间的竖缝相互错开 1/4 砖长,如图 2-6(a)所示。

(2)三顺一丁。三顺一丁砌法是三皮中全部顺砖与一皮中全部丁砖间隔砌成,上下皮顺砖与丁砖间竖缝错开 1/4 砖长,上下皮顺砖间竖缝错开 1/2 砖长,如图 2-6(b)所示。

(3)梅花丁。梅花丁砌法是每皮中丁砖与顺砖相隔,上皮丁砖坐中于下皮顺砖,上下皮间竖缝相互错开 1/4 砖长,如图 2-6(c)所示。

实心墙体:一般采用一顺一丁(满丁满条)、梅花丁或三顺一丁砌法。其中,代号 M 型的多孔砖的组砌方式只有全顺;代号 P 型的多孔砖的组砌方式有一顺一丁及梅花丁两种,不采用五顺一丁砌法。

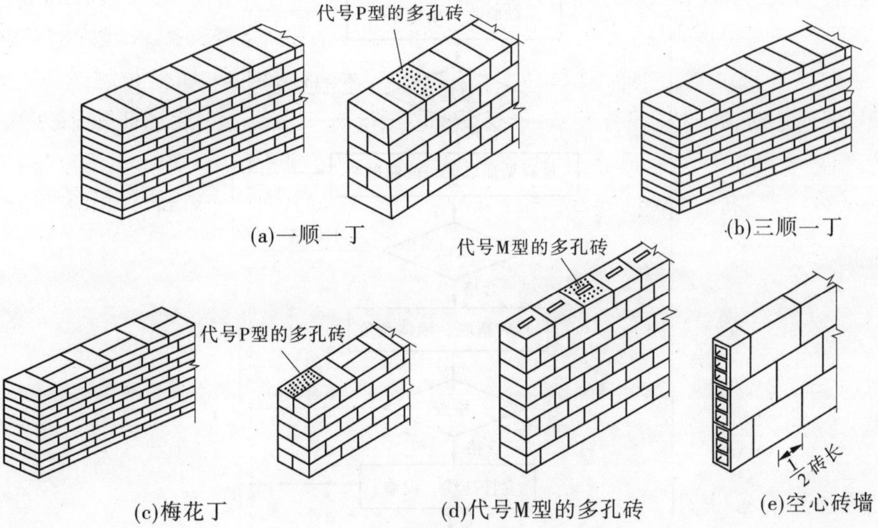

图 2-6　砖基础组砌形式

2)质量关键要求

(1)原材料必须逐车过磅,计量准确,搅拌时间要达到规定的要求,砂浆试块应有专人负责制作与养护。

(2)排砖时必须把立缝排匀,砌完一步架高度,每隔两皮砖在丁砖立棱处用托线板吊直弹线,二步架往上继续吊直弹粉线,由底往上所有七分头的长度应保持一致,留设上层窗口必须同下层窗口保持垂直。

(3)立皮数杆时要保持标高一致,盘角时灰缝要掌握均匀,排砖时准线要拉紧,防止一层线松,一层线紧。

(4)排砖时,为了使窗间墙、垛排成好活,把破活排在中间或不明显位置,在砌过梁上第一行砖时,不得随意变活。

(5)舌头灰刮尽,保持墙面整洁,正确排砖,半头砖分开使用,避免造成通缝,准确标高及平直度应准确,防止墙背面偏差过大,水平灰缝不平直、不均匀。

(6)构造柱砖墙应砌成大马牙槎,设置好拉结筋,从柱脚开始两侧都应先退后进,当凿深 120 mm 时,宜上口一皮进 60 mm,再上一皮进 120 mm,以保证混凝土浇筑时上角密实,构造柱内的落地灰、砖渣杂物必须清理干净,防止混凝土内夹渣。

3. 砖墙施工工艺流程

砖墙施工工艺流程如图 2-7 所示。

4. 操作工艺

(1)组砌方法:砌体一般采用一顺一丁(满丁、满条),花丁或三顺一丁砌法。

(2)排砖撂底(干摆砖):一般外墙第一层砖撂底时,两墙排丁砖,前后檐纵墙排条砖。

(3)选砖:砌清水墙应选择棱角整齐,无弯曲、裂纹,颜色均匀,规格基本一致的砖。敲击时声音响亮,焙烧过火变色、变形的砖可用在基础及不影响外观的内墙上。

(4)盘角:砌砖前应先盘角,每次盘角不要超过五层,新盘的大角,及时进行吊、靠。

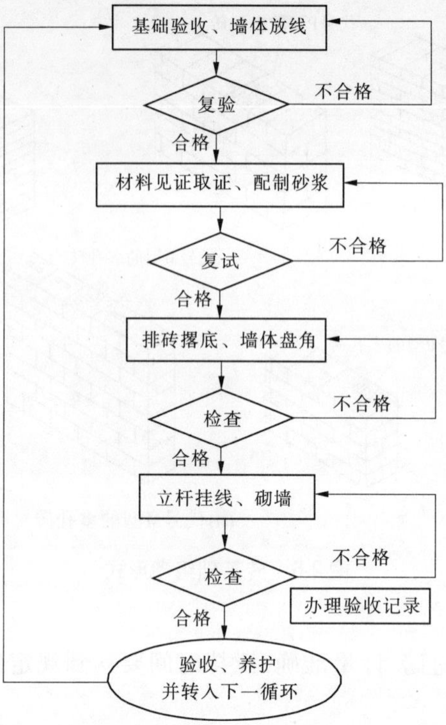

图 2-7　砖墙施工工艺流程

如有偏差要及时修整。盘角时要仔细对照皮数杆的砖层和标高，控制好灰缝大小，使水平灰缝均匀一致。大角盘好后再复查一次，平整度和垂直度完全符合要求后，再挂线砌墙。

(5)挂线：砌筑一砖半墙必须双面挂线，如果长墙几个人均使用一根通线，中间应设几个支线点，小线要拉紧，每层砖都要穿线看平，使水平缝均匀一致，平直通顺；砌一砖厚混水墙时宜采用外手挂线，可照顾砖墙两面平整，为下道工序控制抹灰厚度奠定基础。

(6)砌砖：砌砖宜采用一铁锹灰、一块砖、一挤揉的"三一"砌砖法，即满铺、满挤操作法。砌砖时砖要放平。里手高，墙面就要张；里手低，墙面就要背。砌砖一定要跟线，"上跟线，下跟棱，左右相邻要对平"。水平灰缝厚度和竖向灰缝宽度一般为 10 mm，但不应小于 8 mm，也不应大于 12 mm。为保证清水墙面主缝垂直，不游丁走缝，当砌完一步架高时，宜每隔 2 m 水平间距，在丁砖立棱位置弹两道垂直立线，可以分段控制游丁走缝。在操作过程中，要认真进行自检，如出现偏差，应随时纠正，严禁事后砸墙。清水墙不允许有三分头，不得在上部任意变活、乱缝。砌筑砂浆应随搅拌随使用，一般水泥砂浆必须在 3 h 内用完，水泥混合砂浆必须在 4 h 内用完，不得使用过夜砂浆。砌清水墙应随砌、随划缝，划缝深度为 8 ~ 10 mm，深浅一致，墙面清扫干净。混水墙应随砌随将舌头灰刮尽。

(7)留槎：外墙转角处应同时砌筑。内外墙交接处必须留斜槎，槎子长度不应小于墙体高度的 2/3，槎子必须平直、通顺。分段位置应在变形缝或门窗口角处，隔墙与墙或柱不同时砌筑时，可留阳槎加预埋拉结筋。沿墙高按设计要求每 500 mm 预埋直径 6 mm 钢筋 2 根，其埋入长度从墙的留槎处算起，一般每边均不小于 50 cm，末端应加 90 ℃弯钩。施工洞口也应按以上要求留水平拉结筋。隔墙顶应用立砖斜砌挤紧。

（8）安装过梁、梁垫：安装过梁、梁垫时，其标高、位置及型号必须准确，坐浆饱满。如坐浆厚度超过 20 mm，要用细石混凝土铺垫，过梁安装时，两端支撑点的长度应一致。

第三节 砌石工程

一、干砌石施工

所谓干砌，是指不用胶结材料而将砌体砌筑起来的一种砌筑方法。干砌石包括干砌块（片）石和干砌卵石。干砌石不宜用于砌筑墩、台、桥、涵或其他主要受力的部位，一般仅用于护坡（土坝的临水面护坡、渠系建筑物进出口护坡及渠道衬砌）、护底（水闸的上下游护坦等）以及河道防冲部分的护岸等工程。

（一）砌筑前的准备工作

1. 备料

在砌石施工中为缩短场内运距，避免停工待料，砌筑前应尽量按照工程部位及需要数量分片备料，并提前将石块的水锈、淤泥洗刷干净。

2. 地基清理

砌石前应将地基开挖至设计高程，淤泥、腐殖土以及混杂的建筑残渣应清除干净，必要时将坡面或底面夯实，然后才能进行铺砌。

3. 铺设反滤层

在干砌石砌筑前应铺设砂砾反滤层，其作用是将块石垫平，不致使砌体表面凹凸不平，减少其对水流的摩阻力，减少水流或降水对砌体地基土壤的冲刷，防止地下渗水逸出时带走地基土粒，避免砌筑面下陷变形。

反滤层的各层厚度、铺设位置、材料级配和粒径以及含泥量均应满足规范要求，铺设时应与砌石施工配合，自下而上，随铺随砌，接头处各层之间的连接要层次清楚，防止层间挪动或混淆。

（二）干砌石施工方法

常采用的干砌块石的施工方法有两种，即花缝砌筑法和平缝砌筑法。

1. 花缝砌筑法

花缝砌筑法多用于干砌片（毛）石。砌筑时，依石块原有形状，使尖对拐、拐对尖，相互联系砌成。砌石不分层，一般多将大面向上，如图 2-8 所示。这种砌法的缺点是底部空虚，容易被水流淘刷变形，稳定性较差，且不能避免重缝、叠缝、翘口等毛病。但此法的优点是表面比较平整，故可用于流速不大、不承受风浪淘刷的渠道护坡工程。

2. 平缝砌筑法

平缝砌筑法一般多适用于干砌块石的施工。砌筑时，将石块宽面与坡面竖向垂直，与横向平行，如图 2-9 所示。砌筑前，安放每一块石块必须先进行试放，不合适处应用小锤修整，达到石缝紧密，最好不塞或少塞石子。这种砌法横向均有通缝，但竖直缝必须错开，如砌缝底部或块石拐角处有空隙，则应选用适当的片石塞满填紧，以防止底部砂砾垫层由缝隙淘出，造成坍塌。

(三)干砌石封边

干砌石是依靠石块之间的摩擦力来维持其整体稳定的。若砌体发生局部移动或变形,将会导致整体破坏。边口部位是最易损坏的地方,所以封边工作十分重要。

一般工程中,对护坡水下部分,常采用深度均为0.8 m左右的大块石单层或双层干砌封边,然后将边外部分用黏土回填夯实。有时,也可采用深宽均为0.4 m左右的浆砌石埂进行封边。对护坡水上部分的顶部封边,则常采用比较大的方正块石砌成0.4 m左右宽的平台,台后所留的空隙用黏土回填夯实,如图2-10所示。对于挡墙、闸翼墙等重力式墙身顶部,一般用厚度5 mm左右的混凝土封闭。

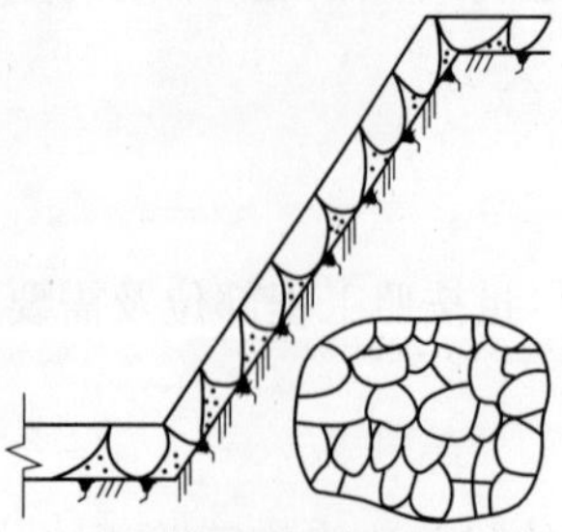

图2-8　花缝砌筑

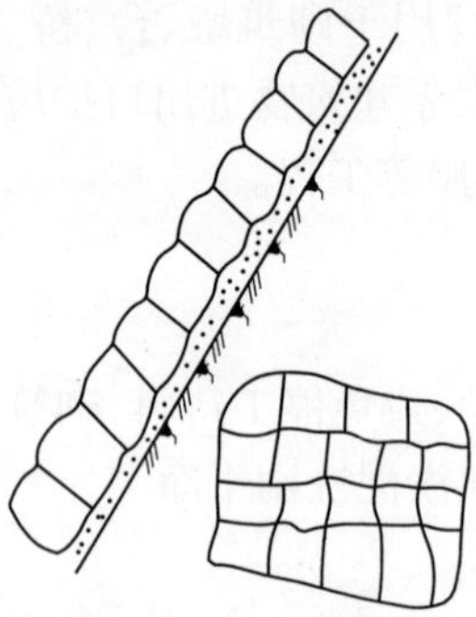

图2-9　平缝砌筑

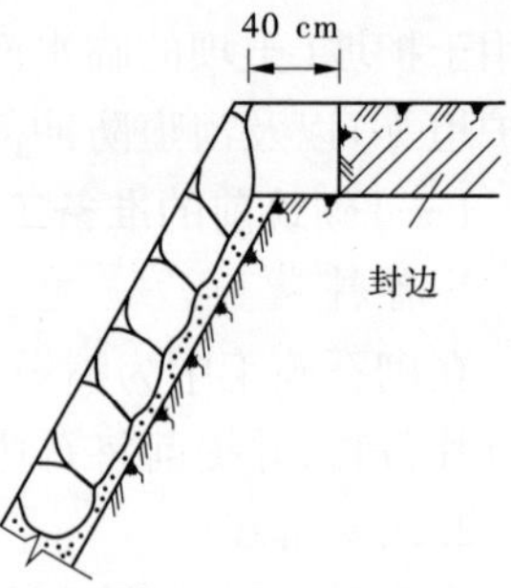

图2-10　干砌石封边

(四)干砌石砌筑要点

造成干砌石工程缺陷的原因,主要是砌筑技术不良、工作马虎、施工管理不善以及测量放样错漏等。缺陷主要表现有缝口不紧、底部空虚、鼓心凹肚、重缝、飞口(即石块很薄的边口未经砸掉便砌在坡上)、翘口(上下两块都是一边厚一边薄石料的薄口部分互相搭接)、悬石(两石相接不是面的接触,而是点的接触)、浮塞叠砌、严重蜂窝以及轮廓尺寸走样等,如图2-11所示。

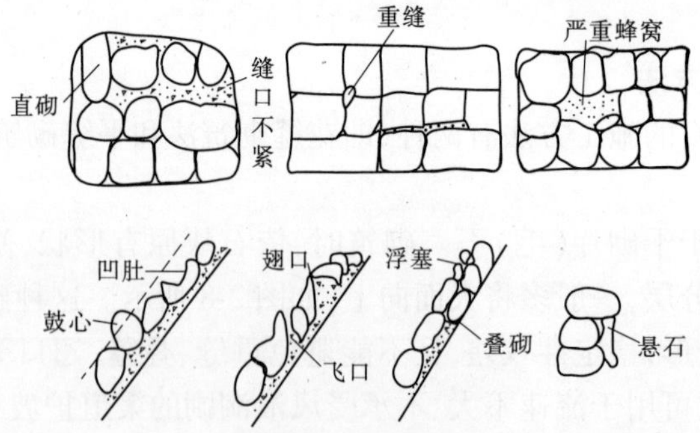

图2-11　干砌石缺陷

无论是毛石还是河卵石铺砌的护坡或护底,下面都应设置垫层。垫层的作用是:使石块能通过垫层均匀地压在土层上,使其表面保持平整和减少下沉;同时,有了垫层可减少水流对土层的冲刷力,保护了土层,不致使石块下的土被水流淘空。

干砌石施工必须注意以下几个方面:

(1)干砌石工程在施工前,应进行基础清理工作,其具体要求与浆砌石基础清理基本相同。

(2)凡受水流冲刷和浪击作用的干砌石工程,应采用竖立砌法(即石块的长边与水平面或斜面呈垂直方向)砌筑,以期空隙达到最小。

(3)重力式墙身或坝体施工,严禁采用先砌好里外砌石面,中间用乱石充填并留下空隙和蜂窝等错误施工方法。

(4)干砌块石的墙体露出面必须设丁石(拉结石),丁石要均匀分布。同一层的丁石长度,如墙厚等于或小于400 mm,丁石长度应等于墙厚;如墙厚大于400 mm,则要求同一层内外的丁石相互交错搭接,搭接长度不小于150 mm,其中一块的长度不小于墙厚的2/3。

(5)如用料石砌墙,则两层顺砌后应有一层丁砌,同一层采用丁顺组砌时,丁石间距不宜大于2 m。

(6)用干砌块石作基础,一般下大上小,呈阶梯状,底层应选择比较方正的大块石,上层阶梯块石至少压住下层阶梯块石宽度的1/3。

(7)大体积的干砌块石挡墙或其他建筑物,在砌体每层转角和分段部位,应先采用大而平整的块石砌筑。

(8)回填在干砌块石基础前后和挡墙后部的土石料,应分层回填并夯实。用干砌块石砌筑的单层斜面护坡或护岸,在砌筑块石前要先按设计要求,平整坡面。如块石砌筑在土质坡面上,要先夯实土层,并按设计规定铺放碎石或细砾石。

(9)护坡干砌工程,应自坡脚开始自下而上进行。

(10)砌体缝口要砌紧,空隙应用小石填塞紧密,防止砌体在受到水流的冲刷或外力撞击时滑脱沉陷,以保持砌体的坚固性。一般规定,干砌石砌体空隙率不超过30%~35%。

(11)干砌石护坡的每块石面一般不应低于设计位置50 mm,不高出设计位置150 mm。

(12)干砌石在砌筑时,要防止出现各种缺陷。

二、浆砌石施工

浆砌石是用胶结材料把单个的石块连接在一起,使石块依靠胶结材料的黏结力、摩擦力和块石本身重量结合成为新的整体,以保持建筑物的稳固。同时,充填了石块间的空隙,堵塞了一切可能产生的漏水通道。浆砌石具有良好的整体性、密实性和较高的强度,使用寿命更长,还具有较好的防止渗水和抵抗水流冲刷的能力。

浆砌石施工的砌筑要领可概括为"平、稳、满、错"四个字。平,同一层面大致砌平,相邻石块的高差宜小于20~30 mm;稳,单块石料的安砌务求自身稳定;满,灰缝饱满密实,严禁石块间直接接触;错,相邻石块应错缝砌筑,尤其不允许有顺水流方向的通缝。

(一)砌筑工艺

浆砌石工程砌筑的工艺流程如图2-12所示。

1.砌筑面准备

对开挖成形的岩基面,在砌石开始之前应将表面已松散的岩块剔除,具有光滑表面的

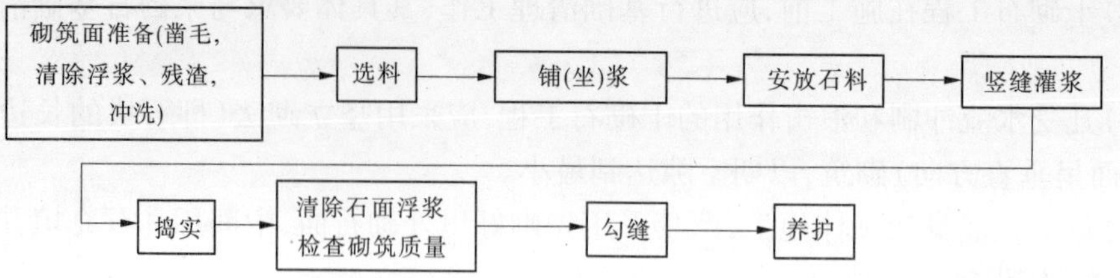

图 2-12　浆砌石砌筑工艺流程

岩石须人工凿毛,并清除所有岩屑、碎片、泥沙等杂物。土壤地基按设计要求处理。

对于水平施工缝,一般要求在新一层块石砌筑前凿去已凝固的浮浆,并进行清扫、冲洗,使新旧砌体紧密结合。对于临时施工缝,在恢复砌筑时,必须进行凿毛、冲洗处理。

2. 选料

砌筑所用石料,应是质地均匀,没有裂缝,没有明显风化迹象,不含杂质的坚硬石料。严寒地区使用的石料,还要求具有一定的抗冻性。

3. 铺(坐)浆

对于块石砌体,由于砌筑面参差不齐,必须逐块坐浆、逐块安砌,在操作时还须认真调整,务必使坐浆密实,以免形成空洞。

坐浆一般只宜比砌石超前 0.5 ~1 m,坐浆应与砌筑相配合。

4. 安放石料

把洗净的湿润石料安放在坐浆面上,用铁锤轻击石面,以使坐浆开始溢出为度。石料之间的砌缝宽度应严格控制,采用水泥砂浆砌筑时,块石的灰缝厚度一般为 20 ~40 mm,料石的灰缝厚度为 5 ~20 mm,采用小石混凝土砌筑时,一般为所用骨料最大粒径的 2 ~2.5 倍。安放石料时应注意,不能产生细石架空现象。

5. 竖缝灌浆

安放石料后,应及时进行竖缝灌浆。一般灌浆与石面齐平,水泥砂浆用捣插棒捣实,小石混凝土用插入式振捣器振捣,振实后缝面下沉,待上层摊铺坐浆时一并填满。

6. 捣实

水泥砂浆常用捣棒人工插捣,小石混凝土一般采用插入式振捣器振捣。应注意对角缝的振捣,防止重振或漏振。

每一层铺砌完 24 ~36 h 后(视气温及水泥种类、胶结材料强度等级而定),即可冲洗,准备上一层的铺砌。

(二)浆砌石桥、涵拱圈施工

浆砌拱圈一般适用于小跨度的单孔桥、涵拱施工,施工方法及步骤如下。

1. 拱圈石料的选择

拱圈的石料一般为经过加工的料石,石块厚度不应小于 150 mm。石块的宽度为其厚度的 1.5 ~2.5 倍,长度为厚度的 2 ~4 倍,拱圈所用的石料应凿成楔形(上宽下窄),如不用楔形石块,则应用砌缝宽度的变化来调整拱度,但砌缝厚薄相差最大不应超过 10 mm,每一石块面应与拱压力线垂直。因此,拱圈砌体的方向应对准拱的中心。

2. 拱圈的砌缝

浆砌拱圈的砌缝应力求均匀,相邻两行拱石的平缝应相互错开,其相错的距离不得小于 100 mm。砌缝的厚度取决于所选用的石料,选用细料石,其砌缝厚度不应大于 10 mm;选用粗料石,砌缝厚度不应大于 20 mm。

3. 拱圈的砌筑程序与方法

拱圈砌筑之前,必须先做好拱座。为了使拱座与拱圈结合好,需用起拱石。起拱石与拱圈相接的面,应与拱的压力线垂直。

当跨度在 10 m 以下时,拱圈的砌筑一般应沿拱的全长和全厚,同时由两边起拱石对称地向拱顶砌筑;当跨度大于 10 m 时,则拱圈砌筑应采用分段法进行,如图 2-13 所示。分段法是把拱圈分为数段,每段长度可根据全拱长来决定,一般每段长 3 ~ 6 m,各段依一定砌筑顺序进行,以达到使拱架承重均匀和拱架变形最小的目的。

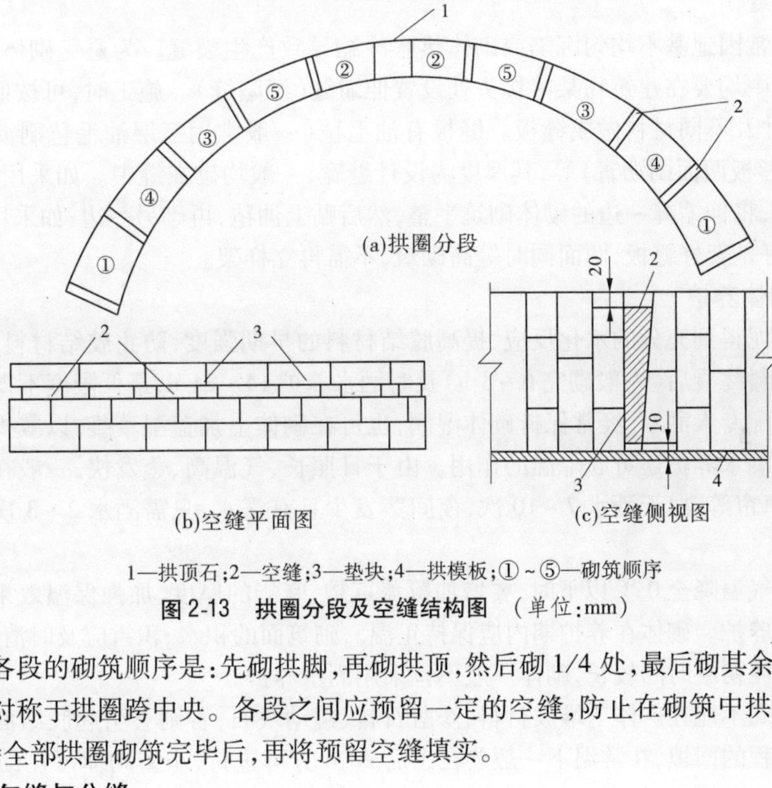

1—拱顶石;2—空缝;3—垫块;4—拱模板;① ~ ⑤—砌筑顺序

图 2-13 拱圈分段及空缝结构图 (单位:mm)

拱圈各段的砌筑顺序是:先砌拱脚,再砌拱顶,然后砌 1/4 处,最后砌其余各段。砌筑时一定要对称于拱圈跨中央。各段之间应预留一定的空缝,防止在砌筑中拱架变形而产生裂缝,待全部拱圈砌筑完毕后,再将预留空缝填实。

(三)勾缝与分缝

1. 墙面勾缝

石砌体表面进行勾缝的目的,主要是加强砌体整体性,同时还可增加砌体的抗渗能力,另外也美化外观。

勾缝按其形式可分为凹缝、平缝、凸缝等。凹缝又可分为半圆凹缝、平凹缝;凸缝可分为平凸缝、半圆凸缝、三角凸缝等。

勾缝的程序是在砌体砂浆未凝固以前,先沿砌缝将灰缝剔深 20 ~ 30 mm 形成缝槽,待砌体完成砂浆凝固以后再进行勾缝。勾缝前,应将缝槽冲洗干净,自上而下,不整齐处应修整。勾缝的砂浆宜用水泥砂浆,砂用细砂。砂浆稠度要掌握好,过稠勾出缝来表面粗糙不光滑,过稀容易坍落走样。最好不使用火山灰质水泥,因为这种水泥干缩性大,勾缝容易开裂。砂浆强度等级应符合设计规定,一般应高于原砌体的砂浆强度等级。

勾凹缝时,先用铁钎子将缝修凿整齐,再在墙面上浇水湿润,然后将浆勾入缝内,再用板条或绳子压成凹缝,用灰抿赶压光平。凹缝多用于石料方正、砌得整齐的墙面。勾平缝时,先在墙面洒水,使缝槽湿润后,将砂浆勾于缝中赶光压平,使砂浆压住石边,即成平缝。勾凸缝时,先浇水润湿缝槽,用砂浆打底与石面相平,而后用扫把扫出麻面,待砂浆初凝后抹第二层,其厚度约为 10 mm,然后用灰抿拉出凸缝形状。凸缝多用于不平整石料。砌缝不平时,把凸缝移动一点,可使表面美观。

砌体的隐蔽回填部分,可不专门做勾缝处理,但有时为了加强防渗,应事先在砌筑过程中,用原浆将砌缝填实抹平。

2. 伸缩缝

浆砌体常因地基不均匀沉陷或砌体热胀冷缩导致产生裂缝。为避免砌体发生裂缝,一般在设计中均要在建筑物某些接头处设置伸缩缝(沉陷缝)。施工时,可按照设计规定的厚度、尺寸及不同材料做成缝板。缝板有油毛毡(一般常用三层油毛毡刷沥青制成)、沥青杉板(杉板两面刷沥青)等,其厚度为设计缝宽,一般均砌在缝中。如采用油毛毡,则需先立样架,将伸缩缝一边的砌体砌筑平整,然后贴上油毡,再砌另一边;如采用沥青杉板做缝板,最好是架好缝板,两面同时等高砌筑,不需再立样架。

(四)砌体养护

为使水泥得到充分的水化反应,提高胶结材料的早期强度,防止胶结材料干裂,应在砌体胶结材料终凝后(一般砌完 6 ~ 8 h)及时洒水养护 14 ~ 21 d,最低限度不得少于 7 d。养护方法是配专人洒水,经常保持砌体湿润,也可在砌体上加盖湿草袋,以减少水分的蒸发。夏季的洒水养护还可起降温的作用。由于日照长、气温高、蒸发快,一般在砌体表面覆盖草袋、草帘等,白天洒水 7 ~ 10 次,夜间蒸发少且有露水,只需洒水 2 ~ 3 次即可满足养护需要。

冬季当气温降至 0 ℃以下时,要增加覆盖草袋、麻袋的厚度,加强保温效果。冰冻期间不得洒水养护。砌体在养护期内应保持正温。砌筑面的积水、积雪应及时清除,防止结冰。冬季水泥初凝时间较长,砌体一般不宜采用洒水养护。

养护期间不能在砌体上堆放材料、修凿石料、碰动块石,否则会引起胶结面的松动脱离。隐蔽工程的回填,在常温下一般要在砌后 28 d 方可进行,小型砌体可在砌后 10 ~ 12 d 进行回填。

复习思考题

2-1　脚手架的作用是什么?

2-2　脚手架的搭设和拆除应注意哪些事项?

2-3　砖砌体的一般要求是什么?

2-4　砖砌体的砌筑要点有哪些?

2-5　简述砖墙施工工艺流程。

2-6　什么叫干砌石？它一般适用于什么情况？

2-7　干砌石常用的施工方法有哪些？应注意哪些内容？

2-8　简述浆砌石砌筑工艺流程。

2-9　勾缝的主要目的是什么？缝的形式有哪些？勾缝的程序是怎样的？

2-10　砌体养护的主要措施有哪些？

2-11　砖墙砌筑时有哪些要领？

2-12　砖墙面勾缝前，应做哪些准备工作？

第三章　爆破工程施工

学习指导

学习目标:掌握爆破的基本原理,掌握爆破材料的特点、性能,掌握爆破的基本方法,掌握控制爆破的新技术,掌握爆破施工的安全知识。

学习重点:无限介质及有限介质中的爆破原理,炸药的性能,浅孔法、深孔法爆破,控制爆破的基本原理。

第一节　爆破原理与分类

一、爆破原理

炸药爆炸属于化学反应。炸药被引爆后,在瞬间(约十万分之一秒)发生化学分解,使炸药本身具有的化学能很快转成热能、机械能和其他能,并产生高温(几千摄氏度)、高压(几百亿帕)的气体,对介质产生极大的冲击压力,以波的形式向四周传播。在空气中传播时叫冲击波,在岩土中传播时叫地震波。而爆破是利用炸药爆炸所释放的能量,使周围介质改变或破坏的过程。

(一)无限介质中的爆破原理

当爆破在无限均匀的理想介质中进行时,地震波将以药包为中心,呈同心球面向外传播,对一定区域内的岩体产生不同程度的破坏作用。这种破坏作用距药包中心越近,破坏程度越大。根据破坏程度大小,可将介质大致分成以下四个圈,如图 3-1 所示。

1. 压缩圈(粉碎圈)

介质紧邻药包,直接承受了药包爆炸而产生的极其巨大的作用力。介质若为塑性体,将受到压缩,形成一空腔;若为脆性体,将遭到粉碎,形成粉碎圈,相应半径为压缩半径或粉碎半径 R_c。

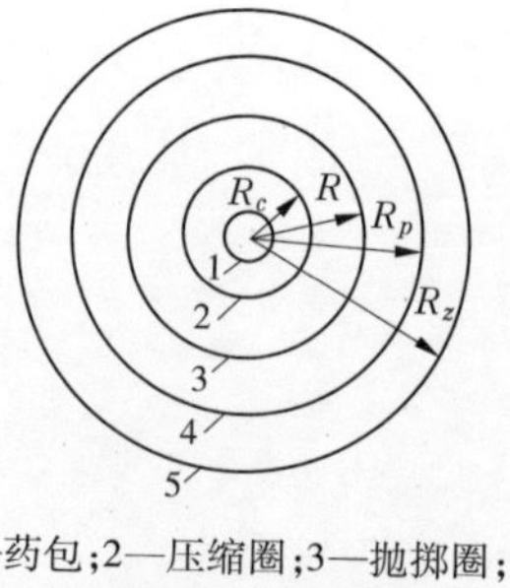

1—药包;2—压缩圈;3—抛掷圈;4—松动圈;5—震动圈

图 3-1　无限介质中爆破原理示意图

2. 抛掷圈

位于压缩圈以外,介质原有的结构遭到破坏,分裂成各种形状,还有余裕的抛掷势能。有临空面时,这部分介质将发生抛掷现象,这个范围称为抛掷圈,相应的半径称为抛掷半径 R。

3. 松动圈

抛掷圈外的一部分介质,爆破作用只能使其松动,没有足够的能量使松动的介质抛出去，因而称为松动圈，相应的半径称为松动半径 R_p。

4. 震动圈

松动圈以外的部分介质，随着冲击波作用的进一步衰减，介质不能遭到破坏，只能在应力波作用下发生震动，称为震动圈，相应的半径称为震动半径 R_z。震动圈以外爆破作用的能量就消失了。

以上各圈只是为说明爆破作用而划分的，并无明显界限，其作用半径的大小与炸药特性和用量、药包结构、爆炸方式以及介质特性等密切相关。

(二)有限介质中的爆破原理

有限介质中的爆破是指药包的埋设深度不大，爆破作用受到临空面的影响。

1. 爆破漏斗的形成

当药包在均匀有限介质中爆破时，从药包中心发出的压力波一旦达到临空面，即反射成拉力波向药包方向返回。因此，产生弧状裂缝，使临空面上剥离出一个弧形板状块，从而形成新的临空面。新的临空面又把后来的压力波反射成拉力波，再次产生新的裂缝。如此重复进行，这些拉力波好像发自虚拟中心，逐渐向下发展，结合由下向上的破坏作用，形成爆破漏斗(见图 3-2)。

2. 临空面的聚能作用

假定在无限介质中有 A 和 B 两个空穴，在 A 空穴中放置球形药包，B 为空穴。药包 A 爆炸后，由于空穴 B 表面没有阻力，介质流将向 B 空穴集中，犹如空穴成了吸引介质流的中心。若将药包视为正极，空穴视为负极，两者相当于静电学中的电偶，故称爆炸偶极子，如图 3-3 所示。

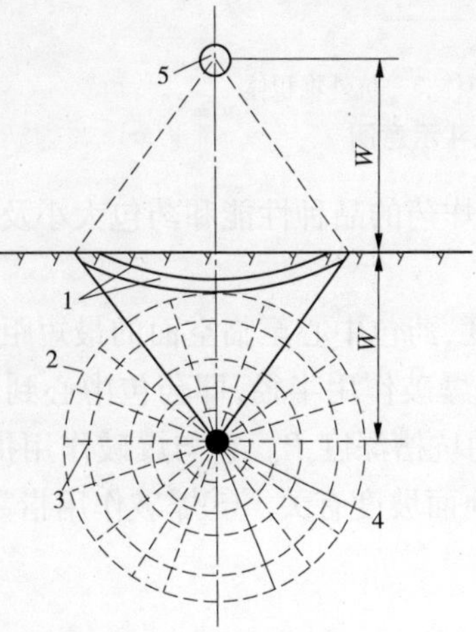

1—反射拉力波形成的弧状裂缝；2—环向裂缝；
3—径向裂缝；4—药包；5—虚拟中心

图 3-2 有限介质中爆破原理示意图

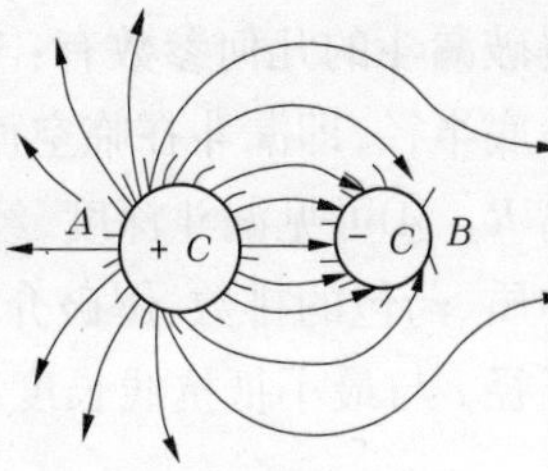

A—药包($+C$ 实际药包)
B—空穴($-C$ 虚拟药包)

图 3-3 爆炸偶极子作用示意图

实际工程中，药包和临空面的关系，相当于爆炸偶极子。设临空面的曲率半径为 R_0，药包中心到临空面的任意点的距离为 R，其最短距离为最小抵抗线长度 W。当进行抛掷爆破时，介质从爆破漏斗中抛出，其抛掷速度为 v，由爆破流体力学推求可得

$$v = C_1 \frac{W}{R^3}\left(1 + \frac{W}{2R_0}\right) \tag{3-1}$$

漏斗内介质获得的抛掷动能 E_K 可表达为

$$E_K = \frac{mv^2}{2} = \frac{m}{2}C_1^2 \frac{W^2}{R^6}\left(1 + \frac{W}{2R_0}\right)^2 \tag{3-2}$$

实践和理论均证明，抛掷速度与介质质点距药包中心 R 的三次方成反比，该质点获得的抛掷动能 E_K 与 R 的六次方成反比。同时还说明临空面对抛掷速度的影响，临空面越向内弯曲，即 R_0 越小，则 v 越大，E_K 更大，抛掷越集中，表现了临空面的聚能作用。介质流主要沿药包中心至临空面的最短距离，即沿最小抵抗线 W 方向抛掷是其必然结果。根据这一定向原理，可以利用天然地形布置药包，或利用辅助药包创造人工临空面，满足工程定向抛掷的要求。

二、爆破漏斗的几何参数

在有限介质中爆破，当药包埋设较浅，爆破后将形成以药包中心为顶点的倒圆锥形爆破坑，称为爆破漏斗（见图 3-4）。

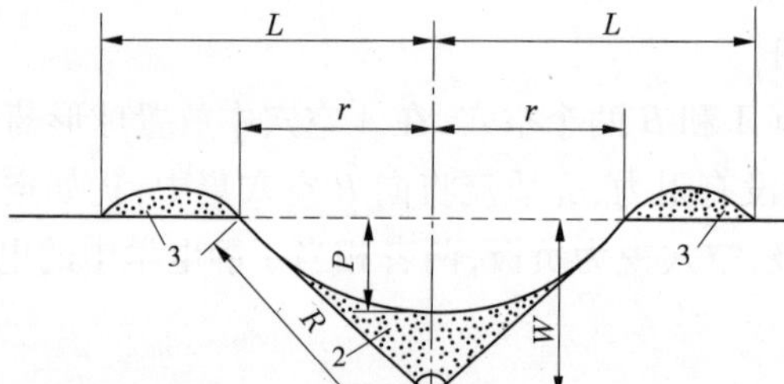

1—药包；2—飞渣回落充填体；3—坑外堆积体

图 3-4　爆破漏斗示意图

爆破漏斗的形状多种多样，随着岩土性质、炸药的品种性能和药包大小及药包埋置的深度等不同而变化。

爆破漏斗的几何参数有：①最小抵抗线长度，药包中心至临空面的最短距离 W。②爆破漏斗底半径，即漏斗在临空面上的半径 r。③爆破作用半径，即药包中心到漏斗底边缘的距离 R。④可见漏斗深度，经爆破后所形成的坑槽深度 P。它与爆破作用指数大小、炸药的性质、药包的排数、爆破介质的物理性质、地面坡度有关。⑤爆破作用指数，指爆破漏斗底半径 r 与最小抵抗线长度 W 的比值，即

$$n = \frac{r}{W} \tag{3-3}$$

由爆破作用指数的大小可判断爆破作用性质及岩石抛掷的远近程度，也是计算药包量、决定漏斗大小和药包距离的重要参数。一般用 n 来区分不同爆破漏斗、划分不同爆破类型（见图 3-5）。

（1）当 $n=1$，$r=W$ 时，称为标准抛掷爆破；

（2）当 $n>1$，$r>W$ 时，称为加强抛掷爆破；

(3)当 $0.75<n<1$，$r<W$ 时，称为减弱抛掷爆破；

(4)当 $0.33<n\leqslant 0.75$ 时，称为松动爆破；

(5)当 $n<0.33$ 时，称为隐藏式爆破，临空面不能被破坏，只是药包周围岩石被炸碎，如药壶爆破；

(6)当 $n\to\infty$ 时，称为裸露式爆破。

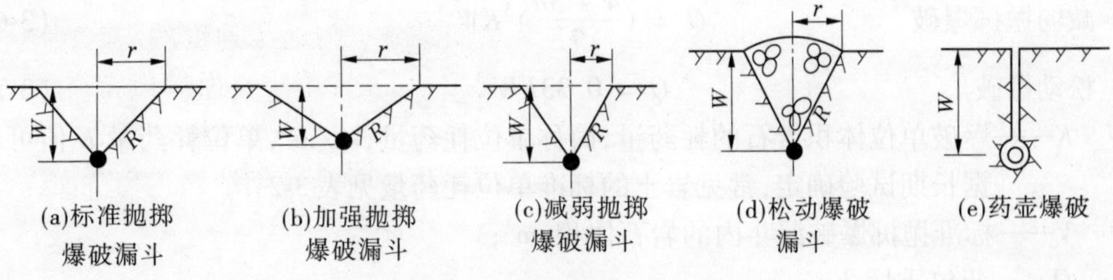

图 3-5　各种爆破漏斗示意图

三、药包种类及其装药量计算

(一)药包

为了爆破某一物体而在其中放置一定数量的炸药，称为药包。药包的分类及作用见表 3-1、图 3-6。

表 3-1　按药包的形状分类

分类名称	药包形状	作用效果
集中药包	长边小于短边 4 倍	爆破效率高，节省炸药和减少钻孔工作量，但破碎岩石块度不够均匀。多用于抛掷爆破
延长药包	长边超过短边 4 倍。延长药包又有连续药包和间隔药包两种形式	可均匀分布炸药，破碎岩石块度较均匀。一般用于松动爆破

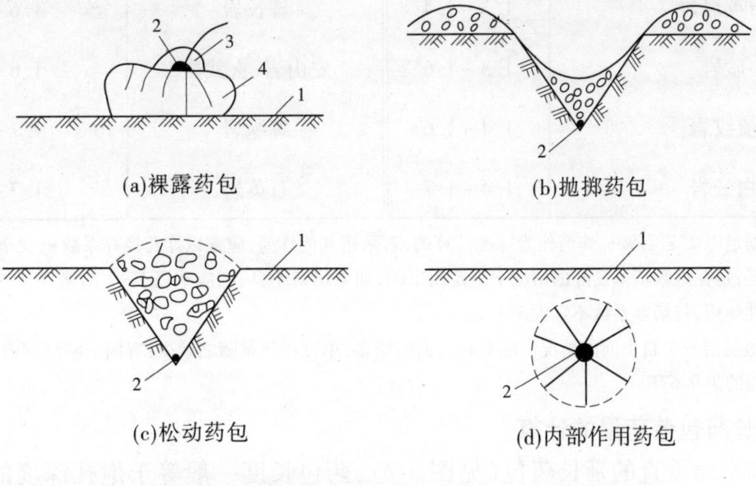

1—临空面；2—药包；3—覆盖物(砂或黏土)；4—被爆破的物体

图 3-6　按爆破作用分类

(二)集中药包装药量的计算

实践证明,炸药的用量是与被破碎的介质体积成正比的。对于标准抛掷爆破,由于 $V \approx W^3$,可近似得出装药量,即

标准抛掷爆破 $$Q = KW^3 \tag{3-4}$$

加强抛掷爆破 $$Q = (0.4 + 0.6n^3)KW^3 \tag{3-5}$$

减弱抛掷爆破 $$Q = \left(\frac{4 + 3n}{7}\right)^3 KW^3 \tag{3-6}$$

松动爆破 $$Q = 0.33KW^3 \tag{3-7}$$

式中 K——爆破单位体积岩石的耗药量,简称单位耗药量,kg/m^3,单位耗药量 K 值可根据长期试验确定,常见岩土的标准单位耗药量见表 3-2;

V——标准抛掷爆破漏斗内的岩石体积,m^3;

Q——药包质量,kg;

W——最小抵抗线长度,m;

n——爆破作用指数。

表 3-2　常见岩土的标准单位耗药量　　(单位:kg/m^3)

岩土种类	K 值	岩土种类	K 值
黏土	1.0~1.1	砾岩	1.4~1.8
坚实黏土、黄土	1.1~1.25	片麻岩	1.4~1.8
泥页岩	1.2~1.4	花岗岩	1.4~2.0
页岩、千枚岩、板岩、凝灰岩	1.2~1.5	石英砂岩	1.5~1.8
石灰岩	1.2~1.7	闪长岩	1.5~2.1
石英斑岩	1.3~1.4	辉长岩	1.6~1.9
砂岩	1.3~1.6	安山岩、玄武岩	1.6~2.1
流纹岩	1.4~1.6	辉绿岩	1.7~1.9
白云岩	1.4~1.7	石英岩	1.7~2.0

注:1. 表中数据是以 $2^{\#}$ 岩石铵梯炸药作为标准计算的,若采用其他炸药,应乘以炸药换算系数 e(见表 3-3)。

2. 表中数据,是在炮眼堵塞良好的情况下确定出来的,如果堵塞不良,则应乘以 1~2 的堵塞系数。对于黄色炸药等烈性炸药,其堵塞系数不宜大于 1.7。

3. 表中 K 值是指一个自由面的情况。随着临空面的增多,单位耗药量随之减少:有两个临空面的为 $0.83K$,有三个临空面的为 $0.67K$。

(三)延长药包装药量的计算

(1)与临空面垂直的延长药包(见图 3-7),药包长度一般等于炮孔深度的 1/3,堵塞长度 $C = \frac{2}{3}h$,则

$$W = C + \frac{L}{2} = \frac{5}{6}h \tag{3-8}$$

表 3-3　炸药换算系数 e 值

炸药名称	型号	换算系数 e	炸药名称	型号	换算系数 e
岩石铵梯	1#	0.91	煤矿铵梯	1#	1.10
岩石铵梯	2#	1.00	煤矿铵梯	2#	1.28
岩石铵梯	2#抗水	1.00	煤矿铵梯	3#	1.33
露天铵梯	1#	1.04	煤矿铵梯	1#抗水	1.10
露天铵梯	2#	1.28	梯恩梯	三硝基甲苯	0.86
露天铵梯	3#	1.39	62%硝化甘油	—	0.75
露天铵梯	1#抗水	1.04	黑火药	—	1.70

其标准抛掷药包的质量为

$$Q = KW^3 = \frac{125}{216}Kh^3 \tag{3-9}$$

(2)与临空面平行的延长药包(见图 3-8),爆破后的延长漏斗体积为

$$V = \frac{2W \cdot W}{2}L = W^2L \tag{3-10}$$

其标准抛掷药包质量为

$$Q = KW^2L \tag{3-11}$$

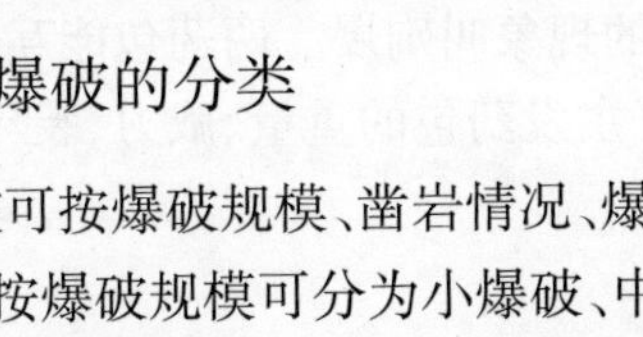

h—炮孔深度;L—药包长度;C—药包堵塞长度;W—最小抵抗线

图 3-7　与临空面垂直的延长药包

L—药包长度;W—最小抵抗线

图 3-8　与临空面平行的延长药包

四、爆破的分类

爆破可按爆破规模、凿岩情况、爆破要求等的不同进行分类。

(1)按爆破规模可分为小爆破、中爆破和大爆破;

(2)按凿岩情况可分为浅孔爆破、深孔爆破、药壶爆破、洞室爆破和二次爆破;

(3)按爆破要求可分为压缩爆破、松动爆破、标准抛掷爆破、加强抛掷爆破及定向爆破、光面爆破、预裂爆破、特殊物爆破(冻土、冰块等)。

第二节　炸药和起爆器材

一、炸药

（一）炸药的基本性能

1. 爆速

爆速指炸药爆炸时的分解速度。炸药的爆速一般为 2 000 ~ 75 000 m/s。爆速的测定方法有导爆索法、电测法和高速摄影法。

2. 猛度

猛度指炸药爆炸瞬间产生的爆轰波和爆炸气体产物直接对与其接触的固体介质局部产生破碎的能力。爆速的高低决定猛度的大小，爆速愈高，猛度愈大，爆炸直接破碎的作用愈强。测量炸药猛度的方法是铅柱压缩法。

3. 爆力

爆力指炸药爆炸所产生的冲击波和爆轰气体，作用于介质内部，对介质产生压缩、破坏和抛移的能力。它的大小与炸药爆炸时释放的能量大小成正比，炸药的爆热愈高，生成气体量愈多，爆力也就愈大。测定炸药爆力的方法常用铅柱扩孔法和爆破漏斗法。

4. 安定性

炸药的安定性指炸药在长期贮存中，保持其原有物理化学性能不变的能力。它包括物理安定性与化学安定性两个方面。物理安定性主要是指炸药的吸湿性、挥发性、可塑性、机械强度、结块、老化、冻结、收缩等。物理安定性的大小，取决于炸药的物理性质。炸药化学安定性的大小，取决于炸药的化学性质及常温下化学分解速度的大小，特别取决于贮存温度的高低。

5. 敏感度

炸药在外界能量作用下起爆的难易程度称为该炸药的敏感度。不同的炸药起爆所需的外能是不一样的。炸药起爆所需的外能越小，炸药的敏感度越高；起爆所需的外能越大，该炸药的敏感度越低。外界能量主要指热能、光能、机械能、冲击能等。炸药对于不同形式的外能作用所表现的敏感度是不一样的，根据起爆能的不同，炸药的敏感度可分为热敏感度、机械敏感度、起爆敏感度。影响炸药敏感度的因素有温度、炸药颗粒度、炸药密度、炸药物理状态与晶体形态。

6. 殉爆

炸药爆炸时引起与它不相接触的邻近炸药爆炸的现象叫殉爆。两药包能互相引起爆炸的最大距离叫殉爆距离。殉爆距离的大小，取决于主发药包的重量、威力、装药密度、直径、爆轰传递方向和药卷放置方向等。

7. 氧平衡

氧平衡是指炸药在爆炸分解时的氧化情况。如果炸药中的氧恰好等于其中可燃物完全氧化所需的氧量，即产生 CO_2 和 H_2O，并释放大量的热，这种情况叫零氧平衡；若含氧量不足，可燃物不能完全氧化，且产生有毒的 CO 气体，此时称为负氧平衡；若含氧量过多,将炸药所放出的氮氧化成有害气体 NO_2,称为正氧平衡。无论是正氧平衡还是负氧平衡,都会带来两大害处:一是热量减少,炸药威力降低,影响爆破效果;二是生成有毒气体。

(二)常用的工程炸药

1. 炸药分类

1)按炸药组成分类

(1)化合物类炸药。指由碳、氢、氧、氮等元素组成的自身能迅速发生氧化还原反应的化合物。这类炸药有:TNT(三硝基甲苯)、黑索金、泰安、硝化甘油、雷汞、二硝基重氮酚等。在民用爆破器材中,单质炸药大多用做混合炸药的主要成分或雷管、导爆索装药,很少单独直接用来进行爆破作业。

(2)混合炸药。指两种或两种以上成分按比例所组成的机械混合物。组成混合炸药的成分既可以含单质炸药,也可以不含单质炸药,但应含氧化剂和可燃剂。混合炸药在受外界能量激发时,能发生爆炸反应,是目前水利水电工程开挖爆破中品种最多、应用最广的一类炸药。

2)按炸药的用途分类

(1)起爆药。主要用于制造雷管和导爆索来引爆其他工业炸药。它是一种对外界作用特别敏感的炸药,其特点是受较小外能作用,如机械、热、火焰等,均易激发爆轰。常用的起爆药有叠氮化铅、雷汞、二硝基重氮酚等。

(2)猛炸药。猛炸药与起爆药不同,具有较大的稳定性,其机械敏感度较低,需要足够的能量才能将其引爆。工程爆破中多用雷管、导爆索等起爆器材将其引爆。常用的猛炸药有混合型工业炸药、梯恩梯、黑索金、奥克托金等。

(3)火药。火药在火花作用下,能引起燃烧或爆炸,产生高温、高压气体对外界做功,它可用做点火药和延期药。

2. 常用炸药的性能

常用的炸药主要有梯恩梯、硝铵类炸药、胶质炸药、黑火药等,其主要性能及用途见表3-4。

表3-4　常用炸药的主要性能及用途

名称	主要性能及特性	用途
梯恩梯(TNT)(三硝基甲苯)	有压榨的、鳞片的和熔铸的三种。淡黄色或黄褐色,味苦,有毒,爆烟也有毒。安定性好,对冲击和摩擦的敏感性不大。块状时不易受潮,威力大	作雷管副起爆药。适于露天及水下爆破,不宜用于通风不良的隧洞爆破和地下爆破
硝铵类炸药	硝铵类炸药是以硝酸铵为主要成分的混合炸药,常用的有铵梯炸药(又分露天铵梯炸药、岩石铵梯炸药、煤矿安全铵梯炸药)、铵油炸药、铵松蜡炸药、浆状炸药、水胶炸药、乳化炸药等。浅黄或灰白色,粉末状。药质有毒,但爆烟毒气少,对热和机械作用敏感度不大,撞击摩擦不爆炸,不易点燃。易受潮,受潮后威力降低或不爆炸,长期存放易结块,能腐蚀铜、铅、铁等金属,起爆时,雷管插入药内不得超过一昼夜	应用较广。适于一般岩石爆破,也可用于隧洞或地下爆破

续表 3-4

名称	主要性能及特性	用途
黑色火药	一般由硝石(75%)、硫磺(15%)、木炭(10%)混合而成。带深蓝黑色,颗粒坚硬明亮,对摩擦、火花、撞击均较敏感,爆速低,威力小,易受潮,但制作简便,起爆容易(不用雷管)	水中不能用。常用于小型水利工程中的小型岩石爆破,以及用做导火线芯药
胶质炸药(硝化甘油)	由硝化棉吸收硝化甘油而制成,为淡黄色半透明体的胶状物,不溶于水,可在水中爆炸,威力大。敏感度高,有毒性,粘于皮肤便可引起头痛中毒,冻结后更为敏感。受撞击、摩擦或折断药包均可引起爆炸,可点燃,当储藏时间过长时,可能产生老化现象,威力降低	主要用于水下爆破

3. 常用静态破碎剂型号及技术性能

静态破碎是一种新型的破碎材料,它主要由氧化钙和无机化合物组成,其中氧化钙为主要膨胀源,它与水反应生成氢氧化钙固体,体积增大而对炮孔壁施加压力,从而达到破碎的作用。静态破碎剂使用方便,破碎介质没有响声、飞石、震动、空气冲击和毒气,而且破裂方向可以控制,块度能满足要求,能有效地保护保留部分不受破坏。常用静态破碎剂的型号及技术性能见表 3-5。

表 3-5 常用静态破碎剂的型号及技术性能

牌号	型号	使用季节	使用温度(℃)	膨胀压力(MPa)	开裂时间(s)	用途
无声破碎剂	SCA-Ⅰ	夏季	20~25	30~50	10~50	用于砖、石、混凝土和钢筋混凝土建筑物、构筑物的拆除,破碎各种岩石,切割花岗岩、大理石等
	SCA-Ⅱ	春秋	10~25			
	SCA-Ⅲ	冬季	5~15			
	SCA-Ⅳ	寒冬	-5~8			
静态破碎剂	JC-1-Ⅰ	夏季	25	30~50	4~10	
	JC-1-Ⅱ	春秋	10~25			
	JC-1-Ⅲ	冬季	0~10			
	JC-1-Ⅳ	寒冬	0			
石灰静态破碎剂	YJ-Ⅰ	冬季	-5~15	30~35	0.7~6	
	YJ-Ⅱ	春秋	15~20			
	YJ-Ⅲ	夏季	25~45			
静态破碎剂(南京型)	Ⅰ	春秋	10~25		3~8	
	Ⅱ	冬季	5~15			
	Ⅲ	寒冬	-5~10			
	Ⅳ	夏季	25~35			

注:1. SCA 为塑料袋封装,每袋 5 kg,每箱 4 袋,要求初凝时间不早于 0.5 h,终凝时间不迟于 4 h。

2. 静态破碎剂有效使用期均为 6 个月。

二、起爆器材

(一)雷管

1. 火雷管

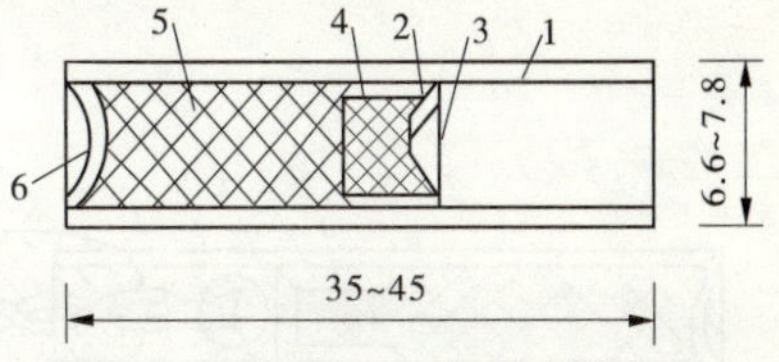

1—管壳;2—加强帽;3—帽孔;4—正起爆药;5—副起爆药;6—聚能窝槽

图 3-9　火雷管结构图　(单位:mm)

火雷管,即普通雷管,由管壳、正副起爆药和加强帽三部分组成,如图 3-9 所示。管壳材料有铜、铝、纸、塑料等。端开口,中段设加强帽,中有小孔,副起爆药压于管底,正起爆药压在上部。在管沟开口一端插入导火索,引爆后,火焰使正起爆药爆炸,最后引起副起爆药爆炸。根据管内起爆药量的多少分 1 ~ 10 个号码,常用的为 6 号、8 号,其规格及主要性能见表 3-6。水利水电工程爆破常采用 8 号雷管,其装药量为 0.8 g。火雷管具有结构简单,生产效率高,使用方便、灵活,价格便宜,不受各种杂电、静电及感应电的干扰等优点。但由于导火索在传递火焰时,难以避免速燃、缓燃等致命弱点,在使用过程中爆破事故多,因此使用范围和使用量受到极大限制。

表 3-6　火雷管的规格及主要性能

雷管号码	6 号	6 号	8 号
雷管壳材料	铜、铝、铁	铜、铝、铁	纸
管壳(外径 × 全长)(mm)	6.6 × 35	6.6 × 40	7.8 × 45
加强帽(外径 × 全长)(mm)	6.16 × 6.5	6.16 × 6.5	(6.25 ~ 6.32) × 6
特性	受撞击、摩擦、搔扒、按压、火花、热等影响会发生爆炸,受潮容易失效		
点燃方法	利用导火索		
试验方法	外观检查:有裂口、锈点、砂眼、受潮、起爆药浮出等不能使用;振动试验:振动 5 min 不允许爆炸、洒药、加强帽移动;铅板炸孔:5 mm 厚的铅板(6 号用 4 mm 厚),炸穿孔径不小于雷管外径		
适用范围	用于一般爆破工程,但有沼气及矿尘较多的坑道工程不宜使用		
包装方式	内包装为纸盒,每盒 100 发;外包装为木箱,每箱 50 盒 5 000 发		
有效保证期	2 年		

2. 电雷管

通电发火引爆的雷管叫电雷管。电雷管分即发、延发和毫秒微差三种。

(1)即发电雷管。即发电雷管是由火雷管和一个发火元件组成的,其结构如图 3-10 所示。当接通电源后,电流通过桥丝发热,使引火药头发火,导致整个雷管爆轰。

(2)延发电雷管。普通延发电雷管是雷管通电后,间隔一定时间才起爆的电雷管。延期时间为半秒或秒,延期时间是用精制导火索段或延期药来达到的。延期时间由其长度、药量和延期药配比来调节。秒或半秒延发电雷管的结构如图 3-11 所示,该雷管主要用于基建和隧道掘进、采石、土方开挖等爆破作业中，在有瓦斯和煤尘爆炸危险的工作面不准使用延发电雷管。

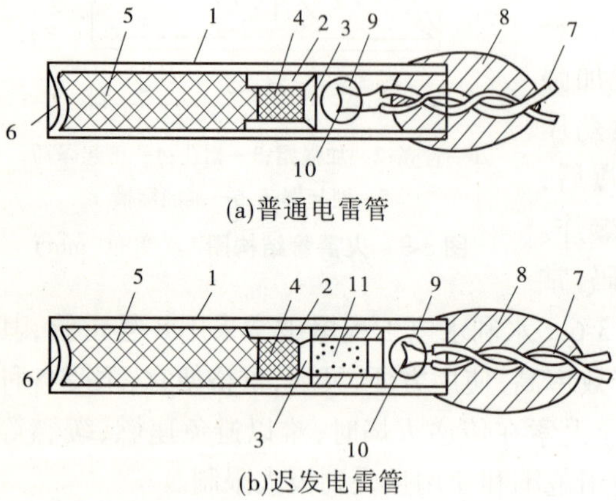

1—管壳；2—加强帽；3—帽孔；4—正起爆药；
5—副起爆药；6—聚能窝槽；7—脚线；8—绝缘涂胶；
9—球形发火剂；10—电阻丝；11—缓燃剂

图 3-10　即发电雷管结构图

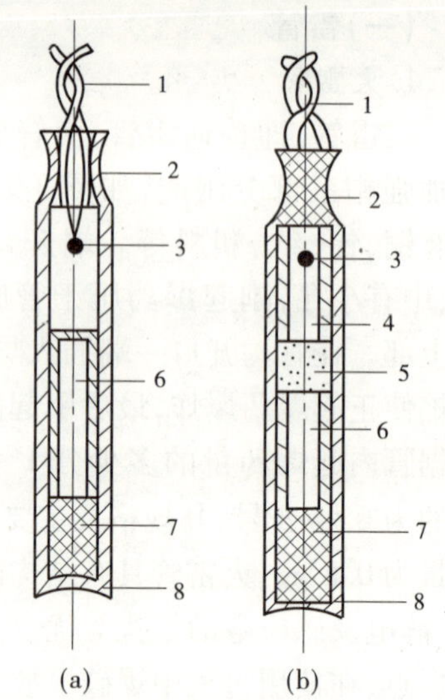

1—脚线；2—塑料管；3—点火头；
4—延期管；5—延期药；6—起爆元件；
7—黑索金；8—管壳

图 3-11　延发电雷管结构图

(3)毫秒微差电雷管。其结构有多种形式，以延期药的装配关系分为直填式和装配式，装配式又有管式、索式和多芯结构式。毫秒微差电雷管有等间隔和非等间隔之分，段与段之间间隔时间相等的称为等间隔，反之称为非等间隔。

毫秒微差电雷管在爆破工作中作用越来越大。它对降低爆破地震、保护边坡、控制飞石等起了很好的作用，对于控制爆破、保护地基的基础也起了重要作用。毫秒微差电雷管正在向高精度、多段数、多品种、多系列的方向发展，同时还要求它能抗静电、抗杂静电、耐高温、抗深水，以满足各种特殊要求的爆破需要。

3. 无起爆药雷管

有起爆药雷管的起爆药在生产过程中须排出大量的有毒废水，处理困难，严重污染环境，危害人们身体健康，且在雷管生产、使用及运输过程中比较危险。无起爆药雷管用专用的点火药及 PENT 药分别取代起爆药和过渡药，是目前最先进、最安全的雷管。

无起爆药雷管的冲击敏感度低于普通电雷管，耐火性能比普通雷管要好。由于其结构简单，操作使用安全，可与普通雷管同样对待。

4. 电子雷管

电子雷管只需一个段别的雷管，采用数值电路板进行延时，延时误差可控制在 ±1 ms。电子雷管在国外已开始使用，我国目前已完成了试验工作。

(二)导火索

导火索是用来起爆火雷管和黑火药的起爆材料，用于一般爆破工程，不宜用于有瓦斯或矿尘爆炸危险的作业面。它是用黑火药做芯药，用麻、棉纱和纸做包皮，外面涂有沥青、油脂等防潮剂。导火索不得受潮、浸油、折断，燃烧过程中不得有断火、透火、外壳燃烧、速燃、缓燃、爆燃等现象发生。

导火索的燃烧速度有两种：正常燃烧速度为 100 ~ 120 s/m，缓燃速度为 180 ~ 210 s/m。喷火强度不低于 50 mm。

（三）导爆索

导爆索是用强度大、爆速高的单质猛炸药黑索金或泰安作为药芯，以棉线、纤维及防潮材料包缠成索状的起爆及传爆材料。经雷管引爆后，导爆索可直接引爆炸药、塑料导爆管及其他导爆索，也可单独作为爆破能源。水利水电工程中的预裂爆破及光面爆破均采用导爆索来传爆炸药。

其技术指标为：外径 4.8 ~ 6.2 mm，爆速不低于6 500 m/s，抗拉强度不小于 3 kN，用火焰点燃时不爆燃、不起爆；2 m 长的导爆索能完全起爆一个 200 g 的压装 TNT 药块，用 8 号雷管起爆时能安全起爆。

（四）导爆管

导爆管是一种半透明的具有一定强度和韧性、耐温、不透水的塑料管起爆材料。在塑料软管内壁涂薄薄一层胶状高性能混合炸药（主要为黑索金或奥克托金），涂药量为(16 ± 1.6) g/m。导爆管难以点燃，必须用雷管或起爆枪引爆。其具有抗火、抗电、抗冲击、抗水以及导爆安全等特性。

第三节　爆破的基本方法

一、裸露爆破法

裸露爆破法又称表面爆破法，是将药包直接放置于岩石的表面进行爆破。药包放在块石或孤石的中部凹槽或裂隙部位，体积大于 1 m^3 的块石，药包可分数处放置，或在块石上打浅孔或浅孔破碎。为提高爆破效果，表面药包底部可做成集中爆破穴，药包上护以草皮或是泥土、沙子，其厚度应大于药包高度或以粉状炸药敷 30 cm 厚。用电雷管或导爆索起爆。

该法不需钻孔设备，操作简单迅速，但炸药消耗量大（比炮孔法多 3 ~ 5 倍），破碎岩石飞散较远。适于地面上大块岩石、大孤石的二次破碎及树根、水下岩石与改建工程的爆破。

二、孔眼爆破法

根据孔径的大小和孔眼的深度可分为浅孔爆破法和深孔爆破法。前者炮孔深度小于 5 m，孔径小于 75 mm；后者孔深大于 5 m，孔径大于 75 mm。炮孔下部装药，上部堵塞，装延长药包进行爆破。前者适用于各种地形条件和工作面的情况，有利于控制开挖面的形状和规格，使用的钻机机具较简单，操作方便，但生产效率低，孔耗大，不适合大规模的爆破工程。后者恰好弥补了前者的缺点，适合于料场和基坑规模大、强度高的采挖工作。

（一）炮孔的布孔原则

（1）炮孔方向不要与最小抵抗线方向重合，以免产生冲天炮，降低爆破效果。

（2）充分利用地形，尽量利用和创造临空面，提高爆破效果。

（3）炮孔应尽量垂直于岩石的层面、节理与裂隙，且不要穿过较宽的裂缝以免漏气。

（4）采用阶梯开挖法，如图3-12所示。有利于提高爆破效果，降低成本，也便于组织钻孔、装药、爆破和出渣的平行流水作业，避免干扰，加快进度。

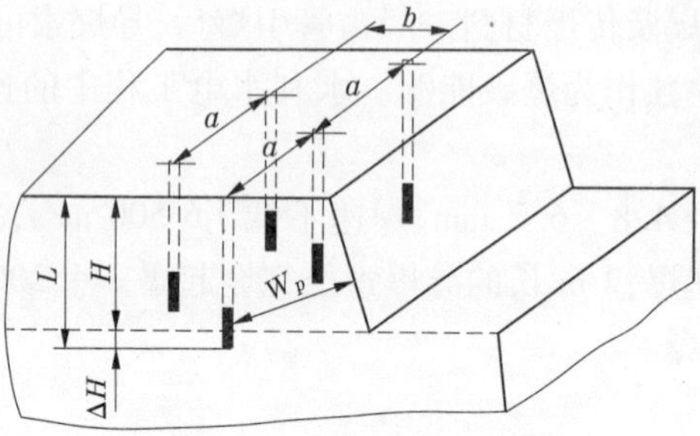

图3-12　阶梯爆破布孔示意图

（二）布孔的技术参数

1. 炮孔深度 L

（1）浅孔（竖直钻孔）。坚硬岩石：$L=(1.1\sim1.5)H$；中硬岩石：$L=H$；松软岩石：$L=(0.85\sim0.95)H$；其中，H为阶梯的高度。

（2）深孔（竖直钻孔）。利用式（3-12）计算炮孔深度

$$L = H + \Delta H \tag{3-12}$$

式中　H——阶梯高度，一般取10～12 m；

ΔH——超钻深度，m，$\Delta H=(0.12\sim0.3)W_p$。

2. 计算抵抗线长度 W_p

浅孔　$$W_p = (0.6\sim0.8)H \tag{3-13}$$

深孔　$$W_p = HD\eta\frac{d}{150} \tag{3-14}$$

式中　D——岩石硬度系数，一般为0.46～0.56；

η——阶梯高度影响系数，参见表3-7；

d——炮孔直径，mm。

表3-7　阶梯高度影响系数

高度 H(m)	7	10	12	15	17	20	22	25	27	30
η	1.2	1.0	0.87	0.74	0.67	0.60	0.56	0.52	0.47	0.42

3. 炮孔间距 a

浅孔　$$a = (1.0\sim1.5)W_p \quad \text{（火雷管起爆时）} \tag{3-15}$$

或　$$a = (1.2\sim2.0)W_p \quad \text{（电力起爆时）} \tag{3-16}$$

深孔　$$a = mW_p \tag{3-17}$$

式中　m——系数，一般采用0.65～0.80。

4. 炮孔排距 b

浅孔 $$b = (0.8 \sim 1.2)W_P \tag{3-18}$$

深孔 $$b = a\sin60^\circ = 0.87a \tag{3-19}$$

炮孔布置一般为交错梅花形，依次逐排起爆，同时起爆多个炮孔应采用电力起爆或导爆索起爆。

5. 炮孔的最小堵塞长度 $L_{\min}$

浅孔 $$L_{\min} \geqslant L/2 \tag{3-20}$$

深孔 $$L_{\min} \geqslant W_p \tag{3-21}$$

无论是浅孔还是深孔，只有保证了最小堵塞长度，防止爆破气体逸出，才有利于提高爆破效果。

6. 药包质量 Q

浅孔一般用于松动爆破，其药包质量按式(3-22)计算

$$Q = 0.33KW_p^{\ 3} \tag{3-22}$$

深孔 $$Q = 0.33KHW_p a \tag{3-23}$$

三、药壶爆破法

药壶爆破法又称葫芦炮、坛子炮，是在普通浅孔或深孔炮孔底先放入少量的炸药，经过一次至数次爆破，扩大成近似圆球形的药壶(如图3-13所示)。然后装入一定数量的炸药进行爆破。

药壶爆破法容纳炸药较多且集中，爆破的方量较大，所爆破岩石块度不均，需要进行二次爆破。它适用于缺乏大直径钻孔机械，造孔力量薄弱，爆破量大的中等坚硬岩石。

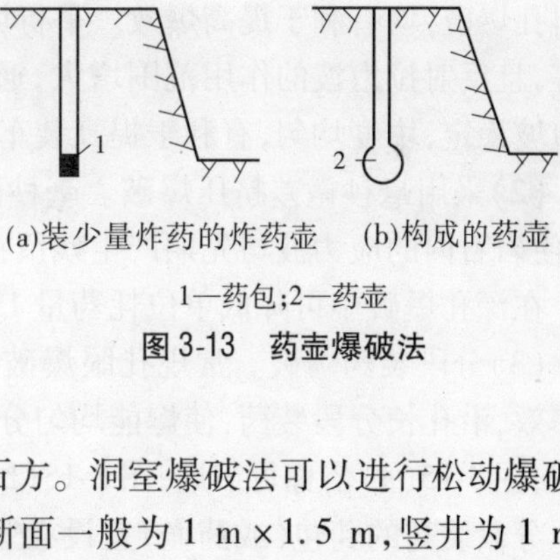

(a)装少量炸药的炸药壶　(b)构成的药壶

1—药包;2—药壶

图3-13　药壶爆破法

四、洞室爆破法

洞室爆破法(如图3-14所示)通常也称为大爆破。它是先开挖导洞和药室，在药室中装入大量炸药组成的集中药包，一次可以爆破大量石方。洞室爆破法可以进行松动爆破或定向爆破。导洞有平洞及竖井两种形式，平洞的断面一般为1 m×1.5 m，竖井为1 m×1.2 m或直径1.2 m为宜。平洞施工方便，利于通风、排水，应优先选用。药室的容积按装药量计算，一个导洞往往有两个或三个药室，药室与药室间的距离为最小抵抗线的0.8~1.2倍。

洞室爆破的起爆一般采用混合连接(即并串联或串并联)电力起爆，并另配以传爆线路，以保证起爆。起爆体是在方形木箱内装优质炸药10~25 kg，炸药内设置雷管束，雷管束为若干电雷管用布带捆扎在一起。起爆体装在炸药中间，装好后立即用黄土和细石渣将导洞堵塞。操作简单，爆破效果比炮孔法高，节约劳力，出渣容易(对横洞而言)，凿孔工作量少，技术要求不高，同时不受炸药品种限制，可用黑火药。但开洞工作量大，较费时，排水堵洞较困难，速度慢，比药壶法费工稍多，工效稍低。

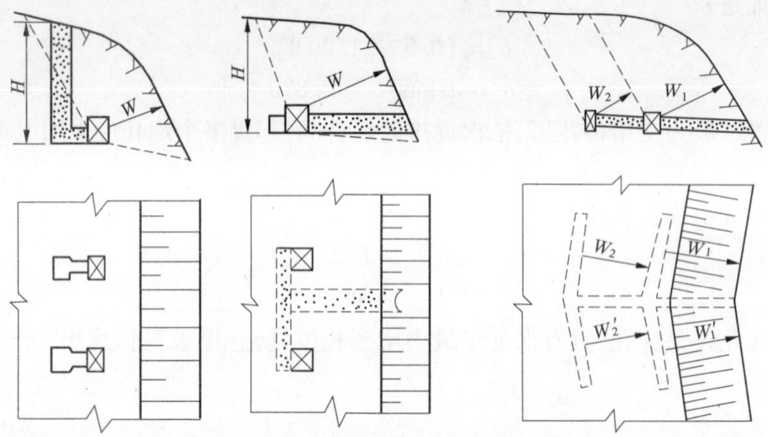

(a)竖井布置　(b)平洞布置　(c)条形药包布置

图 3-14　洞室爆破布置形式

洞室爆破法适于六类以上的较大量的坚硬石方爆破；竖井适于场地整平、基坑开挖松动爆破；平洞适于阶梯高不超过 6 m 的软质岩石或有夹层的岩石松爆。

五、改善爆破效果的方法和措施

(1)合理利用或创造人工临空面。实践证明，充分利用多面临空的地形，或人工创造多面临空的自由面，有利于降低爆破的单位耗药量。当采用深孔爆破时，增加梯段高度或用斜孔爆破，均有利于提高爆效。平行坡面的斜孔爆破，由于爆破时沿坡面的阻抗力大体相等，且反射拉力波的作用范围增大，通常可较竖孔的能量利用率提高 50%。斜孔爆破后边坡稳定，块度均匀，有利于提高装车效率。

(2)采用毫秒微差挤压爆破。毫秒微差挤压爆破是利用孔间微差迟发不断创造临空面，使岩石内的应力波与先期产生残留在岩体内的应力相叠加，从而提高爆破的能量利用率。在深孔爆破中可降低单位耗药量 15% ~25%，且使超径大块料降低到 1% 以下。

(3)分段装药爆破。常规孔眼爆破，药包位于孔底，爆能集中，爆后块度不匀。为改善爆效，沿孔长分段装药，使爆能均匀分布，且增长爆压作用时间。图 3-15 为分段装药示意图，图 3-15(a)俗称竹节炮，图 3-15(b)将分段药室扩大，俗称竹节坛子炮。

分段装药的药包(或药壶)宜设在坚硬完整的岩层内，空穴设于软弱岩层内，且用木架支垫或砾石充填。在空穴深 20 m 以内，一般分 2 ~3 段装药，底部药包通常占总药量的 60% ~70%。堵塞长度应大于或等于 0.7 倍计算抵抗线。

(4)采用不耦合装药。药包和孔壁(洞壁)间留一定空气间隙，形成不耦合装药结构。由于药包四周存在空隙，降低了爆炸的峰压，从而降低或避免了过度粉碎岩石，同时使爆压作用时间增长，从而增大了爆破冲量，提高了爆破能量利用率。炮孔直径与药包直径的比值称为不耦合系数。对应于最大爆破冲量即爆破效果最佳的不耦合系数称为最佳不耦合系数。其值的大小随介质特性和炸药特性而异。

(5)保证堵塞长度和堵塞质量。实践证明，当其他条件相同时，堵塞良好的爆破效果及能量利用率较堵塞不良的可以成倍提高。

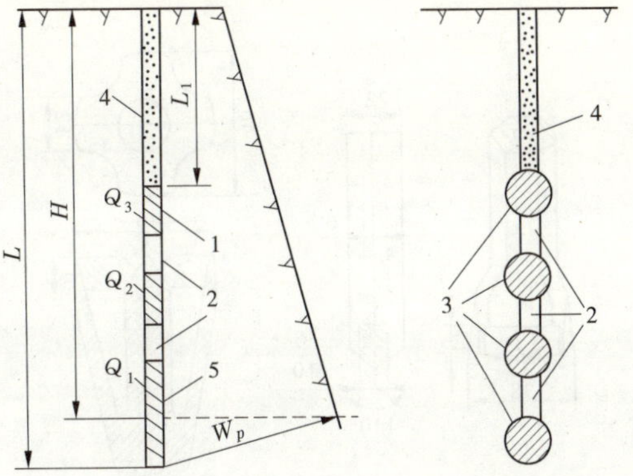

(a)竹节炮　　　(b)竹节坛子炮

1—药包;2—空穴;3—药壶;4—堵塞段;5—底部药包

图 3-15　分段装药药包构造图

第四节　爆破施工

一、钻孔

钻孔有人工钻孔打眼和机械钻孔之分,工程上多用机械钻孔。钻爆作业中,钻孔消耗的时间占爆破工程各工序时间总和一半以上,而其费用则占爆破工程总费用70%以上。钻孔的效率和质量很大程度上取决于钻孔机具。

浅孔作业多用轻型手提式风钻,多用于向下钻垂直孔;向上及倾斜钻孔,则多采用支架式重型风钻,所用风压一般为 $4\times10^5 \sim 6\times10^5$ Pa,耗风量一般为 2 ~ 4 m^3/min。国内常用 YT－23 型、YT－25 型和 YT－30 型及带腿的 YTP－26 型风钻。YT－23 型自重轻,结构简单,操作方便,钻孔效率高。

采石、削坡和基础开挖作业多用大型钻机进行深孔作业,常用的钻机有三种。

(一)回转式钻机

回转式钻机可钻斜孔,钻进速度快。常以钻孔最大深度表示钻机的型号。例如国产 XJ－100 型和 X－300 型回转式钻机,其中 100 和 300 分别表示最大钻孔深度,单位为 m,钻孔孔径一般为 90 mm、100 mm。由于钻杆回转钻进,当采用岩心管时,可取出整段岩心,故又称岩心钻孔。钻杆端部可根据钻孔孔径要求装大小不同的钻头。当钻一般硬度的岩石时,可用普通工具钢钻头,钻头与孔底间投放钢砂;当钻中等硬度岩石时,可用嵌有合金刀片的各型钻头,见图 3-16;当钻坚硬岩石时,则宜用钻石钻头。钻进过程中为了排除岩粉,冷却钻头,由钻杆顶部通过空心钻杆向孔内注水。钻进松软岩石时,可向孔内注入泥浆,使岩屑浮至表面溢出孔外,泥浆还起到固护孔壁的作用。

(二)冲击式钻机

冲击式钻机如图 3-17 所示。钻机安放在可移动的履带轮上,工作时只能钻垂直向下的孔,而不能像回转钻机一样钻斜孔。钻具的自重和落高是机械类型的控制参数。国产

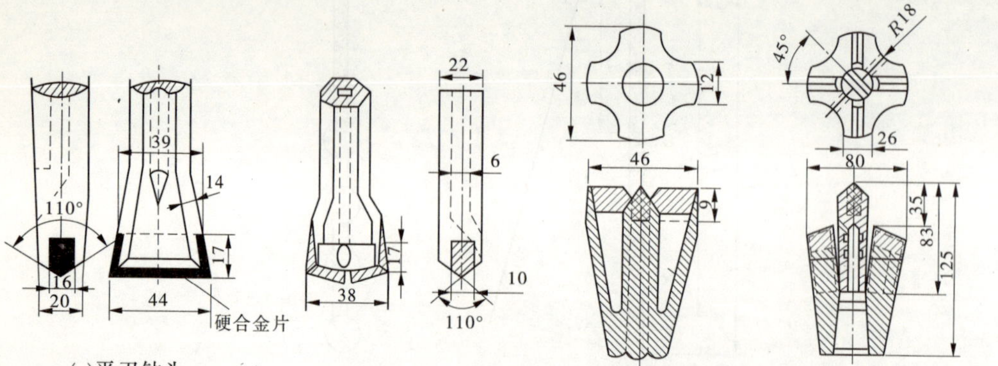

(a)平刃钻头　(b)弧形钻头　(c)普通刃“十”字形钻头　(d)凸刃“十”字形钻头

图 3-16　钻头型式　(单位:mm)

CZ－20 型钻机钻具重 1 000 kg,用于钻松软岩石。CZ－2 型钻机钻具重 550～1 300 kg,用于钻坚硬岩石。钻孔直径,前者为 150～500 mm,后者为 150～300 mm。

冲击式钻机钻孔,每冲击一次,钻具提离孔底,钢索旋转带动钻具旋转一个角度,以保证钻具均匀破碎岩石,形成圆形钻孔。孔内岩渣用清渣筒清除,为了冷却钻头,钻进时应不断向孔内加水。

(三)潜孔钻

潜孔钻钻孔作用既有回转也有冲击。其结构(见图 3-18)较以上两种钻机有进一步改进,钻孔效率很高。钻进牢固系数 $f=6\sim10$ 的岩石,平均台班进尺达 35～45 m。通常一根钻杆的有效钻孔深度为 8 m,因此当孔深不超过 8 m 时,可不接钻杆,钻进效率更高。

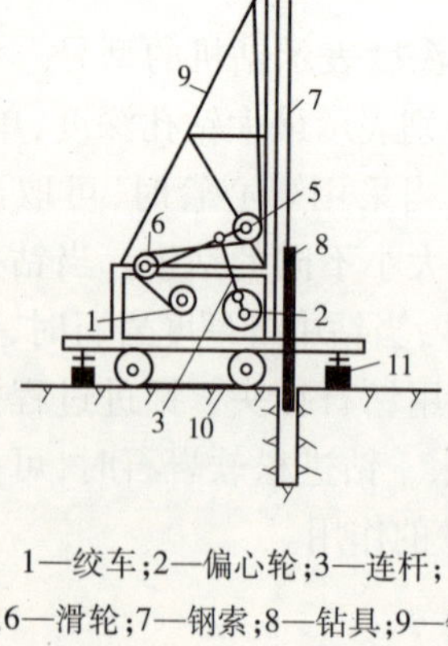

1—绞车;2—偏心轮;3—连杆;
4,5,6—滑轮;7—钢索;8—钻具;9—钻架;
10—履带;11—支撑千斤顶

图 3-17　冲击式钻机

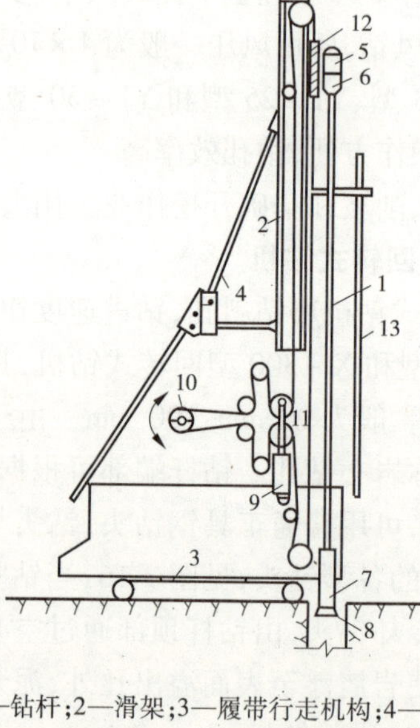

1—钻杆;2—滑架;3—履带行走机构;4—拉杆;
5—电动机;6—减速箱;7—冲击器;8—钻头;9—推压气缸;
10—卷扬机;11—托架;12—滑板;13—副钻杆

图 3-18　潜孔钻结构示意图

国内常用的 YQ－150A 型钻机，钻孔直径 170 mm，钻孔方向有 45°、60°、75°、90°四种。在钻进过程中，将粉尘吹出孔口，由设在孔口的捕尘罩借助抽风机将粉尘吸入集尘箱处理。潜孔钻结构简单，运行可靠，维修方便，钻孔效率高，是一种通用、功能良好的深孔作业的钻孔机械。

二、药包现场加工

(一)火线雷管的制作

将导火索和火雷管连接在一起，叫火线雷管。制作火线雷管应在专用房间内，禁止在炸药库、住宅、爆破工点进行。制作的步骤是：

(1)检查雷管和导火索。

(2)按照需要长度，用锋利小刀切齐导火索，最短导火索不应少于 60 cm。

(3)把导火索插入雷管，直到接触火帽为止。不要猛插和转动。

(4)用铰钳夹夹紧雷管口(距管口 5 mm 以内)。如图 3-19 所示。固定时，应使该钳夹的侧面与雷管口相平。如无铰钳夹，可用胶布包裹，严禁用嘴咬。

(5)在接合部包上胶布防潮。当火线雷管不马上使用时，导火索点火的一端也应包上胶布。

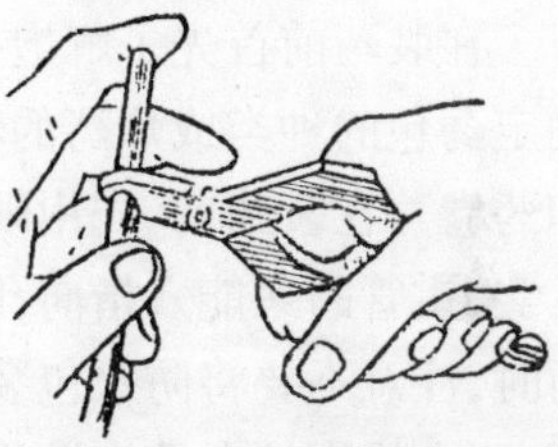

图 3-19　火线雷管制作

(二)电雷管检查

对于电雷管应先作外观检查，把有擦痕、生锈、铜绿、裂隙或其他损坏的雷管剔除，再用爆破电桥或小型欧姆计进行电阻及稳定性检查。为了保证安全，测定电雷管的仪表输出电流不得超过 50 mA。如发现有不导电的情况，应作为不良的电雷管处理。然后把电阻相同或电阻差不超过 0.25 Ω 的电雷管放置在一起，以备装药时串联在一条起爆网路上。

(三)制作起爆药包

起爆药包只许在爆破工点于装药前制作该次所需的数量。不得先做成成品备用。制作好的起爆药包应小心妥善保管，不得震动，亦不得抽出雷管。

制作时分如下几个步骤：

(1)解开药筒一端；

(2)用木棍(直径 5 mm，长 10～12 cm)轻轻地插入药筒中央然后抽出，并将雷管插入孔内(见图 3-20(a))；

(3)雷管插入深度，易燃的硝化甘油炸药将雷管全部插入即可，其他不易燃炸药，雷管应埋在接近药筒的中部(见图 3-20(b))；

(4)收拢包皮纸，用绳子扎起来，如用于潮湿处则加以防潮处置，防潮时防水剂的温度不超过 60 ℃(见图 3-20(c))。

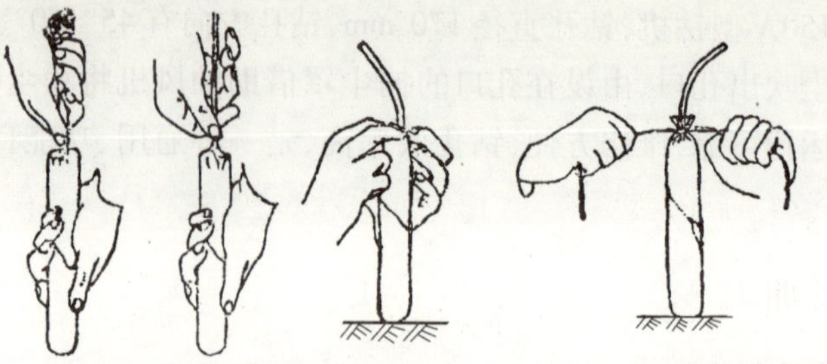

图 3-20 起爆药包制作

三、装药、堵塞

(一)装药

在装药前首先了解炮孔的深度、间距、排距等,由此确定装药量。根据孔中是否有水确定药包的种类或炸药的种类,同时还要清除炮孔内的岩粉和水分。在干孔内可装散药和药卷。在装药前,先用硬纸或铁皮在炮孔底部架空,形成聚能药包。炸药要分层用木棍压实,雷管的聚能穴指向孔底,雷管装在炸药全长的中部偏上处。在有水炮孔中装吸湿炸药时,注意不要将防水包装捣破,以免炸药受潮而拒爆。当孔深较大时,药包要用绳子吊下,不允许直接向孔内抛投,以免发生爆炸危险。

(二)堵塞

装药后即进行堵塞。对堵塞材料的要求是:与炮孔壁摩擦作用大,材料本身能结成一个整体,充填时易于密实,不漏气。可用1:2的黏土粗砂堵塞,堵塞物要分层用木棍压实。在堵塞过程中,要注意不要将导火线折断或破坏导火线的绝缘层。

四、起爆

按雷管的起爆方法不同,常用的起爆方法可分为电力起爆法、非电力起爆法两种。

(一)电力起爆法

电力起爆法就是利用电能引爆电雷管进而起爆炸药的起爆方法。本法可以同时起爆多个药包,可间隔延期起爆,安全可靠。但是操作较复杂,准备工作量大,需较多电线,须检查仪表和电源设备。其适用于大中型重要的爆破工程。

电力起爆网路主要由电源、导线、电雷管等组成。

1. 起爆电源

电力起爆的电源,可用普通照明电源或动力电源,最好使用专线。当缺乏电源而爆破规模又较小和起爆的雷管数量不多时,也可用干电池或蓄电池组合使用。另外,还可以使用电容式起爆电源,即发爆器起爆。国产的发爆器有10发、30发、50发和100发几种型号,最多一次可起爆100个以内串联的电雷管,十分方便。但因其电流很小,故不能起爆并联雷管。常用的发爆器型号有DF-100型、FR81-25型、FR81-50型。

2. 导线

电爆网路中的导线一般采用绝缘良好的铜线和铝线。在大型电爆网路中的常用导线按其位置和作用划分为端线、连接线、区域线和主线。端线用来加长电雷管脚线，使之能引出孔口或洞室之外。端线通常采用断面为0.2～0.4 mm^2 的铜芯塑料皮软线。连接线是用来连接相邻炮孔或药室的导线，通常采用断面为1～4 mm^2 的铜芯线或铝芯线。主线是连接区域与电源的导线，常用断面为16～150 mm^2 的铜芯线或铝芯线。

3. 电雷管

电雷管在电流作用下使桥丝灼热，灼热的桥丝引燃了引火头，从而导致起爆药爆炸。其主要参数有最高安全电流、最低准爆电流、电雷管电阻。

(1)最高安全电流。给电雷管通以恒定的直流电，在较长时间(5 min)内不致使发电雷管引火头发火的最大电流，称为电雷管最高安全电流。按规定，国内电雷管通50 mA的电流，持续5 min不爆的为合格产品。按安全规程规定，测量电雷管电爆网路的爆破仪表，其输出工作电流不得大于30 mA。

(2)最低准爆电流。给电雷管通一恒定的直流电。保证在1 min内必定使任何一发电雷管都能起爆的最小电流，称为最低准爆电流。国产电雷管的准爆电流不大于0.7 A。

(3)电雷管电阻。电雷管电阻是指桥丝电阻与脚线电阻之和，又称电雷管安全电阻。电雷管在使用前应测定每个电雷管的电阻值(只准使用规定的专用仪表)，在同一爆破网路中使用的电雷管应为同厂、同型号产品。康铜桥丝雷管的电阻值差不得超过0.3 Ω；镍铬桥丝雷管的电阻值差不得超过0.8 Ω。电雷管的电阻值是进行电爆网路计算不可缺少的参数。

4. 电爆网路的连接方式

当有多个药包联合起爆时，电爆网路的连接可以采用串联、并联、串并联、并串联等方式，如图3-21、图3-22所示。

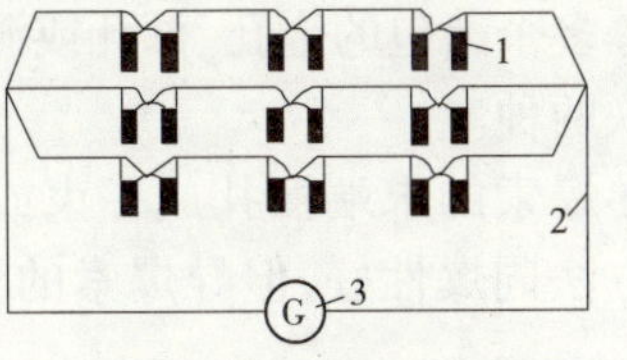

1—雷管；2—主线；3—电源

图3-21　串并联电爆网路

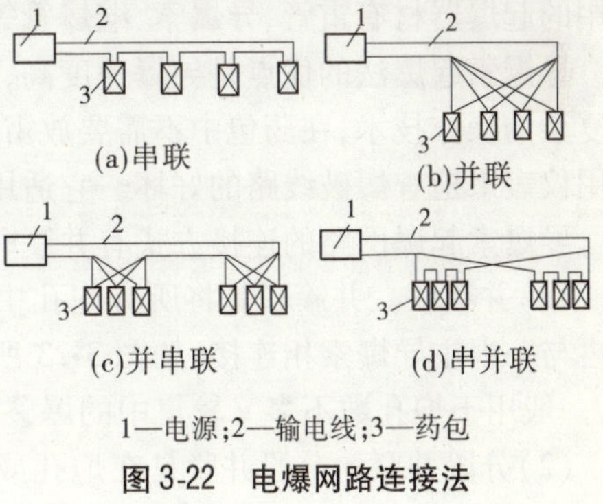

1—电源；2—输电线；3—药包

图3-22　电爆网路连接法

(1)串联法。是将电雷管的脚线一个接一个地连在一起，并将两端的两根脚线接至主线，并通向电源。该法线路简单，计算和检查线路较易，导线消耗较小，需准爆电流小，可用放炮器、干电池、蓄电池做起爆电源。但整个起爆电路可靠性差，如一个雷管发生故障，或敏感度有差别，易发生拒爆现象。其适用于爆破数量不多、炮孔分散、电源电流不大的小规模爆破。

(2)并联法。是将所有电雷管的两根脚线分别接在两根主线上，或将所有雷管的其中一根脚线集合在一起，然后接在一根主线上，把另一根脚线也集合在一起，接在另一根主线上。其特点是:各个雷管的电流互不干扰;不易发生拒爆现象;当一个电雷管有故障时,不影响整个起爆。其缺点是:导线电流消耗大,需较大截面主线;连接较复杂,检查不便;若分支电阻相差较大,可能产生不同时爆炸或拒爆。其适用于炮孔集中、电源容量较大及起爆少量雷管时。

(3)串并联法。是将所有雷管分成几组,同一组的电雷管串联在一起,然后组与组之间再并联在一起。这种方法的优点是需要的电流容量比并联小,同组中的电流互不干扰;药室中使用成对的电雷管,可增加起爆的可靠性。缺点是线路计算和敷设复杂,导线消耗量大。该法适用于每次爆破的炮孔、药包组很多,且距离较远或全部并联电流不足时,或采取分层叠法布置药室时。

(4)并串联法。是将所有雷管分成几组,同一组的电雷管并联在一起,然后组与组之间再串联。其优点是可采用较小的电容量和较低的电压,可靠性比串联强。缺点是线路计算和敷设较复杂,有一个雷管拒爆时,将切断一个分组的线路。该法各分支线路电阻应注意平衡或基本接近。这种方法适用于一次起爆多个药包,且药室距离很长时,或每个药室设两个以上的电雷管,而又要求进行迟发起爆时,或在无充足的电源电压时。

(二)非电力起爆法

1. 火花起爆法

火花起爆法是以导火索燃烧时的火花引爆雷管,进而起爆炸药的起爆方法。火花起爆法所用的材料有火雷管、导火索及点燃导火索的燃火材料等。

火花起爆法的优点是操作简单,准备工作少,成本较低;缺点是操作人员处于爆破地点,不够安全。目前主要用于浅孔和裸露药包的爆破,在有水或水下爆破中不能使用。

2. 导爆索(传爆线)起爆法

导爆索起爆法是用导爆索爆炸产生的能量直接引爆药包的起爆方法。这种起爆方法所用的起爆器材有雷管、导爆索、继爆管等。

导爆索起爆法的优点是导爆速度高,可同时起爆多个药包,准爆性好;连接形式简单,无复杂的操作技术;在药包中不需要放雷管,故装药、堵塞时比较安全。缺点是成本高,不能用仪表来检查爆破线路的好坏。它适用于瞬时起爆多个药包的炮孔、深孔或洞室爆破。

导爆索起爆网路的连接方式有并簇联和分段并联两种。

(1)并簇联。并簇联是将所有炮孔中引出的支导爆索的末端捆扎成一束或几束,然后再与一根主导爆索相连接,如图3-23所示。这种方法同爆性好,但导爆索的消耗量较大,一般用于炮孔数不多又较集中的爆破中。

(2)分段并联。分段并联是在炮孔或药室外敷设一条主导爆索,将各炮孔或药室中引出的支导爆索分别与主导爆索相连,如图3-24所示。分段并联法网路,导爆索消耗量小,适应性强,在网路的适当位置装上继爆管,可以实现毫秒微差爆破。

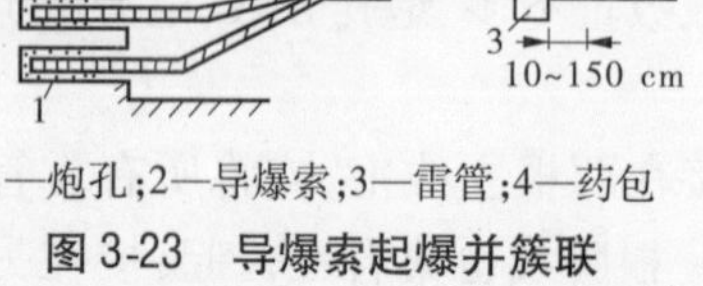

1—炮孔;2—导爆索;3—雷管;4—药包

图3-23 导爆索起爆并簇联

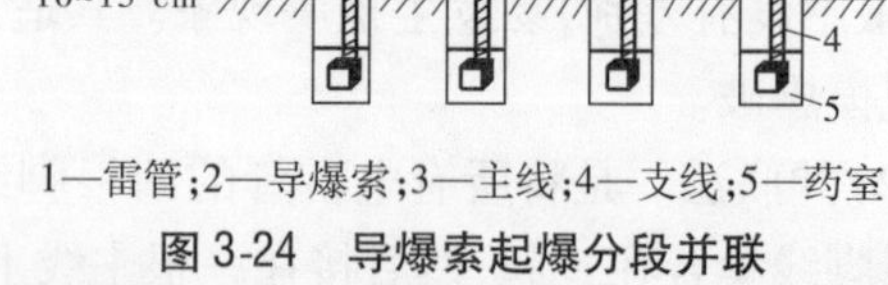

1—雷管;2—导爆索;3—主线;4—支线;5—药室

图3-24 导爆索起爆分段并联

3. 导爆管起爆法

导爆管起爆法是利用塑料导爆管来传递冲击波引爆雷管，然后使药包爆炸的一种新式起爆方法。导爆管起爆网路通常由激发元件、传爆元件、起爆元件和连接元件组成。这种方法的优点是：导爆速度高，可同时起爆多个药包；作业简单、安全；抗杂散电流，起爆可靠。缺点是：导爆管连接系统和网路设计较为复杂。其适用于露天、井下、深水、杂散电流大和一次起爆多个药包的微差爆破作业中进行瞬发爆破或秒延期爆破。

第五节　控制爆破

控制爆破是为达到一定预期目的的爆破，如定向爆破、预裂爆破、光面爆破、岩塞爆破、微差控制爆破、拆除爆破、静态爆破、燃烧剂爆破等。下面仅介绍水利工程常用的几种。

一、定向爆破

定向爆破是一种加强抛掷爆破，即在一定的条件下，使爆破的介质朝着预定的方向集中抛掷，达到堆筑成堆石坝或开挖成一定断面渠道的目的。

定向爆破主要是使抛掷爆破最小抵抗线方向符合预定的抛掷方向，并且在最小抵抗线方向事先造成定向坑，利用空穴聚能效应，集中抛掷，这是保证定向的主要手段。造成定向坑的方法，在大多数情况下，都是利用辅助药包，让它在主药包起爆前先爆，形成一个起定向坑作用的爆破漏斗。如果地形有天然的凹面可以利用，也可不用辅助药包。

图 3-25(a)是用定向爆破堆筑堆石坝。药包设在坝顶高程以上的岸坡上。根据地形情况，可从一岸爆破或两岸爆破。图 3-25(b)为定向爆破开挖渠道。在渠底埋设边行药包和主药包。边行药包先起爆，主药包的最小抵抗线就指向两边，在两边岩石尚未下落时，起爆主药包，中间岩体就连同原两边爆起的岩石一起抛向两岸。

使用定向爆破筑坝和挖渠可以大量节约劳动力，缩短工期，减少投资。

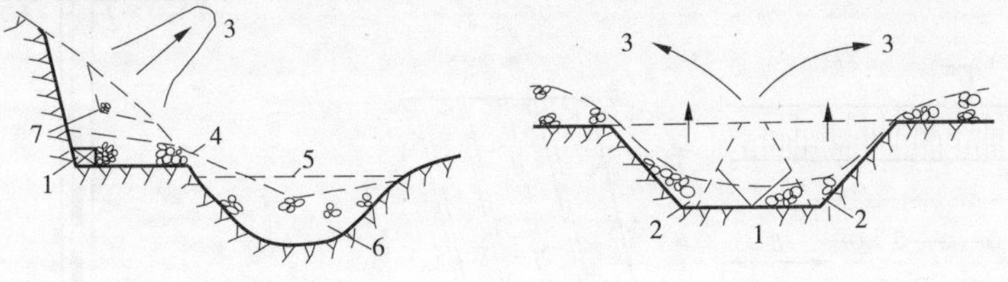

(a)筑坝　　(b)挖渠

1—主药包；2—边行药包；3—抛掷方向；4—堆积体；5—坝顶；6—河床；7—辅助药包

图 3-25　定向爆破示意图

二、预裂爆破

预裂爆破是一种常用于大劈坡和开挖深槽、控制设计边线的爆破，如图 3-26 所示。即沿设计的开挖边线，钻一排预裂炮孔，在开挖区未爆之前先行爆破，从而获得一条预裂缝。

预裂爆破孔的角度应与开挖坡度一致。为了防止爆破冲击波由预裂缝两端绕射至保留区。预裂缝还应向爆破区两端各伸出一定长度 b(如图 3-26 所示)。

在水利水电工程施工中,预裂爆破不仅在垂直、倾斜开挖壁面上得到广泛应用,同时在规则的曲面、扭曲面,以及水平建基面中也取得了一定成果。它对避免超挖、降低工程造价和缩短工期都有好处,应积极采用。

(一)预裂爆破的特点

(1)预裂缝能起到反射应力波的作用,因而可以大幅度地削减应力波作用于保留区岩体上的能量。预裂缝还可以截断开挖区的爆破裂隙和层面破坏,使它们不能延伸到保留区。

(2)预裂爆破后,边坡稳定性好,有利于施工期间的安全。

(3)开挖坡面平整,减少岩石超挖量,节省混凝土工程量。

(4)简化施工程序,扩大大口径深层爆破的施工范围,有利于加快工程进度和降低工程造价。

(二)预裂爆破的主要技术措施

(1)炮孔直径一般为 50 ~ 200 mm,对深孔宜采用较大的孔径。

(2)炮孔间距宜为孔径的 8 ~ 12 倍,坚硬岩石取小值。

(3)不耦合系数(炮孔直径 d 与药卷直径 d_0 的比值)建议取 2 ~ 4,坚硬岩石取小值。

(4)线装药密度一般取 250 ~ 400 g/m。

(5)药包结构形式,目前较多的是将药卷分散绑扎在传爆线上(见图 3-27)。分散药卷的相邻间距不宜大于 50 cm 和不大于药卷的殉爆距离。考虑到孔底的夹制作用较大,底部药包应加强,为线装药密度的 2 ~ 5 倍。

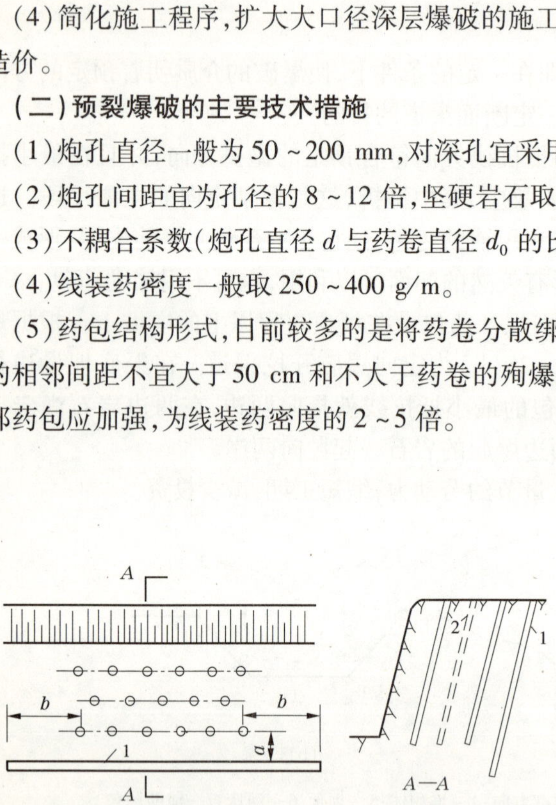

(a)平面图　(b)剖面图

1—预裂缝;2—爆破孔

图 3-26　预裂爆破布置图

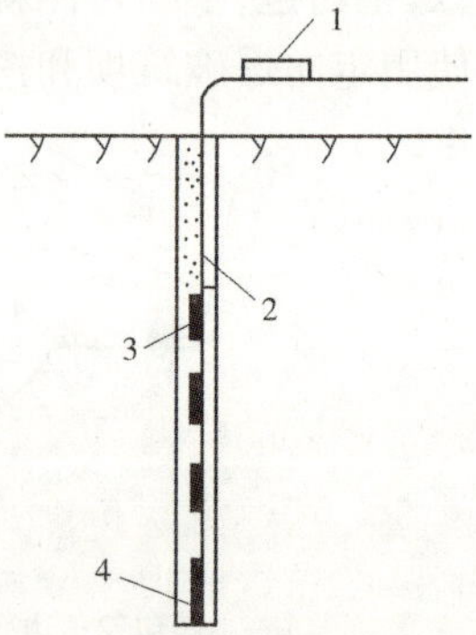

1—雷管;2—导爆索;

3—药包;4—底部加强药包

图 3-27　预裂爆破装药结构图

(6)装药时距孔口 1 m 左右的深度内不要装药,可用粗砂填塞,不必捣实。填塞段过短,容易形成漏斗,过长则不能出现裂缝。

三、光面爆破

光面爆破是一种用于洞挖作业的控制爆破(如图 3-28 所示),即能使爆裂面光滑平顺,超、欠挖均很少,能近似形成设计轮廓要求的爆破。它与预裂爆破的不同之处在于光面爆孔的爆破在开挖主爆孔的药包爆破之后进行。光面爆破的特点是孔径小、孔距密、装药少、同时起爆。由于孔距很密而且同时起爆,相邻孔互相起聚能作用,开挖面即沿炮孔间连线出现。因孔径小、装药少,故能获得较平顺的开挖面。

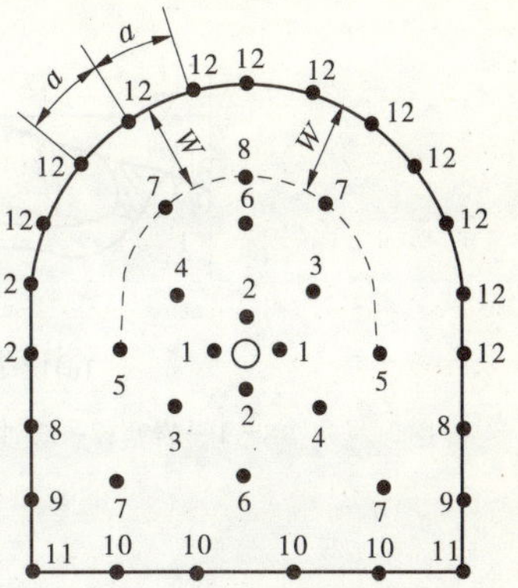

1～12—炮孔孔段编号

图 3-28　光面爆破开挖布孔图

光面爆破主要技术措施如下:

(1)炮孔直径宜在 50 mm 以下。

(2)炮孔间距约等于 16 倍炮孔直径。

(3)孔距与最小抵抗线 W 之比宜为 0.75～0.95(W 指由边孔至周边保护岩层面的最小距离),W 值应控制在 0.8 m 内。

(4)边孔装药量与装药密度应加以限制,比一般爆破用药量少 1/2 以上。实现其限制,有以下方法:①用小直径(ϕ25 mm)药卷;②采用空穴药包,即先在底部装一节 0.25 kg 药卷,然后每隔 10～20 cm 装 0.1 kg 小药卷,药卷可以分段绑在竹片上;③使用低威力炸药(可在 2 号岩石铵梯炸药内掺 15% 锯木屑)。

(5)边孔是在正常装药的松动药包爆破以后才起爆的,边孔应该使用传爆线或即发雷管,保证同时起爆。

与普通爆破方法相比较,光面爆破的钻孔长度和炸药用量都有所增加,但由于开挖面平顺、裂缝小,故临时支撑、灌浆和衬砌工程量将相应减少,并可省掉对超、欠挖部分进行回填和二次爆破。总体来说,对工程质量、工期和造价都是有利的。

四、岩塞爆破

岩塞爆破是一种水下控制爆破。在已成水库或天然湖泊内取水发电、灌溉、供水或泄洪时,为修建隧洞的取水工程,避免在深水中建造围堰,采用岩塞爆破是一种经济而有效的方法。它的施工特点是先从引水隧洞出口开挖,直到掌子面到达库底或湖底附近,然后预留一定厚度的岩塞,待隧洞和进口控制闸门井全部建完后,一次将岩塞炸除,使隧洞和水库连通。岩塞爆破布置如图 3-29 所示。

岩塞的布置应根据隧洞的使用要求、地形、地质因素来确定。岩塞宜选择在覆盖层薄、岩石坚硬完整且层面与进口中心线夹角大的部位,特别应避开节理、裂隙、构造发育的部位。岩塞的开口尺寸应满足进水流量的要求。岩塞厚度应为开口直径的 1～1.5 倍。太厚难以一次爆通,太薄则不安全。

水下岩塞爆破装药量计算,应考虑岩塞上静水压力的阻抗,用药应比常规抛掷爆破药量增大 20%～30%。为了控制进口形状,岩塞周边采用预裂爆破以减震防裂。

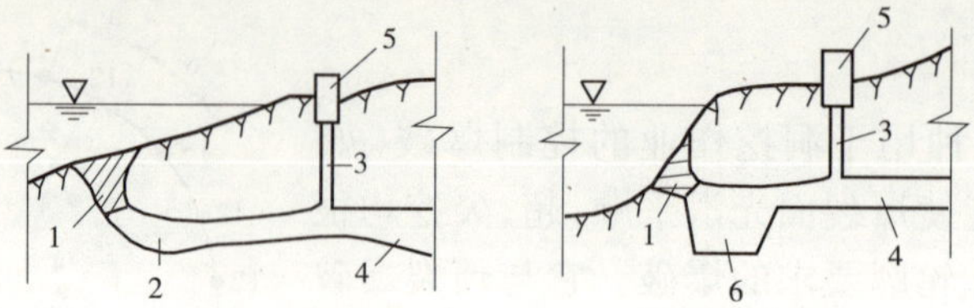

(a)设缓冲坑　　(b)设集渣坑

1—岩塞;2—缓冲坑;3—闸门井;4—引水隧洞;5—操纵室;6—集渣坑

图 3-29　岩塞爆破布置图

五、毫秒微差控制爆破

它是一种应用特制的毫秒延期雷管,以毫秒级时差顺序起爆各个(组)药包的爆破技术。其原理是把普通齐发爆破的总炸药能量分割为多数较小的能量,采取合理的装药结构、最佳的微差间隔时间和起爆顺序,为每个药包创造多面临空条件,将齐发大量药包产生的地震波变成一长串小幅值的地震波,同时各药包产生的地震波相互干涉,从而降低地震效应,把爆破震动控制在给定水平之下。

它适用于开挖岩石地基、挖掘沟渠、拆除建筑物和基础,以及用于工程量与爆破面积较大,对截面形状、规格、减震、飞石、边坡后面有严格要求的控制爆破工程。

六、拆除爆破技术

在工程建设中,为了拆除混凝土或钢筋混凝土建筑物、构筑物,而采用的一种特殊控制爆破技术称为拆除爆破。由于拆除环境的复杂性,常要求爆破过程实现定向、定距、定量及减震、减冲、减飞石和减声(音)等控制。

拆除爆破时,不用炸药,而用一种新型的材料——无声破碎剂(Soundless Cracking Agent,简称 SCA)。SCA 是一种具有高膨胀性能的粉末状物质,用水调成浆体浇灌到岩石或混凝土钻孔中,它与水作用,经过 10 ~ 24 h,能生成新的膨胀物质,可使固相体积增加到原来的 3 倍,并能产生 2.94×10^4 kPa 以上的膨胀压力,可将岩石或混凝土在无振动、无噪音、无飞石和无有毒气体的情况下安全破碎。破碎的特点为低压加载。其膨胀压受温度和龄期影响很大,同时还受水灰比、凝结时间和流动度等因素影响。

SCA 不易燃、不易爆,不属于危险用品。因此,在制造、运输、保管和使用方面均安全可靠。

SCA 的缺点是膨胀速度慢,开挖强度低,难以满足水利工程中的大规模开挖要求;膨胀压力低,拆除钢筋混凝土有困难;破碎剂价格昂贵。因此,应在不允许采用爆破开挖及开采条石时使用。

第六节　爆破安全控制

爆破工作的安全极为重要,从爆破材料的运输、储存、加工,到施工中的装填、起爆和销毁,均应严格遵守各项爆破安全技术规程。

一、爆破、起爆材料的储存与保管

(1)爆破材料应储存在干燥、通风良好、相对湿度不大于65%的仓库内,库内温度应保持在18～30 ℃;周围5 m范围内须清除一切树木和草皮。库房应有避雷装置,接地电阻不大于10 Ω。库内应有消防设施。

(2)爆破材料仓库与民房、工厂、铁路、公路等应有一定的安全距离。炸药与雷管(导爆索)须分开储存,两库房的安全距离不应小于有关规定。同一库房内不同性质、批号的炸药应分开存放。严防虫鼠等啃咬。

(3)炸药与雷管成箱(盒)堆放要平稳、整齐。成箱炸药宜放在木板上,堆摆高度不得超过1.7 m,宽不超过2 m,堆与堆之间应留不小于1.3 m的通道,药堆与墙壁间的距离不应小于0.3 m。

(4)施工现场临时仓库内爆破材料严格控制储存数量,炸药不得超过3 t,雷管不得超过10 000个和相应数量的导火索。雷管应放在专用的木箱内,离炸药的距离不小于2 m。

二、装卸、运输与管理

(1)爆破材料的装卸均应轻拿轻放,不得受到摩擦、震动、撞击、抛掷或转倒。堆放时要摆放平稳,不得散装、改装或倒放。

(2)爆破材料应使用专车运输,炸药与起爆材料、硝铵炸药与黑火药均不得在同一车辆、车厢装运。用汽车运输时,装载不得超过允许载重量的2/3,行驶速度不应超过20 km/h,车顶部需遮盖。

三、爆破操作安全要求

(1)装填炸药应按照设计规定的炸药品种、数量、位置进行。装药要分次装入,用竹棍轻轻压实,不得用铁棒或用力压入炮孔内,不得用铁棒在药包上钻孔安设雷管或导爆索,必须用木棒或竹棒进行。

(2)起爆药卷(雷管)应设置在装药全长的1/3～1/2位置上(从炮孔口算起),雷管应置于装药中心,聚能穴应指向孔底,导爆索只许用锋利刀一次切割好。

(3)遇有暴风雨或闪电打雷时,应禁止装药、安设电雷管和连接电线等操作。

(4)在潮湿条件下进行爆破,药包及导火索表面应涂防潮剂加以保护,以防受潮失效。

(5)爆破孔洞的堵塞应保证要求的堵塞长度,充填密实不漏气。填充直孔可用干细砂、砂子、黏土或水泥等惰性材料。

(6)导火索长度应根据爆破员在完成全部炮眼和进入安全地点所需的时间来确定,其最短长度不得少于1 m。

四、爆破安全距离

爆破时,应划出警戒范围,立好标志,现场人员应撤到安全区域,并有专人警戒,以防爆破飞石、爆破地震、冲击波以及爆破毒气对人身造成伤害。

爆破飞石、空气冲击波、爆破毒气对人身以及爆破地震对建筑物影响的安全距离计算如下。

(一)爆破地震安全距离

目前,国内外爆破工程多以建筑物所在地表的最大质点振动速度,作为判别爆破地震对建筑物的破坏标准。通常采用的经验公式为

$$v = K(\frac{Q^{1/3}}{R})^{a} \tag{3-24}$$

式中 v——爆破地震对建筑物(或构筑物)及地基产生的质点垂直振动速度,cm/s;

K——与岩土性质、地形和爆破条件有关的系数,在土中爆破时 $K = 150 \sim 200$,在岩石中爆破时 $K = 100 \sim 150$;

Q——同时起爆的总装药量,kg;

R——药包中心到某一建筑物的距离,m;

a——爆破地震随距离衰减系数,可按 1.5 ~ 2.0 考虑。

观测成果表明:当 $v = 10 \sim 12$ cm/s 时,一般砖木结构的建筑物便可能被破坏。

(二)爆破空气冲击波安全距离

$$R_K = K_K \sqrt{Q} \tag{3-25}$$

式中 R_K——爆破冲击波的危害半径,m;

K_K——系数,对于人 $K_K = 5 \sim 10$,对建筑物要求安全无损时,裸露药包 $K_K = 50 \sim 150$,埋入药包 $K_K = 10 \sim 50$;

Q——同时起爆的最大的一次总装药量,kg。

(三)个别飞石安全距离

$$R_f = 20n^2 WK_f \tag{3-26}$$

式中 R_f——个别飞石安全距离,m;

n——最大药包的爆破作用指数;

W——最小抵抗线,m;

K_f——安全系数,一般取值 1.0 ~ 1.5,大风时取 1.5 ~ 2.0。

实际采用的飞石安全距离不得小于下列数值:裸露药包 300 m,浅孔或深孔爆破 200 m,洞室爆破 400 m。

(四)爆破毒气的危害范围

在工程实践中,常采用下述经验公式来估算有毒气体扩散安全距离

$$R_g = K_g \sqrt[3]{Q} \tag{3-27}$$

式中 R_g——有毒气体扩散安全距离,m;

K_g——系数,根据有关资料,K_g 的平均值为 160;

Q——爆破总装药量,t。

对于顺风向的安全距离应增大一倍。

五、瞎炮及其处理

通过引爆而未能爆炸的药包叫瞎炮。在处理前必须查明拒爆原因,然后根据具体情况慎重处理。瞎炮处理方法一般有以下几种:

（1）重爆法。通过爆破线路的电桥测定，证明药包内的电雷管的电阻正常；或通过观察发现导火线确系燃烧中断，可以重新接线进行引爆；或将炮泥掏出，另装入起爆药包重新引爆。

（2）诱爆法。对于裸露药包或埋藏较浅的药包，可以用另设的裸露药包进行诱爆。

（3）掏炮法。将炮泥掏出，再用细管子接低压水将散装炸药冲出。对于深孔和洞室内的瞎炮处理，尽可能采用重爆法。当有未爆药包与坍下石渣混合时，应将未爆药包浸泡后再清除，确保安全处理瞎炮。

复习思考题

3-1 解释并比较下列概念：①爆力与猛度；②导火索、导爆索与导爆管；③零氧平衡、正氧平衡与负氧平衡；④光面爆破与预裂爆破；⑤集中药包和延长药包。

3-2 炸药的基本性能有哪些？

3-3 简述常用的工程炸药类型、特点和使用范围。

3-4 什么是临空面？临空面对爆破有何影响？

3-5 爆破的基本方法有哪些？各适用于什么场合？

3-6 如何根据爆破作用指数划分爆破类型？

3-7 预裂爆破的基本原理是什么？对预裂爆破有哪些基本要求？

3-8 爆破操作安全有哪些要求？

3-9 处理瞎炮常用哪些方法？

第四章　钢筋工程施工

学习指导

学习目标：了解钢筋进场验收与储存的工作内容；掌握钢筋下料长度的计算方法，掌握钢筋代换方法及要求；掌握钢筋加工工艺及质量要求，熟悉钢筋加工机械及工作原理；了解相关机具、设备工作原理；熟悉有关工艺设备；掌握钢筋绑扎与安装方法、质量要求，了解钢筋绑扎与安装施工安全技术。

学习重点：钢筋下料长度计算方法；钢筋加工方法、工艺及质量要求；钢筋安装质量要求。

在水利水电工程中，钢筋混凝土结构广为使用，而钢筋工程的施工是钢筋混凝土结构施工中极为重要的一环，其原材料质量及加工、制作、安装质量的好坏直接影响到结构的承载能力和耐久性，也直接关系到建筑物的安全。所以，从事钢筋施工的人员应全面掌握钢筋施工的基本知识。

第一节　钢筋的验收与配料

一、钢筋进场验收

(1)检验进场钢筋是否有出厂合格证明书及试验报告单，每捆(盘)钢筋均应有标牌。

(2)钢筋运至加工或施工现场时，应根据原附质量证明书或试验报告单按不同等级、牌号、规格及生产厂家分批验收每批钢筋的外观质量。

(3)钢筋的外观质量，主要查看锈蚀程度及有无裂纹、结疤、麻坑、气泡、砸碰伤痕等。钢筋外形尺寸应符合国家标准的规定。钢筋外观检查每捆(盘)均应进行。外观检查合格后，方可按规定抽取试样做机械性能试验。

(4)热轧钢筋机械性能试验。在每批钢筋(以 60 t 同一炉号、同一规格尺寸的钢筋为一批，质量不足 60 t 时仍按一批计)中任意抽出两根钢筋，各截取一根试件。一根试件做力学试验(测定屈服点、抗拉强度、伸长率)，另一根试件做冷弯试验。四个指标中如有一个试验项目结果不符合该钢筋的机械性能规定的数值，则另取双倍数量的试件对不合格的项目做第二次试验，如仍有一根试件不合格，则该批钢筋为不合格产品。

(5)热处理钢筋机械性能试验。钢筋进场时应分批验收，从每批钢筋中选取 10% 的盘数(不少于 25 盘)进行力学试验。试验结果如有一项不合格，该不合格盘报废。再从未试验过的钢筋中取双倍数量的试件进行复验，如仍有一项不合格，则该批钢筋不合格。

(6)如对钢筋质量有疑问，除做机械性能检验外，还应进行化学成分分析。

(7)钢筋在加工使用过程中，如发生脆断、焊接性能不良或机械性能异常，应进行化学成分检验或其他专项检验。

(8)对国外进口钢筋,应特别注意机械性能和化学成分的分析。

二、钢筋的储存

钢筋运到施工现场后,必须妥善保管,否则会影响施工或工程质量,造成不必要的浪费。因此,在钢筋储存工作中,一般应做好以下工作:

(1)应有专人认真验收入库钢筋,不但要注意数量的验收,而且对入库钢筋的规格、等级、牌号也要认真地进行验收。

(2)入库钢筋应尽量堆放在料棚或仓库内,并应按库内指定的堆放区分品种、牌号、规格、等级、生产厂家,分批、分别堆放。

(3)每垛钢筋应立标签,每捆(盘)钢筋上应有标牌。标签和标牌应写有钢筋的品种、等级、直径、技术证书编号及数量等。钢筋保管要做到账、物、牌(单)三相符,凡库存钢筋均应附有出厂证明书或试验报告单。

(4)如条件不具备,可选择地势较高,土质坚实,较为平坦的露天场地堆放,并应在钢筋垛下面用木方垫起或将钢筋堆放在堆放架上。

(5)堆放场地应注意防水和通风,钢筋不应和酸、盐、油等类物品一起存放,以防腐蚀或污染钢筋。

(6)钢筋的库存量应和钢筋加工能力相适应,周转期应尽量缩短,避免存放期过长,使钢筋发生锈蚀。

三、钢筋配料与代换

(一)钢筋的配料

钢筋加工前应根据图纸按不同构件先编制配料单,然后进行备料加工。为了使工作方便和不漏配钢筋,配料应该有序地进行。

下料长度计算是配料计算中的关键。钢筋弯曲时,其外壁伸长,内壁缩短,而中心线长度并不改变。但是设计图中注明的尺寸是根据外包尺寸计算的,且不包括端头弯钩长度。显然外包尺寸大于中心线长度,它们之间存在一个差值,称为“量度差值”。因此,钢筋的下料长度应为:

直钢筋下料长度 = 构件长度 − 保护层厚度 + 弯钩增加长度

弯起钢筋下料长度 = 直段长度 + 斜段长度 − 弯曲调整值 + 弯钩增加长度

箍筋下料长度 = 直段长度 + 弯钩增加长度 − 弯曲调整值 = 箍筋周长 + 箍筋调整值

1. 弯钩增加长度

钢筋的弯钩形式有三种:半圆弯钩、直弯钩及斜弯钩。半圆弯钩是最常用的一种弯钩。直弯钩只用在柱钢筋的下部、箍筋和附加钢筋中。斜弯钩只用在直径较小的钢筋中。

光圆钢筋的弯钩增加长度,按图 4-1 所示的简图(弯心直径 $D = 2.5d$,平直部分为 $3d$)计算。首先计算半圆弯钩的增加长度。

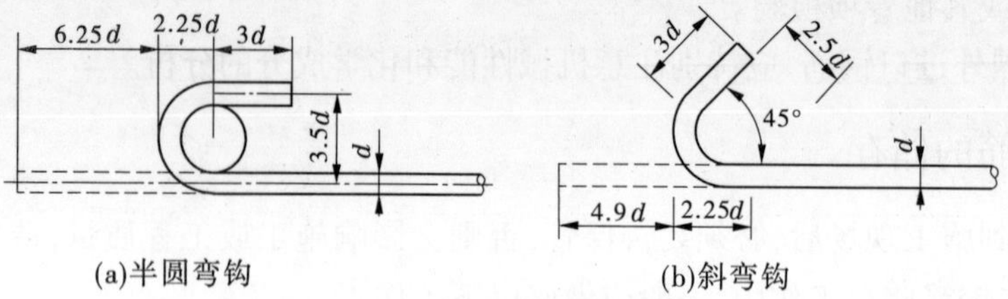

图 4-1　钢筋弯钩计算简图

弯钩全长

$$3d + \frac{3.5d\pi}{2} = 8.5d$$

弯钩增加长度(包括量度差值)

$$8.5d - 2.25d = 6.25d$$

同理可得,弯钩增加长度对直弯钩为 3.5d,对斜弯钩为 4.9d。

在生产实践中,由于实际弯心直径与理论弯心直径有时不一致,钢筋粗细和机具条件不同等而影响平直部分的长短(手工弯钩时平直部分可适当加长,机械弯钩时可适当缩短),因此在实际配料计算时,对弯钩增加长度常根据具体条件,采用经验数据,见表 4-1。

表 4-1　半圆弯钩增加长度参考表(用机械弯)　　(单位:mm)

钢筋直径	≤6	8 ~ 10	12 ~ 18	20 ~ 28	32 ~ 36
一个弯钩长度	40	6d	5.5d	5d	4.5d

2. 弯曲调整值

钢筋弯起 90°时,按《水工混凝土钢筋施工规范》(DL/T 5169—2002)规定有两种情况:Ⅰ级钢筋弯心直径 $D = 2.5d$,Ⅱ级钢筋弯心直径 $D = 5d \sim 7d$。以Ⅰ级钢筋弯起 90°为例计算钢筋弯曲调整值,见图 4-2(a)。

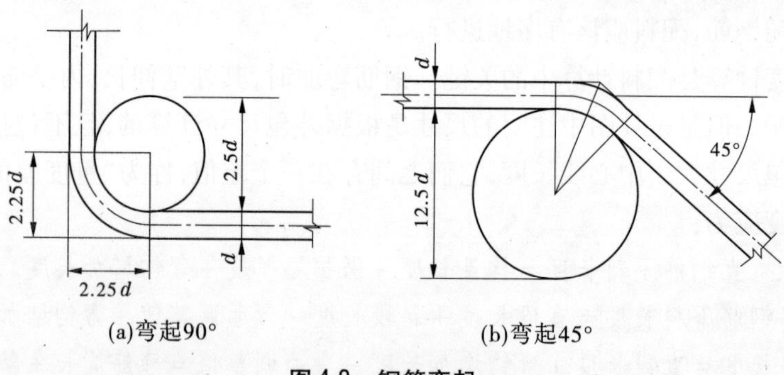

图 4-2　钢筋弯起

外包尺寸　　$2.25d + 2.25d = 4.5d$

中心线长度　　$\frac{3.5d\pi}{4} = 2.75d$

量度差值　　$4.5d - 2.75d = 1.75d$

当为 Ⅱ 级钢筋时,量度差值为 2.07d,实际工作中为计算简便,两者常取为 2d。

同理可得其他常用的弯曲调整值,见表4-2。

表4-2　钢筋弯曲调整值

钢筋弯起角度	30°	45°	60°	90°	135°
量度差值	0.35d	0.5d	0.85d	2d	2.5d

3. 箍筋调整值

为了箍筋计算方便,一般将箍筋的弯钩增加长度与弯曲度量差值两项之和称为箍筋调整值,见表4-3。计算时将箍筋外包尺寸或内包尺寸加上相应箍筋调整值即为箍筋下料长度。

表4-3　箍筋调整值

箍筋量度方法	箍筋直径(mm)			
	4~5	6	8	10~12
量外包尺寸	40	50	60	70
量内包尺寸	80	100	120	150~170

4. 钢筋配料

合理地配料能使钢筋得到最大限度的利用,并使钢筋的安装和绑扎工作简单化。根据钢筋下料长度计算结果汇总编制钢筋配料单。钢筋配料单中必须反映出工程部位、构件名称、钢筋编号、钢筋简图及尺寸、钢筋直径、钢号、数量、下料长度、钢筋质量等。

(二)钢筋的代换

施工中如供应的钢筋品种和规格与设计图纸要求不符,可以进行代换,但应尽量避免施工中的钢筋代换。代换时,必须充分了解设计意图和代换钢材的性能,严格遵守规范的各项规定。还必须征得设计单位和监理单位的同意。

1. 钢筋代换的方法

(1)等强度代换。当构件受强度控制时,钢筋可按强度相等原则进行代换。

$$A_{s1}f_{y1} \leqslant A_{s2}f_{y2}$$

即

$$\frac{n_1 \pi d_1^2 f_{y1}}{4} \leqslant \frac{n_2 \pi d_2^2 f_{y2}}{4}$$

$$n_2 \geqslant \frac{n_1 d_1^2 f_{y1}}{d_2^2 f_{y2}} \tag{4-1}$$

式中 n_2——代换钢筋根数;

n_1——原设计钢筋根数;

d_2——代换钢筋直径;

d_1——原设计钢筋直径;

f_{y2}——代换钢筋抗拉强度设计值;

f_{y1}——原设计钢筋抗拉强度设计值。

(2)等面积代换。当构件按最小配筋率配筋时,钢筋可按面积相等原则进行代换。

$$A_{s1} \leqslant A_{s2}$$

则

$$n_2 \geqslant \frac{n_1 d_1^2}{d_2^2} \tag{4-2}$$

式中　各符号含义同上。

(3)当构件受裂缝宽度或挠度控制时,代换后应进行裂缝宽度或挠度验算。

2. 钢筋代换注意事项

(1)以一种钢号钢筋代替施工图中规定钢号的钢筋时,应按设计所用钢筋计算强度和实际使用的钢筋计算强度,对截面面积作相应改变。

(2)某种直径的钢筋用钢号相同的另一种钢筋代替时,其直径变更范围不宜超过4 mm,变更后钢筋总截面面积与设计规定的总截面面积之比不得小于98%或大于103%。

(3)用高一级钢筋代换低一级钢筋时,宜采用改变钢筋直径的方法而不宜采用改变钢筋根数的方法来减少钢筋截面面积。

(4)以较粗钢筋代替较细钢筋时,部分构件(如预制构件、受挠构件等)应校核钢筋握裹力。以较细钢筋代替较粗钢筋时,要考虑钢筋间距是否满足混凝土浇筑条件。

(5)要遵守钢筋代换的基本原则:①当构件受强度控制时,钢筋可按等强度代换;②当构件按最小配筋率配筋时,钢筋可按等面积代换;③当构件受裂缝宽度或挠度控制时,代换后应进行裂缝宽度或挠度验算。

(6)对一些重要构件,凡不宜用光面钢筋代替其他钢筋的,不得轻易代用,以免受拉部位的裂缝开展过大。

(7)在钢筋代换中不允许改变构件的有效高度,否则就会降低构件的承载能力。

(8)对于在施工图中明确不能以其他钢筋进行代换的构件和结构的某些部位,均不得擅自进行代换。

(9)钢筋代换后,应满足钢筋构造要求,如钢筋的根数、间距、直径、锚固长度。

第二节　钢筋加工

钢筋的加工包括调直、除锈、切断、弯曲和连接等工序。

一、调直和除锈

(一)钢筋调直

1. 冷拔低碳钢丝的调直

在工程量小、设备不易解决的地方可采用蛇形管调直,如图4-3所示。将需要调直的钢丝穿过蛇形管,用人力向前牵引,即可将钢丝基本调直,局部慢弯处可用小锤敲直。

冷拔低碳钢丝还可通过夹轮牵引调直,如图4-4所示。

2. 钢筋的调直

直径在12 mm以下的盘圆钢筋,一般用绞磨、卷扬机或调直机进行调直。用绞磨拉直钢筋的基本操作方法是:首先将盘圆钢筋搁在放圈架上,用人工将钢筋拉到一定长度切

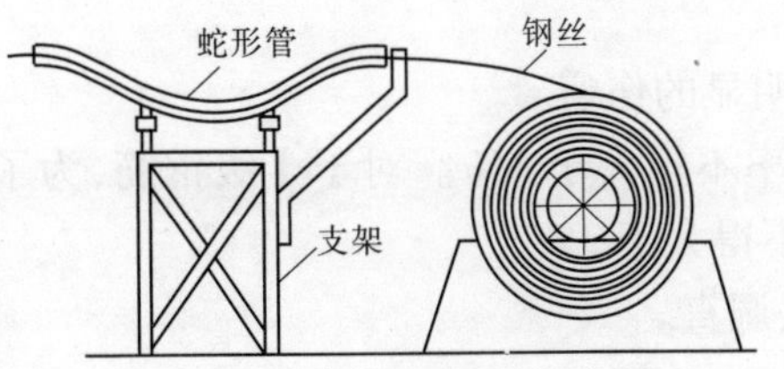

图 4-3　蛇形管调直

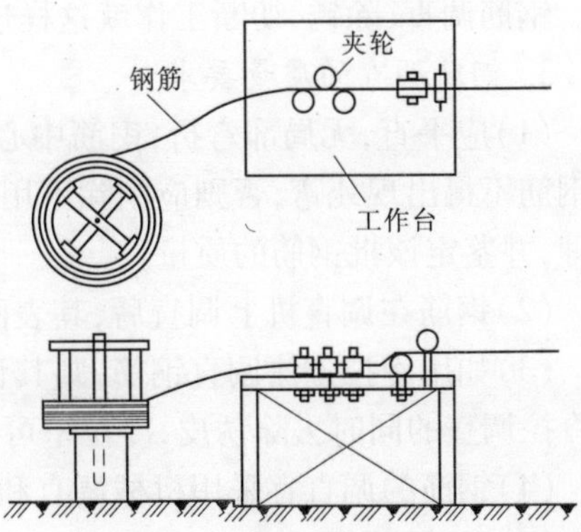

图 4-4　夹轮牵引调直

断，分别将钢筋两端夹在地锚和绞磨端的夹具上，转动绞磨，即可将钢筋基本拉直。但有时为减轻劳动强度，提高工效，可用卷扬机代替绞磨作动力，如图 4-5 所示。

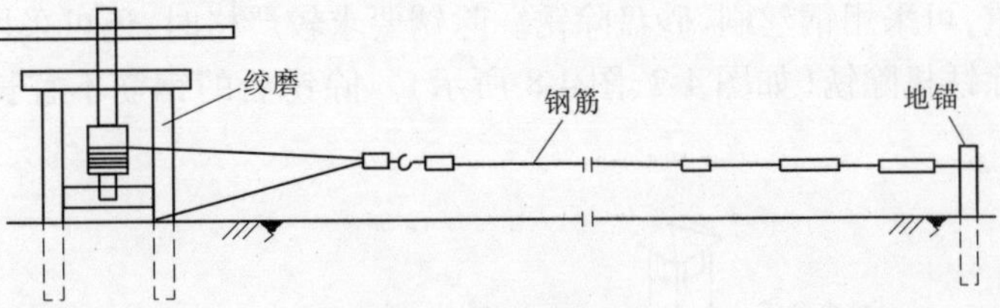

图 4-5　绞磨拉直钢筋

直径在 12 mm 以上的直条状钢筋，可采用锤子敲直、横口扳子扳直和调直机进行调直。钢筋调直机是一种同时具有调直、除锈和切断三项功能的钢筋加工机械，其中工地上最常用的是 GT－3/8，GJ－6/12 和 GTJ－10/16（型号标志中斜线两侧的数字表示所能调直切断的钢筋直径大小上下限）。钢筋调直机的工作原理如图 4-6 所示，钢筋经导向筒进入调直筒，调直模高速旋转，穿过调直筒的慢弯钢筋经反复弯曲变形而被调直，同时也清除了钢筋表面的铁锈。当钢筋调直到预定长度时，便将钢筋切断，切断的钢筋落入承料架

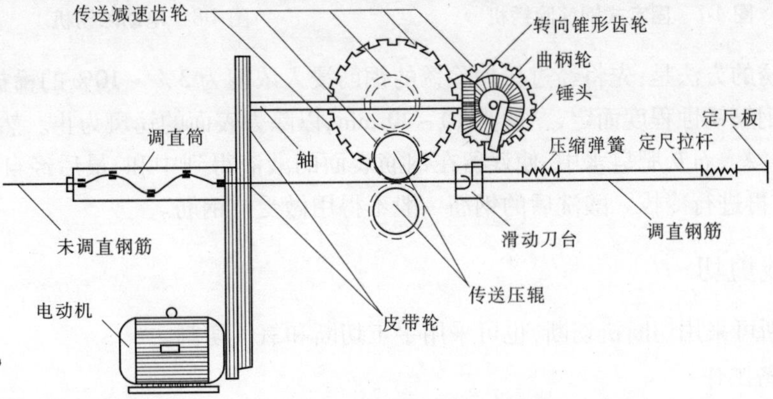

图 4-6　钢筋调直机工作原理

内。钢筋调直、除锈、切断工作就这样连续进行。

3. 钢筋调直的质量要求

(1)应平直,无局部弯折,钢筋中心线同直线的偏差不应超过其全长的1%。所调直的钢筋不得出现死弯,否则应剔除不用。钢筋调直后如发现钢筋有劈裂现象,应作为废品处理,并鉴定该批钢筋的质量。

(2)钢筋在调直机上调直后,其表面不得有明显的伤痕。

(3)如用冷拉方法调直钢筋,则其调直冷拉率不得大于1%。对于Ⅰ级钢筋,为了能在冷拉调直的同时去除锈皮,冷拉率可加大,但不得大于2%。

(4)钢筋的调直宜采用机械调直和冷拉方法调直。

(二)钢筋除锈

钢筋的表面应洁净。油渍、漆污和用锤敲击时能剥落的浮皮、铁锈、鳞锈等应在使用前清除干净。在焊接前,焊点处的水锈应清除干净。

凡经过冷拉的钢筋,一般不必再进行除锈。对表面的水锈和色锈可不做专门处理,如钢筋锈蚀较严重,可采用钢丝刷、砂盘除锈。除锈要求较严格时,还可采用风砂枪除锈、酸洗除锈或电动除锈机除锈(如图4-7、图4-8所示)。除锈后的钢筋不宜长期存放,应尽快使用。

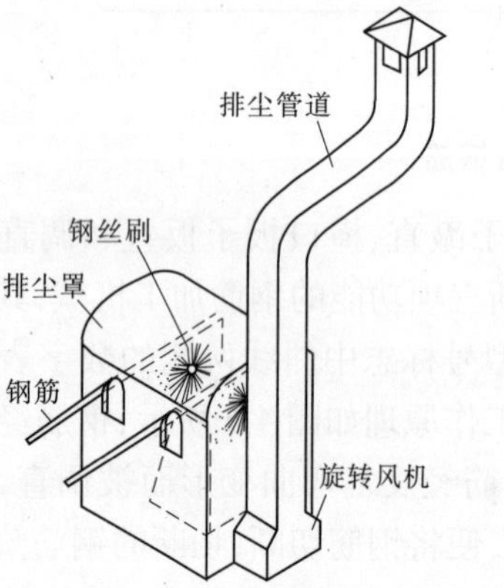

图4-7　固定式钢筋除锈机

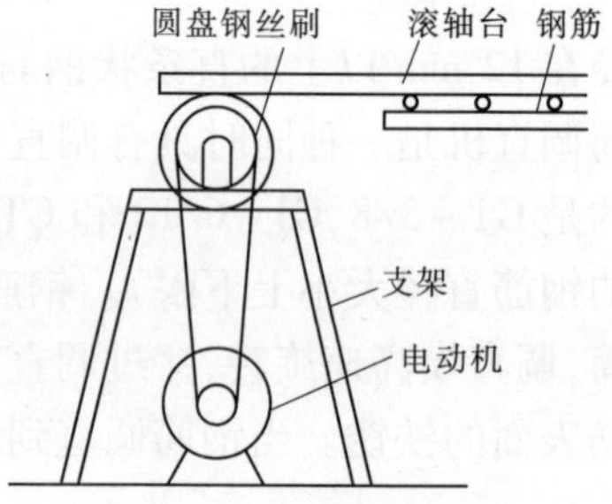

图4-8　电动除锈机

酸洗除锈的方法是:先将经过机械除锈的钢筋浸入浓度为3%~10%的稀盐酸池中。浸入时间视钢筋锈蚀程度而定,一般为10~20 min,以除去表面的锈斑为止。然后取出用清水冲洗,再浸入石灰肥皂水中,使残留在钢筋表面的酸液得到中和,最后经自然干燥或用炉火烘干,再进行冷拔。酸洗后的钢筋一般不得用做受拉钢筋。

二、划线剪切

钢筋切断可采用切断机切断,也可采用手工切断和氧气切割。

(一)准备工作

(1)汇集当班所要切断的钢筋料牌,将同规格的钢筋分别统计,按不同长度进行长短搭配,一般情况下考虑先断长料,后断短料,以尽量减少短头,减少损耗。

(2)检查测量长度所用工具或标志(在切断机一端工作辊道台上有长度标尺)的准确性,根据配料单上要求的式样和尺寸,用石笔将钢筋的各段长度尺寸划在钢筋上。如果是利用工作辊道台上的长度标尺,应事先检查定尺挡板的牢固和可靠性。

(3)对根数较多的批量切断任务,在正式操作前应试切两三根,以检验长度准确度。

(二)钢筋切断

1. 切断机切断

常用的钢筋切断机可切断钢筋的最大公称直径为 40 mm。有电动和液压传动两种类型,工地上常用的是电动钢筋切断机,如图 4-9 所示。

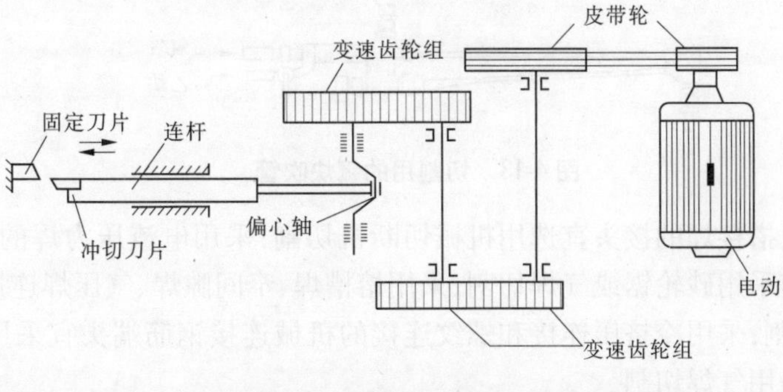

图 4-9　电动钢筋切断机构造示意图

2. 手工切断

手工切断钢筋是一种劳动强度大、工效低的方法,只在切断量小或缺少动力设备的情况下采用。但如在长线台座上放松预应力钢丝,仍采用手工切断法。

(1)断线钳:其用于切断 5 mm 以下的钢丝,见图 4-10。

(2)手压切断器:可切断直径 16 mm 以下的Ⅰ级钢筋,见图 4-11。

(3)GJ5Y－16 型手动液压切断机,可切断直径 16 mm 以下的钢筋和直径 25 mm 以下的钢绞线,见图 4-12。

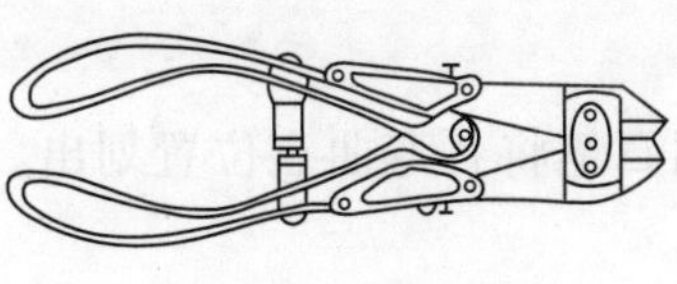

图 4-10　断线钳

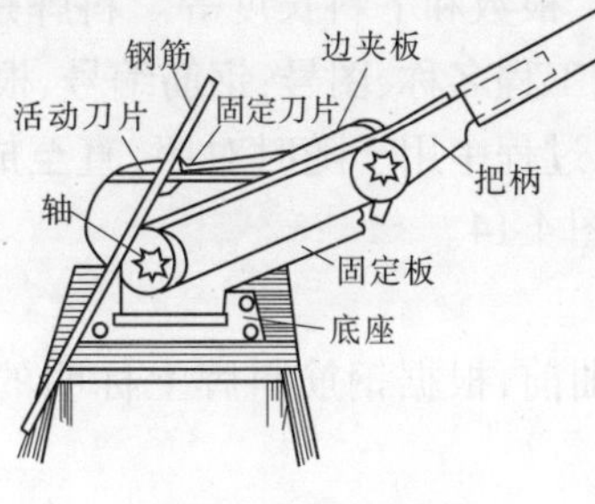

图 4-11　手压切断器

3. 氧气切割

直径大于 40 mm 的钢筋一般用氧气切割。氧气切割就是利用氧炔焰加热时,用过量的氧气吹掉熔化的金属和氧化物,在工作物上形成一条割缝,从而把金属割断。过量的氧气是从附加的另外一根氧气导管里吹出的。用来切割金属的氧炔吹管的结构如图 4-13 所示。氧气切割钢筋工效高、操作简便,但成本较高。

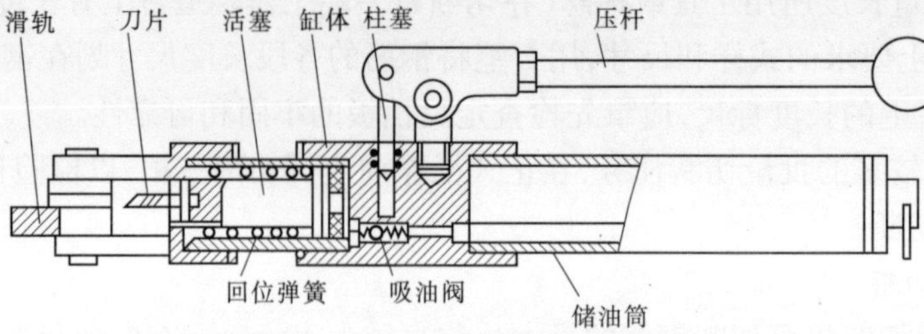

图 4-12　GJ5Y－16 型手动液压切断机

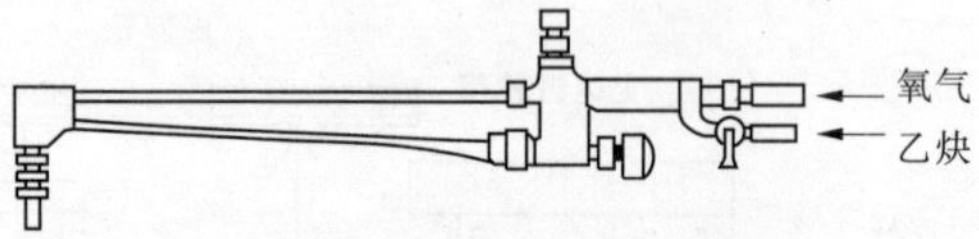

图 4-13　切割用的氧炔吹管

采用帮条焊、搭接焊的接头宜选用机械切断机切割；采用电渣压力焊的接头，不宜选用切断机切割，应采用砂轮锯或气焊切割；采用熔槽焊、窄间隙焊、气压焊连接的钢筋端头宜选用砂轮锯切割；采用冷挤压连接和螺纹连接的机械连接钢筋端头宜采用砂轮锯或钢锯片切割，不得采用气焊切割。

三、弯曲成型

钢筋弯曲成型是一道技术性较强的工作。它要求将钢筋加工成规定的形状和尺寸，且平面上无翘曲不平的现象，以便绑扎安装。弯曲成型的方法有手工弯曲成型和机械弯曲成型两种。

(一)准备工作

1. 熟悉待加工钢筋的规格、形状和各部分的尺寸

这是最基本的操作依据，它由配料人员提供，包括配料单和料牌。配料单内容包括钢筋规格、式样、根数和下料长度等。料牌是从钢筋下料切断之后传过来的钢筋加工式样牌，上面注明工程名称、图号、钢筋编号、根数、规格、式样以及下料长度等，分别写于料牌的两面，加工过程中用于随时对照，直至成型结束，最后系在加工好的钢筋上作为标志。料牌格式见图 4-14。

2. 划线

钢筋弯曲前，根据钢筋料牌上标明的尺寸用石笔将各弯曲点位置划出。划线时应注意：

(1)根据不同的弯曲角度扣除弯曲调整值，其扣法是从相邻两段长度中各扣一半；

(2)钢筋端部带半圆弯钩时，该段长度划线时增加 $0.5d$（d 为钢筋直径）；

(3)划线工作宜从钢筋中线开始向两边进行，两边不对称的钢筋，也可从钢筋一端开始划线，如划到另一端有出入，则应重新调整。

(二)弯曲成型

钢筋弯曲成型有手工弯曲成型和机械弯曲成型两种方法。

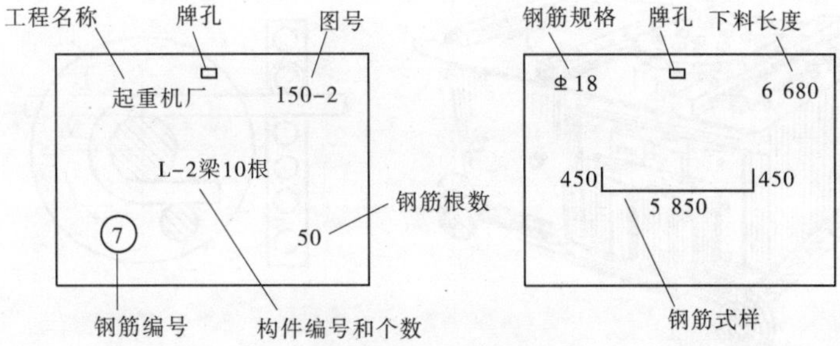

图 4-14　料牌格式

1. 手工弯曲成型

手工弯曲成型是在工作台上固定挡板、扳柱，采用扳手或扳子实施人工弯曲，主要工具如图 4-15 所示。

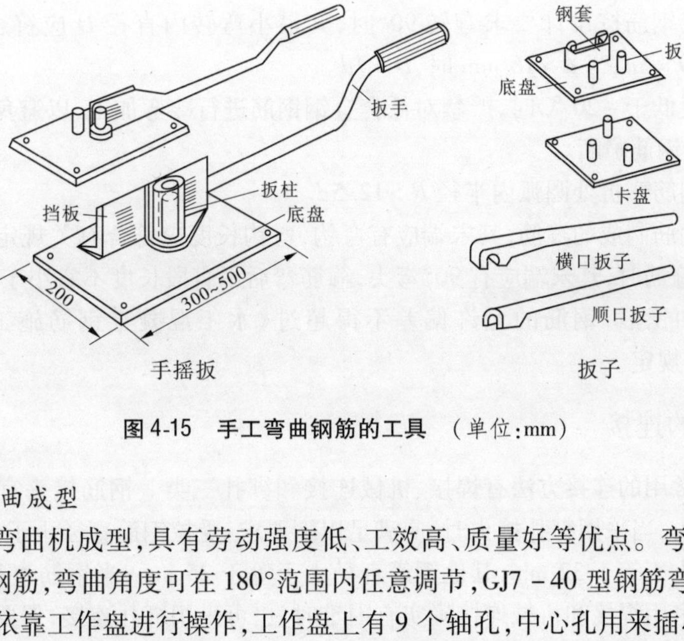

图 4-15　手工弯曲钢筋的工具　（单位：mm）

2. 机械弯曲成型

使用钢筋弯曲机成型，具有劳动强度低、工效高、质量好等优点。弯曲机可弯直径 40 mm以下的钢筋，弯曲角度可在 180°范围内任意调节，GJ7－40 型钢筋弯曲机如图 4-16 所示。它主要依靠工作盘进行操作，工作盘上有 9 个轴孔，中心孔用来插心轴或轴套，周围的 8 个孔用来插成型轴或轴套。操作时，先将钢筋放在心轴与成型轴之间；然后开动弯曲机使工作盘转动，此时，心轴的位置不变，而成型轴围绕心轴作圆弧转动，并通过调整成型轴的位置将钢筋弯曲成需要的角度。用倒顺开关使工作盘反转，成型轴回到起始位置，将钢筋取出，弯制工作即告结束。

（三）弯曲成型的质量检查与管理

钢筋的切断和弯曲，最好形成流水作业，弯曲成型的质量应符合如下规定：

（1）钢筋形状正确，平面上没有翘曲不平现象。

（2）钢筋弯曲处不得有裂缝，因此对Ⅱ级及以上的钢筋不得弯过头再弯回来。

（3）Ⅰ级钢筋末端需作 180°弯钩，其弯转内直径 D 不应小于钢筋直径 d 的 2.5 倍，平

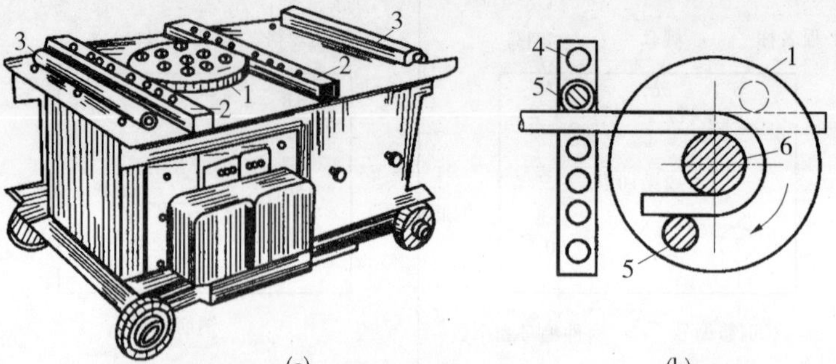

(a)　　　　(b)

1—弯曲工作盘;2—板条;3—滚筒轴;4—插孔;5—成型轴;6—心轴

图 4-16　GJ7－40 型钢筋弯曲机

直部分长度不宜小于钢筋直径 d 的 3 倍。用于轻骨料混凝土结构时,其弯转内直径 D 不应小于钢筋直径 d 的 3.5 倍。

(4)当Ⅱ级钢筋按设计要求弯转 90°时,其最小弯转内直径 D 应符合下列要求:当 $d \leqslant 16$ mm 时,$D=5d$;当 $d>16$ mm 时,$D=7d$。

(5)当温度低于 －20 ℃时,严禁对低合金钢钢筋进行冷弯加工,以避免在钢筋起弯点发生强化,造成钢筋脆断。

(6)弯曲钢筋弯折处圆弧内半径 $R>12.5d$。

(7)用圆钢筋制成的箍筋,其末端应有弯钩,弯钩长度应符合有关规定。采用小直径Ⅱ级钢筋制作箍筋时,其末端应有 90°弯头,箍筋弯后平直段长度不宜小于 $3d$。

(8)弯曲加工后,钢筋的允许偏差不得超过《水工混凝土钢筋施工规范》(DL/T 5169—2002)的规定。

四、钢筋的连接

钢筋连接常用的连接方法有焊接、机械连接和绑扎三类。钢筋接头宜采用焊接接头或机械连接接头,当采用绑扎接头时,应满足以下要求:受拉钢筋直径小于等于 22 mm,或受压钢筋直径小于等于 32 mm,其他钢筋直径小于等于 25 mm;当钢筋直径大于 25 mm,在现场施工中采用焊接和机械连接确实有困难时,也可采用绑扎连接,但要从严控制。

(一)钢筋焊接

钢筋焊接是钢筋连接的重要方式之一。它不仅连接强度高,而且节省钢材。钢筋的焊接方法有闪光对焊、电弧焊、电渣压力焊、电阻点焊和气压焊等。其中,闪光对焊主要用于加工厂内接长钢筋,电弧焊则适用于大多数情况下的钢筋连接,电渣压力焊主要用于现场竖向钢筋的接长,电阻点焊多用于焊接钢筋网,气压焊适于不同直径钢筋及各种方向布置的钢筋的现场焊接。

1. 闪光对焊

钢筋的闪光对焊是将两根钢筋安放成对接形式,利用对焊机,通以低电压的强电流,使两钢筋的接触点产生电阻热,熔化金属,并产生强烈飞溅,形成闪光,当钢筋加热到接近熔点时，迅速施加顶锻压力，使两根钢筋焊接在一起，形成对焊接头，如图4-17所示。

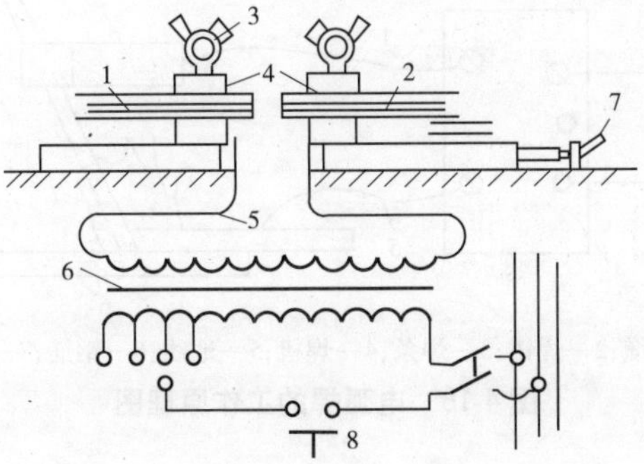

1,2—钢筋；3—夹紧装置；4—夹具；5—线路；6—变压器；7—加压杆；8—开关

图4-17　对焊机工作原理图

闪光对焊一般用于水平钢筋非施工现场连接，适用于直径10～40 mm的Ⅰ～Ⅲ级热轧钢筋、直径10～25 mm的Ⅳ级热轧钢筋以及直径10～25 mm的余热处理Ⅲ级钢筋的焊接。

根据所用对焊机功率大小及钢筋品种、直径，闪光对焊又分为连续闪光焊、预热闪光焊、闪光－预热－闪光焊等不同工艺。

(1)连续闪光焊。先将钢筋夹入对焊机的两极中，闭合电源，然后使钢筋端面轻微接触，此时钢筋间隙中产生闪光，接着继续将钢筋端面逐渐移近，新的触点不断生成，即形成连续闪光过程。当钢筋烧化完规定留量后，以适当压力进行顶锻挤压即形成焊接接头，至此完成整个连续闪光焊接过程。连续闪光对焊一般适用于焊接直径较小的钢筋。

(2)预热闪光焊。预热闪光焊是在连续闪光焊前，增加一个钢筋预热过程，即使两根钢筋端面交替地轻微接触和断开，发出断续闪光使钢筋预热，然后再进行闪光和顶锻。预热闪光焊适用于焊接直径较大并且端面比较平整的钢筋。

(3)闪光－预热－闪光焊。闪光－预热－闪光焊是在预热闪光焊之前再增加一次闪光过程，使不平整的钢筋端面先闪成较平整的端面，然后进行预热闪光焊完成焊接过程。这个过程可以概括为："一次闪光，闪去压伤；频率中低，预热适当；二次闪光，稳定强烈；快速顶锻，压力要强"。闪光－预热－闪光焊适宜焊接直径较大并且端面不够平整的钢筋。

Ⅳ级钢筋焊接必须采用预热闪光焊或闪光－预热－闪光焊。

采用不同直径的钢筋进行闪光对焊时，直径相差以一级为宜，且不得大于4 mm。采用闪光对焊时，钢筋端头如有弯曲，应予矫直或切除。

2. 电弧焊

电弧焊是利用弧焊机使焊条与焊件之间产生高温电弧，使焊条和电弧燃烧范围内的焊件金属熔化，熔化的金属凝固后，便形成焊缝或焊接接头。电弧焊的工作原理如图4-18所示。电弧焊应用范围广，如钢筋的接长、钢筋骨架的焊接、钢筋与钢板的焊接、装配式结构接头的焊接及其他各种钢结构的焊接等。

钢筋电弧焊可分为搭接焊、帮条焊、坡口焊、熔槽焊、窄间隙焊五种接头形式。

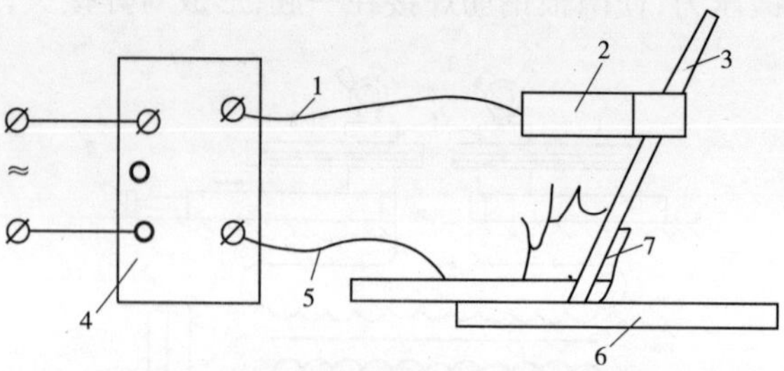

1—电缆;2—焊钳;3—焊条;4—焊机;5—地线;6—钢筋;7—电弧

图 4-18　电弧焊的工作原理图

1)搭接焊接头

搭接焊接头如图 4-19 所示,适用于焊接直径 10 ~40 mm 的Ⅰ~Ⅲ级钢筋。钢筋搭接焊宜采用双面焊。不能进行双面焊时,可采用单面焊。焊接前,钢筋宜预弯,以保证两钢筋的轴线在同一直线上,使接头受力性能良好。

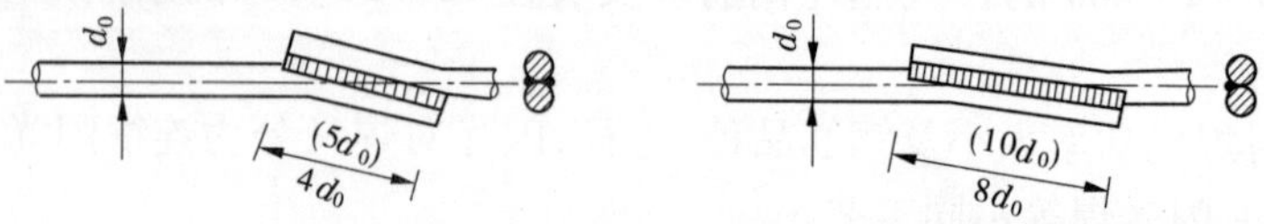

(a)双面焊缝　　(b)单面焊缝

(图中括号内数值用于Ⅱ、Ⅲ级钢筋)

图 4-19　搭接焊接头

2)帮条焊接头

帮条焊接头如图 4-20 所示,适用于焊接直径 10 ~40 mm 的Ⅰ~Ⅲ级钢筋。钢筋帮条焊宜采用双面焊,不能进行双面焊时,也可采用单面焊。帮条宜采用与主筋同级别、同直径的钢筋制作。当帮条牌号与主筋相同时,帮条直径可与主筋相同或小一个规格;当帮条直径与主筋相同时,帮条牌号可与主筋相同或低一个规格。

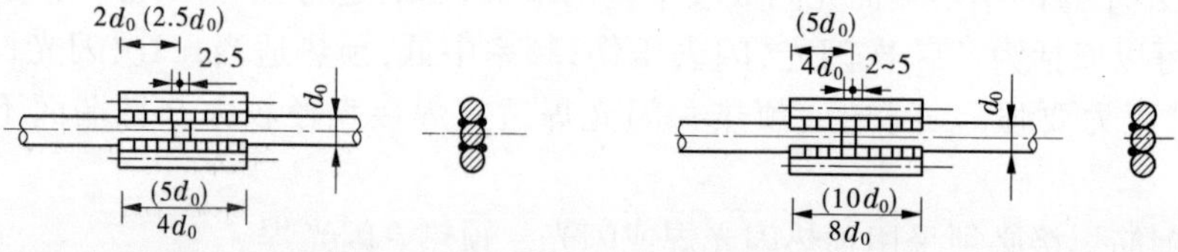

(a)双面焊缝　　(b)单面焊缝

(图中括号内数值用于Ⅱ、Ⅲ级钢筋)

图 4-20　帮条焊接头　(单位:mm)

钢筋搭接焊接头或帮条焊接头的焊缝厚度 h 应不小于 0.3 倍主筋直径;焊缝宽度 b 应不小于 0.8 倍主筋直径,如图 4-21 所示。

对于Ⅰ级钢筋的搭接焊或帮条焊的焊缝总长度应不小于 $8d$;对于Ⅱ、Ⅲ级钢筋,其搭接焊或帮条焊的焊缝总长度应不小于 $10d$,帮条焊时接头两边的焊缝长度应相等。

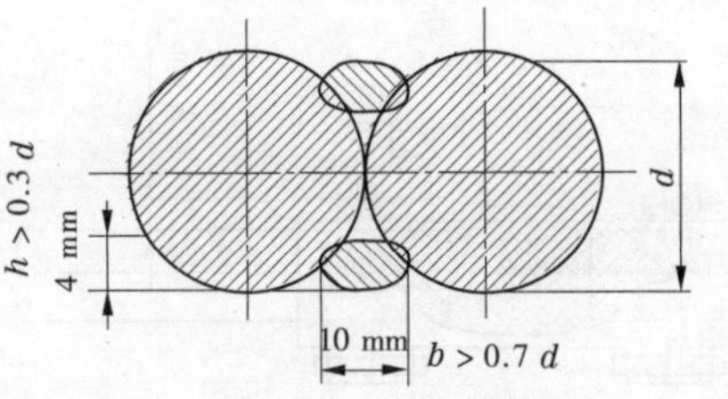

b—焊缝宽度;h—焊缝厚度

图 4-21　焊缝尺寸示意图

3)坡口焊接头

坡口焊接头比上两种接头节约钢材,多用于装配式框架结构安装中的柱间节点或梁与柱的节点焊接。适用于直径 18 ~ 40 mm 的Ⅰ~Ⅲ级钢筋。按焊接位置不同可分为平焊与立焊两种方式,如图 4-22 所示。

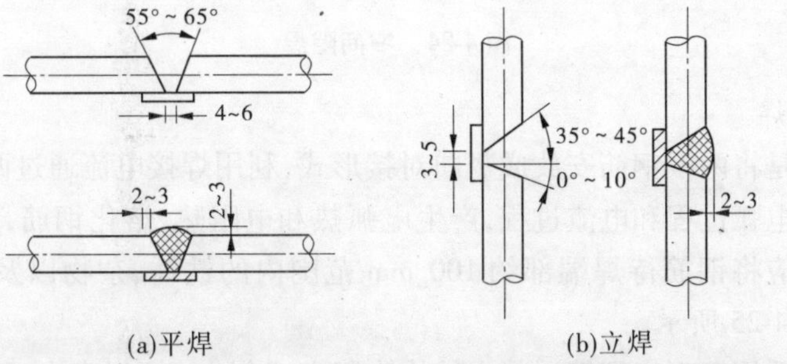

图 4-22　坡口焊接头　(单位:mm)

4)熔槽帮条焊

熔槽帮条焊宜用于直径大于 25 mm 的Ⅰ~Ⅲ级钢筋现场连接,焊接时应加角钢做垫板模,接头型式如图 4-23 所示。

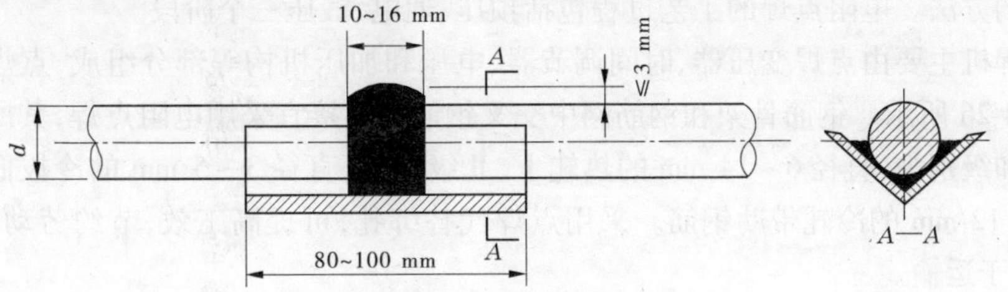

图 4-23　熔槽帮条焊

5)窄间隙焊

窄间隙焊适用于直径 16 mm 及以上Ⅰ~Ⅲ级钢筋的现场水平连接。焊接时,钢筋端部应置于铜模中,并留出一定间隙,用焊条连续焊接,熔化钢筋端面,使熔敷金属填充间隙,形成接头,如图 4-24 所示。

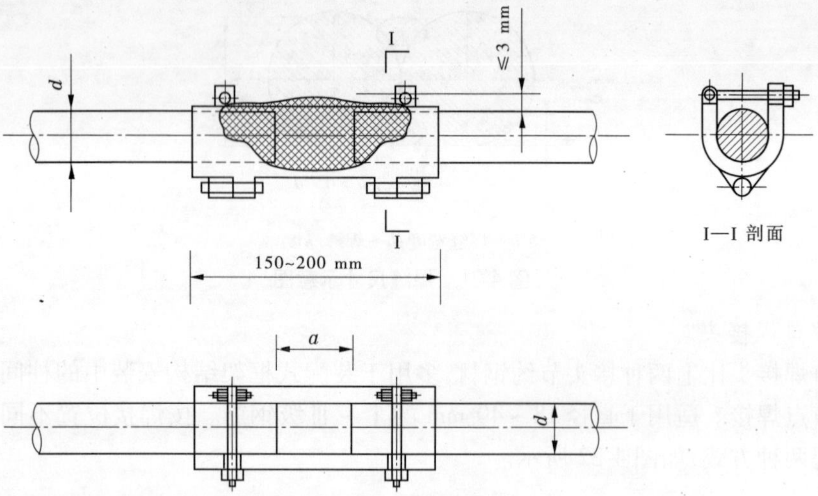

图 4-24　窄间隙焊

3. 电渣压力焊

电渣压力焊是将两根钢筋安放成竖向对接形式，利用焊接电流通过两钢筋端面间隙，在焊剂层下形成电弧过程和电渣过程，产生电弧热和电阻热，熔化钢筋，加压后完成连接的方法。操作前应将钢筋待焊端部约 100 mm 范围内的铁锈、杂物以及油污清除干净。其焊接原理如图 4-25 所示。

电渣压力焊适用于现浇钢筋混凝土结构中竖向或斜向（倾斜度在 4∶1范围内），直径 14 ~ 40 mm 的Ⅰ、Ⅱ级钢筋的连接，不得用于梁、板等构件中水平钢筋的连接。它比电弧焊操作方便、工效高，而且接头成本低，容易保证质量，并可节约大量钢筋。

4. 电阻点焊

电阻点焊，是将已除锈污的钢筋交叉放入点焊机的两电极间，利用电流通过焊件时产生的电阻热作为热源，并施加一定的压力，使钢筋交叉处形成一个牢固的焊点，将钢筋焊合起来的方法。电阻点焊的工艺过程包括预压、通电、锻压三个阶段。

点焊机主要由点焊变压器、时间调节器、电压和加压机构等部分组成，点焊机工作原理如图 4-26 所示。钢筋骨架和钢筋网中交叉钢筋的焊接宜采用电阻点焊，其所适用的钢筋直径和级别为：直径 6 ~ 14 mm 的热轧Ⅰ、Ⅱ级钢筋，直径 3 ~ 5 mm 的冷拔低碳钢丝和直径 4 ~ 12 mm 的冷轧带肋钢筋。采用点焊代替绑扎，可提高工效，节约劳动力，成品刚性好，便于运输。

5. 气压焊

气压焊是利用氧气、乙炔火焰加热钢筋接头，使其达到塑性状态时施加适当压力，使钢筋接头压接在一起的工艺。钢筋气压焊适用于现场焊接直径 16 ~ 40 mm 的热轧Ⅰ ~ Ⅲ级钢筋，不同直径的钢筋也可焊接，但直径差不大于 7 mm。钢筋端面应切平，并应垂直于钢筋轴线，钢筋端部若有弯折或扭曲，应矫直或切除。钢筋端部 $2d$ 范围内应清除干净，并经打磨，露出金属光泽，不得有氧化现象。

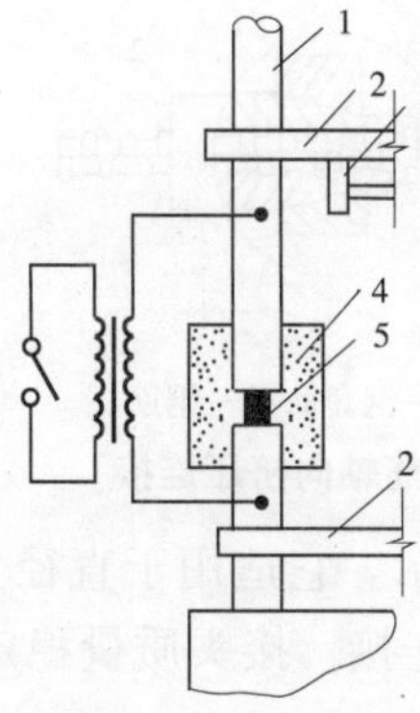

1—钢筋;2—夹钳;3—凸轮;

4—焊剂;5—铁丝团环球或导电焊剂

图 4-25　电渣压力焊焊接示意图

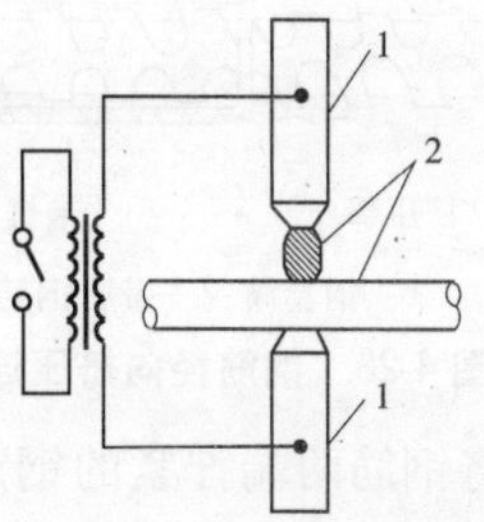

1—电极;2—钢丝

图 4-26　点焊机工作原理示意图

钢筋气压焊接机由供气装置、加压器、加热器等组成,加热器如图 4-27 所示。焊接设备轻便,可进行水平、垂直、倾斜等全方位焊接,具有节省钢材、施工费用低廉等优点。

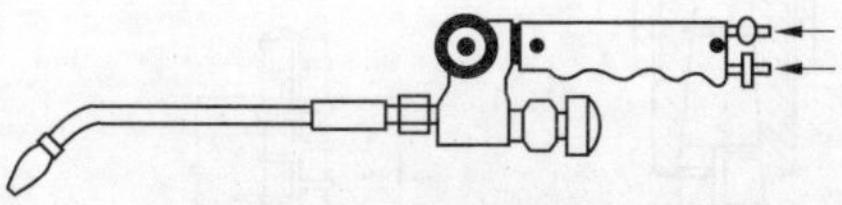

图 4-27　钢筋气压焊加热器

(二)钢筋机械连接

钢筋机械连接是通过连接件的机械咬合作用或钢筋端面的承压作用,将一根钢筋中的力传递至另一根钢筋的连接方法。对于确保钢筋接头质量,改善施工环境,提高工作效率,保证工程进度具有明显优势。常用的钢筋机械连接类型有:钢筋套筒挤压连接、钢筋锥螺纹套筒连接、钢筋镦粗直螺纹套筒连接、钢筋滚压直螺纹套筒连接等。

1. 钢筋套筒挤压连接

带肋钢筋套筒挤压连接是将需要连接的带肋钢筋,插于特制的钢套筒内,利用挤压机压缩套筒,使之产生塑性变形,靠变形后的钢套筒与带肋钢筋之间的紧密咬合来实现钢筋的连接。它适用于钢筋直径为 16 ~ 40 mm 的Ⅱ、Ⅲ级带肋钢筋连接。

钢筋挤压连接有径向挤压连接和轴向挤压连接两种方式:

(1)带肋钢筋套筒径向挤压连接。带肋钢筋套筒径向挤压连接,是采用压接钳沿径向(即与套筒轴线垂直)将钢筋筒挤压产生塑性变形,使之紧密地咬住带肋钢筋的横肋,实现两根钢筋的连接,如图 4-28 所示。当不同直径的带肋钢筋采用挤压接头连接时,若套筒两端外径和壁厚相同,被连接钢筋的直径相差不应大于 5 mm。

(2)带肋钢筋套筒轴向挤压连接。带肋钢筋套筒轴向挤压连接,是采用压模对钢套筒及插入的两根对接钢筋,沿其轴向方向进行挤压,使套筒咬合到带肋钢筋的肋间,从而结合成一体,如图 4-29 所示。

2. 钢筋锥螺纹套筒连接

钢筋锥螺纹套筒连接是将两根待接钢筋端头用套丝机做出锥形外丝,然后用带锥形

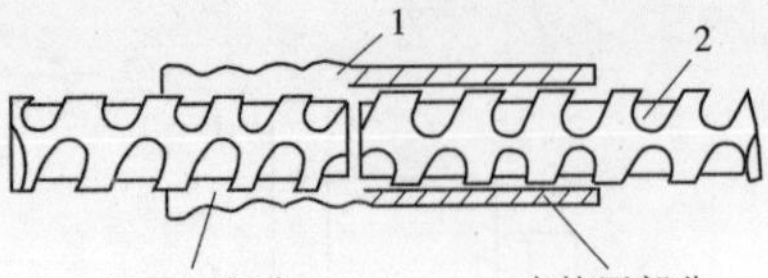

1—钢套筒;2—带肋钢筋

图 4-28 钢筋径向挤压连接

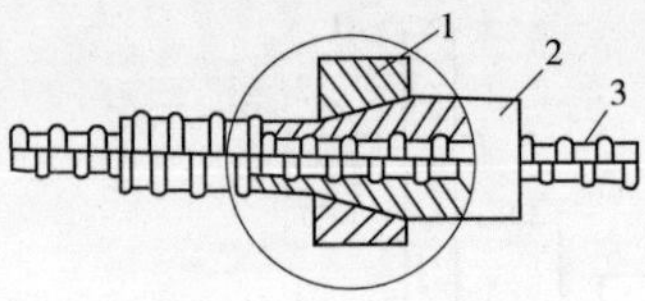

1—压模;2—钢套筒;3—钢筋

图 4-29 钢筋轴向挤压连接

内丝的套筒将钢筋两端拧紧的钢筋连接方法,如图 4-30 所示。它适用于直径为 16 ~ 40 mm 的Ⅱ、Ⅲ级钢筋同径或异径的竖向、水平或任何倾角的连接。接头质量稳定性一般,施工速度快,综合成本较低。

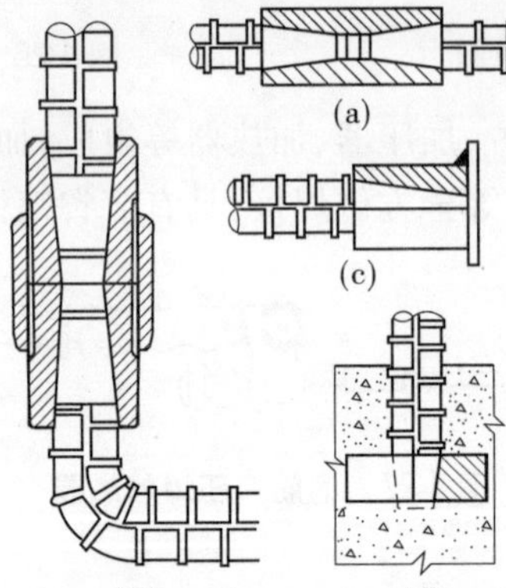

图 4-30 钢筋锥螺纹套筒连接示意图

3. 钢筋镦粗直螺纹套筒连接

钢筋镦粗直螺纹套筒连接是先将钢筋端头镦粗,再切削成直螺纹,然后用带有直螺纹的套筒将钢筋两端拧紧的连接方法,如图 4-31 所示。它适用于直径为 16 ~ 40 mm 的Ⅱ、Ⅲ级钢筋的连接。

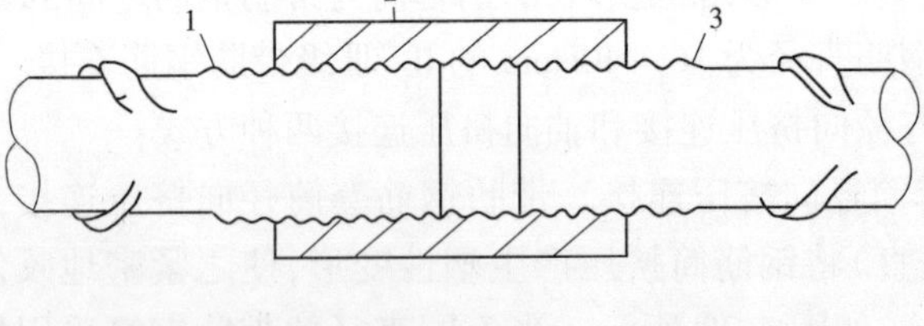

1—已连接的钢筋;2—直螺纹套筒;3—正在拧入的钢筋

图 4-31 钢筋直螺纹套筒连接

镦粗直螺纹钢筋接头的特点:钢筋端部经冷镦后不仅直径增大,使套丝后丝扣底部横截面面积不小于钢筋原截面面积,而且由于冷镦后钢材强度的提高,致使接头部位有很高的强度,这种接头的螺纹精度高,接头质量稳定性好,操作简便,连接速度快,价格适中。

4. 钢筋滚压直螺纹套筒连接

钢筋滚压直螺纹套筒连接是将钢筋端部用滚压工艺加工成直螺纹,并用相应的连接套筒将两根钢筋相互连接的钢筋接头。它适用于直径为16~40 mm的Ⅱ、Ⅲ级钢筋的连接。根据滚压直螺纹成型方式,可分为直接滚压螺纹、挤肋滚压螺纹、剥肋滚压螺纹三种类型。

(1)直接滚压螺纹。采用钢筋滚丝机(型号:GZL-32、GYZL-40、GSJ-40、HGS40等)直接滚压螺纹。此法螺纹加工简单,设备投入少。但螺纹精度差,由于钢筋粗细不均导致螺纹直径差异,施工受影响。

(2)挤肋滚压螺纹。采用专用挤压设备滚轮先将钢筋的横肋和纵肋进行预压平处理,然后再滚压螺纹。其目的是减少钢筋肋对成型螺纹的影响。此法对螺纹精度有一定提高,但仍不能从根本上解决钢筋直径差异对螺纹精度的影响,螺纹加工需要两套设备。

(3)剥肋滚压螺纹。采用钢筋剥肋滚丝机(型号:GHG32、GHG40、GHG50),先将钢筋的横肋和纵肋进行剥切处理后,使钢筋滚丝前的柱体直径达到同一尺寸,然后再进行螺纹滚压成型。此法螺纹精度高,接头质量稳定,施工速度快,价格适中,具有较大的发展前景。

滚压直螺纹接头用连接套筒,采用优质碳素结构钢制成。连接套筒的类型有标准型、正反丝扣型、异径型、可调型等,根据待接钢筋所在部位及转动难易情况,选用不同的套筒类型,采取不同的安装方法,如图4-32~图4-35所示。

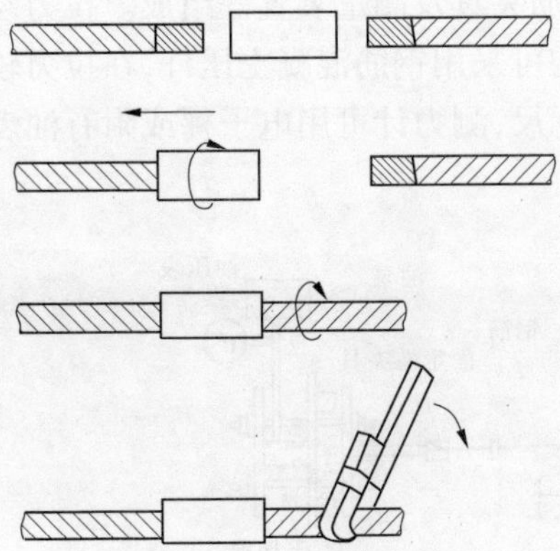

图4-32 标准型接头安装

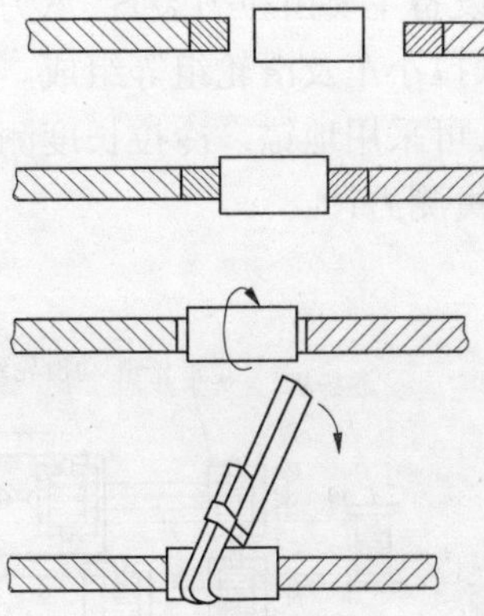

图4-33 正反丝扣型接头安装

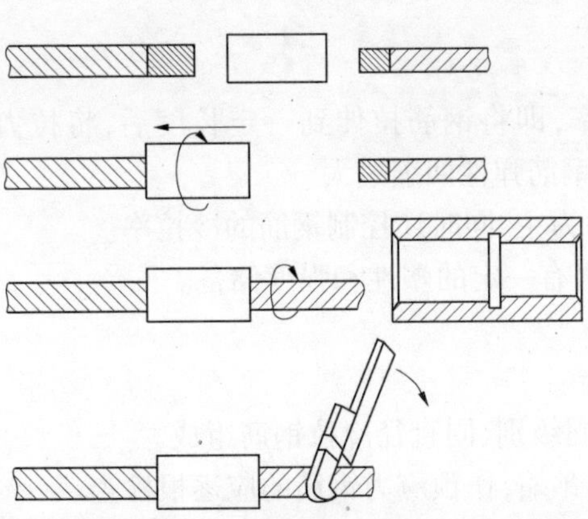

图4-34 异径型接头安装

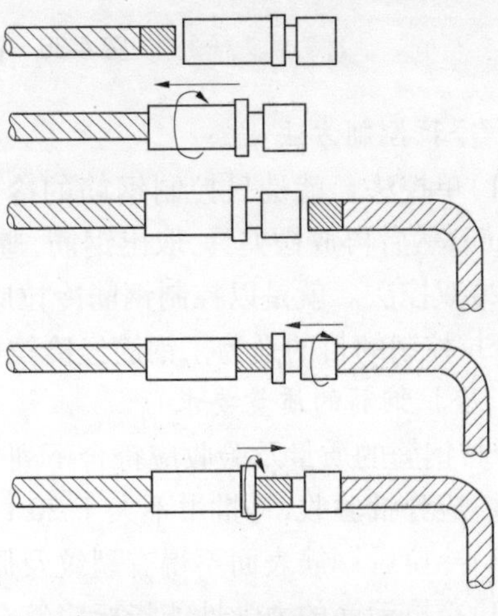

图4-35 可调型接头安装

五、钢筋冷加工

常用的冷加工方法有冷拉、冷拔、冷轧等。

(一)钢筋冷拉

钢筋冷拉是指在常温下,以超过钢筋屈服强度的拉应力拉伸钢筋,使其产生塑性变形,以达到调直钢筋、提高强度、节约钢材的目的,对焊接接长的钢筋亦检验了焊接接头的质量。

冷拉工艺适用于Ⅰ~Ⅳ级钢筋。钢筋经过冷拉后,长度一般增加4%~6%,屈服强度可提高20%~25%,可节约钢材10%~20%。但冷拉后的钢筋塑性降低,材质变脆。冷拉钢筋一般不用做受压钢筋;在承受冲击荷载的动力设备基础及负温条件下不应采用冷拉钢筋;根据DL/T 5169—2002规定,在水工结构的非预应力钢筋混凝土中,不宜采用冷拉Ⅱ级及以上的钢筋。

1. 冷拉工艺主要设备

钢筋冷拉设备主要包括卷扬机、千斤顶、测力装置、标尺、夹具、回程设施等,如图4-36所示。冷拉设备主要由拉力装置、承力结构、钢筋夹具及测量装置等组成。拉力装置一般由卷扬机、张拉小车及滑轮组等组成。承力结构可采用钢筋混凝土压杆,在拉力较小或临时性工程中,可采用地锚。冷拉长度测量可用标尺,测力计可用电子秤或附有油表的液压千斤顶或弹簧测力计。

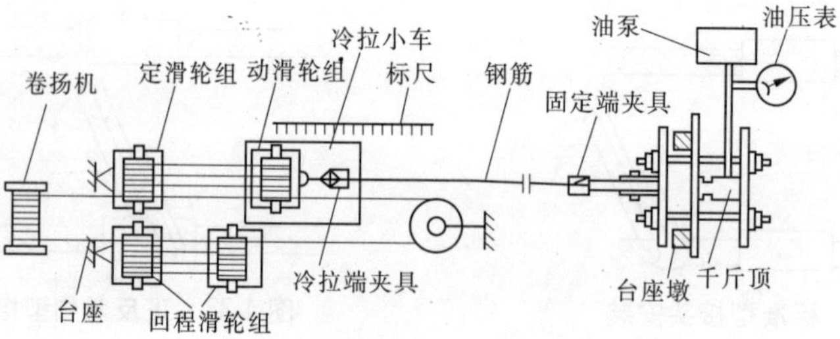

图4-36 钢筋冷拉设备示意图

2. 冷拉控制方法

(1)单控法。就是只控制钢筋的冷拉率,即将钢筋拉伸到一定长度后,将拉力保持2~3 min,然后再放松夹具,取出钢筋,避免钢筋弹性回缩过大。

(2)双控法。就是以控制钢筋冷拉应力为主,同时还控制钢筋的冷拉率。

冷拉控制的目的是为了钢筋经冷拉后仍有一定的塑性和强度储备。

3. 冷拉钢筋的质量要求

冷拉钢筋的质量及验收应符合下列规定:

(1)应分批验收,每批由不大于20 t的同级别、同直径冷拉钢筋组成。

(2)冷拉后钢筋表面不得有裂纹及局部颈缩,作预应力钢筋的应逐根检查。

(3)冷拉钢筋的力学性能指标应符合表4-4的规定。

(4)冷拉钢筋进行冷弯试验后,不得有裂纹、剥落或断裂现象。

(5)预应力钢筋应先对焊后冷拉,以免因焊接高温的影响而降低钢筋冷拉获得的强度。同时冷拉也可检验对焊接头的质量。

(6)钢筋经过冷拉后,表面容易发生锈蚀,因此要注意冷拉后钢筋的防锈工作。

表 4-4 冷拉钢筋的力学性能

钢筋级别	钢筋直径(mm)	屈服强度(MPa)	抗拉强度(MPa)	伸长率(%)	冷弯	
					弯曲角度	弯心直径
Ⅰ级	≤12	≥280	≥370	≥11	180°	3d
Ⅱ级	≤25	≥450	≥510	≥10	90°	3d
	28~40	≥430	≥490	≥10	90°	4d
Ⅲ级	8~40	≥500	≥570	≥8	90°	5d
Ⅳ级	10~28	≥700	≥835	≥6	90°	5d

(二)钢筋冷拔

钢筋冷拔是将直径6~8 mm的Ⅰ级光面盘圆钢筋在常温下通过钨合金钢制成的拔丝模(见图4-37),强力冷拔而成强度高、直径比原来钢筋小的钢丝。如果将钢筋进行多次冷拔,则可加工成直径更小的钢丝。经冷拔后的钢筋称为冷拔低碳钢丝,冷拔低碳钢丝没有明显的屈服阶段,它分甲、乙两级,甲级钢丝适用于做预应力筋,乙级钢丝适用做焊接网,焊接骨架、箍筋和构造钢筋。

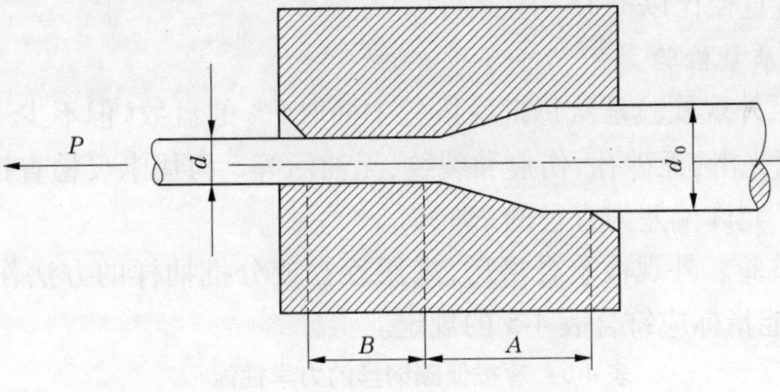

A—工作区段;B—定径区段

图4-37 拔丝模示意图

钢筋经冷拔后强度有大幅度提高(一般可提高40%~90%),但其塑性明显降低,伸长率变小。

1. 冷拔钢丝的加工方法

钢筋冷拔的工序是:除锈→轧头→拔丝。

(1)除锈。钢筋表面常有一层氧化铁锈,其硬度很高,易磨损拔丝模孔,因而会使拔丝表面产生沟纹或其他缺陷,甚至造成断丝。另外,铁锈会增大摩阻,消耗更多的能量,造成拉拔困难。因此,盘圆钢筋在冷拔前应进行除锈处理。

(2)轧头。由于拔丝模孔内径小于钢筋直径,为方便钢筋能顺利穿过拔丝模,钢筋前面一段要用轧头机轧细。轧压长度约 200 mm,轧压后的直径要比拔丝模孔小 0.5 ~0.8 mm。

(3)拔丝。钢筋冷拔用的拔丝机按构造分立式和卧式两种,每一种又有单卷筒和多卷筒之分。立式单卷筒拔丝机多用于拔细丝,它占地小,机械卸丝,宜用于专业拔丝厂拔丝,如图 4-38 所示。卧式双卷筒拔丝机适用于拔粗丝或长度较大的盘条,其构造简单,人工卸丝方便,适宜在建筑工地上使用,如图 4-39 所示。

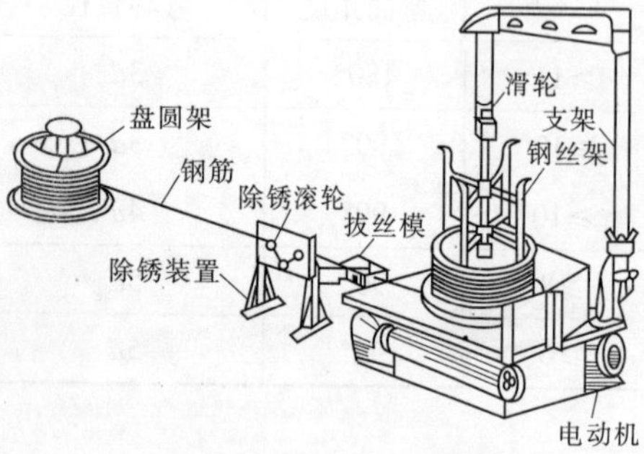

图 4-38　立式单卷筒拔丝机

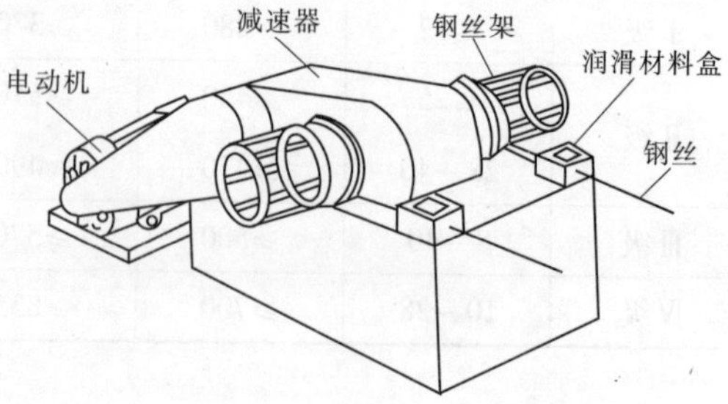

图 4-39　卧式双卷筒拔丝机

拔丝时先将拔丝模装在润滑材料盒内,安装在拔丝机机架上,将已轧头的钢丝一端穿过拔丝模孔,嵌入链条夹具中,并用楔块夹紧。链条另一头的挂销塞在拔丝机卷筒的缺口里,然后开动机器进行拔丝。冷拔次数过少,每次压缩过大,易产生断丝和安全事故;冷拔次数过多,易使钢丝变脆,且降低冷拔机的生产率。因此,冷拔次数应适宜。根据实践经验,每次拉拔的前后直径比以 1.15 左右为宜。

2. 冷拔钢筋的质量检验

(1)外观检验。外观检验是从每批冷拔丝中抽取5%的盘数(但不少于5 盘)作检验,其要求是:钢丝表面光滑,无砂孔、伤痕和裂纹,无油污等。再用卡尺检查钢丝的直径偏差是否满足要求(直径允许偏差为直径的2%)。

(2)机械性能试验。外观检验合格后,采用逐盘或分批抽样的方法作抗拉强度及伸长率试验。力学性能指标应符合表 4-5 的规定。

表 4-5　冷拔低碳钢丝的力学性能

钢筋级别	直径(mm)	抗拉强度(MPa)		伸长率(标距 100 mm)(%)	反复弯曲 180°次数
		Ⅰ组	Ⅱ组		
甲级	5	≥640	≥590	≥3	≥4
	4	≥685	≥640	≥2.5	≥4
乙级	3 ~5	≥540		≥2	≥4

(三)钢筋冷轧

冷轧钢筋是将圆钢在轧钢机上轧成断面形状规则的钢筋,可提高其强度及与混凝土的黏结力。通常有冷轧带肋钢筋和冷轧扭钢筋。

第三节　钢筋绑扎安装及其质量控制

钢筋的绑扎安装是将制作好的单根钢筋按设计要求组成钢筋网或钢筋骨架的过程，是钢筋施工的最后一道工序。钢筋的安装方法有整装法和散装法两种。在水利工程中，钢筋的绑扎与安装多使用散装法。

一、安装前准备

（一）熟悉施工图纸

看施工图时，首先看图纸右下角的标题栏，从中可看到图纸所示的名称、部位、图号、材料、日期、设计单位，以及设计、校核、审批、制图者等基本情况。其次再看建筑物结构的轮廓尺寸，对建筑物的长、宽、高及其所在部位，做到心中有数。再次是分析视图，仔细阅读，弄清结构中钢筋施工与有关的模板、结构安装、管道配置等多方面的联系。尤其要注意安装顺序的可能性和长钢筋接头分段配置是否合乎规范要求和施工方便等。

（二）施工场地的准备

施工场地准备工作包括两个方面：一是安装场地的准备；二是现场钢筋堆放地点的准备。

准备钢筋安装场地时，要查看绑扎钢筋区域内有无影响钢筋定位的建筑物或其他附属物，如沥青井、键槽、止水片、预埋件或钢筋穿过模板等。对于混凝土浇筑仓位要弄清扎筋部位中心线、高程、轮廓点的位置。

堆放场地应靠近安装地点，尽量选在比较平坦的地点，使钢筋进仓方便。堆放地点狭窄时，应仔细规划安装顺序和材料堆放顺序，重叠堆放时，先用的钢筋放在上面，后用的放在下面，中间以木料隔开。为了防止锈蚀，堆放场周围应注意排水，钢筋料堆要下垫木料防水、上盖芦席或塑料布防雨。

（三）材料准备和机具准备

首先按加工配料单和料牌清点场内加工好的钢筋成品，看钢号、直径、形状、尺寸及数量是否相符，清查无误后将加工好的钢筋成品运至现场堆放。还要准备扎丝，一般采用18～22号铁丝或镀锌铁丝。

绑扎钢筋的主要机具包括扳子、绑扎钩、撬棍和临时加固的支撑（支架）、拉筋、挂钩等。

为了控制保护层厚度，要做预制砂浆垫块。砂浆垫块中埋有V形铁丝，在安装时将铁丝绑在钢筋上，防止垫块滑动、脱落。按照保护层厚度的要求，垫块可做成各种尺寸的长方体。

（四）确定安装顺序

钢筋绑扎与安装的主要工作内容包括：放样划线、排筋绑扎、垫撑铁和保护层垫块、检查校正及固定预埋件等。为了保证工作顺利进行，施工前要考虑钢筋绑扎安装顺序。板类构件排筋顺序一般先排受力钢筋，后排分布钢筋；梁类构件一般先排纵筋，再排箍筋，最后固定。绑扎形式复杂的结构部位时，应先研究逐根钢筋穿插就位的顺序，并与模板工联系讨论支模和绑扎钢筋的先后次序，以减少绑扎难度。

(五)放线

放线要从中心点开始向两边量距放点、定出纵向钢筋的位置。水平筋的放线可放在纵向钢筋或模板上。

二、钢筋绑扎与安装

(一)钢筋绑扎接头

直径在 25 mm 以下的钢筋接头,可采用绑扎接头。但对轴心受拉、小偏心受拉构件和承受震动荷载的构件,钢筋接头不得采用绑扎接头。绑扎钢筋的手工工具绑扎钩如图 4-40所示。

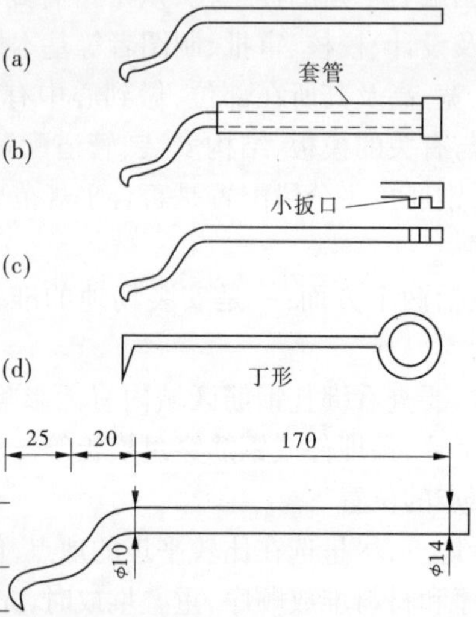

图 4-40　绑扎钩　(单位:mm)

钢筋采用绑扎接头时,应遵守下列规定:

(1)搭接长度不得小于表 4-6 规定的数值。

(2)受拉区域内的光圆钢筋绑扎接头的末端,应做弯钩。螺纹钢筋可不做弯钩。

(3)梁、柱钢筋的接头,如采用绑扎接头,则在绑扎接头的搭接长度范围内应加密箍筋。当搭接钢筋为受拉钢筋时,箍筋间距不应大于 $5d$(d 为两搭接钢筋中较小的直径);当搭接钢筋为受压钢筋时,其箍筋间距不应大于 $10d$。

(4)钢筋接头应分散布置。配置在"同一截面内"的下述受力钢筋,其接头的截面面积占受力钢筋总截面面积的百分率应符合下列规定:①闪光对焊、熔槽焊、接触电渣焊接头在受弯构件的受拉区,不超过 50%,在受压区不受限制。②绑扎接头,在构件的受拉区中不宜超过 25%,在受压区中不宜超过 50%。③焊接与绑扎接头距钢筋弯起点不小于 10 倍钢筋直径,也不应位于最大弯矩处。④两相邻钢筋接头中距在 50 cm 以内或两绑扎接头的中距在绑扎搭接长度以内,均作为同一截面。⑤直径不超过 12 mm 的受压Ⅰ级钢筋的末端,以及轴心受压构件中任意直径的受力钢筋的末端,可不做弯钩,但搭接长度不应小于钢筋直径的 30 倍。按疲劳验算的构件不得采用绑扎接头。

表 4-6　绑扎接头最小搭接长度

项次	钢筋类型		混凝土强度等级									
			C15		C20		C25		C30、C35		≥C40	
			受拉	受压	受拉	受压	受拉	受压	受拉	受压	受拉	受压
1	Ⅰ级钢筋		50d	35d	40d	25d	30d	20d	25d	20d	25d	20d
2	月牙纹	Ⅱ级钢筋	60d	45d	50d	35d	40d	30d	40d	25d	30d	20d
		Ⅲ级钢筋	—	—	55d	40d	50d	35d	40d	30d	35d	25d
3	冷轧带肋钢筋		—	—	50d	35d	40d	30d	35d	25d	30d	20d

注：1. 月牙纹钢筋直径 $d>25$ mm 时，最小搭接长度应按表中数值增加 5d。

2. 表中Ⅰ级光圆钢筋的最小锚固长度值不包括端部弯钩长度，当受压钢筋为Ⅰ级钢筋，末端又无弯钩时，其搭接长度不应小于 30d。

3. 如在施工中分不清受压区或受拉区，搭接长度按受拉区处理。

（二）钢筋绑扎的操作方法

钢筋绑扎的基本操作方法如下：

（1）一面顺扣法。它的主要特点是操作简单方便，绑扎效率高，通用性强。可适用于钢筋网、架各个部位的绑扎，并且绑扎点也比较牢靠。其余绑扎法与一面顺扣法相比较，绑扎速度慢、效率低，但绑扎点更牢固，在一定间隔处可以使用。此方法施工中使用最多，如图 4-41 所示。

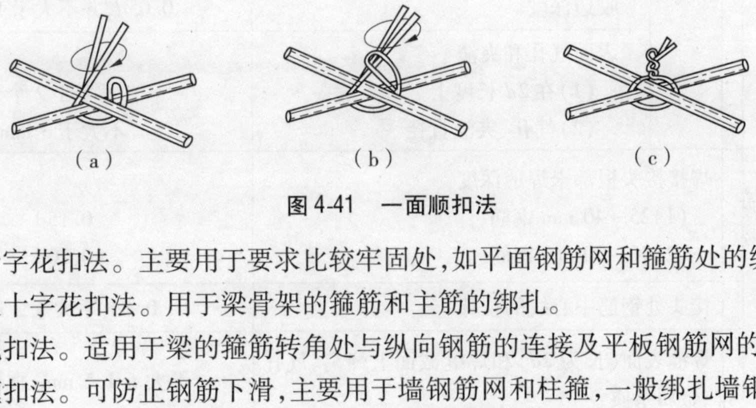

（a）　（b）　（c）

图 4-41　一面顺扣法

（2）十字花扣法。主要用于要求比较牢固处，如平面钢筋网和箍筋处的绑扎。

（3）反十字花扣法。用于梁骨架的箍筋和主筋的绑扎。

（4）兜扣法。适用于梁的箍筋转角处与纵向钢筋的连接及平板钢筋网的绑扎。

（5）缠扣法。可防止钢筋下滑，主要用于墙钢筋网和柱箍，一般绑扎墙钢筋网片每隔 1 m 左右应加一个缠扣，缠绕方向可根据钢筋可能移动情况来确定。

（6）套扣法。用于梁的架立筋与箍筋的绑扎处，绑扎时往钢筋交叉点插套即可。

（三）绑扎与安装质量要求

水工钢筋混凝土工程中的钢筋安装，其质量应符合以下规定：

（1）钢筋的安装位置、间距、保护层厚度及各部分钢筋的大小尺寸，均应符合设计要求，其偏差不得超过表 4-7 的规定。检查时先进行宏观检查，没发现有明显不合格处，即可进行抽样检查，对梁、板、柱等小型构件，总检测点数不得少于 30 个，其余总检测点数一般不少于 50 个。

（2）现场焊接或绑扎的钢筋网，其钢筋交叉的连接应按设计规定进行。如设计未作规定，且直径在 25 mm 以下，则除楼板和墙内靠近外围两行钢筋之交点应逐根扎牢外，其余按 50% 的交叉点进行间隔绑扎。

(3)钢筋安装中交叉点的绑扎，对于Ⅰ、Ⅱ级钢筋，直径在 16 mm 以上且不损伤钢筋截面时，可用手工电弧焊进行点焊来代替，但必须采用细焊条、小电流进行焊接，并严加外观检查，钢筋不应有明显的咬边和裂纹出现。

(4)板内双向受力钢筋网，应将钢筋全部交叉点全部扎牢。柱与梁的钢筋中，主筋与箍筋的交叉点在拐角处应全部扎牢，其中间部分可每隔一个交叉点扎一点。

(5)安装后的钢筋应有足够的刚度和稳定性。整装的钢筋网和钢筋骨架，在运输和安装过程中应采取措施，以免变形、开焊及松脱。安装后的钢筋应避免错动和变形。

(6)在混凝土浇筑施工中，严禁为方便浇筑擅自移动或割除钢筋。

表 4-7　钢筋安装的允许偏差

项次	项目			允许偏差
1	点焊及电弧焊	帮条对焊接头中心的纵向偏移		0.5d
2		接头处钢筋轴线的曲折		4°
3		焊缝	长度	−0.5d
			高度	−0.05d
			宽度	−0.1d
			咬边深度	0.05d，并不大于 1 mm
			表面气孔和夹渣 (1)在 2d 长度上 (2)气孔、夹渣直径	 不多于 2 个 不大于 3 mm
4	对焊及熔槽焊	焊接接头根部未焊透深度 (1)25～40 mm 钢筋 (2)40～70 mm 钢筋		 0.15d 0.10d
5		接头处钢筋中心线的位移		0.1d，不大于 2 mm
6		焊缝表面(长为 2d)和焊缝截面上蜂窝、气孔排、金属杂质		不大于 1.5 mm，直径 3 个
7	钢筋长度方向的偏差			±1/2 净保护层厚度
8	同一排受力钢筋间距的局部偏差 (1)柱及梁中 (2)板、墙中			 ±0.5d ±0.1 倍间距
9	同一排中分布钢筋间距的偏差			±0.1 倍间距
10	双排钢筋，其排与排间距的局部偏差			±0.1 倍排距
11	梁与柱中钢箍间距的偏差			0.1 倍箍筋间距
12	保护层厚度的局部偏差			±1/4 净保护层厚度

(四)钢筋施工安全技术

钢筋绑扎安装,尤其是在高空进行钢筋绑扎作业时,应特别注意安全,除遵守高空作业的安全规程外,还要注意以下几点:

(1)应配带好安全护具,注意力集中,站稳后再操作,上下、左右应随时关照,减少相互之间的干扰。

(2)在高空作业,传递钢筋时应防止钢筋掉下伤人。

(3)在绑扎安装梁、柱等部位钢筋时,应待绑扎或焊接牢固后,方可上人操作。

(4)在高空绑扎和安装钢筋时,不要把钢筋集中堆放在模板或脚手架的某一部位,以保安全,特别是在悬臂结构上,更应随时检查支撑是否稳固可靠,安全设施是否牢靠,并要防止工具、短钢筋坠落伤人。

(5)不要在脚手架上随便放置工具、箍筋或短钢筋,避免放置不稳坠落伤人。

(6)应尽量避免在高空修整、弯曲粗钢筋,在必须操作时,要系好安全带,选好位置,人要站稳,防止脱手伤人。

(7)安装钢筋时不要碰撞电线,避免发生触电事故。

(8)在雷雨时,必须停止露天作业,预防雷击钢筋伤人。

复习思考题

4-1　钢筋配料单包含哪几部分内容?

4-2　钢筋的代换方法有哪几种?

4-3　钢筋的调直方法有哪些?钢筋调直应符合哪些质量要求?

4-4　钢筋除锈有哪些方法?

4-5　钢筋弯曲成型前应做好哪些准备工作?弯曲成型有哪些方法?应符合哪些质量要求?

4-6　钢筋的连接方法有哪些?

4-7　钢筋焊接有哪些方式?分别有哪些特点?

4-8　常用的钢筋冷加工方法有哪些?

4-9　钢筋冷拉的作用是什么?冷拉工艺的适用条件是什么?冷拉控制方法有哪些?

4-10　钢筋绑扎安装前要做好哪些准备工作?

4-11　钢筋绑扎的操作方法有哪些?最常用的是哪个?

4-12　钢筋安装质量控制的基本内容有哪些?

4-13　钢筋施工安全技术有哪些?

第五章　模板工程施工

学习指导

学习目标：了解模板在现代水利工程中的重要性、作用及发展趋势，熟悉模板的组成及分类，掌握几种常用模板的应用环境及适用条件，掌握新型模板的特点、种类及应用，明确模板的设计荷载分析与计算，掌握各种模板的安装与拆除要点、注意事项。

学习重点：模板的组成与分类，各类模板的特点、应用，模板的安装与拆除。

第一节　概　述

一、模板工程的发展及现状

模板工程是伴随着混凝土工程的产生而产生的。随着技术的发展和社会分工的细化，模板逐渐成为一个单独的工种。我国早期的模板大都采用木模板，由于木模板自重大，强度、刚度低，耗用木材多，周转性差，逐渐被钢模板所代替。此后 20 多年，普通钢模板的发展基本上是停滞不前的，大劳动量的模板工程大大延缓了工程进度，加大了施工成本。20 世纪末，随着建筑行业的技术创新，新型建筑、新型结构的涌现，对模板技术提出了更高的要求，新型模板也就应运而生了。新型模板不仅在模板材料上有创新，而且在模板类型、施工技术和工艺上也大有创新，从而大大降低了模板工程的劳动量，提高了周转率。本章将对新型模板详加阐述。

二、模板的作用与重要性

模板在建筑工程中属于周转性材料，是混凝土的成型模具，是混凝土结构工程的重要组成部分。在现代建筑混凝土结构工程中，模板费用所占比例相当大，据估计，模板费用占混凝土结构工程造价的比例，国外为 28% ~33%，国内平均为 25% ~30%。同时，模板工程的劳动量占混凝土结构工程的 30% ~35%，工期占 50% ~60%。另外，模板又是保证混凝土结构表面质量的关键，因此模板在混凝土结构工程中乃至整个建筑工程中的重要性不言而喻。了解模板的特点及应用，掌握模板的安装与拆除，对提高模板的周转率，加快施工进度，降低工程造价是至关重要的。

模板在混凝土结构中的作用及对模板的要求主要有以下几点：

(1) 成型作用。现浇混凝土具有流动性和可塑性，这就要求模板围成的模型形状、尺寸、相对位置和绝对位置必须符合设计图纸要求，并且需要在混凝土浇筑和养护期间保持稳定。

(2) 支撑作用。由于混凝土及模板的自重较大，且在浇筑和养护期间还有部分活荷载，故要求模板及其支撑系统有足够的强度、刚度和稳定性，以保证施工和构件安全。

(3)保护和改善混凝土表面质量。为保证混凝土表面不出现蜂窝和麻面等质量问题,要求模板之间的接缝严密,不漏浆,模板与混凝土接触面应涂隔离脱模剂。

(4)保温保湿作用。木模板和胶合模板,对混凝土还有一定的保温保湿作用。当保温要求高时,应选用保温效果较好的材料或在模板上敷设保温材料。

(5)模板作为周转性材料,为提高周转效率,要求材料坚固耐用,构造简单,装拆方便,能多次使用。尽量做到标准化、系列化,尽量少用木模板。

三、模板的组成及基本类型

模板主要由面板系统、连接系统和支撑系统三部分组成。根据面板和架立特点,可从以下几方面分类。

按制作材料,模板可分为木模板、钢模板、钢胶合板模板、竹胶合板模板、塑料模壳模板、钢框橡胶模板、铝合金胶合板模板、混凝土和钢筋混凝土预制模板等。

按模板形状,模板可分为平面模板和曲面模板。

按受力条件,模板可分为承重模板和侧面模板。侧面模板按其支撑受力方式,又分为简支模板、悬臂模板和半悬臂模板。

按架立和工作特征,模板可分为固定式模板、拆移式模板、移动式模板和滑动式模板。固定式模板多用于起伏的基础部位或特殊的异形结构(如蜗壳或扭曲面),因大小不等,形状各异,难以重复使用。拆移式模板、移动式模板、滑动式模板可重复或连续在形状一致或变化不大的结构上使用,有利于实现标准化和系列化生产。

按施工工艺和应用特征,模板可分为传统模板和新型模板、通用模板和专用模板。

按构件和建筑物特征,模板可分为基础模板、墙体模板、楼梯模板、梁模板、门窗模板、电梯井模板、隧道模板等。

四、选择模板的原则

(1)适应工程的结构特点。选择模板品种时,首先要根据工程的规模、面积、高度、平面形状及结构类型等综合考虑,且不同的部位可选用不同的模板。例如:当工程为全剪力墙结构的高层建筑时,可选用全钢大模板或钢框胶合板大模板;当工程为多层框架结构时,柱子可选用可调截面柱模板;而地下室外墙可采用木(竹)胶合板模板。

(2)确保工程质量。根据工程对混凝土表面质量等级的要求不同,选择合理的模板类型。

(3)满足施工进度要求。不同的模板品种和模板工艺,其施工进度相差较大。例如,高层剪力墙工程工期要求紧迫,可选择滑模,反之可选用大模板或其他模板。

(4)根据施工现场条件确定。在城市和环境比较复杂的山区,施工场地往往受到很多限制,当施工现场非常狭窄,不能采用大模板装拆吊运时,可以选择爬模施工。

(5)技术先进性。采用新型模板技术往往成本较高,但由于技术先进,安全可靠,在大中型工程施工中可加快施工进度,从而缩短了工期,降低了整个工程的成本,因此选择模板时要综合考虑整个工程需求。

(6)满足周转使用次数需要,力求摊销费用低。

第二节 模板基本类型

一、拆移式模板

它适用于浇筑块表面为平面的情况，目前在中小型工程和民间市场上应用较为广泛。它主要由面板系统和支撑连接系统两部分组成。按面板材料不同又有木模板和钢模板两种，均可做成定型的标准模板，其标准尺寸，大型的为 100 cm×(325～525)cm，小型的为(75～100)cm×150 cm。前者适用于3～5 m高的浇筑块，需小型机具吊装；后者用于薄层浇筑，可人力搬运，如图5-1所示。

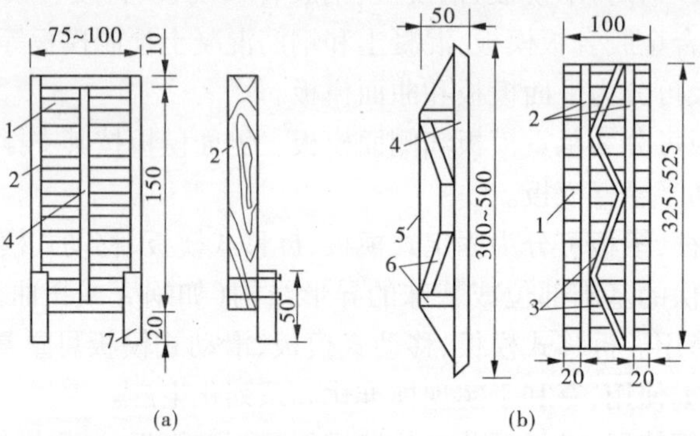

1—面板；2—肋木；3—加劲肋；4—方木；5—拉条；6—桁架木；7—支撑木

图5-1 平面标准模板 （单位：cm）

平面木模板由面板、加劲肋和支架三个基本部分组成。加劲肋（板样肋）把面板连接起来，并由支架安装在混凝土浇筑块上。

架立模板的支架，常用围囹和桁架梁，如图5-2(a)、(b)所示。桁架梁多用方木和钢筋制作。立模时，将桁架梁下端插入预埋在下层混凝土块内的U形埋件中。当浇筑块薄时，上端用钢拉条对拉；当浇筑块大时，则采用斜拉条固定，以防模板变形。钢筋拉条直径应大于8 mm，间距为1～2 m，斜拉角度为30°～45°。

钢模板由面板、边框和加劲肋焊接而成，边框和加劲肋上有钻孔，以利于拼装和连接，见图5-3。连接件有多种螺栓和卡扣件，如U形卡、山形卡、紧固螺栓、钩头螺栓、蝶形扣件等。

悬臂钢模板由面板、支撑柱和预埋连接件组成。面板采用定型组合钢模板拼装或直接用钢板焊制。支撑模板的立柱，有型钢梁和钢桁架两种，视浇筑块高度而定。预埋在下层混凝土内的连接件有螺栓式和插座式（U形铁件）两种。

采用悬臂钢模板，由于仓内无拉条，模板整体拼装，为大体积混凝土机械化施工创造了有利条件，且模板本身的安装比较简单，重复使用次数高（可达100多次）。但模板重量大（每块模板重0.5～2 t），需要起重机配合吊装。由于模板顶部容易变位，故适用浇筑高度受到限制，一般为1.5～2 m。用钢桁架作支撑柱时，高度也不宜超过3 m。

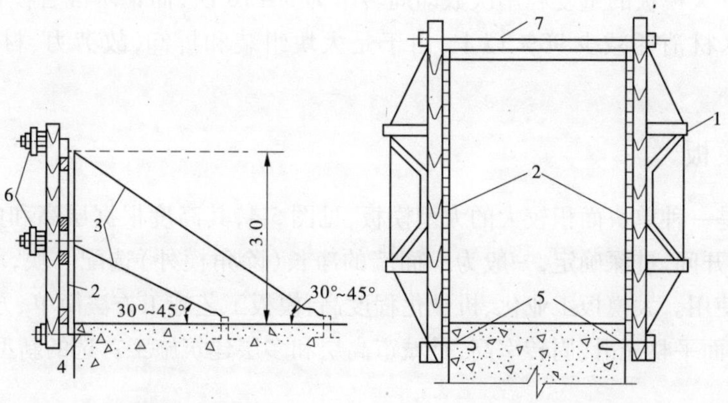

(a)围囹斜拉条架立　　　(b)桁架梁架立

1—钢木桁架;2—木面板;3—斜拉条;4—预埋锚筋;5—U 形埋件;6—横向围囹;7—对拉条

图 5-2　拆移式模板的架立图　（单位:m）

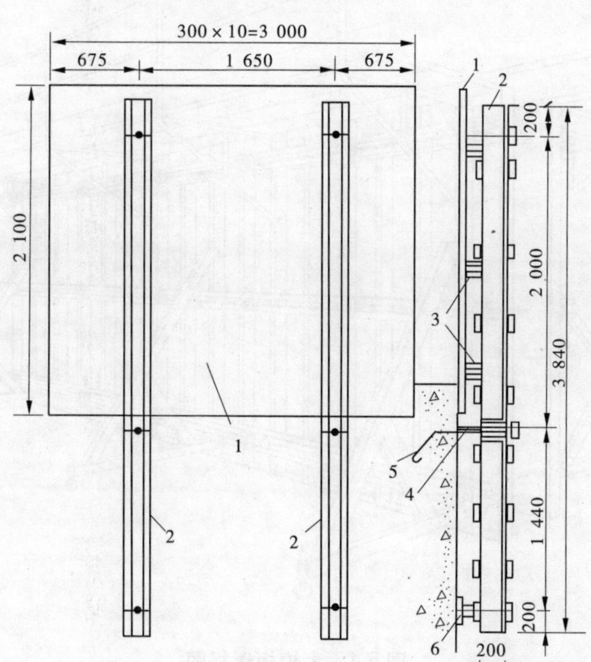

1—提升柱;2—提升机械;3—预定锚栓;4—模板锚固件;

5—提升柱锚固件;6—柱模板连接螺栓;7—调节丝杆;8—模板

图 5-3　悬臂钢模板　（单位:mm）

此外,还有一种半悬臂模板,常用高度有 3.2 m 和 2.2 m 两种。半悬臂模板结构简单,装拆方便,但支撑柱下端固结程度不如悬臂模板,故仓内需要设置短拉条,对仓内作业有影响。

一般标准大模板的重复利用次数即周转率为 5 ~ 10 次，而钢木混合模板的周转率为 30 ~ 50 次，木材消耗减少 90% 以上，由于是大块组装和拆卸，故劳力、材料、费用大为降低。

二、大模板

大模板是一种单块面积较大的大型模板，见图 5-4，其高度根据层高和内外墙位置选用，宽度根据开间、进深确定，一般为一面墙的净长（除角模外）选配一块，墙较长时可选择多块组合使用。大模板工业化、机械化程度高，模板工艺施工方法简单、方便，施工速度快，混凝土表面平整光滑，周转率高，是城市高层和多层建筑施工首选的新型模板。

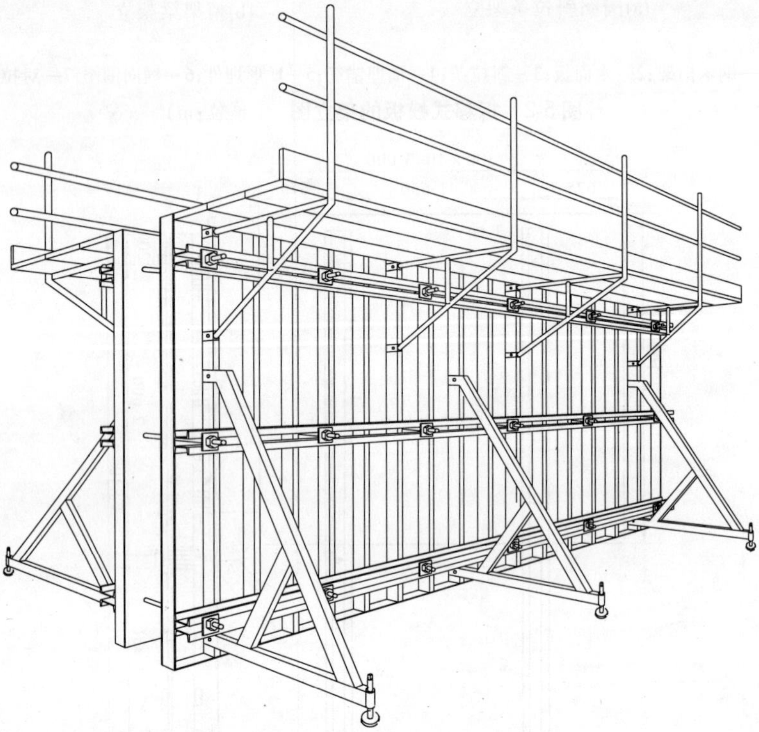

图 5-4　大模板透视图

（一）常见大模板类型

1. 专用整体大模板

它是根据具体工程的层高、开间、进深尺寸专门设计、制作的。模板整体无拼缝，刚度大，工程质量、外观好，但通用性差，周转率较低。

2. 组拼式大模板

它是用水平背楞和连接螺栓将数块模板组拼成所需宽度的大模板。组拼灵活，通用性强，周转次数多，但拼缝多，模板平整度较整体大模板差。

3. 定型整体大模板

这种模板是定型的、模数化的,以 300 mm 为模数确定模板的高度和宽度。定型整体大模板拼缝少、刚度大,板面平整,通用性和整体性均较好,但由于标准模板规格较多而制约着其发展。

(二)大模板构造

1. 大模板系统组成

定型整体大模板,由标准大模板、调节模板、角模板、上接模、下包模、斜撑、挑架、爬梯、工具箱、外挂架、挂钩螺栓、穿墙螺栓、芯带、钢楔、吊钩等组成,见图5-5。

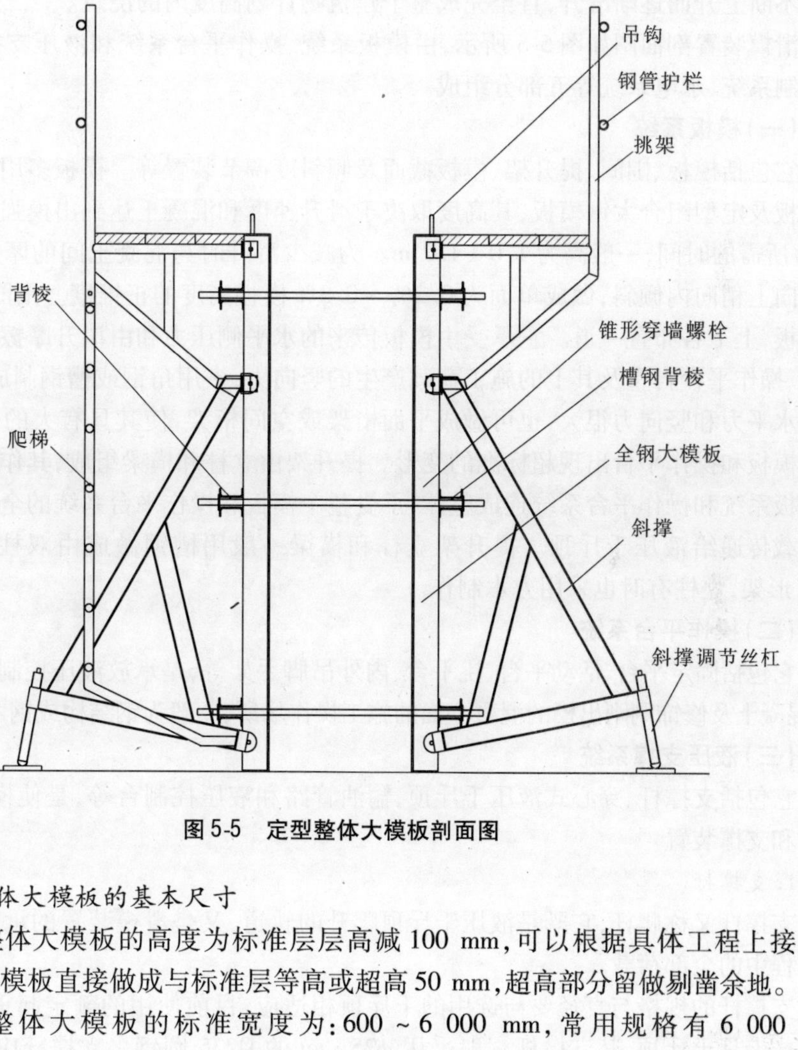

图 5-5　定型整体大模板剖面图

2. 定型整体大模板的基本尺寸

(1)定型整体大模板的高度为标准层层高减 100 mm,可以根据具体工程上接或下包,也可将外墙模板直接做成与标准层等高或超高 50 mm,超高部分留做剔凿余地。

(2)定型整体大模板的标准宽度为:600 ~ 6 000 mm,常用规格有 6 000 mm、5 400 mm、4 800 mm、4 200 mm、3 600 mm、3 000 mm、2 700 mm、2 400 mm、2 100 mm、1 800 mm、1 500 mm、1 200 mm、900 mm、600 mm,其中 900 mm、600 mm 宽模板主要用于丁字墙。每道墙面净尺寸减去相应的两个角模宽度后,优先排列标准大模板,余下部分即以调节模板补充或以角模边长调节。

三、滑模

滑动式模板(简称滑模)是现浇混凝土工程中机械化程度较高的工艺,主要用于烟囱、水塔、筒仓、桥墩、电视塔机及高层等高耸建筑物。

滑模施工可以节约模板和支撑材料,不需要搭设脚手架,施工速度快,改善施工条件,保证结构的整体性,提高混凝土表面质量,降低工程造价。缺点是滑模系统一次性投资大,耗钢量大,且保温条件差,不宜于低温季节使用。

滑模是先在地面上按照建筑物的平面轮廓组装一套1.0~1.2 m高的模板,随着浇筑层的不断上升而逐渐滑升,直至完成整个建筑物计划高度内的浇筑。

滑模装置剖面图如图5-6所示,由模板系统、操作平台系统和液压支撑系统、施工精度控制系统、水电系统等五部分组成。

(一)模板系统

它包括模板、围圈、提升架、模板截面及倾斜度调节装置等。模板多用钢模板、钢木混合模板及定型组合大钢模板,其高度取决于滑升速度和混凝土达到出模强度(0.05~0.25 MPa)所需的时间,一般高为1.0~1.2 m。为减少滑升时与混凝土间的摩擦力,应将模板自下向上稍向内倾斜,做成单面为0.2%~0.3%模板高度的正锥度。围圈用于支撑和固定模板,上下各布置一道。它承受由模板传来的水平侧压力和由滑升摩擦力、模板与圈梁自重、操作平台自重及其上的施工荷载产生的竖向力,多用角钢或槽钢制成。如果围圈所受的水平力和竖向力很大,也可做成平面桁架或空间桁架,使其具有大的承载力和刚度,防止模板和操作平台出现超标准的变形。提升架由立柱和横梁组成,其作用是固定围圈,把模板系统和操作平台系统连成整体,承受整个模板和操作平台系统的全部荷载,并将竖向荷载传递给液压千斤顶。提升架立柱和横梁一般用槽钢做成由双柱和双梁组成的“开”形架,立柱有时也采用方木制作。

(二)操作平台系统

它包括固定平台、活动平台、挑平台、内外吊脚手架等,是承放液压控制台,临时堆存钢筋、混凝土及修饰刚刚出模的混凝土面的施工操作场所,一般为钢结构或钢木混合结构。

(三)液压支撑系统

它包括支撑杆、穿心式液压千斤顶、输油管路和液压控制台等,是使模板向上滑升的动力和支撑装置。

1. 支撑杆

支撑杆又称爬杆,它既是液压千斤顶爬升的轨道,又是滑模装置的承重支柱,承受施工过程中的全部荷载。

支撑杆的规格与直径要与选用的千斤顶相适应,目前使用的额定起重量为30 kN的滚珠式卡具千斤顶,其支撑杆一般采用ϕ25 mm的Q235圆钢。支撑杆应调直除锈,当Ⅰ级圆钢采用冷拉调直时,冷拉率控制在3%以内。支撑杆的加工长度一般为3~5 m,其连接方法可使用丝扣连接、榫接和剖口焊接,如图5-7所示。丝扣连接操作简单,使用安全可靠,但机械加工量大。榫接亦有操作简单和机械加工量大之特点,滑升过程中易被千斤顶的卡头带起。采用剖口焊接时,接口处倘若略有偏斜或凸疤,则要用手提砂轮机处理平

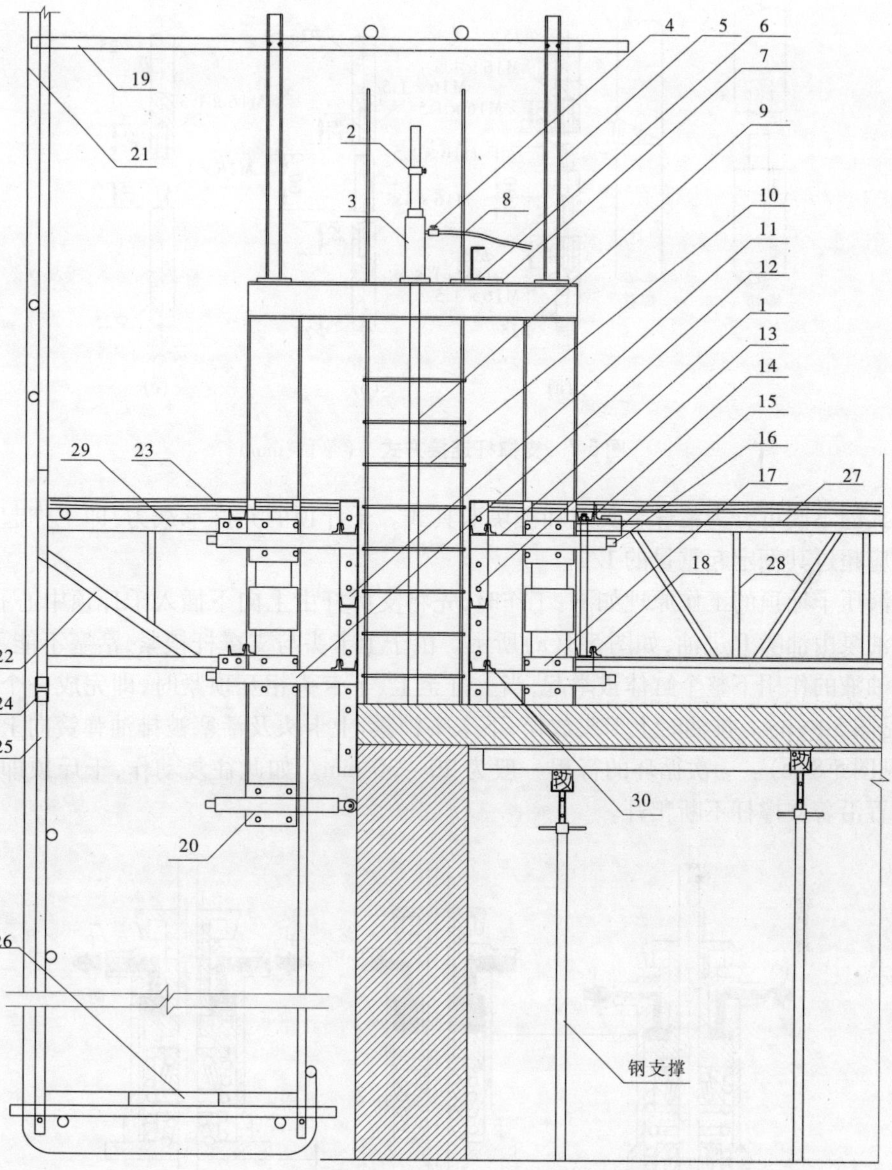

1—提升架;2—限位卡;3—千斤顶;4—针形阀;5—支架;6—环梁;7—环梁连接板;8—油管;9—工具式支撑杆;
10—插板;11—外模板;12—支腿;13—内模板;14—围囹桁架上弦;15—边框卡铁;16—伸缩调节丝杠;
17—滑道槽钢;18—围囹桁架下弦;19—支架连接管;20—纠偏装置;21—安全网;22—外挑架;
23—外挑平台;24—吊杆连接管;25—吊杆;26—吊平台;27—活动平台边框;
28—桁架斜杆、立杆、对拉螺栓;29—钢管水平桁架;30—围圈卡铁

图 5-6　滑模装置剖面图

整,使其能通过千斤顶孔道。当采用工具式支撑杆时,应用丝扣连接。

2. 液压千斤顶

滑模工程中所用的千斤顶为穿心式液压千斤顶,支撑杆从其中心穿过。按千斤顶卡

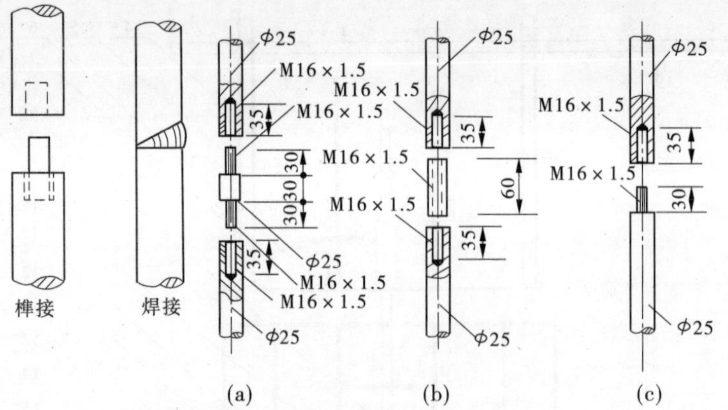

图 5-7　支撑杆连接方式　（单位:mm）

具形式的不同可分为滚珠卡具式和楔块卡具式。千斤顶的允许承载力,即工作起重量一般不应超过其额定起重量的1/2。

液压千斤顶的工作原理如下:工作时,先将支撑杆由上向下插入千斤顶中心孔,然后开动油泵由油嘴P进油,如图5-8(a)所示。由于上卡头与支撑杆锁紧,活塞不能下行,在高压油液的作用下整个缸体被举起,当上升至上、下卡头相互顶紧时,即完成一个提升过程,见图5-8(b)。排油时上卡头放松,下卡头锁紧,上卡头及活塞被排油弹簧向上推动复位,见图5-8(c)。一次循环的行程一般为20～30 mm。如此往复动作,千斤顶即带动滑模装置沿着支撑杆不断爬升。

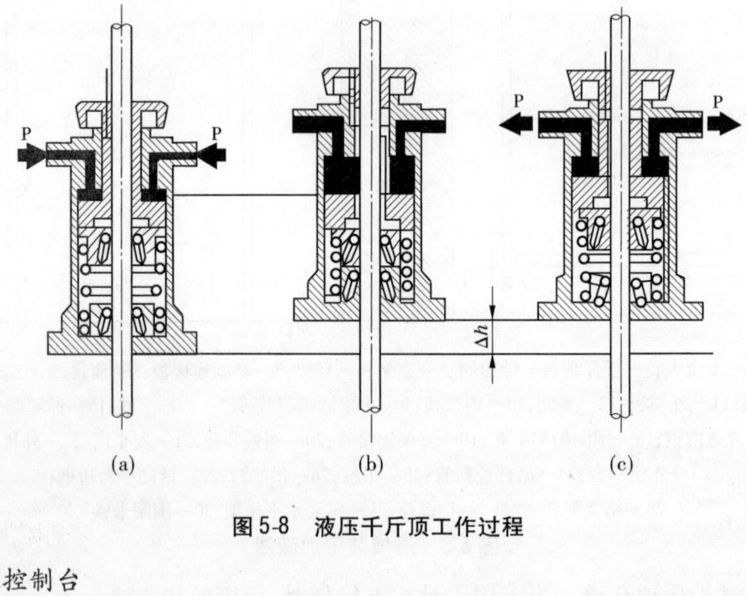

图 5-8　液压千斤顶工作过程

3. 液压控制台

液压控制台是液压传动系统的控制中心,主要由电动机、齿轮油泵、溢流阀、换向阀、分油器和油箱等组成。

液压控制台按操作方式的不同,可分为手动和自动控制形式。

4. 油路系统

油路系统是连接控制台到千斤顶的液压通路，主要由油管、管接头、分油器和截止阀等组成。

油管一般采用高压无缝钢管或高压耐油橡胶管，与千斤顶连接的支油管最好使用高压胶管，油管耐压力应大于油泵压力的1.5倍。

截止阀又称针形阀，用于调节管路及千斤顶的液体流量，以控制千斤顶的升差，一般设置于分油器上或千斤顶与油管连接处。

（四）施工精度控制系统

它主要包括千斤顶同步、建筑物轴线和垂直度等的观测和控制设施，具体有激光经纬仪、铅直仪、滑轮、调节丝杠、激光靶等仪器。

（五）水电系统

它主要给滑模施工提供动力、照明、指示信号及施工用水，包括电缆线、配电箱、照明灯具、信号按钮、摄像及监控仪器、水泵、水管、阀门等器具。

四、爬模

爬升模板（简称爬模）是依附在建筑结构上，随着结构施工而逐层上升的一种模板，是适用于高层建筑物或高耸构筑物现浇混凝土施工或倾斜结构施工的先进模板工艺。与滑模工艺的主要区别在于：滑模是在模板与混凝土保持接触、相互摩擦的情况下逐步整体上升的，刚脱模的混凝土强度仅为0.2～0.4 MPa，爬模上升时，模板不与混凝土摩擦，此时混凝土强度已大于1.2 MPa。

液压爬升模板是滑模与支模相结合的一种新工艺，它吸收了支模工艺按常规方法浇筑混凝土的特点，劳动组织和施工管理简便，混凝土表面质量易于保证，又避免了滑模施工常见的缺陷，施工偏差可逐层消除。在爬升方法上同滑模工艺一样，提升架、模板、操作平台及调脚手架等以液压千斤顶为动力依次向上爬升，见图5-9。

（一）液压爬模的构造

（1）模板系统，由定型组合大钢模板、调节缝板、角模、钢背棱及对拉螺栓、铸钢螺母、铸钢垫片等组成；

（2）液压提升系统，由提升架立柱、横梁、斜撑、活动支腿、滑道夹板、围圈、千斤顶、支撑杆、液压控制台、各种孔径的油管及阀门、接头等组成；

（3）操作平台系统，由上下操作平台、吊平台、中间平台、外挑架、外架立柱、斜撑、栏杆、安全网等组成。

（二）液压爬模施工的基本程序

（1）根据工程具体情况，爬模可以从地下室开始，也可从标准层开始。当地下室底板完成或标准层起始楼面结构完成，并绑扎完第一层钢筋时，即可进行爬升模板安装。

（2）当墙体混凝土浇筑完成并达到一定强度时，即进行脱模，模板爬升，钢筋绑扎随模板爬升进行。

（3）当模板爬升到上层楼面后，楼板钢筋混凝土随后逐层跟进施工，其间上层爬模紧固，待楼板混凝土浇筑完，上层墙体即又开始浇筑。

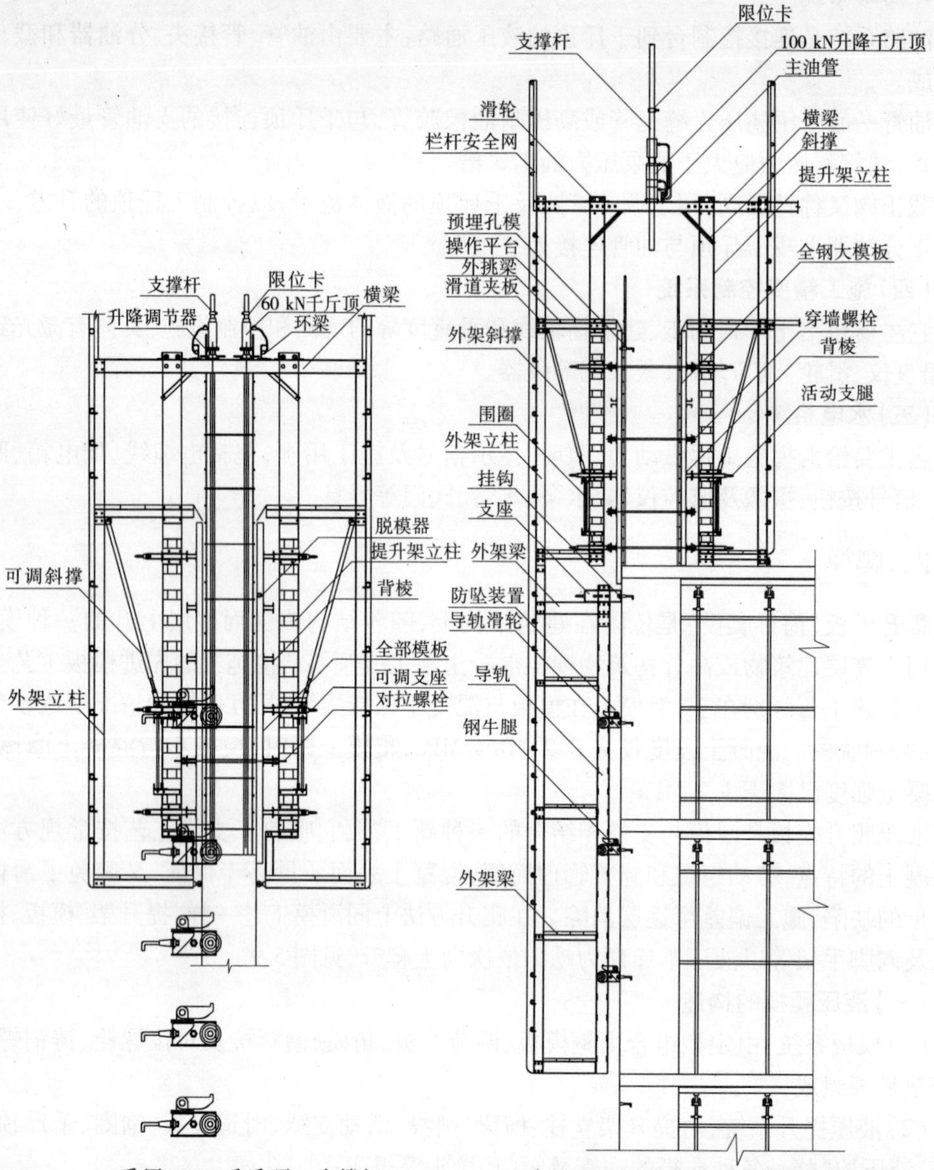

(a)采用60 kN千斤顶，支撑杆设在结构体内或体外

(b)采用100 kN千斤顶，支撑杆支撑在结构顶部或结构预埋件上

图 5-9　液压爬升模板示意图

(4)爬升模板按标准层层高配置，在非标准层施工时，爬模可进行 2 次，也可在爬模上部支模接高或混凝土打低。

(三)爬模施工方法

(1)绑扎第一层墙体钢筋，安装门洞口边框模板，边框模板之间加支撑稳固，防止变形。

(2)安装模板及爬模装置。第一层为非标准层时,爬模多爬一次或在模板上口支模接高。

(3)按常规操作方法浇筑墙体混凝土,每个浇筑层高度 1 m 左右,即标准层模板高度范围内分 3 个浇筑层,分层浇筑,分层振捣。混凝土浇筑采用布料机。

(4)当混凝土强度能保证其表面及棱角不因拆除模板而受损坏后,方可开始脱模,一般在强度达到 1.2 MPa 后进行。

五、混凝土和钢筋混凝土模板

它们既是模板,也是建筑物的护面结构,浇筑后作为建筑物的外壳,不予拆除。素混凝土模板靠自重稳定,可做直壁模板,见图 5-10(a),也可做倒悬模板,见图 5-10(b)。直壁模板除面板外,还靠两肢等厚的肋墙维持其稳定。若将此模板反向安装,让肋墙置于仓外,在面板上涂以隔离剂,待新浇混凝土达到一定强度后,可拆除重复使用,这时,相邻仓位高程大体一致。例如,可在浇筑廊道的侧壁或把坝的下游面浇筑成阶梯时使用。倒悬式混凝土预制模板可取代传统的倒悬木模板,一次埋入现浇混凝土内不再拆除,既省工,又省木材。

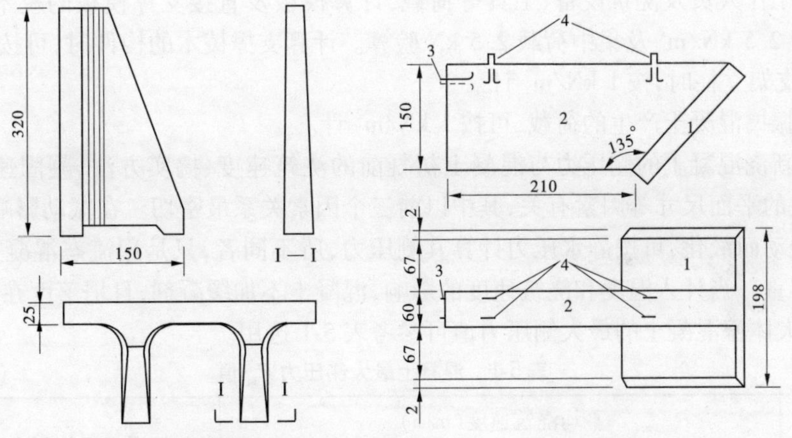

(a)直壁式　　(b)倒悬式

1—面板;2—肋墙;3—连接预埋环;4—预埋吊环

图 5-10　混凝土预制模板　(单位:cm)

钢筋混凝土模板既可做建筑物表面的镶面板,也可做厂房、空腹坝空腹和廊道顶拱的承重模板,如图 5-11 所示。这样避免了高架立模,既有利于施工安全,又有利于加快施工进度,节约材料,降低成本。

(a)廊道顶拱　(b)廊道拱墙　(c)空腹坝顶拱

图 5-11　钢筋混凝土承重模板

预制混凝土和钢筋混凝土模板重量较大，常需起重设备起吊，所以在模板预制时都应预埋吊环供起吊用。对于不拆除的预制模板，模板与新浇混凝土的接合面需进行凿毛处理。

第三节　模板的设计荷载、安装与拆除

一、模板的设计荷载

模板及其支撑结构应具有足够的强度、刚度和稳定性，必须能承受施工中可能出现的各种荷载的最不利组合，其结构变形应在允许范围以内。模板及其支架承受的荷载分基本荷载和特殊荷载两类。

（一）基本荷载

（1）模板及其支架的自重，根据设计图确定。木材的密度，针叶类按 600 kg/m^3，阔叶类按 800 kg/m^3 计算。

（2）新浇混凝土重量，通常可按 24 ~ 25 kN 计算。

（3）钢筋重量，对一般钢筋混凝土，可按 1 kN/m^3 计算。

（4）工作人员及浇筑设备、工具等荷载，计算模板及直接支撑模板的棱木时，可按均布活荷载 2.5 kN/m^2 及集中荷载 2.5 kN 验算。计算支撑棱木的构件时，可按 1.5 kN/m^2 计，计算支架立柱时，按 1 kN/m^2 计。

（5）振捣混凝土产生的荷载，可按 1 kN/m^2 计。

（6）新浇混凝土的侧压力与混凝土初凝前的浇筑速度、捣实方法、凝固速度、坍落度及浇筑块的平面尺寸等因素有关，其中以前三个因素关系最密切。在振动影响范围内，混凝土因振动而液化，可按静水压力计算其侧压力，所不同者，只是用流态混凝土的容重取代水的容重。当计入温度和浇筑速度的影响，混凝土不加缓凝剂，且坍落度在 11 cm 以内时，新浇大体积混凝土的最大侧压力值可参考表 5-1 选用。

表 5-1　混凝土最大侧压力 P_m 值　（单位：kPa）

温度（℃）	平均浇筑速度（m/h）						混凝土侧压力分布图
	0.1	0.2	0.3	0.4	0.5	0.6	
5	22.55	25.50	27.46	29.42	31.38	32.36	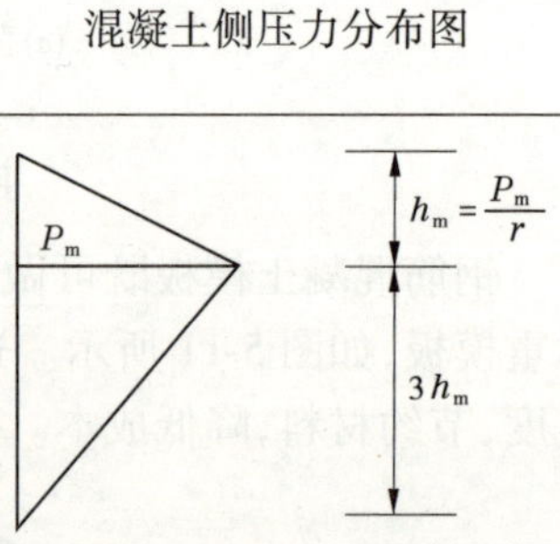
10	19.61	22.55	24.52	26.48	28.44	29.42	
15	17.65	20.59	22.55	24.52	26.48	27.46	
20	14.71	17.65	19.61	21.57	23.54	24.52	
25	12.75	15.69	17.65	19.61	21.57	22.55	

（二）特殊荷载

（1）风荷载，根据施工地区和立模部位离地面的高度，按现行《建筑结构荷载规范》（GB 5009—2001）确定；

（2）上列 7 项荷载以外的其他荷载。

在计算模板及支架的强度和刚度时，应根据模板的种类，选择表5-2的基本荷载组合。特殊荷载可按实际情况计算，如平仓机、非模板工程的脚手架、工作平台、混凝土浇筑过程不对称的水平推力及重心偏移、超过规定堆放的材料等。

表5-2 各种模板结构的基本荷载组合

项次	模板种类	基本荷载组合	
		计算强度用	计算刚度用
1	承重模板： (1)板、薄壳底模板及支架 (2)梁、其他混凝土结构(厚度大于0.4 m)的底模板及支架	 1+2+3+4 1+2+3+5	 1+2+3 1+2+3
2	竖向模板	6或5+6	6

承重模板及支架的抗倾稳定性应按下列要求核算：

(1)倾复力矩。应计算下列三项倾复力矩，并采用其中的最大值。①水荷载，按现行GB 5009—2001确定；②实际可能发生的最大水平作用力；③作用于承重模板边缘1 471 N/m的水平力。

(2)稳定力矩。模板及支架的自重，折减系数为0.8，如同时安装钢筋，应包括钢筋的重量。

(3)抗倾稳定系数。抗倾稳定系数大于1.4，模板的跨度大于4 m时，其设计起拱值通常取跨度的0.3%左右。

二、模板的制作与安装

(一)模板制作

大中型工程模板通常由专门的加工厂制作，采用机械化流水作业，以利于提高模板的生产率和加工质量。加工制作有以下要点。

1. 钢材选择

模板加工的首要关键是材料，必须采用符合国家标准的合格钢材。面板宜选用6 mm厚Q235热轧原平钢板，厚度公差控制在±0.2 mm。边框宜采用80 mm×80 mm钢板或带凹线的特制边框料，同面板垂直焊接，误差控制在－0.3～－0.5 mm。竖肋8号槽钢和10号水平槽钢应采用腹宽准确、两翼垂直的合格产品。

2. 面板下料拼接

面板下料拼接主要包括槽钢下料、模板组对和焊接、检查校对、面板钻孔、喷漆等作业内容，具体要求可参照相关质量要求及规范。

(二)模板安装程序

模板安装必须按设计图纸测量放样，对重要结构应多设控制点，以利检查校正。模板安装好后，要进行质量检查。检查合格后，才能进行下一道工序。应经常保持足够的固定设施，以防模板倾覆。不同类型模板的安装程序也各不相同，下面是几种常见模板的安装程序。

(1)基础模板安装程序见图5-12。

(2)柱模板安装程序见图5-13。

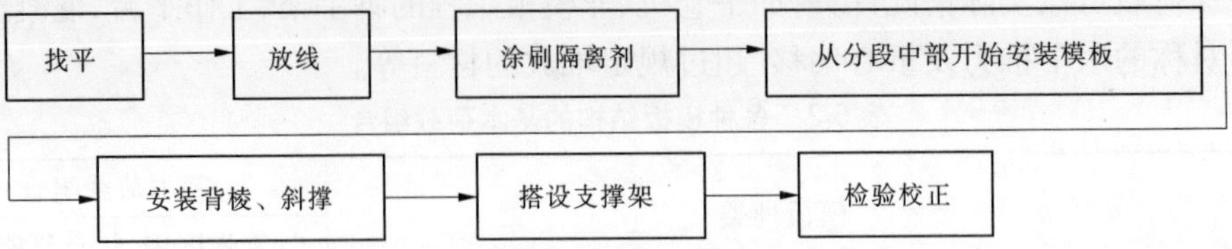

图5-12　基础模板安装程序

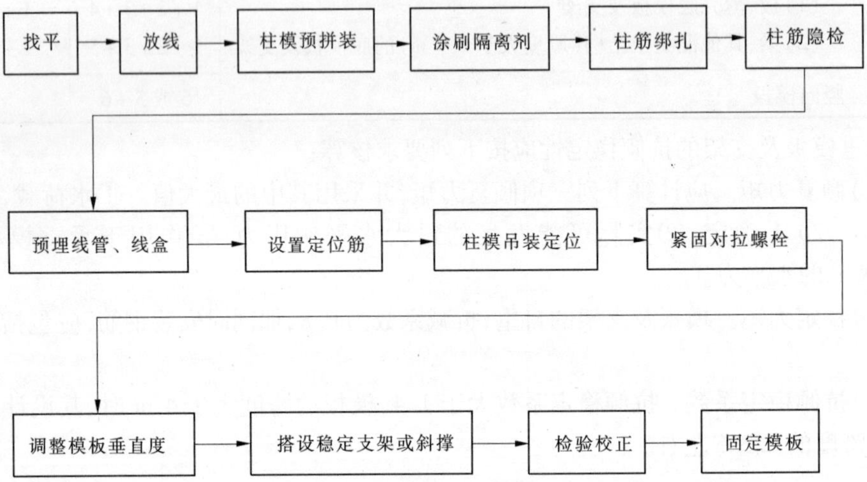

图5-13　柱模板安装程序

三、模板制作安装质量要求

(一)模板安装质量要求

1. 基础模板安装质量要求

(1)模板轴线定位、外形尺寸、水平标高要准确无误。

(2)板面应平整洁净,拼缝严密,不漏浆。

(3)安装应牢固稳定,保证在施工过程中不移位、不胀模。

(4)模板安装偏差应控制在规范允许范围内。

2. 柱模板安装质量要求

(1)模板轴线定位、外型尺寸、水平标高要准确无误。

(2)板面应平整洁净,拼缝严密,不漏浆。

(3)模板安装后应具有足够的承载能力、刚度和稳定性,能承受新浇混凝土的自重和侧压力以及在施工过程中所产生的荷载。

(4)模板安装偏差应控制在规范允许范围内。

3. 水平模板安装质量要求

(1)次梁轴线位置、截面尺寸及水平标高应准确无误。

(2)板面应平整洁净,拼缝严密,不漏浆。

(3)模板安装后应具有足够的承载能力、刚度和稳定性，能承受新浇混凝土的自重和侧压力以及在施工过程中所产生的荷载。

(4)模板安装偏差应控制在规范允许范围内。

(5)梁板支撑系统底部设可调底座，顶部设可调支撑头，以调节模板的标高、水平及按规定要求的起拱。

(二)质量标准

(1)支模模板制作允许偏差见表5-3。

表5-3 支模模板制作允许偏差

序号	检查项目	允许偏差(mm)
1	外形尺寸	±2
2	对角线	3
3	相邻表面高低差	1
4	表面平整度(用2 m直尺)	2

(2)支模模板安装允许偏差见表5-4。按《混凝土结构工程施工质量验收规范》(GB 50204—2002)的要求，提高标准进行检查。

表5-4 支模模板安装允许偏差

项目		规范允许偏差(mm)
轴线位置		5
底模上表面标高		±5
截面内部尺寸	基础	±10
	柱、墙、梁	+4 -5
层高垂直度	≤5 m	6
	>5 m	8
相邻两板表面高低差		2

(3)按《液压滑动模板施工技术规范》(GBJ 113—87)，滑模装置安装允许偏差见表5-5。

表5-5 滑模装置安装允许偏差

内容		允许偏差(mm)
模板结构轴线与相应结构轴线位置		3
围圈位置偏差	水平方向	3
	垂直方向	3
提升架的垂直偏差	平面内	3
	平面外	2
安放千斤顶的提升架横梁相对标高偏差		5
考虑倾斜度后模板尺寸的偏差	上口	-1
	下口	+2

续表 5-5

内容		允许偏差(mm)
千斤顶安装位置偏差	提升架平面内	5
	提升架平面外	5
圆模直径、方模边长的偏差		5
相邻两块模板平面平整偏差		2

(4)滑模、爬模构件制作允许偏差见表 5-6。

表 5-6 滑模、爬模构件制作允许偏差

名称	内容		允许偏差(mm)
钢模板	表面平整度		1
	长度		2
	宽度		-2
	侧面平直度		2
	连接孔位置		0.5
围圈	长度		-5
	弯曲长度	长度≤3 m	2
		长度>3 m	4
	连接孔位置		0.5
提升架	高度		3
	宽度		3
	围圈支托位置		2
	连接孔位置		0.5
支撑杆	弯曲(L为支撑杆加工长度)		小于(2/1 000)L
	直径		-0.5
	丝扣接头中心		0.25

(三)质量保证措施

1. 支模质量保证措施

(1)保证模板有足够的刚度、承载能力和稳定性。我们所选用的各模板系列是已经使用成熟的模板工程系列,能够保证施工成品质量符合现行钢筋混凝土质量标准。对于个别部位使用的非系列模板,需经技术人员设计计算方可使用。

(2)严格控制模板加工质量,要求模板制作质量比 GB 50204—2002 的规定有所提高,并派专人负责检验模板产品,凡质量不达标的产品不得进入施工现场。

(3)拼装和安装过程要选用合格的原材料和合格的配件,保证模板本身的使用可靠性。

(4)完成拼装和安装模板后,首先工人要进行自检,自检合格后,报经相应的责任工程师和监理工程师检查认可后方可进行下一道工序施工。

(5)模板拆除时间要达到 GB 50204—2002 要求的混凝土强度。

(6)隔离剂的选用。为了模板施工正常有序地进行和保证模板的正常使用寿命,确保混凝土的表面质量,要求采用低腐蚀的油性隔离剂。

2. 滑模施工质量保证措施

(1)建立一套强有力的指挥管理系统,采取金字塔形的统一指挥、统一管理。从上到下、一包到顶。把各项管理工作落实到每个具体的人,明确职责范围,建立名副其实的质量保证体系。

(2)混凝土浇筑采取均匀布料、分层浇筑、分层振捣的方法,严格控制浇筑层高,每层 300 mm。由于均匀分层浇筑,混凝土的均匀性、整体性比其他模板工艺要好。

(3)严格控制混凝土的材质、配合比和坍落度,根据气温变化情况,通常备有 4 ~5 个配合比,以适应温差变化需要,坍落度既要考虑泵送混凝土的经时损失,又要保证混凝土分层浇筑的交圈时间要求和上、下层混凝土之间的连接要求。因此,控制混凝土坍落度是确保混凝土不拉裂的重要措施之一。

(4)GBJ 113—87 要求的出模强度为 0.2 ~0.4 MPa,为了有效控制出模强度,除实验室测定初凝时间和强度外,工地上采取以首罐混凝土做试块,进行手压目测的方法,由施工指挥人员及时掌握强度的变化,采取相应的滑升速度。比较理想的手压结果是混凝土已开始硬化,但表面能压出 0.5 ~1 mm 深的手指压痕。

(5)内筒外墙角、内墙角、电梯井、门窗洞等垂直度必须层层吊线检查,并由测量工用经纬仪上返控制线,以保证抹灰从上到下一次成功。

(6)强调“防偏为主、纠偏为辅”,按照施工组织设计采取的各项防偏措施组织施工。测量观测采取激光控制,垂直度用激光经纬仪观测,水平度用激光安平仪扫描。

四、模板拆除

(一)支模模板的拆除

(1)模板拆除应遵循先安后拆、后安先拆的原则。

(2)水平模板拆除时应按模板设计要求留设必要的养护支撑,不得随意拆除。

(3)水平模板拆除时先降低可调支撑头高度,再拆除主、次木楞及模板,最后拆除脚手架,严禁颠倒工序、损坏面板材料。

(4)拆除后的各类模板,应及时清除面板混凝土残留物,涂刷隔离剂。

(5)拆除后的模板及支撑材料应按照一定位置和顺序堆放,尽量保证上下对应使用。

(6)大钢模板的堆放必须面对面、背对背,并按设计计算的自稳角要求调整堆放期间模板的倾斜角度。

(7)严格按《混凝土结构工程施工质量验收规范》(GB 50204—2002)规定的要求拆模,严禁为抢工期、节约材料而提前拆模。

(8)底模板在混凝土强度符合 GB 50204—2002 表 4.3.1 规定(见表 5-7)后,方可拆除。

表 5-7　底模板拆除时的混凝土强度要求

次序	构件类型	构件跨度(m)	达到设计的混凝土立方体抗压强度标准值的百分率(%)
1	板	≤2	≥50
		>2,≤8	≥75
		>8	≥100
2	梁、拱、壳	≤8	≥75
		>8	≥100
3	悬臂构件	≤2	≥75
		>2	≥100

(9)非承重侧模板在混凝土强度达到 2.5 MPa,能保证其表面及棱角不因拆除模板而受损时,方可拆除,一般要求墙柱混凝土强度达到 1.2 MPa 时方可拆除。

(二)滑模装置的拆除

(1)拆除前由技术负责人及有关工长对参加拆除的人员进行技术、安全交底,按顺序拆除。

(2)拆除内外纠偏用的钢丝绳、接长支腿及纠偏装置、测量系统装置。

(3)拆除固定平台及外平台、上操作平台的平台铺板,拆除的材料堆放在平台上吊运。

(4)拆除高压油管、针形阀、液压控制台。

(5)拆除电气系统配电箱、电线及照明灯具。

(6)拆除活动平台及边框。

(7)拆除连接模板的阴阳角模。

(8)拆除墙(梁)模板及墙(梁)提升架。

(9)墙模板和提升架采用分段整体拆除方法,以轴线之间一道墙为一段,将钢丝绳先拴在提升架上,再用气焊割断支撑杆,拆除模板段与段的连接螺栓,整体运吊到地面,高空不作拆除。

(10)进行拆除后的清理。

复习思考题

5-1　模板的作用有哪些?对模板有什么要求?

5-2　模板有哪些基本类型?试论述各自特点。

5-3　试述滑模工艺和爬模工艺的异同点。

5-4　模板的受力型式及荷载有哪些?

5-5　稳定校核包括哪些内容?

5-6　滑模施工有哪些特点?

5-7　滑模施工的操作工艺有哪些?

5-8　模板安装的程序是怎样的? 包括哪些内容?

5-9　模板在安装过程中,应注意哪些事项?

5-10　模板拆除时要注意哪些内容?

5-11　模板施工时要注意哪些安全事项?

第六章 混凝土工程施工

学习指导

学习目标:掌握混凝土骨料制备、混凝土制备的主要工序及常用施工机械;掌握混凝土运输的要求、运输机械的种类、使用特点及其适用条件;掌握混凝土浇筑的施工工序及技术要求,了解常用养护措施;掌握混凝土低温季节、高温季节施工措施,了解混凝土雨季施工措施;了解混凝土常见缺陷的种类、成因及修补方法;掌握模袋混凝土的施工工序,了解土工模袋的种类及选择。

学习重点:骨料的制备及混凝土的制备,混凝土的运输,混凝土的浇筑,泵送混凝土、预应力混凝土以及模袋混凝土的施工工艺。

20 世纪 50 年代以来,我国已建和在建的装机容量在 1.2 万 kW 以上的水电站中,混凝土坝约占 70%,其中大型水电站中混凝土坝占 84%,共浇筑各种水工混凝土 2.48 亿 m^3。在已建成的 100 m 以上高坝中,混凝土坝占一半以上,而混凝土双曲拱坝、碾压混凝土坝更是成为当前我国高坝发展的新趋势。以上数据表明混凝土坝在我国占有主导地位,混凝土工程施工是我国水利水电工程建设中的一个最重要的组成部分。

第一节 混凝土制备

一、骨料制备与储存

水工混凝土工程,对骨料需要量及质量的要求都比较高,施工单位往往自行制备砂石骨料,而对于中小型水利工程,当条件允许时,可就近购买砂石骨料。根据骨料的来源不同,可将骨料分为天然骨料、人工骨料、组合骨料三种;按粒径不同,可将骨料分为细骨料、粗骨料。对于细骨料应使用质地坚硬、清洁、级配良好、含水率稳定的中砂;对于粗骨料应满足质地坚硬、清洁、级配良好,最大粒径不应超过钢筋净间距的 2/3、构件断面最小边长的 1/4、素混凝土板厚的 1/2,少筋或无筋混凝土结构应选用较大的粗骨料粒径等要求。总之,使用骨料应根据优质、经济、就地取材的原则进行选择。

(一)骨料加工

从料场开采的砂石料不能直接用于制备混凝土,需要通过破碎、筛分、冲洗等加工过程,制成符合级配要求,质量合格的各级粗、细骨料。

1. 破碎

为了将开采的石料破碎到规定的粒径,往往需要经过几次破碎才能完成。因此,通常将骨料破碎过程分为粗碎(将原石料破碎到 300 ~ 70 mm)、中碎(将原石料破碎到 70 ~ 20

mm）和细碎（将原石料破碎到20～1 mm）三种。骨料破碎用碎石机进行，常用的有颚式破碎机、旋回破碎机、反击式破碎机、圆锥式破碎机，此外还有辊式破碎机和锤式破碎机、棒磨制砂机、旋盘破碎机、立轴冲击式破碎机等制砂设备。

2. 筛分

筛分是将天然或人工的混合砂石料，按粒径大小进行分级。筛分作业分人工筛分和机械筛分两种。

1）人工筛分

一般采用倾斜设置的平筛，也可采用重叠放置的几层筛网，利用摇杆机构使筛网摆动。如图6-1所示为一种人工筛分装置。筛孔尺寸不同的三层筛网用悬杆和悬链挂在筛架上，筛网的倾角可用悬链调整。混合骨料由架顶带有筛条的装料斗倒入，超径石即剔出，其余骨料跌落在筛网上。用脚踏摇杆机构，可使筛网往返摆动，将骨料筛分。

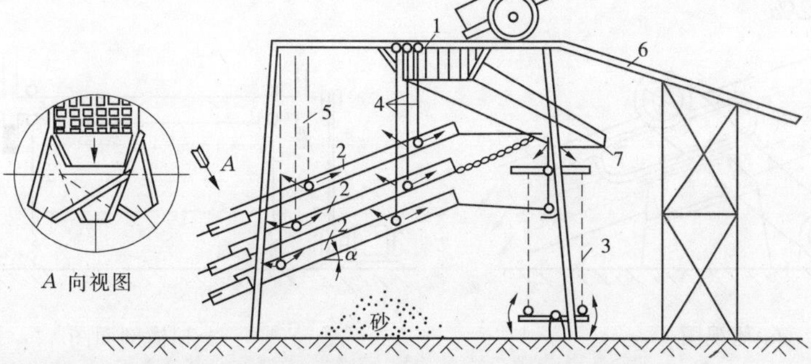

1—带筛条的装料斗；2—筛网；3—脚踏摇杆机构；4—悬杆；
5—调节筛网的悬链；6—车道；7—超径石；α—筛网倾角

图6-1 人工筛分装置

2）机械筛分

偏心轴振动筛如图6-2所示，筛架装在偏心主轴上，当偏心轴旋转时，偏心轴带动筛架作环形运动而产生振动，对筛网上的石料进行筛分。偏心轴振动筛又称为偏心筛。偏心筛的特点是刚性振动，振幅固定（3～6 mm），不因来料多少而变化，也不易因来料过多而堵塞筛孔。但当平衡块不能完全平衡偏心轴的惯性力时，可能引起固定机架的强烈振动。偏心筛适于筛分粗、中颗粒，常担任第一道筛分任务。

惯性轴振动筛如图6-3所示，是利用旋转主轴上的偏心重产生惯性离心力而引起筛网振动的。惯性筛属弹性振动，其振幅随来料的多少而变化。进料过多容易堵塞筛孔，使用中应喂料均匀。惯性筛适于筛分中、细颗粒。惯性筛的皮带轮中心和偏心轴轴承中心一致，皮带轮随偏心轴一起振动，皮带时紧时松，容易打滑和损坏。

超、逊径含量是筛分作业质量的控制标准。超径是指骨料筛分中，筛下某一级骨料中夹带的大于该级骨料规定粒径范围上限的粒径。逊径是指骨料筛分中，筛下某一级骨料中夹带的小于该级骨料规定粒径范围下限的粒径。产生超径的原因有筛网孔径偏大，筛网磨损、破裂。产生逊径的原因有喂料过多，筛孔堵塞，筛网孔径偏小，筛网倾角过大等。

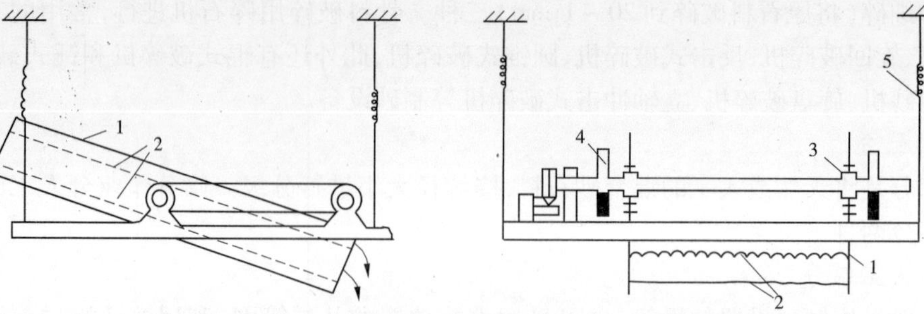

(a)侧视图　　(b)横剖面图

1—筛架;2—筛网;3—偏心部位;4—消振平衡重;5—消振弹簧

图 6-2　偏心轴振动筛

一般规定,以原孔筛检验时,超径小于 5%,逊径小于 10%;以超、逊径筛检验时,超径为零,逊径小于 2%。

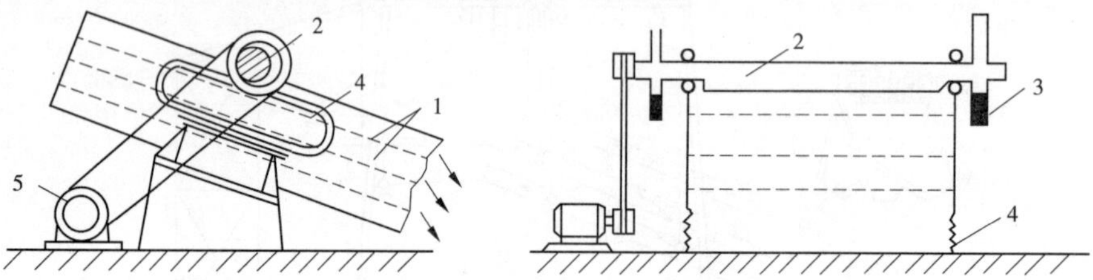

(a)侧视图　　(b)横剖面图

1—筛网;2—单轴起振器;3—配重盘;4—消振板簧;5—马达

图 6-3　惯性轴振动筛

3. 冲洗

冲洗是为了清除骨料中的泥质杂质。机械筛分的同时,常在筛网上安装几排带喷水孔的压力水管,不断对骨料进行冲洗,冲洗水压应大于 0.2 MPa。若经筛分冲洗仍达不到质量要求,应增设专用的洗石设备。骨料加工厂常用的洗石设备有槽式洗石机和圆筒洗石机。

常用的洗砂设备有螺旋洗砂机和沉砂箱。其中,螺旋洗砂机兼有洗砂、分级、脱水的作用,其构造简单,工作可靠,应用较广,结构如图 6-4 所示。螺旋洗砂机在半圆形的洗砂槽内装一个或一对相对旋转的螺旋。洗砂槽以 18°~20°的倾斜角安放,低端进砂,高端进水。由于螺旋叶片的旋转,被洗的砂受到搅拌,并移向高端出料口,卸到皮带机上。污水则从低端的溢水口排出。沉砂箱(见图 6-5)的工作原理是:由于不同粒径的砂粒在水中的沉降速度不同,控制沉砂箱中水的上溢速度,使 0.15 mm 以下的废砂和泥土等随水悬浮溢出,而 0.15 mm 以上的合格的砂在箱中沉降下来。

(二)骨料加工厂

把骨料破碎、筛分、冲洗、运输和堆放等一系列生产过程与作业内容组成流水线,并形成一定规模的骨料生产企业,称为骨料加工厂。当采用天然骨料时,加工的主要作业是筛

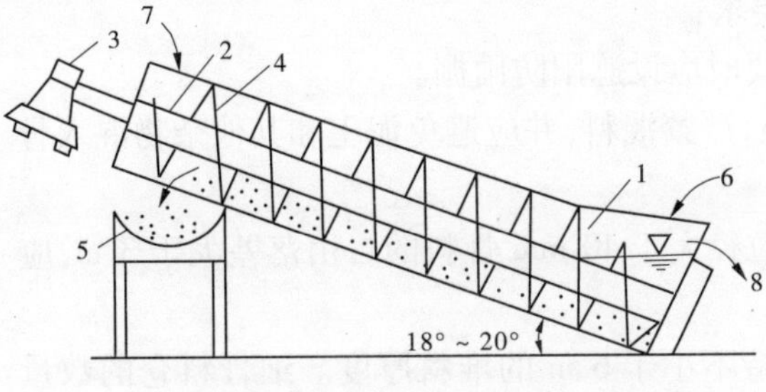

1—洗砂槽;2—螺旋轴;3—电动机;4—叶片;

5—皮带机;6—进料;7—清水;8—混水

图 6-4　螺旋洗砂机

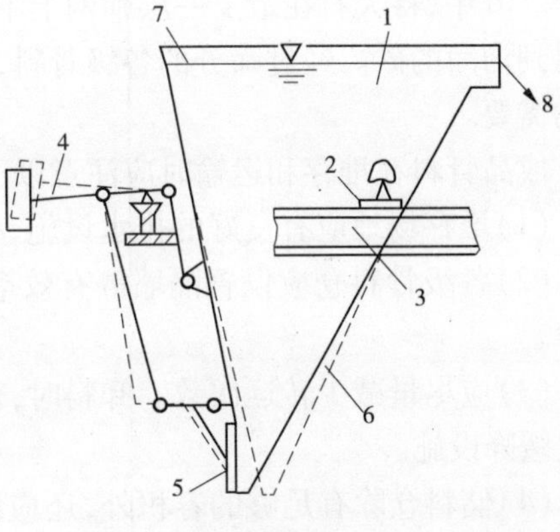

1—料箱;2—刀形支撑;3—支架;4—平衡杆;

5—出料门;6—出料位置;7—进料;8—溢水

图 6-5　沉砂箱

分和冲洗;当采用人工骨料时,加工的主要作业是破碎、筛分、冲洗和棒磨制砂。骨料加工厂要根据地形情况、施工条件、来料和出料方向,做好主要加工设备、运输线路、净料和弃料堆的布置。骨料加工应做到开采和使用相平衡,尽量减少弃料;骨料的开采和加工过程中,还应注意做好环境保护工作,应采取措施避免水土流失,减少废水及废渣排放。

大中型工程常设置筛分楼,某筛分楼布置示意图见图 6-6。进入筛分楼的砂石混合料,应先经过预筛分,剔出粒径大于 150 mm 的超径石。经过预筛分的砂石混合料,由皮带机运送上筛分楼,经过两台筛分机筛分和冲洗,筛分出 5 种粒径不同的骨料:特大石(80 ~ 150 mm)、大石(40 ~ 80 mm)、中石(20 ~ 40 mm)、小石(5 ~ 20 mm)、砂子(<5

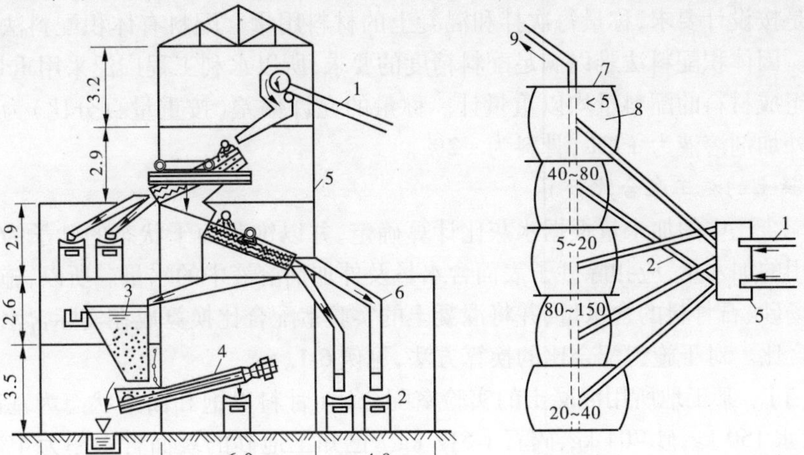

(a)筛分楼分层布置　　(b)进出料平面布置

1—进料皮带机;2—出料皮带机;3—沉砂箱;4—洗砂机;5—筛分楼;

6—溜槽;7—隔墙;8—成品料堆;9—成品运出

图 6-6　某筛分楼布置示意图　(单位:尺寸为 m,粒径为 mm)

mm)。其中,特大石在最上一层筛网上不能过筛,首先被筛分。砂料经沉砂箱和洗砂机清洗得到洁净的砂。经过筛分的各级骨料,分别由皮带机运送到净料堆储存,以供混凝土制备的需要。

成品骨料在堆存和运输时应注意以下要求:

(1)堆存场地应有良好的排水设施,必要时应设遮阳防雨棚。

(2)各级骨料仓应设置隔墙等有效措施,严禁混料,并应避免泥土和其他杂物混入骨料中。

(3)应尽量减少转运次数。卸料时,若粒径大于40 mm骨料的自由落差大于3 m,应设置缓降设施。

(4)储料仓除有足够的容积外,还应维持不小于6 m的堆料厚度。细骨料仓的数量和容积应满足细骨料脱水的要求。

(5)在粗骨料成品堆场取料时,同一级料在料堆不同部位同时取料。

目前,世界上最大的人工骨料加工系统为2007年6月28日建成投产的向家坝水电站人工砂石骨料加工系统。

二、混凝土制备

混凝土制备是按照混凝土配合比设计要求,将其各组成材料拌和成均匀的混凝土料,以满足浇筑的需要。混凝土的制备主要包括配料和拌和两个生产环节。混凝土的制备除满足混凝土浇筑强度要求外,还应确保混凝土标号无误、配料准确、拌和充分、出机温度适当。

(一)配料

配料是按设计要求,称量每次拌和混凝土的材料用量。配料有体积配料法和重量配料法两种。因体积配料法难以满足配料精度的要求,所以水利工程广泛采用重量配料法,即混凝土组成材料的配料量均以重量计。称量的允许偏差(按重量百分比)为:水泥、掺合料、水、外加剂溶液为±1%,骨料为±2%。

1. 混凝土的施工配合比换算

设计配合比中的加水量根据水灰比计算确定,并以饱和面干状态的砂子为标准。在配料时采用的加水量,应扣除砂子表面含水量及外加剂溶液中的水量。所以,施工时应及时测定现场砂、石骨料的含水量,并将混凝土的实验室配合比换算成在实际含水量情况下的施工配合比。对于施工配合比的换算方法,见例6-1。

【例6-1】 某工地所用混凝土的实验室配合比(骨料以饱和面干状态为基准)为:水泥280 kg,水150 kg,砂704 kg,碎石1 512 kg。已知工地砂的表面含水率为4%,碎石的表面含水率为1.5%。试求该混凝土的施工配合比。若施工现场采用的搅拌机型号为JZ250,其出料体积为0.25 m^3,试求每搅拌一次的拌和用量。

解:(1)计算施工配合比。每1 m^3混凝土中,各材料的用量为:

水泥　280 kg

砂子　704×(1+4%)=732.2(kg)

碎石　1 512×(1+1.5%)=1 534.7(kg)

水　150 - 704 × 4% - 1 512 × 1.5% = 99.2(kg)

(2)计算每搅拌一次的拌和用量。

水泥　280 × 0.25 = 70(kg)(取用一袋半水泥,即75 kg)

砂子　732.2 × (75/280) = 196.1(kg)

碎石　1 534.7 × (75/280) = 411.1(kg)

水　99.2 × (75/280) = 26.6(kg)

2. 常用称量设备

混凝土配料称量的设备,有台秤、地磅、专门的配料器。

(1)台秤和地磅。当混凝土制备量不大时,多采用台秤或地磅进行称量。其中,地磅称量法最简便,但称量速度较慢。台秤称量,需配置称料斗、贮料斗等辅助设备。称料斗安装在台秤上,骨料能由贮料斗迅速落入,故称量时间较快,但贮料斗承受骨料的重量大,结构较复杂。贮料斗的进料可采用皮带机、卷扬机等提升设备。

(2)配料器。配料器是用于称量混凝土原材料的专门设备,其基本原理是悬挂式的重量秤。按所称物料的不同,可分为骨料配料器、水泥配料器和量水器等。按配料称量的操作方式不同,可分为手动的、半自动化的和自动化的配料器。

在自动化配料器中,装料、称量和卸料的全部过程都是自动控制的。配料时仅需定出所需材料的重量和分量,然后启动自动控制系统,配料器便开始自动配料,并将每次配好的材料分批卸入拌和机中。自动化配料器动作迅速,称量精度高,在混凝土拌和楼中应用很广泛。

(二)拌和

1. 人工拌和

缺乏搅拌机械的小型工程或数量较少的混凝土制备,才采用人工拌和混凝土。人工拌和在一块钢板上进行,先倒入砂子,后倒入水泥,用铁铲干拌三遍。然后倒入石子,加水拌和至少三遍,直至拌和均匀为止。人工拌和劳动强度大、混凝土质量不易保证,拌和时不得任意加水。

2. 机械拌和

采用机械拌和混凝土可提高拌和质量和生产率。按照拌和机械的工作原理,可分为强制式和自落式两种。

1)强制式拌和机

强制式拌和机(见图6-7)拌和时,一般筒身固定,叶片旋转,从而带动混凝土材料进行强制拌和。强制式拌和机的搅拌作用比自落式强烈,拌和时间短,拌和效果好,但能耗大,衬板及叶片易磨损。适用于拌和干硬性混凝土和轻骨料混凝土。

强制式拌和机按构造不同可分立轴式和卧轴式。立轴式可分为涡桨式和行星式,卧轴式可分为单卧轴式和双卧轴式。

2)自落式拌和机

自落式拌和机的叶片固定在拌和筒内壁上,叶片和筒一起旋转,从而将物料带至筒顶,再靠自重跌落而与筒底的物料掺混,如此反复直至拌和均匀。自落式拌和机按其外形分为鼓形和双锥形两种,构造如图6-8所示。双锥形拌和机又有反转出料和倾翻出料两

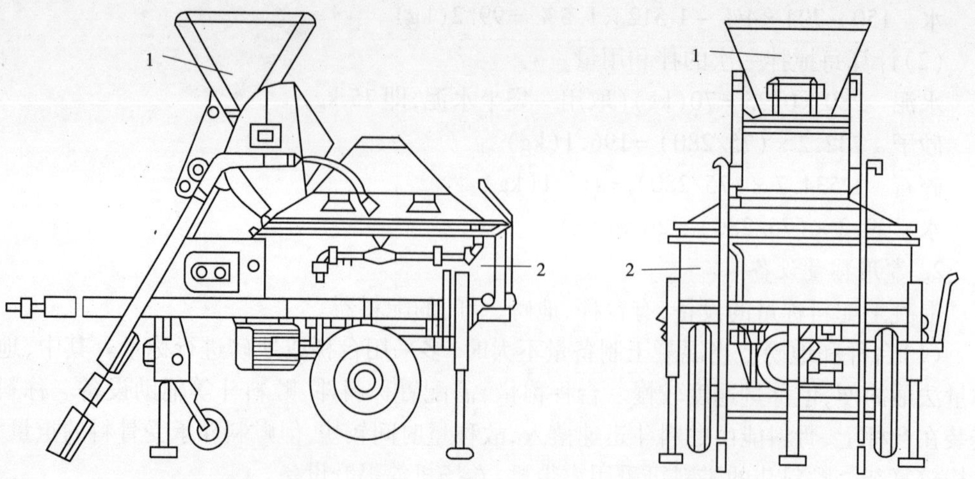

1—进料斗;2—搅拌筒

图 6-7　强制式拌和机

种型式。鼓形拌和机构造简单,装拆方便,使用灵活,但容量较小,生产率不高,多用于中小型工程或大型工程施工初期。双锥形拌和机容量较大,拌和效果好,生产率高,多用于大中型工程。

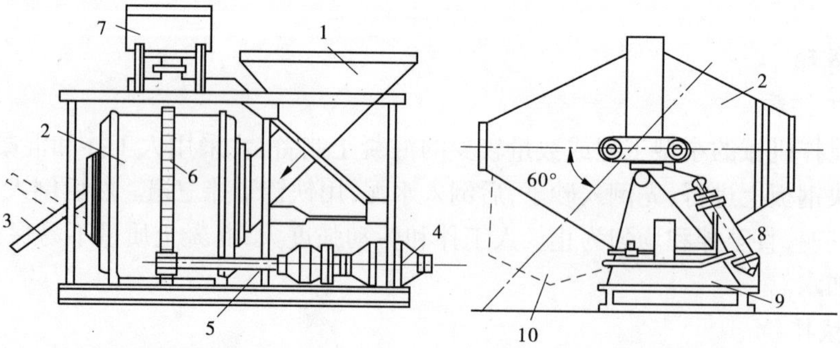

(a)鼓形拌和机　　(b)双锥形拌和机

1—装料斗;2—拌和筒;3—卸料槽;4—电动机;5—传动轴;6—齿圈;
7—量水器;8—气顶;9—机座;10—卸料位置

图 6-8　自落式拌和机

混凝土拌和机的选用直接影响工程造价、进度和质量,因此需根据施工强度要求、施工方式、施工布置及所拌制混凝土的品种、流动性、骨料的最大粒径等因素合理选用。

混凝土的拌和时间与混凝土的品种类别、拌和温度、拌和机的机型、骨料的品种和粒径及拌和料的流动性有关。轻骨料混凝土的拌和时间比普通混凝土要长,低温季节时混凝土的拌和时间比常温季节要长,流动性小的混凝土比流动性大的混凝土拌和时间要长。

混凝土的拌和时间应通过试验确定,也可参考表 6-1 确定混凝土的最少拌和时间。

表 6-1 混凝土最少拌和时间

拌和机容量 $Q(m^3)$	最大骨料粒径(mm)	最少拌和时间(s)	
		自落式拌和机	强制式拌和机
$0.8 \leqslant Q \leqslant 1$	80	90	60
$1 < Q \leqslant 3$	150	120	75
$Q > 3$	150	150	90

注:1. 入机拌和量应在拌和机额定容量的 110% 以内。

2. 加冰混凝土的拌和时间应延长 30 s(强制式 15 s),出机的混凝土拌和物中不应有冰块。

拌和机每一个工作循环拌制出的新鲜混凝土的实方体积(L 或 m^3),称混凝土的出料体积(又称拌和机的工作容量)。每拌和一次,装入拌和筒内各种松散体积之和,称装料体积。出料体积与装料体积之比称拌和机的出料系数,为 0.65 ~ 0.7。拌和过程中,应根据拌和机容量大小,确定允许拌和的最大骨料粒径。单台拌和机的生产率主要取决于拌和机的工作容量和循环工作一次所需的时间。

3. 投料顺序

为了提高混凝土拌和质量,减少叶片、衬板磨损,减少水泥的飞扬和粘罐,提高混凝土强度,节约水泥。常用的投料顺序可分为一次投料法、二次投料法。

(1)一次投料法。一次投料法是在上料斗中先装石子,再加水泥和砂,一次加入搅拌筒内进行搅拌的方法。对于自落式搅拌机要在搅拌筒内先加部分水;对立轴强制式搅拌机,因出料口在下部,不能先加水,应在翻斗投料入机的同时,缓慢均匀分散地加水。

(2)二次投料法。二次投料法分为预拌水泥砂浆法、预拌水泥净浆法和裹砂石法等。预拌水泥砂浆法,是先将水泥、砂和水加入搅拌筒内进行充分搅拌,成为均匀的水泥砂浆后,再加入石子搅拌成均匀的混凝土。预拌水泥净浆法,是先将水泥和水充分搅拌成均匀的水泥净浆后,再加入砂和石子搅拌成混凝土。裹砂石法,先将全部石子、砂和 70% 的拌和水倒入搅拌机,拌和 15 s,再倒入全部水泥进行造壳搅拌 30 s 左右,然后加入 30% 的拌和水,再进行糊化搅拌 60 s 左右即完成。

二次投料法搅拌的混凝土比一次投料法搅拌的混凝土和易性好,强度可提高 20% 左右。

(三)混凝土拌和站和混凝土拌和楼

大中型水利工程中,常把骨料堆场、水泥仓库、配料装置、拌和机及运输设备等比较集中地布置,组成混凝土拌和站,或采用成套的混凝土工厂(拌和楼)来制备混凝土。这样既有利于生产管理,又能充分利用设备的生产能力。

进行混凝土拌和站或拌和楼的布置时,应与砂石来料、混凝土的运输和浇筑地点相互协调。拌和站和拌和楼的布置应尽量减少运输距离,尽量减少占地,尽量减少土建工程量,尽量减少施工干扰,尽量减轻、避免对周围环境产生污染。

混凝土拌和站或拌和楼的容量应满足混凝土浇筑强度的需要。混凝土拌和楼按照物料提升次数和制备机械垂直布置的方式,可分为双阶式和单阶式两种,见图 6-9。双阶式拌和楼建筑高度小,运输设备简单,易于装拆,投产快,投资少,但效率和自动化程度较低,占地面积大,多用于中小型工程。

单阶式拌和楼生产效率高,布置紧凑,占地少,自动化程度高。但单阶式结构复杂,投产慢,投资大,因此不宜用于零星的混凝土工程。

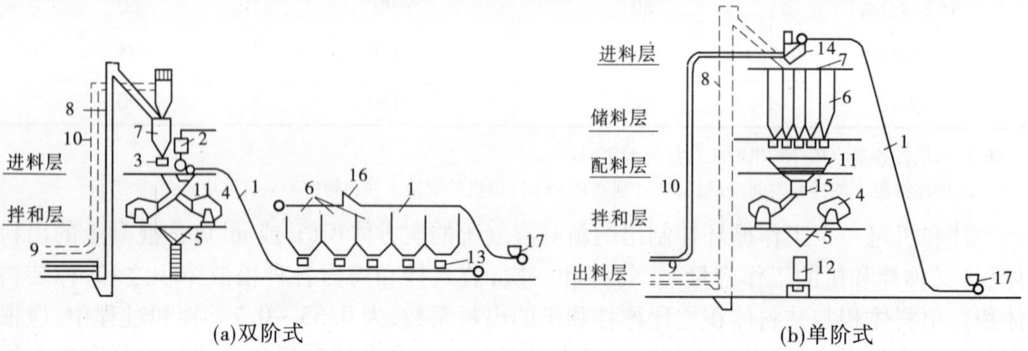

1—皮带机;2—水箱及量水器;3—水泥料斗及磅秤;4—搅拌机;5—出料斗;6—骨料仓;7—水泥仓;
8—斗式提升机输送水泥;9—螺旋输送机输送水泥;10—风送水泥管道;11—集料斗;
12—混凝土吊罐;13—配料器;14—回转漏斗;15—回转喂料器;16—卸料小车;17—进料斗

图 6-9 混凝土拌和楼布置方式

我国自 20 世纪 50 年代开始研制混凝土拌和楼,70 年代中期开始生产小型混凝土拌和站,80 年代后我国混凝土拌和站(楼)技术发展很快。三峡工程中使用的 HL240 - 4F3000LB 预冷(热)型微机控制大型混凝土拌和楼是我国自行设计制造的新型温控混凝土拌和楼,适用于大中型混凝土工程。HL240 - 4F3000LB 拌和楼装有 4 台 3 m^3 双锥形自落式搅拌机,生产率为 240 m^3/h。HL240 - 4F3000LB 拌和楼采用计算机全自动控制,可在骨料仓安装冷、热风和片冰等温控设施,采用双线出料,可以同时生产两种不同标号的混凝土。

第二节 混凝土运输

一、混凝土运输要求

混凝土运输是混凝土施工中的重要环节,对工程质量和施工进度的影响较大。混凝土拌和物在运输过程中,应满足下列基本要求:无强度等级错误;不初凝;不漏浆;不分层离析;不发生严重泌水;不发生过多的温度回升和坍落度损失;运输途中不得加水;尽量缩短运输时间和转运次数;不能使混凝土料从 1.5 m 以上的高度自由跌落,超过时应采取缓降或其他措施,以防止骨料分离;对于掺普通减水剂的混凝土,运输时间不宜超过表 6-2 的规定;混凝土的运输能力应与拌和、浇筑能力相适应,满足施工进度计划的要求。

混凝土运输包括两个运输过程:从拌和机前到浇筑仓前,主要是水平运输;从浇筑仓前到仓内,主要是垂直运输。

表 6-2　混凝土运输时间

运输时段的平均气温(℃)	混凝土运输时间(min)
20～30	45
10～20	60
5～10	90

二、混凝土水平运输

混凝土的水平运输又称供料运输。常用的运输方式有以下几种。

(一)人工运输

人工运输混凝土常用手推车、架子车和斗车等。用手推车和架子车时,要求运输道路路面平整,随时清扫干净,防止混凝土在运输过程中受到强烈振动。道路的纵坡,一般要求水平,局部不宜大于15%,否则应有相应的辅助爬坡措施,一次爬高不宜超过2～3 m,运输距离不宜超过200 m。

(二)机动翻斗车运输

机动翻斗车具有轻便灵活、转弯半径小、速度快、能自卸等优点,但载重量不大。适用于短途运输混凝土或砂石料。

(三)自卸汽车运输

自卸汽车运输机动灵活,载重量较大,卸料迅速。自卸汽车常用的载重量为3.5～20 t,运距不宜超过1.5 km。

(四)混凝土搅拌车运输

随着商品混凝土的发展,混凝土搅拌车(见图6-10)应用越来越广泛。混凝土搅拌车适于长距离运送混凝土,运输途中缓慢旋转继续拌和混凝土,以防止混凝土发生分层离析。在运输距离很长时,也可将混凝土干料装入筒内,在运输途中加水搅拌。水利工程施工中,常将混凝土搅拌车与混凝土拌和楼、混凝土泵或混凝土泵车等配合使用,多用于隧洞、厂房衬砌及大坝厂房坝段的通风井等部位的混凝土浇筑。

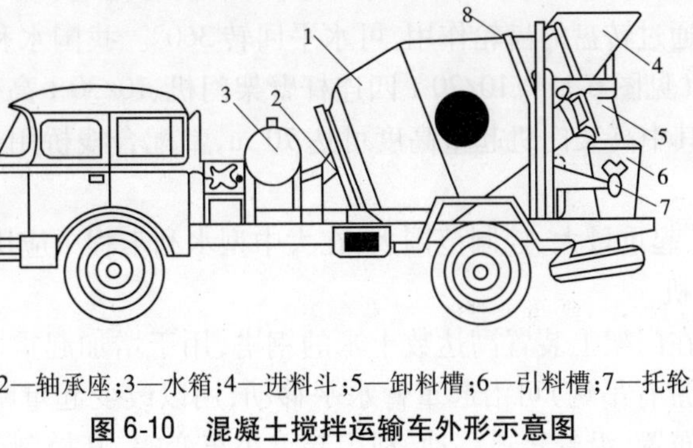

1—搅拌筒;2—轴承座;3—水箱;4—进料斗;5—卸料槽;6—引料槽;7—托轮;8—轮圈

图 6-10　混凝土搅拌运输车外形示意图

(五)铁路运输

采用铁路平台列车配立罐运输混凝土,轨距常用1 000 mm窄轨及1 435 mm标准轨两种，平板车 3～5 节，每节放一个立罐，常用立罐容积有 3 m^3、6 m^3、9 m^3 三种，其中一节空位，便于空罐回放。铁路运输运行速度快，运输强度高，但对运输线路要求高，运输线路建设周期长，适用于混凝土工程量较大的工程。

（六）皮带机运输

皮带机是一种混凝土连续运输机械，其地形适应性好，构造简单，操作方便，成本低，生产率高，尤其适于运输干硬性混凝土。但运输流态混凝土时，易分层离析，砂浆损失严重，混凝土料的温度和含水量易发生变化。为了保证混凝土的质量，一般可采取下列措施：皮带机布料应均匀，布料堆料高度应小于 1 m；张紧胶带或加密托辊；卸料口设置刮浆板、挡板及溜筒；应避免砂浆损失，必要时适当增加配合比的砂率；为保证混凝土质量，当输送混凝土的最大骨料粒径大于 80 mm 时，应进行适应性试验；皮带机应加设遮盖，采用保暖、防雨、防晒设施。

经过几十年的发展，皮带机现已发展成为一种新型的混凝土输送、入仓和布料机械，具有重量轻、装拆方便、移位容易等优点，特别适用于混凝土的长距离、高强度、大规模连续输送及入仓。针对于不同的施工布置，常用的有深槽高速混凝土皮带输送机、仓面布料机、胎带机、塔带机等。

三、混凝土垂直运输

混凝土的垂直运输又称为入仓运输，主要由起重机械来完成，常用的有以下几种。

（一）履带式起重机和轮胎式起重机

履带式起重机可由挖掘机改装而成，也有专用系列，起重量为 10～50 t，工作半径为 10～30 m。轮胎式起重机型号品种齐全，起重量为 8～300 t，工作半径一般为 10～15 m。履带式起重机和轮胎式起重机提升高度不大，控制范围小，但转移灵活，适应狭窄地形，在开工初期能及早使用，适用于浇筑高程较低的部位和零星分散小型建筑物的混凝土运输。

（二）门式起重机

门式起重机是一种大型移动式起重设备。它的下部为钢结构门架，门架下有足够的净空（7～10 m），能并列通行 2 列运输混凝土的平台列车。门架底部装有车轮，可沿轨道移动。门架上面是机身，包括起重臂、回转工作台、钢索滑轮组（或臂架连杆）、支架及平衡重等。整个机身通过转盘的齿轮作用，可水平回转 360°。我国水利工程施工，常用的门机有：10 t 丰满门机（见图 6-11）、10/20 t 四连杆臂架门机、10/30 t 高架门机（见图 6-12）和 20/60 t 高架门机，其中高架门机起重高度可达 70 m，常配合栈桥用于浇筑高坝和大型厂房。

门机运行灵活、起重量大、控制范围大，在大中型水利工程中应用广泛。

（三）塔式起重机

塔式起重机是在门架上装置高达数十米的钢塔，用于增加起重高度。起重臂一般水平布设，起重小车（带有吊钩）可沿起重臂水平移动，用以改变起重幅度，如图 6-13 所示。塔机可靠近建筑物布置，沿着轨道移动，利用起重小车变幅，其控制范围是一个长方形的空间。但塔机的起重臂较长，相邻塔机运行时的安全距离要求大，相邻中心距不小于 34～85 m。塔式起重机适用于浇筑高坝，并可将多台塔机安装在不同的高程上。

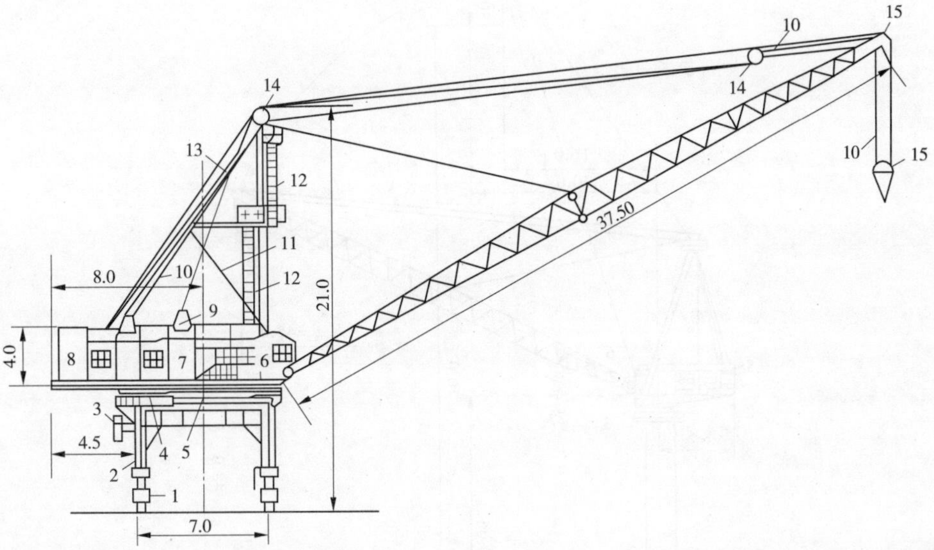

1—车轮;2—门架;3—电缆卷筒;4—回转机构;5—转盘;6—操纵室;7—机器间;
8—平衡重;9,14,15—滑轮;10—起重索;11—支架;12—梯;13—臂架升降索

图6-11　10 t丰满门机　(单位:m)

(四)缆式起重机

缆式起重机主要由缆索系统、起重小车、主塔架、副塔架等组成,如图6-14所示。主塔内设有机房和操纵室。缆索系统是缆机的主要组成部分,包括承重索、起重索、牵引索等。缆机的类型,一般按主、副塔架的移动情况划分,有固定式、平移式、辐射式和摆塔式四种。缆机适用于狭窄河床的混凝土坝浇筑。它不仅具有控制范围大、起重量大、生产率高的特点,而且能提前安装和使用,使用期长,不受河流水文条件和坝体升高的影响,对加快主体工程施工具有明显的作用。

混凝土的垂直运输,除上述几种大型机械设备外,还有升高塔(金属井架)、桅杆式起重机及起重量较小的塔机等。小型垂直运输机械在大中型水利工程施工中,通常仅作为辅助运输手段。

(五)泵送混凝土运输

混凝土泵是一种连续运输机械,可同时完成混凝土的水平运输和垂直运输任务。混凝土泵有多种形式,常用的是活塞式混凝土泵。活塞式混凝土泵按照驱动方式的不同,可分为机械驱动和液压驱动两种,按缸体数目分为单缸、双缸两种,常用双缸液压式活塞泵。按移动方式,常用活塞泵有拖移式混凝土泵机和自行式混凝土泵车两种。

混凝土泵适用于断面小、配筋密的混凝土结构以及施工场地狭窄、浇筑仓面小,其他设备不易达到的部位的混凝土浇筑。水利工程施工中,常用于隧洞或地下厂房混凝土衬砌施工。

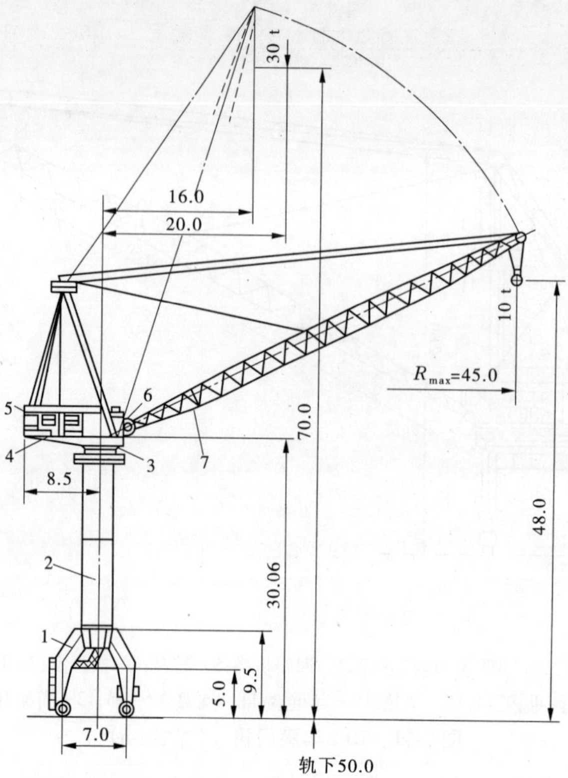

1—门架;2—圆筒形高架塔身;3—回转盘;4—机房;5—平衡重;6—操纵台;7—起重臂

图 6-12　10/30 t 高架门机　(单位:m)

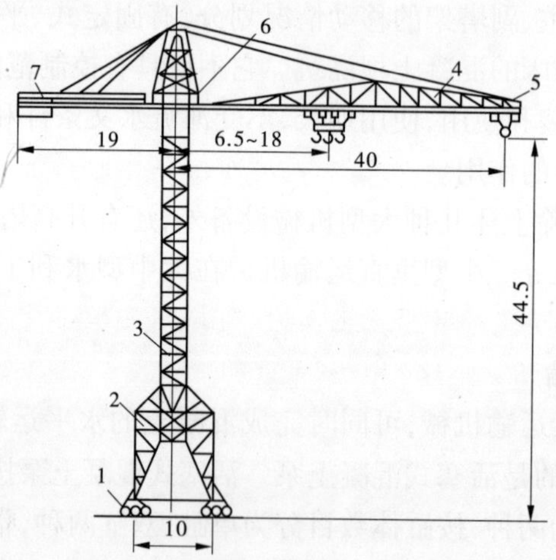

1—车轮;2—门架;3—塔身;4—起重臂;5—起重小车;6—回转塔架;7—平衡重

图 6-13　10/25 t 塔式起重机　(单位:m)

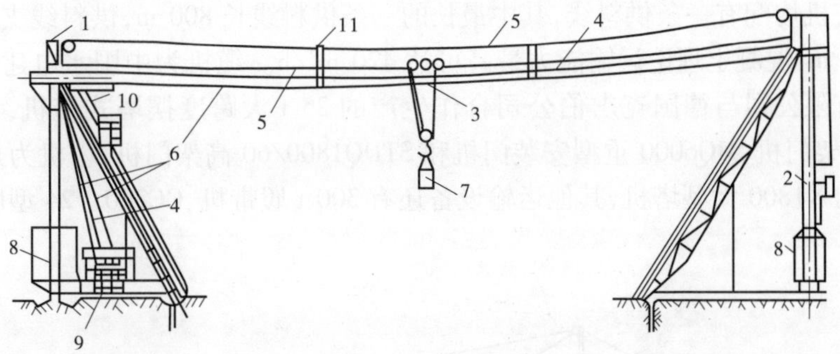

1—主塔;2—副塔;3—起重小车;4—承重索;5—牵引索;6—起重索;

7—重物;8—平衡重;9—机房;10—操纵室;11—索夹

图 6-14　缆式起重机结构图

使用混凝土泵运输混凝土时对泵送混凝土的原材料及配合比的要求有:细骨料宜用中砂且应尽可能采用河砂;粗骨料的最大粒径一般不得超过管径的1/3;泵送混凝土宜掺适量粉煤灰;所用的外加剂应有利于提高混凝土的可泵性,而不至影响混凝土的强度;泵送混凝土的配合比除应满足设计要求的强度、耐久性外,还应具有可泵性;泵送混凝土坍落度以 10 ~ 20 cm 为宜,砂率宜为 38% ~45%,水灰比宜为 0.40 ~ 0.60,最小水泥用量宜为 300 kg/m^3。

泵送混凝土系统主要由混凝土泵、输送管道和布料装置组成。泵送混凝土施工过程中,要注意防止导管堵塞,泵送应连续进行。泵送完毕,应将混凝土泵和输送管清洗干净。泵送混凝土施工因水泥用量较多,故成本相对较高;泵送混凝土坍落度大,混凝土硬化时干缩量大;在输送距离、浇筑面积上,也受到一定限制。

(六)塔带机运输

塔带机由塔式起重机和带式浇筑机系统组成,是可以连续进行混凝土输送的大型专用设备,实现了水平运输与垂直运输的有机结合,见图 6-15。

塔式起重机一般包括起升机构、回转机构、变幅机构、自顶升机构、行走机构和结构部分。安装时先装成低架状态,再根据需要通过液压自顶升装置顶至不同的高架状态,拆除时,先通过液压自顶升装置将塔机降为低架状态。塔身有钢制圆筒结构和桁架结构两种型式。

塔带机兼有塔式起重机工况和带式输送机工况,生产效率高,控制范围大,主要用于混凝土工程量大、浇筑强度高、施工周期长、施工地点集中的大型水利工程。塔带机为非定型产品,通常根据施工需要加工制作。

三峡工程大坝混凝土施工采取了以塔带机为主,缆机和大型门塔机为辅的方案。塔带机共 6 台,其中 4 台为美国罗泰克(ROTEC)公司生产的 TC2400 型塔带机,2 台为法国波坦(POTAIN)公司为主生产的 MD2200 型顶带机。三峡工程二期工程中使用的 TC2400 型固定式塔带机主塔直径 3.5 m,分 13 个塔节(标准节每节长 9.3 m),能借助液压千斤顶自动爬升。可运输骨料最大粒径为 150 mm 的四级配混凝土,最大浇筑半径可达 100 m,输送带宽 760 mm,带速 3.15 ~ 4.0 m/s,布料皮带机上下俯仰时,能适应最大约 80 m 的高差。每台塔机均配有一条供料线，其中最长的一条供料线长 800 m，供料线支撑柱的最大高度为 110 m，混凝土理论运输能力最高可达 420 m^3/h。缆机为中国水电建设集团夹江水工机械有限公司与德国克虏伯公司合作生产的 25 t 大跨度摆塔式缆机，大型门机有 MQ2000 高架门机、MQ6000 重型安装门机和 STDQ1800/60 高架门机，塔机为丹麦 KROLL 公司生产的 K1800 大型塔机，其他运输设备还有 300 t 履带机、CC200－24 型胎带机等。

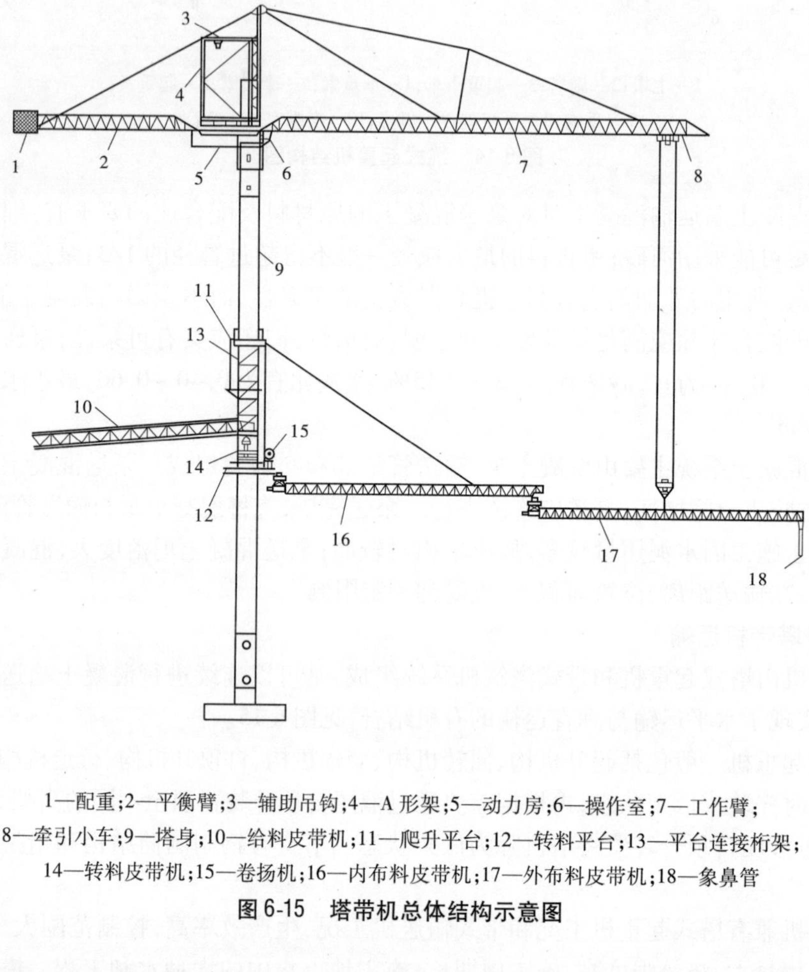

1—配重；2—平衡臂；3—辅助吊钩；4—A 形架；5—动力房；6—操作室；7—工作臂；
8—牵引小车；9—塔身；10—给料皮带机；11—爬升平台；12—转料平台；13—平台连接桁架；
14—转料皮带机；15—卷扬机；16—内布料皮带机；17—外布料皮带机；18—象鼻管

图 6-15　塔带机总体结构示意图

四、混凝土辅助运输设备

混凝土的辅助运输设备有吊罐、集料斗、溜槽、溜管等。用于混凝土装料、卸料和转运入仓，以保证混凝土质量和运输工作的顺利进行。为了防止骨料分离，混凝土的自由下落高度不宜大于 1.5 m。超过时，应采取缓降或其他措施。近几年来，负压溜槽、MY－BOX 缓降器等新型混凝土输送设备在水利工程施工中得以应用，能有效地避免混凝土沿较陡坡面或垂直运输过程中的离析。

（一）吊罐

吊罐是与起重机配套使用的混凝土运输设备，广泛用于大体积混凝土施工的转运入仓作业。吊罐上部为圆形或方形敞口，便于进料；下部为收缩形锥体，并在底部设下料开关装置，便于卸料。吊罐分卧式与立式 2 种，分别简称为卧罐和立罐。卧罐的容量一般为 1.6 m^3、3 m^3，立罐的容量有 1 m^3、3 m^3、6 m^3、9 m^3 等。

（二）溜槽与振动溜槽

溜槽为一铁皮槽子，用于高度不大的情况下滑送混凝土，从而将皮带机、自卸汽车、吊罐等运输来的料转运入仓。

振动溜槽是在溜槽上附有振动器，每节长 4 ~ 6 m，拼装总长可达 30 m，坡度可放缓至 15° ~ 20°。

采用溜槽时，应在溜槽末端加设 1 ~ 2 节溜管，见图 6-16。以防止混凝土料在下滑过程中分离。利用溜槽转运入仓，是大型机械设备难以控制部位的有效入仓手段。

（三）溜管与振动溜管

溜管由多节铁皮管串挂而成。每节长 0.8 ~ 1 m，上大下小，相邻管节铰挂在一起，可以拖动，如图 6-17 所示。

采用溜管卸料，可以防止混凝土料分离和破碎，可以避免吊罐直接入仓，碰坏钢筋和模板。溜管卸料时，其出口离浇筑面的高差应不大于 1.5 m，并利用拉索拖动均匀卸料，但应使溜管出口段（约 2 m 长）与浇筑面保持垂直，以避免混凝土料分离。随着混凝土浇筑面的上升，可逐节拆卸溜管下端的管节。溜管卸料多用于断面小、布筋密的浇筑部位。其卸料半径为 1.5 ~ 2.0 m，卸料高度不大于 10 m。

振动溜管与普通溜管相似，但每隔 4 ~ 8 m 的距离装有一个振动器，以防止混凝土料中途堵塞，其卸料高度可达 10 ~ 20 m。

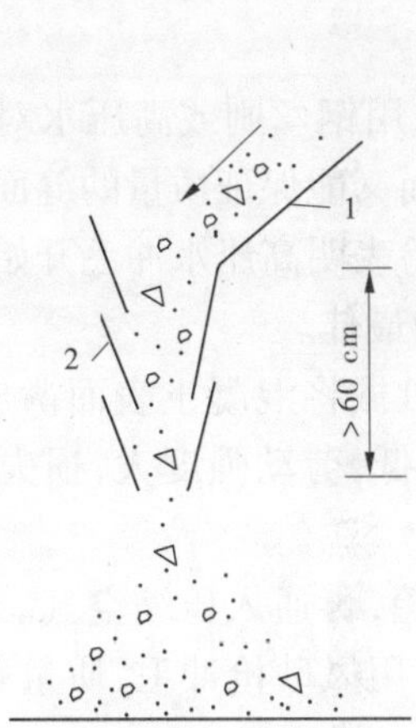

1—溜槽；2—1 节或 2 节溜管

图 6-16　溜槽卸料示意图

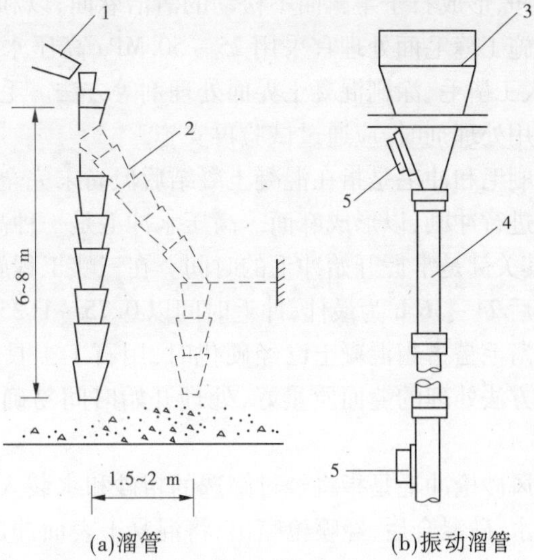

1—溜槽；2—溜管；3—漏斗；4—节管；5—振动器

图 6-17　溜管和振动溜管示意图

第三节　混凝土浇筑与养护

混凝土浇筑的施工过程包括:浇筑仓面准备工作、入仓铺料、平仓振捣和浇筑后的养护。

一、浇筑仓面准备工作

建筑物地基应在基础开挖到设计要求的标高和轮廓线后,经验收合格,才可进行混凝土浇筑仓面准备工作。混凝土浇筑仓面准备工作包括:基础面处理,施工缝处理,模板、钢筋及预埋件检查,混凝土浇筑的准备工作。

(一)基础面处理

对于土基,应先挖除保护层,并清除杂物。然后用碎石垫底,盖上湿砂,再进行压实。处理过程中,应避免破坏和扰动原状土壤。如有扰动,必须处理。

对于砂砾地基,应清除杂物,平整基础面,并浇筑低标号素混凝土垫层。处理过程中,如湿度不够,应至少浸湿 15 cm 深,使其湿度与最优强度时的湿度相符。

对于岩基,岩基面上的松动岩块及杂物、泥土均应清除。岩基面应冲洗干净并排净积水,如有承压水,必须采取可靠的处理措施。清洗后的岩基在浇筑混凝土前应保持洁净和湿润。

软基或容易风化的岩基,在混凝土覆盖前,应做好基础保护。可经审批后在处理合格的基础面上先浇一层 15 ~ 20 cm 厚与结构物相同强度等级的混凝土垫层。

(二)施工缝处理

施工缝是指浇筑块之间的水平和垂直结合缝,即为新老混凝土之间的结合面。为了保证建筑物的整体性,在新混凝土浇筑前,必须将老混凝土表面的水泥膜(又称乳皮)清除干净,形成石子半露而不松动的清洁麻面,以利于新老混凝土的紧密结合。

施工缝毛面处理宜采用 25 ~ 50 MPa 高压水冲毛机,也可采用低压水、风砂枪、刷毛机、人工凿毛、涂刷混凝土界面处理剂等方法。毛面处理的开始时间由试验确定。采取喷洒专用处理剂时,应通过试验再实施。

刷毛和冲毛是指在混凝土凝结后但尚未完全硬化以前,用钢丝刷或高压水对混凝土表面进行冲刷,以形成麻面。高压水冲毛是一种高效、经济而又能保证质量的缝面处理技术,其关键是掌握开始冲毛的时间。在三峡工程施工中,试验表明高压水冲毛开始时间以收仓后 24 ~ 36 h 为最佳,冲毛时间以 0.75 ~ 1.25 min/m^2 为最佳。

凿毛是指当混凝土已经硬化时,用石工工具或风镐等机械将混凝土表面凿成麻面。这种方法处理的缝面质量好,处理开始时间易确定,但效率低,劳动强度大,损失混凝土多。

风砂枪冲毛是指将经过筛选的粗砂和水装入密封的砂箱,再通入压缩空气。压缩空气与水、砂混合后,经喷枪喷出,将混凝土表面冲成麻面。采用风砂枪冲毛,质量较好,工效较高,但清理仓面石渣和砂子的工作量较大。

(三)模板、钢筋及预埋件检查

开仓浇筑前,应按照设计图纸和施工规范的要求,对模板、钢筋、预埋件的规格、数量、尺寸、位置与牢固稳定程度等进行全面检查验收，验收合格后才能开仓浇筑混凝土。

（四）混凝土浇筑的准备工作

混凝土浇筑的准备工作是指对浇筑仓面的机具设备、劳动组合、风水电供应、施工质量、技术要求等进行布置安排和检查落实。

二、混凝土浇筑

（一）入仓铺料

基岩面和新老混凝土施工缝面在浇筑第一层混凝土前，可铺一层1～3 cm厚的水泥砂浆、20～40 cm厚的小级配混凝土或同强度等级的富砂浆混凝土，保证新混凝土与基岩或新老混凝土施工缝面良好结合。

混凝土入仓后，可采用平层浇筑法、斜层浇筑法或阶梯浇筑法施工（见图6-18），同时应创造条件优先采用平层浇筑法。施工时应根据混凝土温控要求、混凝土允许间隔时间、混凝土入仓设备及生产能力、混凝土强度等级种类、级配种类和仓面结构特征等因素合理选择混凝土入仓铺料方法。平层浇筑法是沿仓面长边逐条逐层水平铺筑。入仓铺料应按一定厚度、次序、方向，分层进行，且浇筑层面应平整。在压力钢管、竖井、孔道、廊道等周边及顶板浇筑混凝土时，混凝土应对称均匀上升。

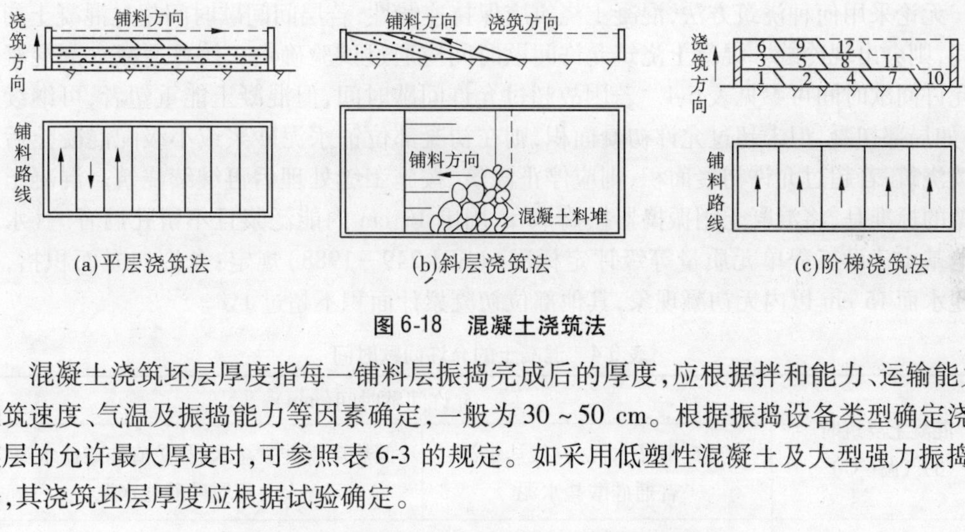

图6-18 混凝土浇筑法

混凝土浇筑坯层厚度指每一铺料层振捣完成后的厚度，应根据拌和能力、运输能力、浇筑速度、气温及振捣能力等因素确定，一般为30～50 cm。根据振捣设备类型确定浇筑坯层的允许最大厚度时，可参照表6-3的规定。如采用低塑性混凝土及大型强力振捣设备，其浇筑坯层厚度应根据试验确定。

表6-3 混凝土浇筑坯层的允许最大厚度

振捣设备类别		浇筑坯层允许最大厚度
插入式	振捣机	振捣棒（头）长度的1.0倍
	电动或风动振捣器	振捣棒（头）长度的0.8倍
	软轴式振捣器	振捣棒（头）长度的1.25倍
平板式	无筋或单层钢筋结构中	250 mm
	双层钢筋结构中	200 mm

为保证浇筑块内的各浇筑层能够形成一个整体,要求下层混凝土未初凝之前,覆盖上层混凝土,否则,已初凝的混凝土表面将产生乳皮,在振捣中无法消失,上、下层混凝土间形成薄弱结合面,称冷缝。冷缝可以破坏结构物的整体性、耐久性等,且不易处理好。对于平层浇筑法,当混凝土浇筑允许间歇时间 t 已定后,为了不出现冷缝,应满足以下条件:

$$KP(t-t_1) \geqslant BLh \tag{6-1}$$

或

$$P \geqslant \frac{BLh}{K(t-t_1)} \tag{6-2}$$

式中 K——混凝土运输浇筑时间延误系数,一般取 0.8 ~ 0.85;

P——浇筑仓位要求的混凝土运浇能力,m^3/h;

t_1——混凝土从出机到入仓的时间,h;

B、L——浇筑块的宽度和长度,m;

h——铺料层的厚度,m。

由式(6-2)可知,若混凝土浇筑分块尺寸和铺料层厚度已定,为了避免出现冷缝,应采取措施增大运浇能力。若运浇能力难以增加,则应考虑改变浇筑方法,改平层浇筑为斜层浇筑或阶梯浇筑,如图 6-18(c)所示。采用斜层浇筑法,倾斜角不宜大于 10°,浇筑块高度不宜超过 1.5 m;阶梯浇筑法的层数不宜超过 3 ~ 5,台阶宽度宜大于 2.0 m,浇筑块高度不宜超过 1.5 m。

无论采用何种浇筑方法,混凝土浇筑应保持连续性,若层间间歇时间超过混凝土初凝时间,则会出现冷缝。混凝土浇筑允许间歇时间应通过试验确定。掺普通减水剂混凝土的允许间歇时间可参见表 6-4。若因故超过允许间歇时间,但混凝土能重塑者,可继续浇筑;如局部初凝,但未超过允许初凝面积,则在初凝部位铺水泥砂浆或小级配混凝土后可继续浇筑;若超过允许初凝面积,则应停止浇筑,按施工缝处理后再继续浇筑。混凝土能重塑的标准是,将混凝土用振捣器振捣 30 s,周围 10 cm 内能泛浆且不留孔洞者。《水利水电基本建设工程单元质量等级评定标准》(SDJ 249—1988)规定:允许初凝面积指,上游迎水面 15 cm 以内无初凝现象,其他部位初凝累计面积不超过 1%。

表 6-4 混凝土的允许间歇时间

混凝土浇筑时的气温(℃)	允许间歇时间(min)	
	中热硅酸盐水泥、硅酸盐水泥、普通硅酸盐水泥	低热矿渣硅酸盐水泥、矿渣硅酸盐水泥、火山灰质硅酸盐水泥
20 ~ 30	90	120
10 ~ 20	135	180
5 ~ 10	195	—

(二)平仓与振捣

入仓的混凝土应及时平仓振捣,不得堆积。混凝土的浇筑应先平仓后振捣,严禁以振捣代替平仓。

1. 平仓

平仓就是把卸入仓内成堆的混凝土均匀铺平到要求的厚度。一般常用插入式振捣器斜插入料堆下部,然后再一次一次地插向料堆上部,使混凝土在振动作用下自行摊平。使用振捣器平仓,不能替代振捣密实工序。对于边角部位或狭小空间,也可采用人工平仓。仓面较大,仓内无拉条时可用平仓振捣机(类似于小型履带式推土机)平仓,如图6-19所示。

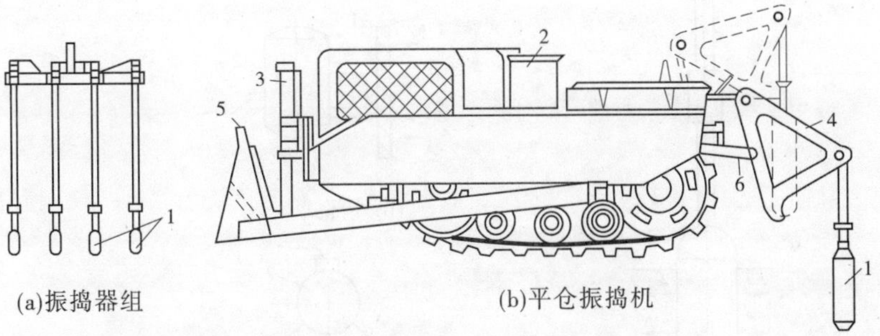

1—振捣器;2—司机台;3—活塞缸;4—起吊架;5—推土刀片;6—悬吊悬杆

图6-19 混凝土平仓振捣机

2. 振捣

振捣是混凝土施工中的关键作业。振捣时产生小振幅高频率振动作用,克服了混凝土拌和物颗粒间的摩阻力和黏结力,使混凝土液化、骨料相互滑动并挤密、砂浆充满空隙,排出空气和多余的水分,使混凝土密实并与模板、钢筋、预埋件紧密结合。

振捣设备的振捣能力应与浇筑机械和仓位的客观条件相适应。混凝土振捣常用振捣器进行,对于少数零星工程或振捣器施工不便时也可采用人工振捣,对于大型机械(如塔带机)浇筑的大仓位宜采用振捣机振捣。

混凝土振捣器按振捣方式的不同,可分为插入式、外部式、表面式三种,如图6-20所示。插入式电动振捣器分为硬轴和软轴振捣器。硬轴振捣器的振捣棒直径80~130 mm,一般用于大体积混凝土;软轴振捣器的振捣棒直径50~60 mm,操作轻便,可用于钢筋密集的薄壁结构和空间狭小的金属结构埋件二期混凝土中。外部式只适用于柱、墙等结构尺寸小且钢筋较密的构件。表面式只适用于薄层混凝土的振捣。

当使用手持式振捣器时应遵守下列规定:

(1)振捣器插入混凝土的间距,应根据试验确定并不超过振捣器有效半径的1.5倍。

(2)振捣器宜垂直按顺序插入混凝土。如略有倾斜,则倾斜方向应保持一致,以免漏振。

(3)振捣时,应将振捣器插入下层混凝土5 cm左右。

(4)严禁振捣器直接碰撞模板、钢筋及预埋件。

(5)在预埋件,特别是止水片、止浆片周围,应细心振捣,必要时辅以人工捣固密实。

(6)浇筑块第一层、卸料接触带和台阶边坡的混凝土应加强振捣。

当使用振捣机等其他振捣设备时,同样应注意插点间距、距离模板等的距离、插入下层混凝土的深度等有关施工规定。

振捣时间以混凝土粗骨料不再显著下沉、无气泡产生,并开始泛浆为准,应避免欠振或过振。

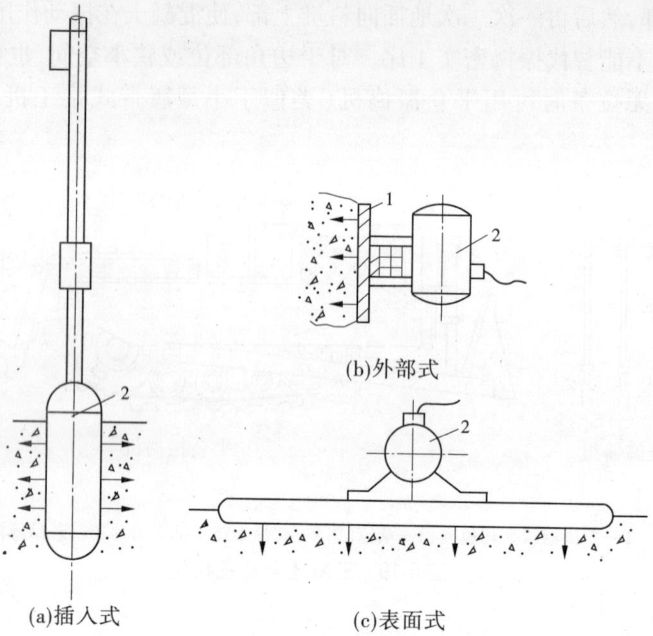

1—模板;2—振捣器

图 6-20　混凝土振捣器

三、混凝土养护

混凝土浇筑完毕后,在一定的时间内保持适宜的温度和湿度,以利于混凝土强度的增长,减少或避免混凝土表面形成干缩裂缝,即为混凝土的养护工作。

常温下,水平面混凝土的养护,可蓄水覆盖,也可用聚合物材料、湿麻袋、草袋、锯末、湿砂等覆盖;垂直方向的养护可以进行人工洒水,或用带孔的水管进行定时洒水。三峡工程使用了旋喷机具进行洒水养护。

养护时间的长短取决于气温、水泥品种及工程的重要性。混凝土浇筑完毕后,应及时洒水养护,保持混凝土表面湿润。塑性混凝土应在浇筑完毕后 6 ~ 18 h 内开始洒水养护,低塑性混凝土宜在浇筑完毕后立即喷雾养护,并及早开始洒水养护。混凝土应连续养护,养护期内始终使混凝土表面保持湿润。水工混凝土养护时间,不宜少于 28 d,有特殊要求的部位宜适当延长养护时间。

混凝土养护应有专人负责,并应作好养护记录。

第四节　混凝土特殊季节施工

一、低温季节混凝土施工

(一)低温季节混凝土施工的基本概念

日平均气温连续 5 d 稳定在 5 ℃以下或最低气温连续 5 d 稳定在 -3 ℃以下时,按低温季节施工。

当气温低于0 ℃时，水泥的水化作用基本停止，气温降至 -2 ~ -4 ℃时，混凝土内的水开始结成冰，其体积增大约9%，在混凝土内部产生冰胀应力，使强度还不高的混凝土内部产生微裂缝和孔隙，同时损害了混凝土和钢筋的黏结力，导致结构强度降低。

试验证明，混凝土受冻前养护时间越长，所达到的强度愈高，强度损失就越低。为此混凝土受冻以前应具有一定的强度，使混凝土结构在受冻时不致破坏，后期强度能继续增长。一般把受冻后，其最终强度能达到 R28 的95%以上，这种受冻前所具有的强度，称允许受冻临界强度。根据《水工混凝土施工规范》(DL/T 5144—2001)规定，混凝土早期允许受冻临界强度应满足下列要求：大体积混凝土不应低于 7.0 MPa(或成熟度不低于 1 800 ℃·h)；非大体积混凝土和钢筋混凝土不应低于设计强度的85%。

(二)低温季节混凝土施工的措施

为了使混凝土温度在降至冰点前达到允许受冻临界强度或者承受荷载所需的强度，常用的措施有：蓄热法、综合蓄热法、外加剂和早强水泥法、外部加热法。对各种低温季节施工方法，可依据当年气温资料或预计 10 ~ 15 d 日平均气温来选定。

(1)蓄热法。蓄热法就是利用对混凝土组成的材料(水、砂、石)预加的热量和水泥的水化热，再加以适当的覆盖保温，从而保证混凝土能够在正温条件下达到规范要求的临界强度。蓄热法使用的保温材料应该以传热系数小、价格低廉和易于获得的地方材料为宜，如草帘、草袋、锯末、炉渣等。保温材料必须干燥，以免降低保温性能。采用蓄热法施工时，最好使用水化热大的普通硅酸盐水泥或硅酸盐水泥。

温和地区宜采用蓄热法，风沙大的地区应采取防风设施。严寒和寒冷地区预计日平均气温 -10 ℃以上时，宜采用蓄热法。

(2)综合蓄热法。综合蓄热法是在蓄热保温的基础上，充分利用水泥的水化热和掺加相应的外加剂或者进行短时加热等综合措施，创造加速混凝土硬化的条件，使混凝土温度降低到冰点温度之前尽快达到允许受冻临界强度。

综合蓄热法一般分为低蓄热养护和高蓄热养护两种。低蓄热养护过程主要以使用早强水泥或掺防冻外加剂等冷法为主，使混凝土在一定的负温条件下不被冻坏，仍可继续硬化；高蓄热养护过程，则主要以短时加热为主，使混凝土在养护期间达到要求的受荷强度。这两种方法的选择取决于施工和气温条件。在严寒和寒冷地区，预计日平均气温 -15 ~ -10 ℃时可采用综合蓄热法或暖棚法；对风沙大、不宜搭设暖棚的仓面，可采用覆盖保温被下面布设暖气排管的办法；对特别严寒地区(最热月与最冷月平均温度差大于42 ℃)，在进入低温季节施工时要制订周密的施工方案。

(3)采用外加剂法。掺外加剂是指在冬季施工的混凝土中加入一定剂量的外加剂，以降低混凝土中的液相冰点，保证水泥在负温条件下能继续水化，从而使混凝土在负温下能达到允许受冻临界强度。掺外加剂法常与蓄热法一起应用，以充分利用混凝土的初始热量及水泥在水化过程中所释放出来的热量，加快混凝土强度的增长。

目前，混凝土冬季施工中常用的外加剂有减水剂、引气剂、早强剂、阻锈剂等。由于两种和两种以上复合外加剂可以获得多种效能——降低冰点、快速硬化、提高抗冻性及改善和易性，故复合剂的使用较多。在我国常用的复合剂有：亚硝酸钠和硫酸钠复合剂，Nc 早强剂及 MS－F 早强型减水剂。

（4）外部加热法。当上述方法不能满足要求时，常采用外部加热法，以提高混凝土强度。常用的外部加热法有蒸汽加热法、电热法和暖棚法等。工程实践证明，低温季节施工中，多种方法结合使用往往能取得较好的效果。

混凝土低温季节施工过程中，还应注意以下要求：

（1）除工程特殊需要外，日平均气温－20 ℃以下不宜施工。

（2）混凝土的浇筑温度应符合设计要求，但温和地区不宜低于 3 ℃，严寒和寒冷地区采用蓄热法不应低于 5 ℃，采用暖棚法不应低于 3 ℃。

（3）当采用蒸汽加热或电热法施工时，应进行专门设计。

（4）在施工过程中，应控制并及时调节混凝土的机口温度，尽量减少波动，保持浇筑温度均匀。控制方法以调节拌和水温为宜。提高混凝土拌和物温度的方法：首先应考虑加热拌和用水；当加热拌和用水尚不能满足浇筑温度要求时，应加热骨料。水泥不得直接加热。拌和用水加热超过 60 ℃时，应改变加料顺序，将骨料与水先拌和，再加入水泥，以免假凝。

（5）混凝土拌和时间应比常温季节适当延长，具体通过试验确定。已加热的骨料和混凝土，宜缩短运距，减少转运次数。

（6）混凝土浇筑完毕后，外露表面应及时保温。新老混凝土结合处和边角处应做好保温，保温层厚度应是其他面保温层厚度的 2 倍，保温层搭接长度不应小于 30 cm。

在低温季节浇筑的混凝土，拆除模板应遵守下列规定：非承重模板拆除时，混凝土强度必须大于允许受冻的临界强度或成熟度值。承重模板拆除应经计算确定。拆模时间及拆模后的保护，应满足温控防裂要求，并遵守内外温差不大于 20 ℃或 2～3 d 内混凝土表面温降不超过 6 ℃。

混凝土质量检查除按规定进行成型试件检测外，还可采取无损检测手段或用成熟度法随时检查混凝土早期强度。

二、高温季节混凝土施工

一般当气温超过 30 ℃以后，混凝土容易产生假凝，和易性降低，初凝加快，内部水化热难以散发，外界气温降低过快和水分蒸发过快易引起温度裂缝及表面伸缩裂缝。对于大体积混凝土夏季施工时必须从结构设计、原材料选择、配合比设计、施工安排、施工工艺、混凝土温度控制、加强混凝土养护和表面保护等方面采取综合措施，保证混凝土高温季节施工质量。高温季节施工时应严格控制混凝土浇筑温度，混凝土允许浇筑温度应符合设计规定，混凝土浇筑温度不宜超过 28 ℃。

为了降低夏季混凝土施工时的浇筑温度，可以采取以下一些措施：

（1）选择水化热低的水泥品种。

（2）通过使用掺合料和减水剂，减少水泥用量。

（3）采用冷水或加冰拌和混凝土。加冰拌和时，宜用片冰或冰屑，并适当延长拌和时间，要保证片冰或冰屑在拌和过程中完全融化。

（4）用冷水浸泡、喷淋，通冷风等措施冷却混凝土的粗骨料，成品料仓的堆料高度不宜低于 6 m,通过地弄取料。

(5)通过冷却水管,对大体积混凝土进行人工冷却。

(6)在拌和机、运输路线和浇筑仓面上搭凉棚,用以遮阳防晒。

(7)浇筑块尺寸较大时,可采用阶梯浇筑法,浇筑块厚度小于 1.5 m。

(8)加快施工进度,减少混凝土的暴露时间;宜利用早晚、夜间或阴天等气温相对较低的时段浇筑混凝土。

(9)加强洒水养护,可采用表面流水养护混凝土。

三峡工程低温混凝土生产系统首次采用了二次风冷骨料新工艺,使得夏季混凝土拌和楼出机口温度小于 7 ℃,具体工艺流程为:利用拌和系统中的地面二次筛分所设骨料调节仓作为冷却仓,对骨料进行一次风冷;利用拌和楼粗骨料仓进行二次风冷;加片冰代水拌和混凝土。

三、雨季施工

雨季施工具有突然性,为此要做好雨季施工的准备工作。同时,雨水的破坏作用,使雨季施工具有突击性。雨季施工持续时间往往较长,不合理安排,则会拖延工期,影响施工质量。

雨季施工应做好下列工作:①砂石料仓应排水畅通;②运输工具应有防雨及防滑措施;③浇筑仓面应有防雨措施并备有不透水覆盖材料;④增加骨料含水率测定次数,及时调整拌和用水量。

小雨天气进行浇筑时,应采取下列措施:①适当减少混凝土拌和用水量和出机口混凝土的坍落度,必要时应适当减小混凝土的水灰比;②加强仓内排水和防止周围雨水流入仓内;③做好新浇筑混凝土面尤其是接头部位的保护工作。

混凝土雨季施工的一些要求:中雨以上的雨天不得新开混凝土浇筑仓面,有抗冲耐磨和有抹面要求的混凝土不得在雨天施工。在浇筑过程中,遇大雨、暴雨,应立即停止进料,已入仓混凝土应振捣密实后遮盖,降雨等级见表 6-5。雨后必须先排除仓内积水,对受雨水冲刷的部位应立即处理,如混凝土还能重塑,应加铺接缝混凝土后继续浇筑,否则应按施工缝处理。

混凝土雨季施工,应及时了解天气预报,合理安排施工。

表 6-5　降雨等级表

降雨等级	现象描述	降雨量(mm)		
		一天内总量	半天内总量	小时总量
小雨	雨能使地面潮湿,但不泥泞	1~10	1~5	1~3
中雨	雨降到屋顶有淅淅声,凹地积水	10.1~25	5.1~15	3~10
大雨	降雨如倾盆,落地四溅,平地积水	25.1~50、	15.1~30	10~20
暴雨	降雨比大雨还猛,能造成山洪暴发	50.1~100	30.1~70	>20
大暴雨	降雨比暴雨还大,或时间长,造成洪涝灾害	100.1~200	70.1~140	
特大暴雨	降雨比大暴雨还大,能造成洪涝灾害	>200	>140	

第五节　混凝土缺陷与修补

一、常见混凝土的缺陷与成因

混凝土拆模后，常见外观质量缺陷主要有麻面、蜂窝、露筋、空洞、裂缝等，应及时检查和处理。对混凝土强度或内部质量有怀疑时，可采取无损检测法（如回弹法、超声回弹综合法等）或钻孔取芯、压水试验等进行检查，一经发现，应加以处理。现重点介绍几种常见的混凝土外观质量缺陷与成因。

（一）麻面

混凝土表面局部出现缺浆和许多小凹坑、麻点，形成粗糙面，但无钢筋外露现象。

麻面产生的原因有：模板干燥，吸收了混凝土中的水分；模板表面粗糙或黏附灰浆等杂物未清理干净；模板拼缝不严，局部漏浆；脱模剂涂刷不匀，局部漏刷或过厚；混凝土振捣不实，气泡未完全排出，有部分停留在模板表面形成麻面。

（二）蜂窝

混凝土表面缺少水泥砂浆而形成石子外露称为蜂窝。

蜂窝产生的原因有：配合比设计不当或配料不准确，导致砂浆少，石子多；混凝土搅拌时间不足，新拌混凝土未拌匀；混凝土运输过程中发生了分层离析或漏浆；断面尺寸小，钢筋较密部位使用的石子粒径过大或混凝土坍落度过小；混凝土浇筑过程中发生漏振或欠振，混凝土未振捣密实；模板接缝漏浆。

（三）露筋

钢筋未被混凝土包裹而外露的缺陷称为露筋。

露筋产生的原因有：钢筋保护层垫块移位或垫块太少或漏放，致使钢筋紧贴模板外露；结构构件截面小，钢筋过密，石子卡在钢筋上，使水泥砂浆不能充满钢筋周围，造成露筋；混凝土浇筑过程中产生离析导致模板部位缺浆；模板漏浆；混凝土保护层厚度太小或保护层处混凝土漏振或振捣不实；施工中造成钢筋移位，产生露筋；拆模过早，拆模时产生缺棱、掉角，导致露筋。

（四）空洞

混凝土表面尺寸比较大，其深度和长度均超过保护层厚度，内没有混凝土的缺陷称为空洞。

空洞产生的原因有：在钢筋较密的部位或预留孔洞和埋件处，混凝土下料被卡住，未经振实就继续浇筑上层混凝土；混凝土一次下料过多、过厚，混凝土无法振捣密实，形成空洞；混凝土内掉入木块等杂物，混凝土被卡住。

（五）裂缝

从混凝土表面一直延伸到混凝土内部的缝隙称为裂缝。

混凝土裂缝产生的原因主要有：结构设计不当；混凝土配合比设计不当；原材料质量不合格；混凝土施工及养护不当；混凝土温度和湿度的变化；模板变形，基础不均匀沉降；

混凝土内部钢筋锈蚀;混凝土受到环境中有害物质的侵蚀。

二、混凝土缺陷修补处理的方法

混凝土施工过程中,应根据混凝土缺陷的成因做好相应的预防措施。混凝土常见外观质量缺陷的修补处理方法如下。

(一)麻面

混凝土表面作粉刷或抹面的,可不处理。表面无粉刷或抹面的,修补前用钢丝刷和压力水将麻面洗干净,并加工成粗糙面,然后在洁净和湿润的条件下,用与混凝土同等级的水泥砂浆将麻面抹平,并适当进行养护。

(二)蜂窝

小蜂窝用钢丝刷和压力水洗刷干净后,用1:2或1:2.5水泥砂浆抹平压实;对较大蜂窝,凿去蜂窝处薄弱松散颗粒,再用钢丝刷和压力水清洗干净,刷去黏附在钢筋表面的水泥浆,然后再用强度等级较高的细骨料混凝土填塞,并仔细捣实,认真养护。

(三)露筋

表面露筋,用钢丝刷和压力水洗刷干净后,在表面抹1:2或1:2.5水泥砂浆抹平压实;露筋较深的凿去薄弱混凝土和突出颗粒,用钢丝刷和压力水洗刷干净后,用强度等级较高的细石混凝土填塞,并仔细捣实,认真养护。

(四)空洞

将空洞周围的松散混凝土和软弱浆膜凿除,用钢丝刷和压力水冲洗干净,湿润后用高强度等级细石混凝土填塞并捣实,认真养护。补填新混凝土时,可根据空洞不同部位或形状,加设模板。

(五)裂缝

裂缝修补处理之前,需对裂缝进行检测与研究,分析裂缝的成因、危害及发展趋势,确定相应的修补时机及方法。常用压力注浆法、开槽填补法及涂膜封闭法单独或联合使用修补裂缝。水泥、环氧树脂、甲凝等是混凝土裂缝常用的修补材料。

第六节　泵送混凝土施工

一、混凝土泵送设备及管道选择

混凝土泵的选型,应根据混凝土工程特点、要求的最大输送距离、最大输出量及混凝土浇筑计划确定。混凝土输送管,应根据工程和施工场地特点、混凝土浇筑方案进行选择。

混凝土输送管包括直管、弯管、锥管、布料软管。对其要求是阻力小、耐磨损、质量轻、易装拆、密封好。材质常用钢管和低合金管,应使用无龟裂、无凹凸损伤和无弯折,接头严密,有足够强度,能快速装拆的输送管。

(一)混凝土输送管的水平换算长度

为了验算混凝土泵的泵送能力,通常按表6-6将不同类别的混凝土输送管进行水平换算长度换算。

表 6-6　混凝土输送管的水平换算长度

类别	单位	规格	水平换算长度(m)
向上垂直管	每米	100 mm	3
		125 mm	4
		150 mm	5
锥形管	每根	175 ~ 150 mm	4
		150 ~ 125 mm	8
		125 ~ 100 mm	16
弯管	每根	90°　$R = 0.5$ m	12
		90°　$R = 1.0$ m	9
软管	每 5 ~ 8 m 长的 1 根		20

注:1. R 为弯曲半径。
2. 弯管的弯曲角度小于 90°时,需将表列数值乘以该角度与 90°的比值。
3. 向下垂直管,其水平换算长度等于其自身长度。
4. 斜向配管时,根据其水平及垂直投影长度,分别按水平、垂直配管计算。

(二)混凝土泵的最大水平输送距离

混凝土泵的最大水平输送距离,可由试验确定,也可参照产品的性能表确定,或根据混凝土泵的最大出口压力、配管情况、混凝土性能指标和输出量,按下式计算:

$$L_{max} = P_{max}/\Delta P_H \tag{6-3}$$

$$\Delta P_H = \frac{2}{r_0}\left[K_1 + K_2\left(1 + \frac{t_2}{t_1}\right)v_2\right]a_2 \tag{6-4}$$

$$K_1 = (3.00 - 0.01S_1) \times 10^2 \tag{6-5}$$

$$K_2 = (4.00 - 0.01S_1) \times 10^2 \tag{6-6}$$

式中　L_{max}——混凝土泵的最大水平输送距离,m;

P_{max}——混凝土泵的最大出口压力,Pa;

ΔP_H——混凝土在水平输送管内流动每米产生的压力损失,Pa/m;

r_0——混凝土输送管半径,m;

K_1——黏着系数,Pa;

K_2——速度系数,Pa/(m · s);

S_1——混凝土坍落度, mm;

$\frac{t_2}{t_1}$——混凝土泵分配网切换时间与活塞推压混凝土时间比,一般取 0.3;

v_2——混凝土拌和物在输送管内的平均流速,m/s;

a_2——径向压力与轴向压力比,对普通混凝土取 0.90。

(三)混凝土泵的台数

根据混凝土浇筑的数量和混凝土泵单机的实际平均输出量及施工作业时间,混凝土泵的台数按下式计算：

$$N_2 = \frac{Q}{Q_1}T_0 \tag{6-7}$$

式中　N_2——混凝土泵数量，台；

Q——混凝土浇筑数量，m^3；

Q_1——每台混凝土泵的实际平均输出量，m^3/h；

T_0——混凝土泵送施工作业时间，h。

对于重要工程的混凝土泵送施工，混凝土泵所需的台数应在计算确定的基础上，再考虑一定的备用台数。

二、管道布置及安装

泵送混凝土输送管道的布置及安装应满足以下要求：

(1)管线宜直，转弯宜缓，以减少压力损失。

(2)接头应严密，防止漏水漏浆。

(3)浇筑点先远后近，管道只拆不接，方便工作。

(4)管道应合理固定，不影响交通运输，不搞乱已绑扎好的钢筋，不使模板振动。

(5)管道、弯头、零配件应有备品，可随时更换。

(6)垂直向上布管时(见图 6-21)，为减轻混凝土泵出口处压力，宜使地面水平管长度不小于垂直管长度的 1/4，一般不宜少于 15 m。当垂直输送距离较大时，在混凝土泵机 Y 形管出料口 3 ~ 6 m 处的输送管根部应设置截止阀，以防混凝土拌和物反流。

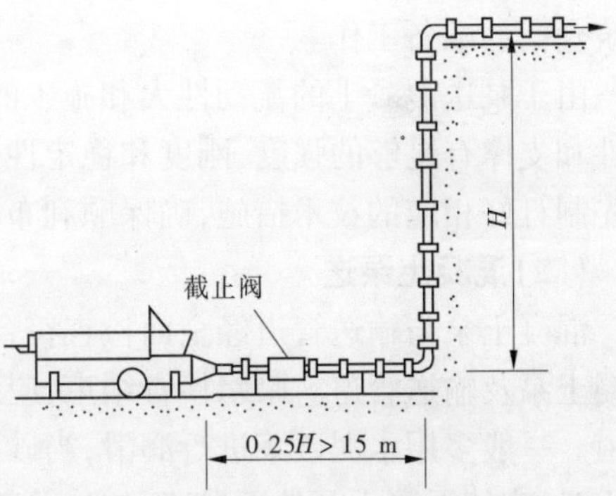

图 6-21　垂直向上布管图

(7)倾斜向下布管时(见图 6-22)，应在斜管上端设排气装置；当高差大于 20 m 时，应在斜管下端设置 5 倍高差长度的水平管。

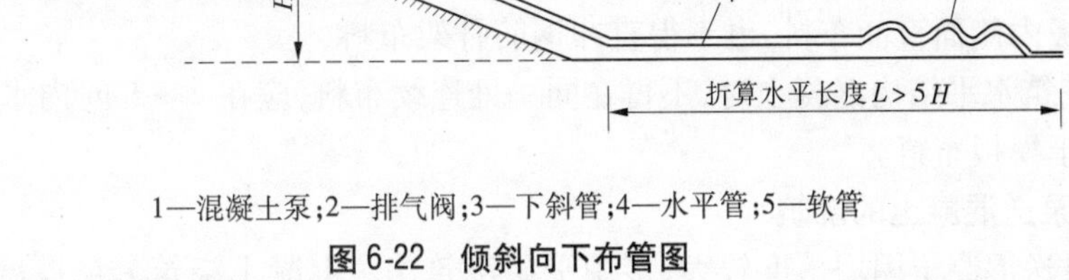

1—混凝土泵；2—排气阀；3—下斜管；4—水平管；5—软管

图 6-22　倾斜向下布管图

三、布料设备的配置要求

布料设备的配置要求主要有以下三个方面:

(1)应根据工程结构特点、施工工艺、布料要求和配管情况等,选择布料设备;

(2)应根据结构平面尺寸、配管情况和布料杆长度,布置布料设备;

(3)布料设备应安设牢固和稳定。

四、泵送混凝土的浇筑

泵送混凝土的浇筑应根据工程结构特点、平面形状和几何尺寸、混凝土供应和泵送设备能力、劳动力和管理能力,以及周围场地大小等条件,预先划分好混凝土浇筑区域。

当多台混凝土泵同时泵送或与其他输送方法组合输送混凝土时,应预先规定各自的输送能力、浇筑区域和浇筑顺序,并应分工明确、互相配合、统一指挥。

(一)浇筑前的准备

混凝土浇筑之前应做好混凝土的生产准备,混凝土泵、泵送管道及布料设备的安装,浇筑仓面的准备工作。

由于泵送混凝土的流动性大和施工的冲击力大,因此在浇筑混凝土前应确保模板、预埋件和支撑有足够的强度、刚度和稳定性。对于有预留洞、预埋件和钢筋密集的部位,应预先制订好相应的技术措施,确保顺利布料和振捣密实。

(二)混凝土泵送

混凝土泵与输送管道经全面检查符合要求后,应先空转运行并泵送适量的水以湿润混凝土泵及输送管道。泵水检查结束,应泵送水泥浆或水泥砂浆,以润滑混凝土泵及输送管道。一般多用水泥砂浆进行润滑,当砂浆即将压送完毕,即可泵送混凝土。开始泵送混凝土时,应使混凝土泵处于慢速、匀速并随时可反泵的状态,并逐步加速。同时注意观察混凝土泵的输送压力和各系统的工作情况,在确认混凝土泵各系统均工作正常后,即可以正常速度泵送混凝土。泵送结束应及时将混凝土泵和输送管道清洗干净。

(三)泵送混凝土的浇筑顺序

(1)当在采用混凝土输送管输送混凝土时,应由远而近浇筑。

(2)在同一区域的混凝土应按先竖向结构后水平结构的顺序,分层连续浇筑。

(3)当不允许留施工缝时,区域之间、上下层之间的混凝土浇筑间歇时间不得超过混凝土初凝时间。当下层混凝土初凝后,浇筑上层混凝土时,应先按施工缝处理。

(四)泵送混凝土的布料

(1)在浇筑竖向结构混凝土时,布料设备的出口离模板内侧面不应小于 50 mm,并且不得向模板内侧面直冲布料,也不得直冲钢筋骨架布料。

(2)浇筑水平结构混凝土时,不得在同一处连续布料,应在 2 ~ 3 m 内水平移动布料,且宜垂直于模板布料。

(五)泵送混凝土的浇筑

(1)泵送混凝土因坍落度较大,多用平层浇筑法。混凝土浇筑分层厚度一般为 30 ~ 50 cm。当水平结构的混凝土浇筑厚度超过 50 cm 时,可按 1:6 ~ 1:10 坡度分层浇筑,且上层混凝土应超前覆盖下层混凝土 50 cm 以上。

(2)振捣泵送混凝土时,振动棒插入的间距一般为 40 cm 左右,振捣时间一般为 15 ~ 30 s,并且在 20 ~ 30 min 后对其进行第二次复振。

(3)当发现混凝土有不密实等现象时,应立即采取措施纠正。

(4)水平结构的混凝土表面应适时用木抹子抹平搓毛两遍以上。必要时,还应先用铁滚筒压两遍以上,以防止产生收缩裂缝。

(5)泵送混凝土浇筑完毕,应做好养护工作。泵送混凝土的养护要求同常规混凝土。

第七节 模袋混凝土施工

模袋混凝土是用高强度化纤织物为材料机织而成的双层织物(土工模袋),中间用泵送混凝土施工工艺充灌高流动性的混凝土(或水泥砂浆),从而形成的板块状或其他形状的混凝土结构。

模袋可以按工程需求预制成不同大小、形状和厚度。模袋为柔性材料,浇筑混凝土时能紧贴被保护的基面。模袋具有反滤作用,灌入混凝土后,随着多余的水分渗出,水灰比变小,提高了混凝土强度。模袋混凝土水下施工无需截流和修筑围堰、无需立模,结构简单、施工方便、进度快、成本低,施工质量有保证,广泛用于江河堤防工程的护岸护底。

一、施工机械

模袋混凝土的主要施工机械设备有混凝土搅拌机、混凝土输送泵、柴油发电机和混凝土输送管路、滑轮、尼龙绳、锚固钉等。混凝土输送管路由钢管及橡胶软管两部分组成,泵出口处用钢管连接。

二、土工模袋的种类及选择

土工模袋按加工工艺的不同,可分为两类,即机织模袋和简易模袋。前者是由工厂生产的定型产品,而后者是用手工缝制而成。我国常用的机织模袋有下列五种:有过滤点模袋(FP)、薄型无过滤点模袋(NF)、厚型无过滤点模袋(CX)、铰链型模袋(RB)、框架型模袋(NB)。近年来,美国 HYDROTEX 公司还生产一种称为 AB 型的模袋,其中插有钢筋,为铰链式,强度高,适用于海岸防护。土工模袋的主要性能指标包括单位面积质量、孔径、厚度、延伸率、渗透系数、强度等方面。工程中应根据现场地形、土质、施工条件、工程类型和重要性以及水流条件等综合因素选择强度高、变形较小、孔径适宜的模袋材料。按工程类别选用时可参见表 6-7。

三、模袋混凝土的技术要求

模袋混凝土拌和物要有良好的流动性、保水性、黏聚性和可泵性,保证混凝土能顺利地充灌入模袋中,不需要机械外力而自动密实,且不发生离析。同时,充填模袋的混凝土需适宜的水灰比、骨料级配比以及适量的外加剂,使其具有足够的强度,以承受各种外力的作用。为便于泵送施工,粗骨料最大粒径不得大于泵送管径的 1/3,一般不超过 20

mm。模袋混凝土适宜采用双掺技术。在混凝土中掺粉煤灰,掺量15%左右,以改善混凝土的和易性,同时节约水泥,降低工程造价;掺用泵送剂等外加剂,以提高混凝土的可泵性。模袋混凝土的坍落度一般为20 cm左右;砂率40%左右;水灰比0.4~0.6为宜;未使用高效外加剂及高效掺合料时,水泥最小用量不宜小于300 kg。施工中应严格控制混凝土质量,以免发生堵管现象。

表6-7　模袋的工程应用

模袋型式	填充料	填充厚度(cm)	工程应用
有过滤点	砂浆	6.5~16.5	临时性
薄型无过滤点	砂浆	5~15	无水位骤降和无防渗要求的护坡
厚型无过滤点	混凝土	15~20	护岸、码头工程
		30~70	海岸防护工程
铰链型	砂浆	10~15	护坡、渠道、内河航道
框架型	砂浆	空隙22×22 空隙30×60	坡面绿化,住宅地面保护

四、模袋混凝土施工

模袋护岸施工通常可分铺设前的准备、铺设模袋及充灌材料的灌注和养护等几个方面。具体施工工序如图6-23所示。

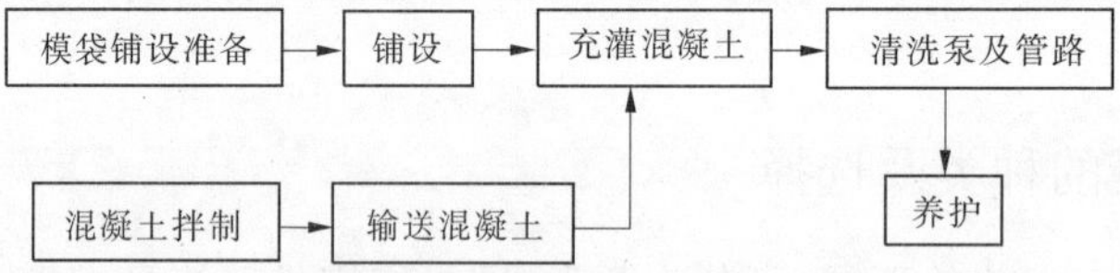

图6-23　模袋混凝土施工工序

(一)铺设前的准备

铺设前应了解和掌握铺设土工模袋段的地形和标准设计断面图、水力要素及自然条件等资料。对模袋混凝土施工区域进行测量放样,按设计断面修整边坡、清除树根、块石及其他杂物,岸坡及顶脚基槽要开挖平顺并修理平整。施工前应备好所需的原材料、机具、器材,做好施工场地布置工作。

(二)模袋缝制及铺设

模袋为双层织物、四层组织,上下两层土工模袋起模板作用,中间织入两层不同粗细的丝或绳作为厚度加固筋,以控制模袋混凝土成型的厚度。模袋缝制和铺设时必须考虑坡长纵横向收缩率和边界处理要求。拟定铺设单元及每单元体内留设充灌混凝土的灌浆口数量,各灌浆口的数量与位置均匀分布,每个口进料要求大致能填满10~15 m^2 的面积。每条模袋缝制好后,要正反逐点检查,发现不合格点,要现场拆除重缝。

模袋铺设定位是模袋混凝土施工中十分重要的环节,模袋铺设以上游为起点,分铺设单元，每一单元沿坡度方向平顺摊铺模袋，逐单元向下游推进。坡顶距模袋端以外 1 m 左右沿岸线方向设桩位 3 ~ 4 个，用松紧器与模袋上端穿管布内的钢管连接，以调节模袋施灌混凝土时的动态张力。坡顶模袋要有预留部分，使单元施工结束时，上端控制在设计位置，预留量约 15 cm，或凭经验确定，并在第一单元施工时修正确定。单元间跨缝处按设计要求认真处理。一般做法是在相邻处底部缝制 50 cm 宽的无纺布，将两单元连接。水下铺设模袋且水深超过 2 m 时，操作人员穿简易潜水服水下作业。若有配筋，则在模袋铺开后按要求插入袋内，插筋时应防止刺破模袋。

（三）模袋混凝土的充灌

无论是单岸护坡还是两岸同时护坡，模袋充灌顺序为：自下而上，从两侧向中间进行充灌。此原则利于土工模袋充填过程中的定位和模袋的纵、横向自由收缩，确保充填料的密实。

模袋混凝土的充灌是整个施工过程中的关键工序，应严格要求。施工前应对动力设备进行检查，确保处于完好状态。输送泵在混凝土灌注前，必须先用水冲洗、湿润，后灌注水泥砂浆，使管道得到充分润滑，各项准备工作做好后才能灌注混凝土。灌注混凝土时，把模袋灌浆口与输送泵的橡胶软管连接，并防止漏浆，在充填时要严格控制混凝土的密实度，使模袋饱和，必要时，边角处由人工捣实。模袋内有钢筋时，在充灌过程中应不使钢筋沉底。为了防止管道堵塞，应随时检查混凝土级配和坍落度；防止过粗骨料进入和堵塞管道；防止泵入空气，造成堵管或气爆；泵机与充灌操作人员之间应随时联系，紧密配合，充灌到位后及时停机，以防充灌过程产生鼓包或鼓破。出现鼓胀时，应及时停机，查找原因并处理。随时检查坡顶钢桩是否牢固，以防充灌过程中模袋下滑。施工中应特别注意相邻两单元间的连接质量。

灌注时，混凝土的拌和及运输能力必须能跟得上泵的输送能力，尽可能加快浇筑速度，连续作业，缩短浇筑时间，保证施工质量及施工安全。灌注结束后的混凝土面高程应控制在设计要求的范围内。每次混凝土浇灌完毕，都应及时把输送泵与管道清洗干净。全部护坡施工完成后，进行坡顶、坡脚和上下游两侧接头的回填处理，及时对模袋混凝土进行养护。

（四）质量检验

施工过程中应做好施工记录和原材料取样、混凝土立方体抗压强度试件成型，然后进行原材料质量检测及混凝土立方体抗压强度测定，也可用钻孔取芯法检验混凝土质量。

复习思考题

6-1　简述骨料加工的工序。

6-2　骨料加工常用的机械有哪些？其特点及适用条件如何？

6-3　混凝土制备包括哪两个生产环节？混凝土制备的要求有哪些？

6-4　影响混凝土拌和时间的因素有哪些？混凝土拌和常用的投料顺序有哪几种？

6-5　混凝土运输应满足哪些要求？

6-6　混凝土垂直运输常用的运输机械有哪些？各具有什么特点？

6-7 泵送混凝土对原材料及配合比的要求有哪些？

6-8 简述混凝土浇筑的施工过程。

6-9 施工缝处理的方法有哪些？

6-10 简述冷缝的定义；混凝土浇筑施工过程中，如何避免冷缝发生？

6-11 振捣器的类型有哪些？各自适用条件如何？振捣施工中应注意哪些问题？

6-12 简述混凝土低温季节的施工措施；简述混凝土高温季节的施工措施。

6-13 常见混凝土缺陷有哪些？如何修补？

6-14 简述模袋混凝土的特点和施工工序。

第七章　灌浆工程施工

学习指导

学习目标:了解有关地基及地基处理的基本概念、基本施工方法和工艺程序,理解不同类型地基的灌浆要求,理解砂砾石地基的可灌性及其衡量指标,掌握灌浆工艺及技术要求,理解、掌握灌浆孔的布置与压水试验,掌握灌浆质量检查方法。

学习重点:砂砾石地基的可灌性和灌浆方法,可灌性的定量评价,岩基灌浆施工过程。

由于天然地基性状的复杂多样,各种建筑物对地基的要求各有不同。因此,不同的地质条件,不同的建筑物型式,要求采用不同的处理措施或方法。本章主要介绍地基的灌浆施工。

第一节　钻探灌浆设备及灌浆材料

一、灌浆的定义与类型

灌浆是通过钻孔(或预埋管),将具有流动性和胶凝性的浆液,按一定配比要求,压入地层或建筑物的缝隙中胶结硬化成整体,达到防渗、固结、增强的工程目的。

灌浆按其作用可分为帷幕灌浆、固结灌浆、回填灌浆、接触灌浆、接缝灌浆、补强灌浆和裂缝灌浆等,按灌浆材料可分为水泥灌浆、黏土灌浆、沥青灌浆及化学材料灌浆等。

二、钻探灌浆设备

(1)钻探机。宜采用回转式钻机,如 XY－2 型液压立轴式钻机或其他各式适宜的钻机。

(2)搅拌机。常用搅拌机有 ZJ－400L 型、GZJ－200 型高速搅拌机、NJ－100L 型低速搅拌机和 200L×2 型双层贮浆筒。

(3)灌浆泵。灌浆泵性能应与浆液类型、浓度相适应,容许工作压力应大于最大灌浆压力的 1.5 倍,并应有足够的排浆量和稳定的工作性能。

常用灌浆泵有 TBW－100/100 型灌浆泵或 BW250/50 型泥浆泵等。灌注纯水泥浆液应采用多缸柱塞式灌浆泵。容许工作压力应大于最大灌浆压力的 1.5 倍。

(4)压力表。灌浆泵和灌浆孔口处均应安设压力表。使用压力宜为压力表最大标准值的 1/4～3/4。压力表应经常进行鉴定,不合格的压力表严禁使用,压力表与管路之间应设隔浆装置。

(5)灌浆管路。输浆管主要有钢管及胶皮管两种,钢管适应变形能力差,不易清理,因此一般多用胶皮管,但在高压灌浆时仍须用钢管。灌浆管路应保证浆液流动畅通,并能承受1.5倍的最大灌浆压力。

(6)灌浆塞。灌浆塞又称灌浆阻塞器或灌浆胶塞(球),是用以堵塞灌浆段和上部联系的必不可少的堵塞物,以免翻浆、冒浆以及不能升压而影响灌浆质量。灌浆塞的形式很多,一般应由富有弹性、耐磨性能较好的橡皮制成,应具有良好的膨胀性和耐压性能,在最大灌浆压力下能可靠地封闭灌浆孔段,并且易于安装和卸除。

(7)自动记录仪。可采用GJY-Ⅲ型、CMS2008型、HT-Ⅱ型、FEC-GJ3000型等微机自动记录仪,以提高灌浆记录的准确性和工作效率。

(8)水泥湿磨机。常用的水泥湿磨机有长江科学院研制的JTM135S-1型湿磨机和JTM胶体磨(转速为3 000 r/min)。

当灌浆压力大于3 MPa时,应采用高压灌浆泵、高压灌浆塞、耐蚀灌浆阀门、钢丝编织胶管、大量程压力表、孔口封闭器或专用高压灌浆塞。

集中制浆站的制浆能力应满足灌浆高峰期所有机组用浆需要。制浆站应配置除尘设备。

三、灌浆材料

灌浆工程中所用的浆液是由主剂(原材料)、溶剂(水或其他溶剂)及各种外加剂混合而成的。通常所说的灌浆材料,是指浆液中所用的主剂。根据所制成的浆液状态的不同,灌浆材料可分为两类:一类是粒状灌浆材料,所制浆液的固体颗粒基本上处于分散的悬浮状态,为悬浊液,如水泥、黏土、砂等;另一类是化学灌浆材料,所制成的浆液是真溶液,如环氧树脂、聚氨酯、甲凝等。

(一)灌浆材料的要求

灌浆材料应根据灌浆的目的和地质条件合理选择。作为灌浆用的材料,应具有以下特性:

(1)颗粒细。具有一定的细度,以便能进入岩层的裂隙、孔洞、缝隙。

(2)稳定性好。所制成的浆液,其颗粒在一定的时间条件下,在浆液中能保持均匀分散的悬浮状态,并具有稳定性好、流动性强的性能。

(3)胶结性强。用固体材料制成的浆液,灌入岩层的裂隙和孔洞、缝隙内,经过一定时间,逐渐胶结而成为坚硬的结石体,起到充填和固结的作用。

(4)结石强度高和良好的耐久性。浆液胶结而成的结石体,具有一定的强度、黏结力和抵抗地下水侵蚀的能力,保证灌浆效果和耐久性。

(5)结石体的渗透性小。

(二)灌浆材料

1.灌浆用水泥

水泥是固粒灌浆材料中最主要和应用得最广泛的灌浆材料。

水泥的品种很多,灌浆工程所采用的水泥品种应根据灌浆目的、基岩地质条件以及环境水的侵蚀作用等确定,《水工建筑物水泥灌浆施工技术规范》(DL/T 5148—2001)规定:一般情况下,应采用普通硅酸盐水泥或硅酸盐大坝水泥。当有耐酸或其他要求时,可采用抗酸水泥或其他类特种水泥，使用矿渣硅酸盐水泥或火山灰质硅酸盐水泥灌浆时，应得到设计许可。灌浆浆液水灰比不应稀于1:1(质量比)。

灌浆用水泥应为新鲜水泥，受潮结块的禁止使用。

灌浆用水泥应具备的主要条件是强度、细度和耐蚀性。对于强度和细度，DL/T 5148—2001 中有明确规定，即：回填灌浆所用的水泥标号不应低于 325 号，帷幕和固结灌浆所用的水泥标号不应低于 425 号，坝体接缝灌浆所用的水泥标号不应低于 525 号。帷幕灌浆和坝体接缝灌浆，对水泥细度的要求为通过 80 μm 方孔筛的筛余量不应大于 5%；当坝体接缝张开度小于 5 mm 时，对水泥细度的要求为通过 71 μm 方孔筛的筛余量不应大于 2%。

对小于 0.2 mm 宽度的细微裂隙，用一般水泥灌浆是没有显著效果的，这一论点已被实践所证明。这是由于水泥颗粒受到了裂隙宽度的限制。在这种情况下，进行水泥灌浆，则应采用磨细水泥或超细水泥，即将普通水泥通过各种方法研磨成颗粒更细的水泥。磨细水泥的最大粒径 D_{max} 在 35 μm 以下，平均粒径 D_{50} 为 6 ~ 10 μm。超细水泥 D_{max} 在 12 μm 以下，D_{50} 为 3 ~6 μm。

2. 砂

在灌注大裂隙和溶洞时，为了避免浆液过大地扩散流失和节省水泥，在浆液中常加入砂，制成水泥砂浆或水泥黏土砂浆。

砂应为质地坚硬的天然砂或人工砂。砂的粒度，也就是砂的粗细程度，对制成的浆液的性能有很大影响。选用砂的粒度主要应根据灌注岩石中裂隙的宽度、空洞的大小、要求浆液的性能、灌注条件以及灌浆目的等而定。一般要求灌浆用的砂的粒径不大于 1.0 mm。DL/T 5148—2001 中规定：粒径不宜大于 2.5 mm，细度模数不宜大于 2.0，SO_3 含量不宜大于 1%，含泥量不宜大于 3%，有机物含量不宜大于 3%。

3. 粉煤灰

粉煤灰为在煤粉炉中燃烧煤时从烟道气体中收集到的细颗粒粉末。

依照《水工混凝土掺用粉煤灰技术规范》(DL/T 5055—1996)中规定，粉煤灰按其品质分为Ⅰ、Ⅱ、Ⅲ三个等级。

灌浆用粉煤灰等级应根据灌浆目的和对浆液的要求而定，一般宜采用Ⅰ级或Ⅱ级。水泥粉煤灰浆中使用的粉煤灰的细度应小于水泥的细度。

4. 黏土和膨润土

为了改善浆液性能和节约水泥，在帷幕灌浆，特别是在砂砾石地基帷幕灌浆的浆液中，常常加入黏土。

1) 灌浆黏土

黏土类型有高岭黏土、蒙脱黏土、伊利黏土。选择灌浆用的黏土，一般宜注意下述条件：

(1)塑性指数大于 17；

(2)黏粒(粒径小于 0.005 mm)含量不少于 40% ~50%；

(3)粉粒(粒径 0.005 ~0.05 mm)含量一般不多于 45% ~50%；

(4)含砂量(粒径 0.05 ~0.25 mm)不大于 5%。

由于受灌岩层地质条件的不同，对黏土性能指标的要求也应因之而异，在这方面，目前还没有统一的标准。DL/T 5148—2001 规定：塑性指数大于 14，黏粒含量大于 25%，含砂量小于 5%，有机物含量小于 3%。

有的文献中提出这样的要求：大于 0.1 mm 的颗粒含量小于 6%，小于 0.005 mm 的颗粒含量大于 50%。

作为附加剂用的膨润土，颗粒愈细愈好，一般黏粒含量宜在 40% 以上，塑性指数宜在 40 以上。

2）膨润土

膨润土作为水泥浆中的外加剂，可以提高浆液稳定性、触变性，降低析水性。作为水泥黏土浆中的掺合料，不仅可以大大地改善浆液性能，而且因其是干料，配浆工艺也简便多了。约在 1988 年，我国在基岩灌浆工程中开始采用稳定浆液，即在水泥浆液中掺入适量膨润土。

一般灌浆工程配制水泥黏土浆用的黏土，往往可以在工程所在地或其附近找到，但优质的膨润土却不是各处都有的。我国辽宁黑山、吉林九台和山东龙口、威海、潍坊等地均制备有膨润土成品材料，细度为 74 μm 筛筛余量小于 5%，小于 0.002 mm 的黏粒含量在 40% 以上，液限多为 100% 左右或更大些，塑性指数为 30 ~ 50，可以散装箱运，也有袋装的，按价出售，使用方便。

灌浆所用膨润土的质量标准可参照《石油天然气行业标准钻进液用膨润土》（SY/T 5060—9311），将膨润土分为三个级别，一般可采用二级膨润土。

5. 水

制浆的用水，其品质符合拌制混凝土用水的要求即可。通常用做饮用的自来水及清洁不浊且无显著酸性反应的天然水，均可作为制浆用水。

6. 外加剂

1）速凝剂

速凝剂可以加速水泥水化作用的发生，缩短产生水化热时间，增进早期强度。在灌浆工程中，当需要水泥浆早期很快凝结时，可视具体情况，在浆液中掺加一定量的速凝剂。掺量应通过试验确定。

在水泥浆中，一般常用的速凝剂有氯化钙、水玻璃（硅酸钠）等。

2）减水剂

减水剂是一种亲水性表面活性的化学剂，其主要作用是可以改善浆体的流动性和分散性。DL/T 5148—2001 明确规定，拌制细水泥浆和稳定浆液应加入减水剂和采用高速搅拌机。诸多浆液的室内试验资料和工地施工实践表明，减水剂对改善浆液性能确实起到了很好的作用。灌浆施工中常用的有萘磺酸盐（萘系高效减水剂）和木质素磺酸盐。

3）稳定剂

经常用的是膨润土。根据对浆液的要求和需要，有时还常掺入其他一些外加剂。应注意的是所有外加剂凡能溶于水的均应以水溶液状态加入。各类浆液掺入掺合料和加入外加剂的种类及其掺加量应通过室内浆材试验和现场灌浆试验确定。

(三)灌注浆液

1. 黏土浆

黏土浆主要是黏性土(黏土、壤土、砂壤土)与水(有时还添外加剂和掺合料等)经过搅拌分散而成的悬浊的混合体浆液。黏土浆在灌浆和防渗墙工程中的应用有三个方面:造孔时泥浆固壁、充填和劈裂灌浆以及黏土防渗墙(泥浆墙)。泥浆固壁要求黏土颗粒越多越好,一般用纯黏土和膨润土;灌浆和黏土防渗墙以防渗为目的,用一般黏土,有时壤土也可满足要求。

1)黏土浆的主要性能指标

泥浆的性能根据不同的用途、不同的地层和不同的施工情况,对其指标有不同的要求,详见表7-1。

表7-1 泥浆主要性能指标

状态	项目	单位	泥浆固壁	灌浆	
				劈裂灌浆	充填灌浆
流动	密度	g/cm^3	1.0~1.2	1.4~1.6	1.4~1.6
	黏度	s	18~90	30~60	30~100
	静切力	Pa	2.0~5.0	—	—
	旋转静切力	Pa	1.4~2.0	—	—
	失水量	mL	≤20~30	10~30	10~30
	稳定性	$g/(cm^3 \cdot d)$	≤0.03	≤0.15	≤0.15
	胶体率	%	≥96	≥90	≥90
	含砂量	%	≤1.0~5.0	<30	≤20
	pH值		7~12	8~10	8~10
凝结	干密度	g/cm^3	1.3~1.55	1.2~1.5	1.6~2.1
	抗压强度	MPa	—	>1.0	>0.5
	弹性模量	MPa	—	10^2~10^3	10~10^3
	压缩系数	MPa^{-1}	—	0.1~0.5	0.5
	渗透系数	cm/s	—	≤10^{-7}	≤10^{-6}
	破坏坡降		—	≥500	≥300

表7-1中列出的泥浆流动状态指标是指新拌制的黏土浆,且是拌和均匀后即作试验取得的指标;凝结状态的指标为28 d的试验指标。考虑到现场施工条件比实验室条件差,所以在选择灌浆材料性能时,应比实验室指标要求高一些。

2)黏土浆的配合比

干土配制泥浆每立方米泥浆用量见表7-2。

表 7-2　干土配制泥浆每立方米泥浆用量

泥浆密度（g/cm^3）	水土比（以水为1）	水土比（以土为1）	含水量（%）	1 m^3 泥浆干料重（11 kN）	1 m^3 泥浆水重（11 kN）
1.20	1:0.375	2.67:1	267	0.316	0.881
1.25	1:0.461	2.17:1	217	0.394	0.856
1.30	1:0.573	1.75:1	175	0.473	0.827
1.35	1:0.692	1.45:1	145	0.551	0.799
1.40	1:0.821	1.22:1	122	0.631	0.769
1.45	1:0.96	1.041:1	104.1	0.710	0.740
1.50	1:1.11	0.90:1	90	0.789	0.711
1.55	1:1.272	0.786:1	78.6	0.867	0.683
1.60	1:1.45	0.69:1	69	0.947	0.653
1.65	1:1.642	0.609:1	60.9	1.025	0.625
1.70	1:1.856	0.539:1	53.9	1.104	0.596
1.75	1:2.09	0.478:1	47.8	1.183	0.567
1.80	1:2.345	0.426:1	42.6	1.260	0.540
1.85	1:2.63	0.38:1	38.0	1.340	0.510
1.90	1:2.96	0.338:1	33.8	1.420	0.480

注：摘自白永年等编著的《土坝坝体和堤防灌浆》，水利电力出版社，1985 年。

表 7-2 中，黏土土粒密度为 2.72 g/cm^3，表中土重为干重。如采用湿土，应考虑含水量和湿土重。

3）黏土浆配合比表的应用

（1）干法制浆，直接利用表 7-2 配制。第一种情况：已知泥浆水土比，查泥浆密度和每立方米泥浆所需的干土重和水重。第二种情况：已知泥浆密度，查水土比和每立方米泥浆所需的干土重和水重。

（2）含水土制浆，将具有天然含水量，并适于运输破碎过筛的细粒黏性土，投入高速搅拌机加水拌成泥浆。与干法不同的是要考虑天然含水量的影响。已知黏土含水量和水土比，求出加水系数 K（配制泥浆的加水量与用来拌浆的湿土重之比），乘以湿土重即为加水量，计算比较方便。

2. 水泥浆

以水泥为主料，用水调剂成浆液或根据需要添加一定量的附加剂的浆液为纯水泥浆，是目前工程中最常用的灌浆材料。

改善纯水泥浆性能的方法（见表 7-3）包括以下几个方面：

（1）满足抗压强度、弹性模量（弹强比）、密实度、渗透系数、抗渗坡降、抗冻性、抗浸蚀性、耐久性要求。有时要补偿收缩性，要求具有微膨胀性等。

（2）满足灌浆施工工艺的要求。增加流动性、稳定性，改善析水性和有效充填性等。有时灌浆要求缓凝、速凝和早强，或抗地下水流动冲蚀等。有时要求增加可控性和可灌性，前者要求粗而稠的浆液，后者要求细而稀的浆液等。

(3)满足经济方面的要求。就地取材降低造价，特别是工程量较大时，降低造价具有重要意义。

表 7-3 改善纯水泥浆性能的方法

序号	改善性能及要求	方法
1	提高强度	①提高水泥强度等级；②用细水泥；③强制拌和，延长拌和时间，拌和均匀；④减小水灰比；⑤掺石粉或石英粉；⑥用高效减水剂(高效塑化剂)
2	降低渗透系数	①采用防渗水泥、细水泥、微膨胀水泥；②减小水灰比；③掺10% ~15% 优质粉煤灰；④加防水剂、减水剂、引气剂、增密剂等；⑤掺少量优质膨润土
3	减小弹性模量	①掺膨润土、粉煤灰、黏土；②加聚脂合成材料
4	提高耐久性	①选用耐蚀水泥；②减小渗透性；③提高抗冻标号；④掺适量粉煤灰；⑤使用减水剂、引气剂、防冻剂等；⑥加防腐剂
5	减少收缩性	①部分用微膨胀水泥；②减小水灰比；③加大灌浆压力；④反复施灌；⑤加微膨胀剂
6	提高可灌性	①用超细水泥；②添加高效塑化剂；③加大水灰比；④加大灌浆压力
7	增加可控性	①加粗细骨料；②用稠浆；③加速凝材料；④间歇施灌
8	提高稳定性	①拌和均匀；②加少量膨润土、粉煤灰；③加外加剂：减水剂、絮凝剂
9	早强	①使用早强水泥；②加早强剂
10	速凝	加速凝剂：氯化钙、水玻璃、三乙醇胺
11	缓凝	①加缓凝剂或普通减水剂、泵送剂；②加粉煤灰；③加大水灰比
12	水下不分散	①加水下不分散絮凝剂；②减小水灰比；③减少水流对浆液的扰动
13	增加流动性	①加大水灰比；②增加灌浆压力；③加入分散剂、塑化剂
14	降低材料成本	①设计采用适当的指标；②水泥浆中加掺合料：土、砂、粉煤灰、石子和其他代替料；③选用适当品种和标号的水泥；④改进灌浆工艺；⑤回收利用废浆液

3. 水泥黏土浆

在水泥中加黏土和水拌制或在黏土浆中加水泥配制成水泥黏土浆。黏土掺量视工程实际情况而定，一般黏土掺量占水泥量大于10%，有时黏土掺量是水泥量的3 ~4 倍。

水泥黏土浆兼有黏土浆与水泥浆的优点，并且优缺点能得到一定程度的互补。水泥黏土浆有如下特点：

(1)黏土颗粒比水泥颗粒细，具有特殊的物理化学作用，所以水泥黏土浆流动性、稳定性好，析水率低，可灌性比水泥浆好，可以灌入0.1 ~0.2 mm 的裂隙或孔隙。

(2)结石强度比水泥浆低,渗透系数一般比纯水泥浆要小,强度、抗渗性能比纯黏土浆要高得多。

(3)弹性模量较低,能适应土体变形,且又具有一定强度。

(4)性能与配方调整范围大,渗透系数比较小且变化不大。

4. 水泥砂浆及水泥黏土砂浆

1)水泥砂浆

在有宽大裂隙、溶洞、地下水流速大、耗浆量大的岩层中灌浆时,采用水泥砂浆灌注。水泥砂浆具有浆液流动度较小,不易流失,结石强度高,黏结力强,耐久性和抗渗性好等优点。水泥砂浆中,水与水泥的比值宜等于或小于1:1,否则砂易沉淀。为防止和减少其沉淀,宜加入少量膨润土、塑化剂、粉煤灰等。

2)水泥黏土砂浆

水泥黏土砂浆中水泥起固结强度的作用,黏土起促进浆液稳定的作用,砂起填充裂隙空洞的作用。拌制水泥黏土砂浆时,宜先制成水泥黏土浆而后加入砂。

5. 水泥水玻璃浆

水泥浆中加入水玻璃,有两种作用:一是将水玻璃作为速凝剂,促使浆液凝结;二是作为浆液的组成成分。水玻璃与水泥浆中的氢氧化钙起作用,生成具有一定强度的凝胶体——水化硅酸钙。水泥浆随水玻璃加入量的增加凝结时间逐渐缩短,当超过一定比值后,凝结时间随水玻璃加入量的增加转变为逐渐延长。

第二节　砂砾石地基灌浆

砂砾石地基承载力较高,但空隙率大、透水性强,要进行防渗处理方可作为水工建筑物的地基。由于砂砾石是由颗粒材料组成的,对灌浆效果影响大,孔壁容易坍塌,与岩基灌浆就有所不同,在灌浆中需要了解和掌握地基的可灌性、灌浆材料及灌浆方法。

一、砂砾石地基的可灌性

可灌性是指砂砾石地基能接受灌浆材料灌入程度的一种特性。

影响可灌性的主要因素有地基的颗粒级配、灌浆材料的细度、灌浆压力和施工工艺等。常用以下几种指标进行评价。

(一)可灌比 M

$$M = \frac{D_{15}}{D_{85}} \tag{7-1}$$

式中　D_{15} ——地基砂砾颗粒级配曲线上相应于含量为15%的粒径,mm;

D_{85} ——灌浆材料颗粒级配曲线上相应于含量为85%的粒径,mm。

M 值愈大,地基的可灌性愈好。当 $M=5\sim10$ 时,可灌含水玻璃的细粒度水泥黏土浆;当 $M=10\sim15$ 时,可灌水泥黏土浆;当 $M\geqslant15$ 时,可灌水泥浆。

(二)渗透系数 K

$$K = \alpha D_{10}^2 \tag{7-2}$$

式中　K——砂砾石层的渗透系数,m/s;

D_{10}——砂砾石颗粒级配曲线上相应于含量为10%的粒径,mm;

α——系数。

K值愈大,可灌性愈好。当$K<3.5/10\ 000$ m/s时,采用化学灌浆;当$K=(3.5\sim6.8)/10\ 000$ m/s时,采用水泥黏土灌浆;当$K\geqslant(6.9\sim9.3)/10\ 000$ m/s时,采用水泥灌浆。

(三)不均匀系数 C_u

$$C_u=\frac{D_{60}}{D_{10}} \tag{7-3}$$

式中　D_{60}——砂砾石颗粒级配曲线上相应于含量为60%的粒径,mm;

D_{10}——砂砾石颗粒级配曲线上相应于含量为10%的粒径,mm。

C_u的大小反映了砂砾石颗粒不均匀的程度。当C_u较小时,砂砾石的密度较小,透水性较大,可灌性较好;当C_u较大时,透水性小,可灌性差。

实际工程中,除对上述有关指标综合分析确定外,还要考虑小于0.1 mm颗粒含量的不利影响。

二、灌浆材料

砂砾石地基灌浆,多用于修筑防渗帷幕,防渗是主要目的。一般采用水泥黏土混合灌浆。要求帷幕幕体的渗透系数降到1/1 000~1/100 000 cm/s以下,28 d结石强度达到0.4~0.5 MPa。

浆液配比视帷幕设计要求而定,常用配比为水泥∶黏土=1∶2~1∶4(质量比)。浆液稠度为水∶干料=6∶1~1∶1。

水泥黏土浆的稳定性和可灌性优于水泥浆,固结速度和强度优于黏土浆。但由于固结较慢、强度低、抗渗抗冲能力差,多用于低水头临时建筑的地基防渗。为了提高固结强度,加快黏结速度,可采用化学灌浆。

三、灌浆方法

砂砾石地基灌浆孔除打管外,都是铅直向钻孔,造孔方式主要有冲击钻进和回转钻进两类。地基防渗帷幕灌浆的方法可分为以下几种。

(一)打管灌浆

灌浆管由钢管、花管、锥形管头组成,用吊锤或振动沉管的方法打入砂砾石地基受灌层。每段在灌浆前,用压力水冲洗,将土、砂等杂质冲出地表或压入地层灌浆区外部。采用纯压式或自流式压浆,自下而上、分段拔管、分段灌浆,直到结束。此法设备简单,操作方便,适于覆盖层较浅、砂石松散及无大孤石的临时工程。施工程序如图7-1所示。

(二)套管灌浆

套管灌浆法是边钻孔边下套管进行护壁,直到套管下到设计深度;然后将钻孔冲洗干净,下灌浆管,再拔起套管至第一灌浆段顶部,安灌浆塞,压浆灌注。自下而上、逐段拔管、逐段灌浆,直到结束。其施工程序如图7-2所示。

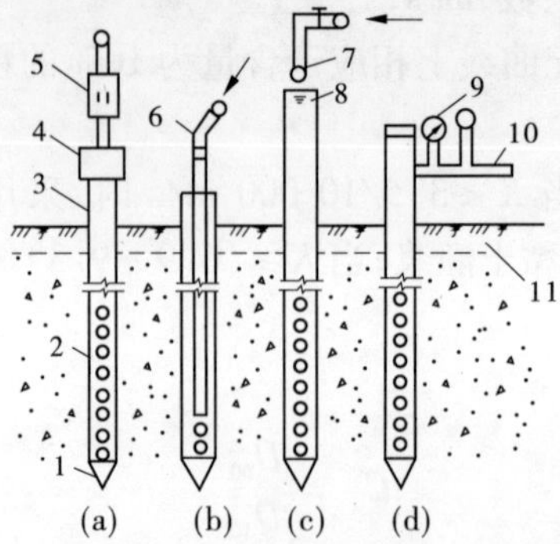

(a)打管;(b)冲洗;(c)自流灌浆;(d)压力灌浆

1—管锥;2—花管;3—钢管;4—管帽;5—打管锤;6—冲洗用水管;7—注浆管;8—浆液面;9—压力表;10—进浆管;11—盖重层

图 7-1　打管灌浆法施工程序

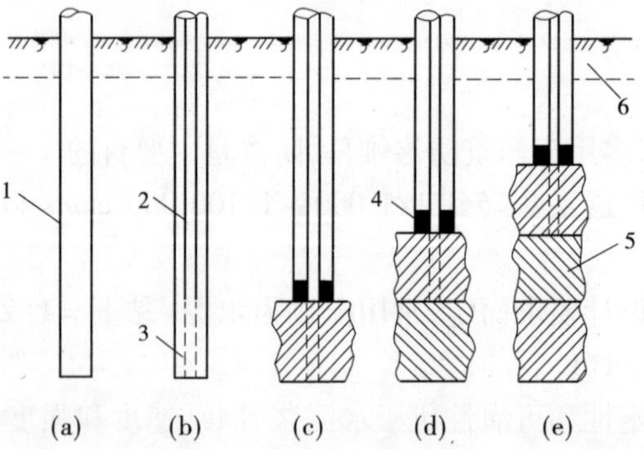

(a)钻孔下套管;(b)下灌浆管;(c)拔套管灌第一段浆;(d)拔套管灌第二段浆;(e)拔套管灌第三段浆

1—护壁套管;2—灌浆管;3—花管;4—止浆塞;5—灌浆段;6—盖重层

图 7-2　套管灌浆法施工程序

(三)循环灌浆

此法是一种自上而下,钻一段灌一段,无需待凝,钻孔与灌浆循环进行的灌浆方法。钻孔时需用黏土浆固壁,每个孔段长度视孔壁稳定和渗漏大小而定,一般取 1 ~ 2 m。此方法不设灌浆塞,而是在孔口管顶端封闭。孔口管设在起始段上,具有防止孔口坍塌、地表冒浆、钻孔导向的作用,以提高灌浆质量。循环灌浆法如图 7-3 所示。

(四)预埋花管灌浆

在钻孔内预先下入带有射浆孔的灌浆花管,花管外与孔壁之间的空间注入填料,在灌浆管内用双层阻浆器分段灌浆。其工艺过程为:钻孔及护壁→清孔更换泥浆→下花管和下填料→开环→灌浆。如图 7-4 所示。

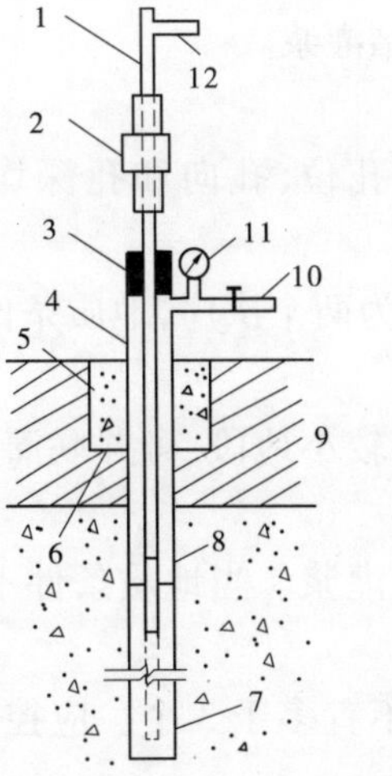

1—灌浆管(钻杆);2—钻机竖轴;3—封闭器;4—孔口管;
5—混凝土封门;6—防浆环(麻绳缠箍);7—射浆花管;
8—孔口管下部花管;9—盖重层;10—回浆管;
11—压力表;12—进浆管

图 7-3　循环灌浆法

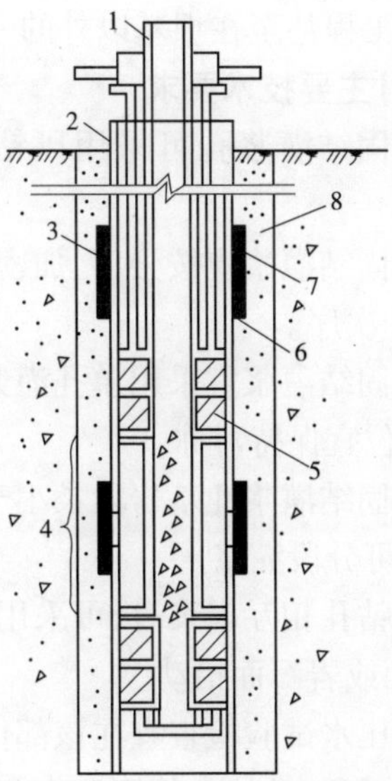

1—灌浆管;2—花管;3—射浆孔;4—灌浆段;
5—双栓灌浆塞;6—铅丝(防滑环);7—橡皮圈;8—填料

图 7-4　预埋花管灌浆

一般用回转式钻机钻孔,下套管护壁或泥浆护壁;钻孔结束后,清除孔内残渣,更换新鲜泥浆;用泵灌注花管与套管空隙内的填料,边下料、边拔管、边浇筑,直到全部填满将套管拔出;孔壁填料待凝 5 ~ 15 d,具有一定强度后,压开花管上的橡皮圈,压裂填料形成通路,称为开环;然后用清水或稀浆灌注 5 ~ 10 min,开始灌浆,完成每一排射浆孔(即一个灌浆段)的灌浆后,进行下一段开环灌浆。

第三节　岩基灌浆

灌浆技术经过约 200 年的发展历史,已具有各种不同的灌浆工艺和灌浆材料。灌浆技术在水利水电工程基础防渗与加固、岩土工程基础止水及补强施工中得到更加广泛的应用,总结了许多宝贵的实践经验。

根据不同的地层情况和灌浆材料,有各种不同的灌浆工艺。目前,常用的是常规低压灌浆方法,在微细裂隙地层一般采用超细粒的湿磨水泥灌浆或化学灌浆方法。

一、固结灌浆施工技术

固结灌浆是对水工建筑物基础浅层破碎、多裂隙的岩石进行灌浆处理,改善其力学性能,提高岩石弹性模量和抗压强度。它是一种比较常用的基础处理方法,在水利水电工程施工中得到广泛应用。

固结灌浆的范围主要根据大坝基础的地质条件、岩石破碎情况、坝型和基础岩石应力条件而定。对于重力坝,基础岩石比较良好时,一般仅在坝基内的上游和下游应力大的地区进行固结灌浆;坝基岩石普遍较差,而坝又较高的情况下,则多进行坝基全面的固结灌浆,有的工程甚至在坝基以外的一定范围内,也进行固结灌浆。

(一)主要技术要求

(1)固结灌浆孔可采用风钻或其他型钻机造孔,孔位、孔向和孔深均应满足设计要求。

(2)固结灌浆应按分序、加密的原则进行。一般分为两个次序,地质条件不良地段可分为三个次序。

(3)固结灌浆宜采用单孔灌浆的方法,但在注入量较小地段,可并联灌浆,孔数宜为两个,孔位宜保持对称。

(4)固结灌浆孔基岩段长小于 6 m 时,可全孔一次灌浆。当地质条件不良或有特殊要求时,可分段灌浆。

(5)钻孔相互串浆时,可采用群孔并联灌注,孔数不宜多于 3 个。应控制压力,防止混凝土面或岩石面抬动。

(6)压水试验检查宜在该部位灌浆结束 3 ~ 7 d 后进行。检查孔的数量不宜少于灌浆总孔数的 5%,孔段合格率应在 80% 以上。

(7)岩体弹性波速和静弹性模量测试,应分别在该部位灌浆结束 14 d 和 28 d 后进行。其孔位的布置、测试仪器的确定、测试方法、合格批标以及工程合格标准,均应按照设计规定执行。

(8)灌浆孔灌浆和检查孔检查结束后,应排除孔内积水和污物,采用压力灌浆法或机械压浆法进行封孔,并将孔口抹平。

(二)灌浆施工工艺

1. 钻孔的布置

(1)无混凝土盖重固结灌浆,钻孔的布置有规则布孔和随机布孔两组。规则布孔形式有方格形布孔和梅花形布孔两种,如图 7-5、图 7-6 所示。

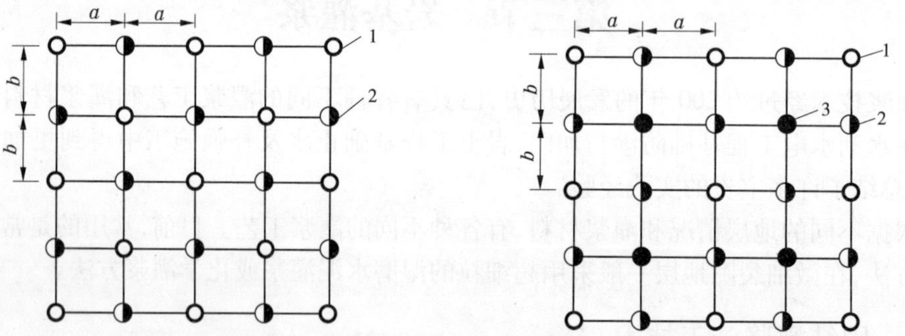

(a)两个次序灌浆　　(b)三个次序灌浆

a—孔距;b—排距;

1—第Ⅰ次序孔;2—第Ⅱ次序孔;3—第Ⅲ次序孔

图 7-5　方格形布孔

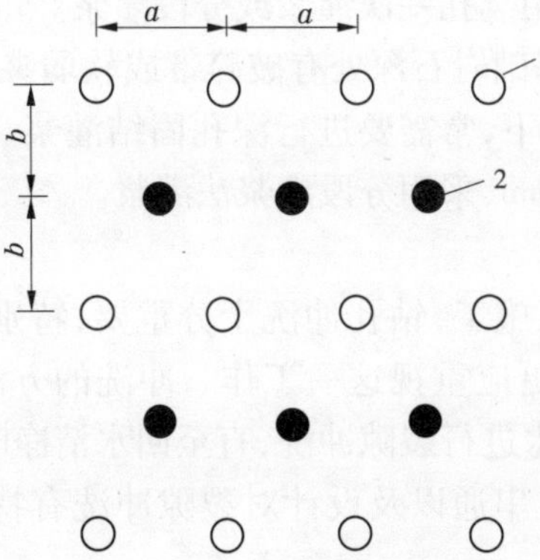

a—孔距；b—排距；

1—第Ⅰ次序孔；2—第Ⅱ次序孔

图 7-6　梅花形布孔

（2）有盖重固结灌浆，钻孔布置按方格形和六角形布置，如图 7-5、图 7-7 所示。一般在断层地区采用梅花形布孔。

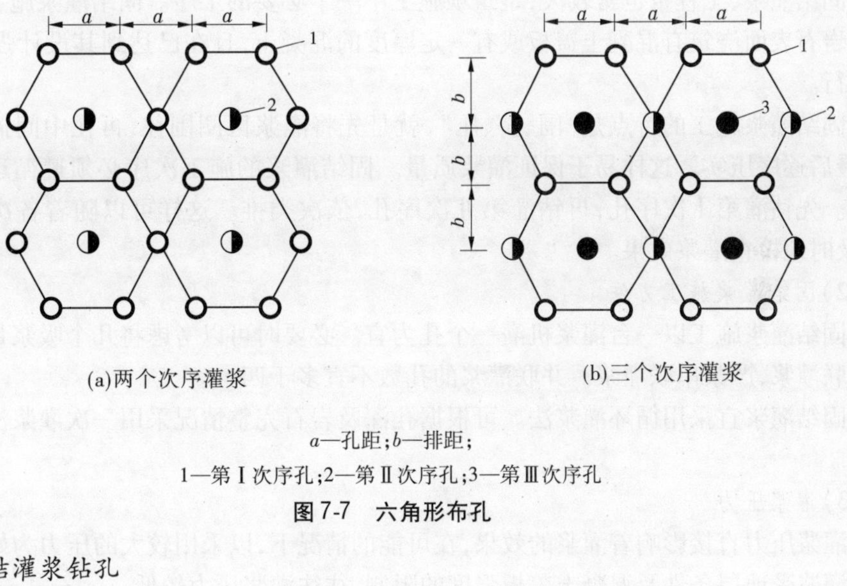

(a)两个次序灌浆　　(b)三个次序灌浆

a—孔距；b—排距；

1—第Ⅰ次序孔；2—第Ⅱ次序孔；3—第Ⅲ次序孔

图 7-7　六角形布孔

2. 固结灌浆钻孔

钻孔方法要考虑孔深情况。固结灌浆孔的深度一般是根据地质条件、大坝的情况以及基础应力的分布等多种条件综合考虑而定的。固结灌浆孔依据深度的不同可分为以下三类：

（1）浅孔固结灌浆。是为了普遍加固表层岩石，固结灌浆面积大、范围广。孔深多为 5 m 左右。可采用风钻钻孔，全孔一次灌浆法灌浆。

（2）中深孔固结灌浆。是为了加固基础较深处的软弱破碎带以及基础岩石承受荷载较大的部位。孔深 5 ~ 15 m，可采用大型风钻或其他钻孔方法，孔径多为 50 ~ 65 mm。灌浆方法可视具体地质条件采用全孔一次灌浆或分段灌浆。

(3)深孔固结灌浆。在基础岩石深处有破碎带或软弱夹层，裂隙密集且深，而坝又比较高，基础应力也较大的情况下，常需要进行深孔固结灌浆。孔深15 m以上。常用钻机进行钻孔，孔径多为75～91 mm，采用分段灌浆法灌浆。

3. 钻孔冲洗及压水试验

(1)钻孔冲洗。固结灌浆施工，钻孔冲洗十分重要，特别是在地质条件较差、岩石破碎、含有泥质充填物的地带，更应重视这一工作。冲洗的方法有单孔冲洗和群孔冲洗两种。固结灌浆孔应采用压力水进行裂隙冲洗，直至回水清净时止，冲洗压力可为灌浆压力的80%。地质条件复杂，多孔串通以及设计对裂隙冲洗有特殊要求时，冲洗方法宜通过现场灌浆试验或由设计确定。

(2)压水试验。固结灌浆孔灌浆前的压水试验应在裂隙冲洗后进行，试验孔数不宜少于总孔数的5%，选用一个压力阶段，压力值可采用该灌浆段灌浆压力的80%(或100%)。压水的同时，要注意观测岩石的抬动和岩面集中漏水情况，以便在灌浆时调整灌浆压力和浆液浓度。

4. 灌浆施工

1)固结灌浆施工时间及次序

固结灌浆，工程量也常较大，是筑坝施工中一个必要的工序。固结灌浆施工最好是在基础岩石表面浇筑有混凝土盖板或有一定厚度的混凝土，且在已达到其设计强度的50%后进行。

固结灌浆施工的特点是"围、挤、压"，就是先将灌浆区圈围住，再在中间插孔灌浆挤密，最后逐序压实。这样易于保证灌浆质量。固结灌浆的施工次序必须遵循逐渐加密的原则。先钻灌第Ⅰ次序孔，再钻灌第Ⅱ次序孔，依次类推。这样可以随着各次序孔的施工，及时地检查灌浆效果。

2)固结灌浆施工方法

固结灌浆施工以一台灌浆机灌一个孔为宜。必要时可以考虑将几个吸浆量小的灌浆孔并联灌浆，严禁串联灌浆。并联灌浆的孔数不宜多于四个。

固结灌浆宜采用循环灌浆法。可根据孔深及岩石完整情况采用一次灌浆法或分段灌浆法。

3)灌浆压力

灌浆压力直接影响着灌浆的效果，在可能的情况下，以采用较大的压力为好。但浅孔固结灌浆受地层条件及混凝土盖板强度的限制，往往灌浆压力较低。

一般情况下，浅孔固结灌浆压力，在坝体混凝土浇筑前灌浆时，可采用0.2～0.5 MPa，浇筑1.5～3 m厚混凝土后再灌浆时，可采用0.3～0.7 MPa。在地质条件差或软弱岩石地区，根据具体情况还可适当降低灌浆压力。深孔固结灌浆时，各孔段的灌浆压力值可参考帷幕灌浆孔选定压力的方法来确定。

固结灌浆过程中，要严格控制灌浆压力。循环式灌浆法是通过调节回浆流量来控制灌浆压力的，纯压式灌浆法则是直接调节压入流量。固结灌浆当吸浆量较小时，可采用"一次升压法"，尽快达到规定的灌浆压力；而在吸浆量较大时，可采用"分级升压法"，缓慢地升到规定的灌浆压力。

在调节压力时，要注意岩石的抬动，特别是基础岩石的上面已浇筑有混凝土时，更要严格控制抬动，以防止混凝土产生裂缝，破坏大坝的整体性。

4）浆液浓度变换

灌浆开始时，一般采用稀浆开始灌注，根据单位吸浆量的变化，逐渐加浓。固结灌浆液浓度的变换比帷幕灌浆可简单一些。灌浆开始后，尽快地将压力升高到规定值，灌注500～600 L，单位吸浆量减少不明显时，即可将浓度加大一级。在单位吸浆量很大、压力升不上去的情况下，也应采用限制进浆量的办法。

5）固结灌浆结束标准与封孔

在规定的压力下，当注入率不大于0.4 L/min时，继续灌注30 min，灌浆可以结束。

固结灌浆孔封孔应采用"机械压浆封孔法"或"压力灌浆封孔法"。

6）固结灌浆效果检查

固结灌浆完成后，应当进行灌浆质量和固结效果的检查，检查的方法和标准应视工程的具体情况和灌浆的目的而定。经检查不符合要求的地段，根据实地情况，认为有必要时，需加密钻孔，补行灌浆。

（1）压水试验检查。灌浆结束3～7 d后，钻进检查孔，进行压水试验检查。采用单点法进行简易压水。当灌浆压力为1～3 MPa时，压水试验压力采用1 MPa；当灌浆压力小于或等于1 MPa时，压水试验压力为灌浆压力的80%。压水检查后，应按规定进行封孔。

（2）测试孔检查。弹性波速检查、静弹性模量检查应分别在灌浆结束后14、28 d后进行。

（3）抽样检查。对灌浆孔与检查孔的封孔质量宜进行抽样检查。

（4）钻孔取岩心，观察水泥结石充填及胶结情况。根据需要，对岩心也可进行必要的物理力学性能试验。

二、帷幕灌浆施工技术

对于透水性强的基岩，采用灌浆帷幕防渗效果显著。根据多年实践经验，在透水性较大地段，防渗帷幕常能使坝基幕后扬压力降低到0.5 H（H为水头）左右；防渗帷幕再结合排水则可降低到（0.2～0.3）H；若再采取抽排措施，扬压力将会更小。

（一）钻孔

帷幕灌浆孔宜采用回转式钻机和金刚石钻头或硬质合金钻头钻进，钻孔位置与设计位置的偏差不得大于1%。因故变更孔位时，应征得设计部门同意。孔深应符合设计规定，帷幕灌浆孔宜选用较小的孔径，钻孔孔径上下均一、孔壁平直完整；必须保证孔向准确；帷幕灌浆孔应进行孔斜测量，发现偏斜超过要求应及时纠正或采取补救措施。

垂直的或顶角小于5°的帷幕灌浆孔，其孔底的偏差值不得大于表7-4中的规定。

表7-4　钻孔孔底最大允许偏差值　（单位：m）

孔深	20	30	40	50	60
最大允许偏差	0.25	0.50	0.80	1.15	1.50

孔深大于 60 m 时，孔底最大允许偏差值应根据工程实际情况并考虑帷幕的排数具体确定，一般不宜大于孔距。顶角大于 5°的斜孔，孔底最大允许偏差值可根据实际情况按表 7-4 中规定适当放宽，方位角偏差值不宜大于 5°。

钻孔遇有洞穴、塌孔或掉钻而难以钻进时，可先进行灌浆处理，而后继续钻进。如发现集中漏水，应查明漏水部位、漏水量和漏水原因，经处理后，再行钻进。钻进结束等待灌浆或灌浆结束等待钻进时，孔口均应堵盖，妥善保护。

钻进施工应注意的事项如下：

(1)按照设计要求定好孔位，孔位的偏差一般不宜大于 10 cm，当遇到难于依照设计要求布置孔位的情况时，应及时与有关部门联系，如允许变更孔位，则应依照新的通知重新布置孔位。在钻孔原始记录中一定要注明新钻孔的孔号和位置，以便分析查用。

(2)钻进时，要严格按照规定的方向钻进，并采取一切措施保证钻孔方向正确。

(3)孔径力求均匀，不要忽大忽小，以免灌浆或压水时栓塞塞不严，漏水返浆，造成施工困难。

(4)在各钻孔中，均要计算岩心采取率。检查孔中，更要注意岩心采取率，并观察岩心裂隙中有无水泥结石及其填充和胶结的情况如何，以便逐序反映灌浆质量和效果。

(5)检查孔的岩心一般应予保留。保留时间长短，由设计单位确定，一般时间不宜过长。灌浆孔的岩心，一般在描述后再行处理，是否要有选择性地保留，应在灌浆技术要求文件中加以说明。

(6)凡未灌完的孔，在不工作时，一定要把孔顶盖住并保护，以免掉入物件。

(7)应准确、详细、清楚地填好钻孔记录。

(二)钻孔冲洗

1. 洗孔

灌浆孔(段)在灌浆前应进行钻孔冲洗，孔内沉积厚度不得超过 20 cm。帷幕灌浆孔(段)在灌浆前宜采用压力水进行裂隙冲洗，直至回水清净时止。冲洗压力可为灌浆压力的 80%，该值若大于 1 MPa，采用 1 MPa。

洗孔的目的是将残存在孔底岩粉和黏附在孔壁上的岩粉、铁砂碎屑等杂质冲出孔外，以免堵塞裂隙的通道口而影响灌浆质量。钻孔钻到预定的段深并取出岩心后，将钻具下到孔底，用大流量水进行冲洗，直至回水变清，孔内残存杂质沉淀厚度不超过 10 ~ 20 cm 时，结束洗孔。

2. 冲洗

冲洗的目的是用压力水将岩石裂隙或空洞中所充填的松软、风化的泥质充填物冲出孔外，或是将充填物推移到需要灌浆处理的范围外，这样裂隙被冲洗干净后，利于浆液流进裂隙并与裂隙接触面胶结，起到防渗和固结作用。使用压力水冲洗时，在钻孔内一定深度需要放置灌浆塞。

冲洗有单孔冲洗和群孔冲洗两种方式。

1)单孔冲洗

单孔冲洗仅能冲净钻孔本身和钻孔周围较小范围内裂隙中的填充物，因此此法适用于较完整的、裂隙发育程度较轻、充填物情况不严重的岩层。

单孔冲洗有以下几种方法：

(1)高压压水冲洗。整个过程在大的压力下进行，以便将裂隙中的充填物向远处推移或压实，但要防止岩层抬动变形。如果渗漏量大，升不起压力，就尽量增大流量，加大流速，增强水流冲刷能力，使之能挟带充填物走得远些。

(2)高压脉动冲洗。首先用高压冲洗，压力为灌浆压力的80%～100%，连续冲洗5～10 min后，孔口压力迅速降到零，形成反向脉冲流，将裂隙中的碎屑带出，回水呈浑浊色。当回水变清后，升压用高压冲洗，如此一升一降，反复冲洗，直至回水洁净后，延续10～20 min为止。

(3)扬水冲洗。将管子下到孔底，上接风管，通入压缩空气，使孔内的水和空气混合，由于混合水体的密度轻，孔内的水向上喷出孔外，孔内的碎屑随之喷出孔外。

2)群孔冲洗

群孔冲洗是把两个以上的孔组成一组进行冲洗，可以把组内各钻孔之间岩石裂隙中的充填物清除出孔外，如图7-8所示。

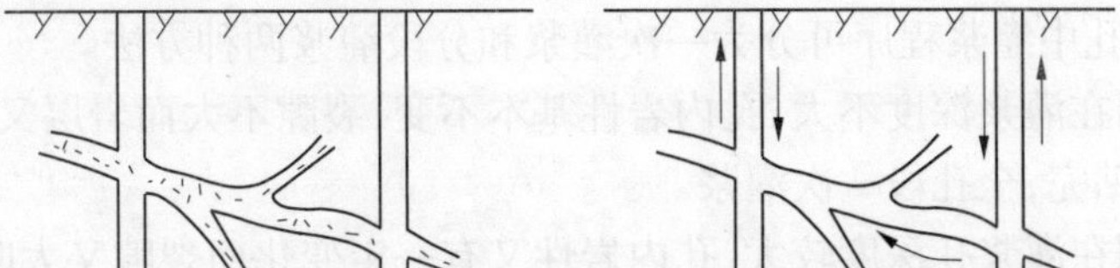

图7-8　群孔冲洗示意图

群孔冲洗主要是使用压缩空气和压力水。冲洗时，轮换地向某一个或几个孔内压入气、压力水或气水混合体，使之由另一个孔或另几个孔出水，直到各孔喷出的水是清水后停止。

(三)压水试验

压水试验应在裂隙冲洗后进行。简易压水试验可在裂隙冲洗后或结合裂隙冲洗进行。压力可为灌浆压力的80%，该值若大于1 MPa，采用1 MPa。压水20 min，每5 min测读一次压入流量，取最后的流量值作为计算流量，其成果以透水率表示。帷幕灌浆采用自下而上分段灌浆法时，先导孔仍应自上而下分段进行压水试验。各次序灌浆孔在灌浆前全孔应进行一次钻孔冲洗和裂隙冲洗。除孔底段外，各灌浆段在灌浆前可不进行裂隙冲洗和简易压水试验。

(四)灌浆施工

1. 灌浆方法

(1)灌浆方法按浆液的灌注流动方式分为纯压式和循环式(见图7-9)。纯压式浆液全扩散到岩石的裂隙中去，不再返回灌浆桶，适用于裂隙发育而渗透性大的孔段；循环式浆液在压力作用下进入孔段，一部分进入裂隙扩散，余下的浆液经回浆管路流回到浆液搅拌筒中去。循环式灌浆使浆液在孔段中始终保持流动状态，减少浆液中颗粒沉淀，灌浆质量高，国内外大坝岩石地基的灌浆工程大都采用此法。

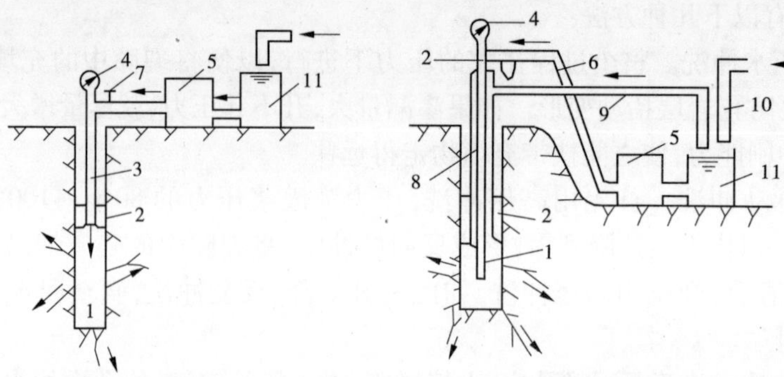

(a)纯压式灌浆　　　　(b)循环式灌浆

1—灌浆段;2—灌浆塞;3—灌浆管;4—压力表;5—灌浆泵;6—进浆管;
7—阀门;8—孔内回浆管;9—回浆管;10—供水管;11—搅拌筒

图 7-9　浆液灌注方法

(2)按灌浆孔中灌浆程序可分为一次灌浆和分段灌浆两种方法。

一次灌浆用在灌浆深度不大,孔内岩性基本不变,裂隙不大而岩层又比较坚固的情况下,可将孔一次钻完,全孔段一次灌浆。

分段灌浆用在灌浆孔深度较大,孔内岩性又有一定变化而裂隙又大时,因为裂隙性质不同的岩层需用不同浓度的浆液进行灌浆,而且所用的压力也不同。此外,裂隙大则吸浆量大,灌浆泵不易达到冲洗和灌浆所需的压力,从而不能保证灌浆质量。在这种情况下,可将灌浆孔划分为几段,分别采用自下而上或自上而下的方法进行灌浆。灌浆段长度一般保持在 5 m 左右。

自下而上分段灌浆的灌浆孔,可一次钻到设计深度。用灌浆塞按规定段长由下而上依次塞孔、灌浆,直到孔口(见图 7-10)。此法允许上段灌浆紧接在下段结束时进行,这样可不用搬动灌浆设备,比较方便。

自上而下分段灌浆法的施工步骤见图 7-11。这种方法的灌浆孔只钻到第一孔段深度后,即进行该段的冲洗、压水试验和灌浆工作。经过待凝规定时间后,再钻开孔内水泥结石,继续向下钻第二孔段,进行第二孔段的冲洗、压水试验和灌浆工作。依次反复,直到设计深度。此法的缺点是钻机需多次移动,每次钻孔要多钻一段水泥结石,同时必须等上一段水泥浆凝固后方能进行下一段的工作。其优点是:从第二孔段以下各段灌浆时可避免沿裂隙冒浆;不会出现堵塞事故;上部岩石经灌浆提高了强度,下段灌浆压力可逐步加大,从而扩大灌浆有效半径,进一步保证了质量。此外,也可避免孔壁坍塌事故。

上述分段灌浆的两种方法,如果地表岩层比较破碎,下部岩层比较完整,在一个孔位可将两种方法混合使用,即上部采用自上而下、下部采用自下而上的方法来进行灌浆。

2. 灌浆材料的选择和浆液浓度的控制

岩石地基的灌浆一般都采用水泥灌浆。水泥品种的选择及其质量要求:对无侵蚀性地下水的岩层,多选用普通硅酸盐水泥;如遇有侵蚀性地下水的岩层,以采用抗硫酸盐水泥或矾土水泥为宜。水泥的标号应大于 32.5 等级。为提高岩基灌浆的早期强度,我国坝基帷幕灌浆一般多用 42.5 等级水泥。对水泥细度的要求为水泥颗粒的粒径要小于 1/3

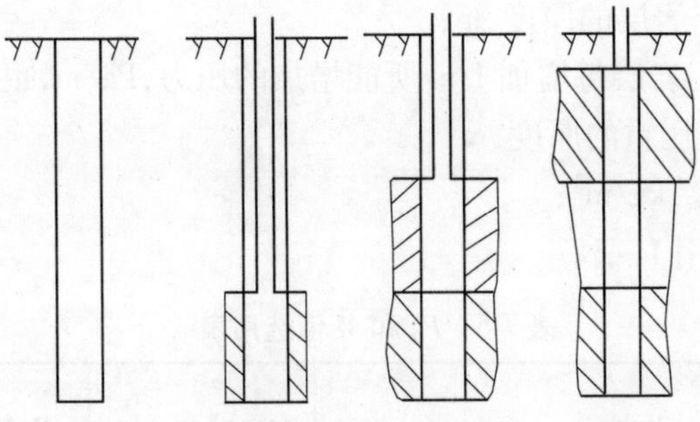

(a)钻孔;(b)第三段灌浆;(c)第二段灌浆;(d)第一段灌浆

图 7-10　自下而上分段灌浆

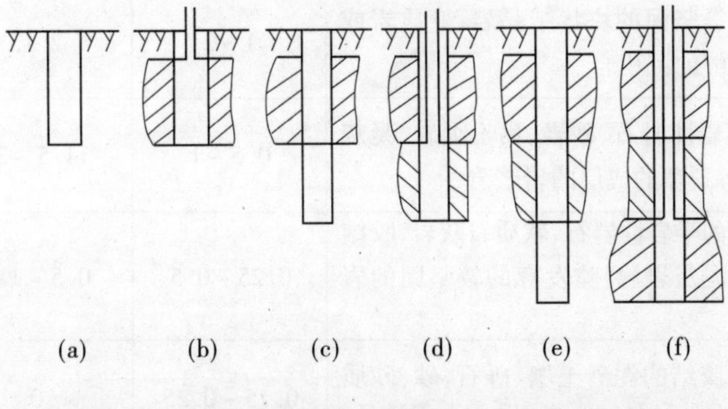

(a)第一段钻孔;(b)第一段灌浆;(c)第二段钻孔;
(d)第二段灌浆;(e)第三段钻孔;(f)第三段灌浆

图 7-11　自上而下分段灌浆

岩石裂隙宽度,灌浆才易生效。一般规定,灌浆用的水泥细度,应能保证通过 0.08 mm 孔径标准筛孔的颗粒质量不小于 85% ~90%。

灌浆过程中,必须根据吸浆量的变化情况,适时调整浆液的浓度,使岩层的大小裂隙既能灌满又不浪费。开始时用最稀一级浆液,在灌入一定的浆量没有明显减少时,即改为用浓一级的浆液进行灌注,如此下去,逐级变浓直到结束。

3. 灌浆压力及其控制

一般均采用高压灌浆。大型工程和地质条件复杂时,灌浆压力宜通过灌浆试验确定。

灌浆压力通常是指作用在灌浆段中部的压力。确定灌浆压力的原则是:在不致破坏基岩和坝体的前提下,尽可能采用比较高的压力。使用较高的压力有利于提高灌浆质量和效果,但是灌浆压力也不能过高,否则会使裂隙扩大,引起岩层或坝体的抬动变形。灌浆压力的大小与孔深、岩层性质和灌浆段上有无压重等因素有关,国内工程上目前常用下式进行计算:

$$P = P_0 + MD + 9.807K\gamma h \tag{7-4}$$

式中　P ——灌浆压力,Pa ;

P_0 ——基岩表层的允许压力,Pa,可由表 7-5 中查得;

D——灌浆段以上岩层的厚度,m;

M——灌浆段以上岩层每增加 1 m 所能增加的压力,Pa/m,也可由表 7-5 查得;

h——灌浆孔以上压重的厚度,m;

γ——压重的密度,kg/m^3;

K——系数,可选用 1 ~ 3。

表 7-5 P_0 和 M 值选用表

岩石分类	岩 性	$M(10^5$ Pa/m)	$P_0(10^5$ Pa)	常用压力(10^5 Pa)
Ⅰ	具有陡倾斜裂隙、透水性低的坚固大块结晶岩、岩浆岩	2 ~ 5	3 ~ 5	40 ~ 100
Ⅱ	风化的中等坚固的块状结晶岩、变质岩或大块体弱裂缝的沉积岩	1 ~ 2	2 ~ 3	15 ~ 40
Ⅲ	坚固的半岩性岩石、砂岩、黏土页岩、凝灰岩、强或中等裂隙的成层的岩浆岩	0.5 ~ 1	1.5 ~ 2	5 ~ 15
Ⅳ	坚固性差的半岩性岩石、软质石灰岩、胶结弱的砂岩及泥灰岩、裂隙发育的较坚固的岩石	0.25 ~ 0.5	0.5 ~ 1.5	2.5 ~ 5
Ⅴ	松软的未胶结的泥砂土壤、砾石、砂、砂质黏土	0.15 ~ 0.25	0	0.5 ~ 2.5

注:1. 采用自下而上分段灌浆时,M 应选范围内的较小值。

2. Ⅴ类岩石在外加压重情况下,才能有效地灌浆。

根据公式或以往类似工程经验所确定的灌浆压力,只能作为事先估算的一种依据。在实际工程中,由于具体条件千变万化,灌浆压力往往需要通过试验来确定,并在灌浆施工中进一步检验和调整。

灌浆的结束条件用两个指标来控制:一个是残余吸浆量,又称最终吸浆量,即灌到最后的限定吸浆量;另一个是闭浆时间,即在残余吸浆量的情况下,保持设计规定压力的延续时间。

国内帷幕灌浆工程中,大多规定:在设计规定的压力之下,灌浆孔段的单位吸浆量小于 0.2 ~ 0.4 L/min,延续 30 ~ 60 min 以后,就可结束灌浆。

有的工程,由于岩层的细小裂隙过多,在高压作用下,后期吸浆量虽不大,但延续时间很长,仍达不到结束标准,且回浆有逐渐变浓的现象。这说明受灌的细小裂隙只进水不进浆,或只有细水泥颗粒灌入而粗颗粒灌不进。在这种情况下,或者改变水泥细度,或者经过两次稀释浓浆而仍达不到结束标准,确认只进水不进浆时,再延续 10 ~ 30 min,就结束灌浆。

(五)回填封孔技术措施

在各孔灌浆完毕后,均应很好地将钻孔严密填实。回填材料多用水泥浆或水泥砂浆。

砂的粒径不大于1～2 mm，砂的掺量一般为水泥的0.75～2倍。水灰比为0.5∶1或0.6∶1。机械回填法是将胶管（或铁管）下到钻孔底部，用泵将砂浆或水泥浆压入，浆液由孔底逐渐上升，将孔内积水顶出，直到孔口冒浆为止。要注意的是软管下端必须经常保持在浆面以下。人工回填法与机械压浆回填法相同，但因浆液压力较小，封孔质量难以保证。

（六）特殊情况的处理方法

1. 灌浆中断的处理方法

（1）因机械、管路、仪表等出现故障而造成灌浆中断时，应尽快排除故障，立即恢复灌浆。否则应冲洗钻孔，重新灌浆。

（2）恢复灌浆时，如注入量较中断前减少较多，应使用开灌比级的浆液进行灌注。

（3）恢复灌浆后，若停止吸浆，可用高于灌浆压力0.14 MPa的高压水进行冲洗而后恢复灌浆。

2. 串浆处理方法

（1）相邻两孔段均具备灌浆条件时，可同时灌浆。

（2）相邻两孔段有一孔段不具备灌浆条件，首先给被串孔段充满清水，以防水泥浆堵塞凝固，影响未灌浆孔段的灌浆质量，并用大于孔口管的实心胶塞放在孔口管上，用钻机立轴钻杆压紧。

3. 冒浆处理方法

（1）混凝土地板面裂缝处冒浆，可暂停灌浆，用清水冲洗干净冒浆处，再用棉纱堵塞。

（2）冲洗后用速凝水泥或水泥砂浆捣压封堵，再进行低压、限流、限量灌注。

4. 漏浆处理方法

（1）浆液沿延伸较远的大裂隙通道渗漏在山体周围，可采取长时间间歇（一般在24 h以上）待凝灌浆方法灌注。如一次不行，再进行二次间歇灌注。

（2）浆液沿大裂隙通道渗漏，但不渗漏到山体周围，可采用限压、限流与短时间间歇（约10 min）灌浆。如达不到要求，可采取长时间间歇待凝，然后限流逐渐升压灌注。一般反复1～2次即可达到结束标准。

（七）质量检查

1. 质量评定

灌浆质量的评定，以检查孔压水试验成果为主，结合对竣工资料测试成果的分析，进行综合评定。每段压水试验吕荣值满足规定要求即为合格。

2. 检查孔位置的布设

（1）一般在岩石破碎、断层、裂隙、溶洞等地质条件复杂的部位，注入量较大的孔段附近，灌浆情况不正常以及经分析资料，认为对灌浆质量有影响的部位。

（2）检查孔在该部位灌浆结束3～7 d后就可进行。采用自上而下分段进行压水试验，压水压力为相应段灌浆压力的80%。检查孔数量为灌浆孔总数的10%，每一个单元至少应布设一个检查孔。

3. 压水试验检查

坝体混凝土和基岩接触段及其下一段的合格率应为100%，以下各段的合格率应在90%以上；不合格段透水率值不得超过设计规定值的100%，且不集中，灌浆质量可认为合格。

4. 抽样检查

对封孔质量宜进行抽样检查。

第四节 高压喷射注浆法

高压喷射注浆法是利用钻机将带有特殊喷嘴的注浆管钻进至土层的预定深度，用高压喷射流强力冲击破坏土体，喷出的水泥浆与土体破坏后分离的土粒搅拌混合，经过凝结固化后，便在土中形成一定性能和形状的固结体，起到承载和防渗抗渗的目的。

固结体的形状与喷射流的移动方向有关。一般分为旋转喷射注浆法（简称旋喷法）、定向喷射注浆法（简称定喷法），还有摆喷注浆法（简称摆喷法）。定喷法和摆喷法通常用在地基防渗和边坡加固等工程中。旋喷法主要用于地基加固，处理后的地基承载力有明显提高，地基土的变形性质也有改善。

高压喷射注浆法具有成本较低，施工速度较快，固结体强度大，可靠性高等优点，与普通灌浆法相比还具有以下特点：

（1）加固效果好，提高地基的抗剪强度，改善土的变形性质。

（2）能利用小直径钻孔旋喷成比孔大 8 ~ 10 倍的大直径固结体；可通过调节喷嘴的旋喷速度、提升速度、喷射压力和喷浆量，旋喷成各种形状柱体，如均匀圆柱状、异形圆柱状、扇状、板墙状等。

（3）既可垂直喷射，也可倾斜或水平喷射。根据需要可制成垂直桩、斜桩或连续墙，并获得需要的强度。

（4）高压喷射注浆法通常采用水泥浆液，不会造成环境和地下水的污染，且耐久性较好；施工噪音较小，单管和二管法施工均较简便。

（5）由于高速射流被限制在土体破碎范围内，因此浆液不易流失，能保证预期的加固范围和控制固结体的形状。

（6）可用于任何软弱土层，易控制加固范围。

（7）施工简便，操作容易，速度快，效率高，用途广泛，成本低。

高压喷射注浆法适用于处理淤泥、淤泥质土、黏性土、粉土、湿陷性黄土、砂土、碎石土及人工填土等地基；当土中含有较多的大粒径块石、坚硬黏性土，大量植物根茎或含有过多有机质时，应根据现场试验结果确定其适用程度。

一、旋喷法的基本工艺及浆液类型

（一）基本工艺

1. 单管旋喷法

利用钻机把安装在注浆管底部侧面的特殊喷嘴置入土层的预定深度后，用高压泥浆泵以 20 ~ 30 MPa 的压力，将浆液从喷嘴中喷射出去冲击破坏土体，并使浆液和破坏土体搅拌混合，同时借助注浆管的旋转和提升，在土中形成圆柱状固结体，其加固质量好、施工速度快、成本低。其直径为 0.4 ~ 1.0 m，如图 7-12 所示。

2. 二重管旋喷法

使用双通道的二重注浆管输送气和浆液，如图 7-13 所示。当把二重注浆管置入到土层的预定深度后，通过在管底部侧面的一个同轴双重喷嘴，用高压泥浆泵从内喷嘴中喷射出压力大于 20 MPa 的浆液，同时用空气压缩机以 0.7 MPa 的压力把压缩空气从外喷嘴喷出。在高压浆液流和它的外圈环绕气流的共同作用下，破坏土体的能量显著增大。注浆管喷嘴一边喷射一边旋转一边提升，在土中形成圆柱状固结体，直径一般为 0.6 ~ 1.5 m。

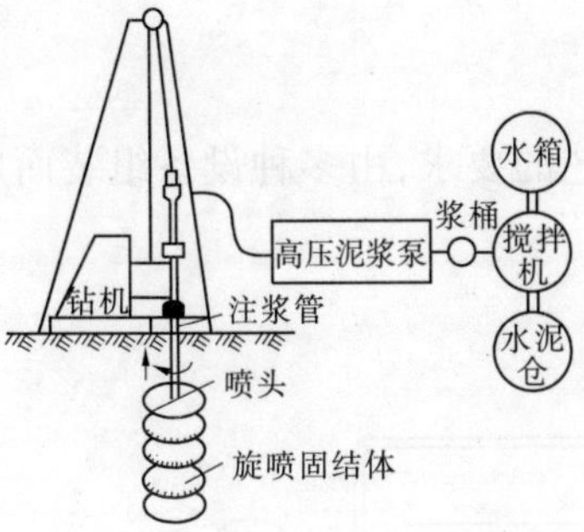

图 7-12　单管旋喷注浆示意图

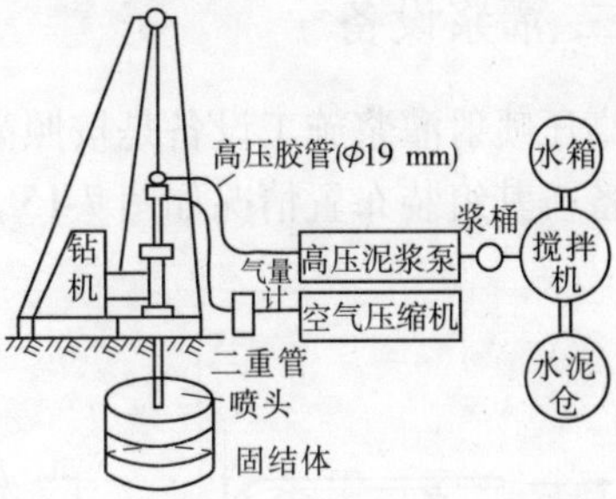

图 7-13　二重管旋喷注浆示意图

3. 三重管旋喷法

分别用于输送水、气、浆液三种介质的三重注浆管，如图 7-14 所示。在以高压水泵产生压力大于 20 MPa 的高压水喷射流的周围，环绕压力为 0.7 MPa 左右的圆筒状气流，进行高压水、气同轴喷射冲击土体，冲成较大的空隙；再由泥浆泵通过喷浆孔注入压力为 2 ~ 5 MPa的浆液进行填充。注浆管作旋转和提升运动，最后便在土中形成直径较大的圆柱状固结体，直径可达 0.7 ~ 2 m。

(二) 浆液类型

水泥是最便宜的浆液材料，也是喷射注浆主要采用的浆液，按其性质及注浆目的分为以下几种类型。

1. 普通型

普通型浆液采用强度等级为 32.5 和 42.5 的硅酸盐水泥，不加任何外掺剂，水灰比为 1∶1 ~ 1.5∶1，固结 28 d 后抗压强度可达 1 ~ 20 MPa。适用于无特殊要求的防渗加固工程。

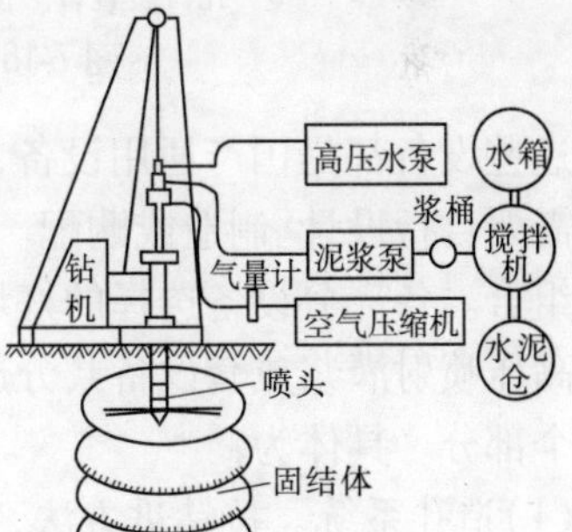

图 7-14　三重管旋喷注浆示意图

2. 速凝 - 早强型

对地下水发达或要求早期承重的工程，宜用速凝 - 早强型浆液。就是在水泥中掺入氯化钙、水玻璃及三乙醇胺等速凝早强剂，其掺入量为水泥用量的 2% ~4% 。

纯水泥与土混合后，1 d 时间固结体抗压强度可达 1 MPa，而掺入 2% 氯化钙时可达 1.6 MPa，掺入 4% 氯化钙时可达 2.4 MPa。

3. 高强型

凡喷射固结体的平均抗压强度在 20 MPa 以上的浆液称为高强型。可选用强度等级较高的水泥,或选择高效能的外掺剂。

4. 抗渗型

在水泥中掺入 2% ~4% 的水玻璃,可以提高固结体的抗渗性能。对有抗渗要求的工程,在水泥中掺入 10% ~50% 的膨润土,效果也较好。

二、灌浆设备

高压喷射灌浆施工设备是按照高压喷射灌浆工艺的要求,由多种设备组装而成的成套设备。其组装布置情况如图 7-15 所示。

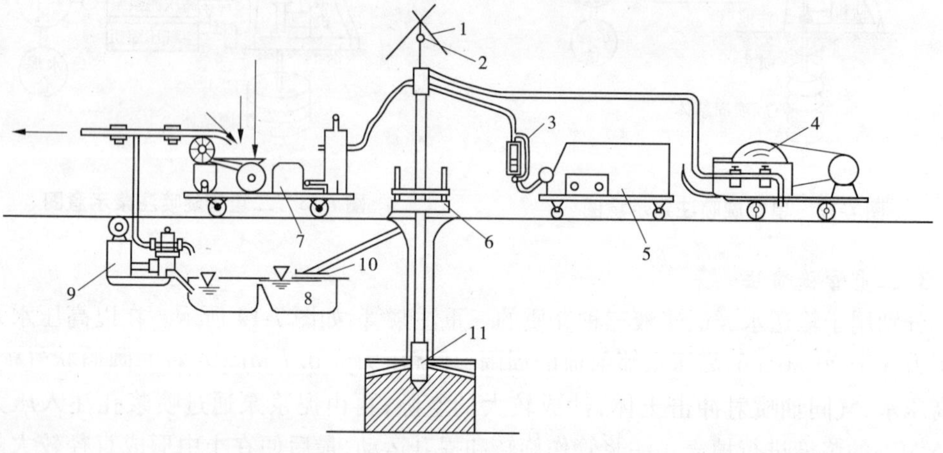

1—三脚架;2—卷扬机;3—转子流量计;4—高压水泵;5—空气压缩机;

6—孔口装置;7—搅浆机;8—贮浆池;9—回浆泵;10—筛;11—喷头

图 7-15　高压喷射灌浆设备组装示意图

这些设备都是国产通用设备,通过选型后,可直接向有关厂家购置。有些专用设备或组件需要自行设计、制造或购配。因此,根据施工单位情况和现场条件,整套设备可有不同的组合。各部分设备选择的好坏将会影响高压喷射灌浆的施工质量和工程效益。

高压喷射灌浆成套设备共分造孔、供水、供气、供浆、喷灌等五大系统和其他配套设备等六个部分。具体为:

(1)造孔系统。按钻进方法,钻机可分为回转式钻机、冲击式钻机、振动式钻机、射水式钻机等。高喷灌浆施工常用的钻机是立轴式液压回转式钻机。这种钻机可液压给进和提拔钻具,操作方便,适应性强,可用于各种灌浆工程中的勘探及造孔施工。

(2)供水系统。供水系统中的主要设备是高压水泵和高压胶管。高喷灌浆工程中,常用 3D2 – S 型卧式三柱塞泵,其额定压力为 30 ~50 MPa,流量为 50 ~100 L/min,工作压力为20 ~40 MPa。

(3)供气系统。两管(两介质)及三管(三介质)高喷灌浆,要用压缩空气与主射流(水泥浆或水)同轴喷射,以提高主射流的喷射效果。目前,高喷灌浆工程中常用 YV 型活塞式风冷通用空气压缩机,排气压力为 0.7 ~0.8 MPa。

(4)供浆系统。包括搅浆机、灌浆泵和上料机三部分。

(5)喷灌系统。主要包括机架、卷扬机、旋摆机构和喷射装置等。

(6)其他配套设备。主要包括回浆泵和监测装置。

三、高压喷射灌浆施工

(一)孔距及布置型式

孔距及布置型式的设计合理与否,对高压喷射灌浆的造价及质量影响很大。表7-6所示就是高压喷射灌浆固结体特性指标。大值适用于细颗粒地层,小值适用于粗颗粒地层。在相同的工艺参数情况下,在中细砂、粉砂地层,孔距可大些,一般2.0~2.5 m;在砾卵石及卵漂石地层,孔距多采用1.0~1.5 m;在中粗砂、壤土或杂填土层,孔距多采用1.5~2.0 m。

表7-6　高压喷射灌浆固结体特性指标

编号	名称	图形	孔距(m)	厚度(cm)	特点
1	折线型	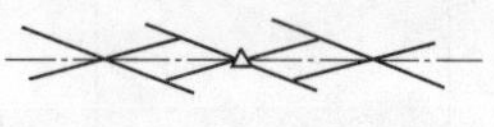	1.6~2.5	10~30	便于连接
2	微摆型	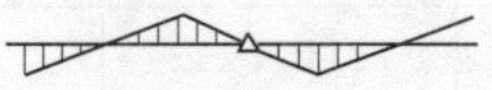	1.6~2.2	20~40	连接可靠、墙厚
3	交叉型	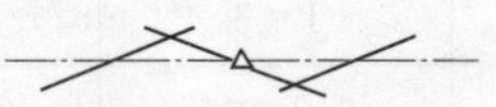	1.6~2.5	蜂窝状	连接结构稳定性好
4	直摆型	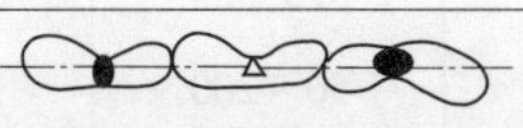	1.6~2.2	20~50	便于连接
5	摆定型	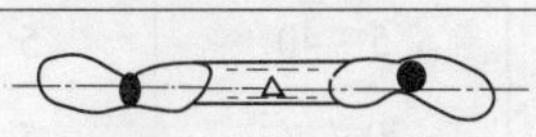	1.6~2.5	10~40	连接结构稳定性好
6	柱列型	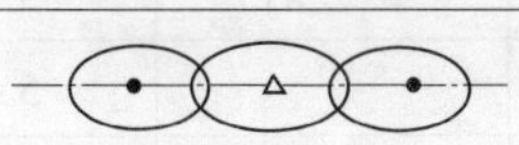	0.8~1.4	20~40	套接可靠性差
7	柱板型		1.4~2.0	>10	便于连接,结构稳定性好

根据目前的工程实践经验,交叉型、折线型连接形式较为可靠,特别是其中的微摆喷法在堤防、土坝工程防渗中经常使用。喷射方向与轴向的夹角一般为20°~30°,连接角度为120°~140°,布孔施工时可按由疏到密的原则,分序施工,先喷第Ⅰ次序孔,再喷第Ⅱ次序孔。如遇到转折孔,则孔距和喷射角度要作适当调整,以确保转折孔与邻孔墙体之间的紧密连接。

以提高地基承载力为加固目的时,可按正方形、矩形或梅花形等布孔,孔距一般为旋喷桩径的3~4倍。对防渗工程多采用双排或三排布孔,使旋喷桩形成帷幕。旋喷桩的桩间距为$0.86R$(R为旋喷桩设计半径)、排距为$0.75R$时较为经济。

(二)施工工艺技术参数

高压喷射灌浆质量的好坏、工效和造价的高低,不仅受工程类型、喷射地形及地质地层条件的影响,更重要的是取决于施工工艺技术参数的合理选用。

高压射流压力是产生破坏力的主要因素,压力愈大,其冲切破坏效果愈好。限于目前国内机械水平,常用的喷射压力为20~40 MPa,最大可达50 MPa,采用时应根据地层结构强弱、孔距、设备状况和喷射形式综合考虑。

提升速度与旋转速度是决定射流冲击切割地层时间长短的两大因素。二者的配合至关重要,一般控制在每旋转一周提升0.5~1.25 cm。当为定喷时,提升速度仅考虑孔距及地层情况选取。

介质流量与喷嘴直径等其他参数与喷射压力密切相关,一般讲:流量大,压力也大;喷嘴直径小,压力大。浆液流量与压力应视地层孔隙、渗透性合理选用。高压喷射灌浆主要工艺技术参数见表7-7。

表7-7　高压喷射灌浆主要工艺技术参数

喷射类型		单管法	二管法	三管法	
				国内	日本
高压水	水压(MPa)			20~50	20~70
	水量(t/min)			60~150	50~70
压缩气	气压(MPa)		0.7	0.7	0.7
	气量(m^3/min)		1~3	1~3	>1
水泥浆	浆压(MPa)	20左右	5.0~25	0.2~3.0	0.3~4.5
	浆量(L/min)	25~100	50~200	60~150	120~200
提升速度(cm/min)		20~25	5~40	5~40	5~200
旋转速度(r/min)		20左右	20左右	5~10	5~10
摆动角速度(°/s)				5~30	
喷嘴直径(mm)		2.0~3.2	2.0~3.2	1.8~3.0	1.8~2.3

(三)施工流程

高压喷射灌浆施工流程图如图7-16所示。

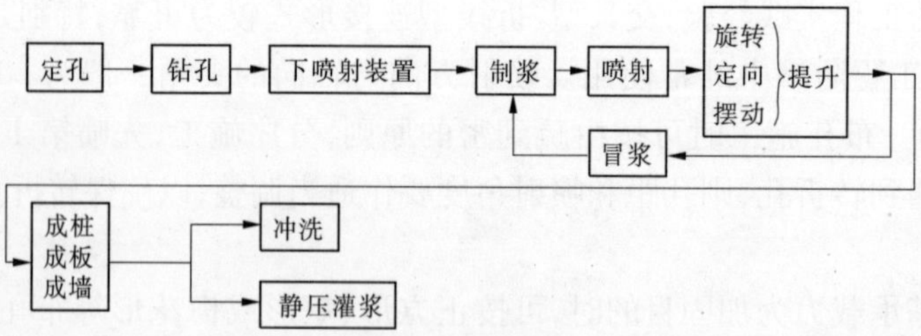

图7-16　高压喷射灌浆施工流程

(四)施工程序

施工程序大体分为钻孔、下注浆管、喷射提升、成桩或成墙,如图7-17所示。

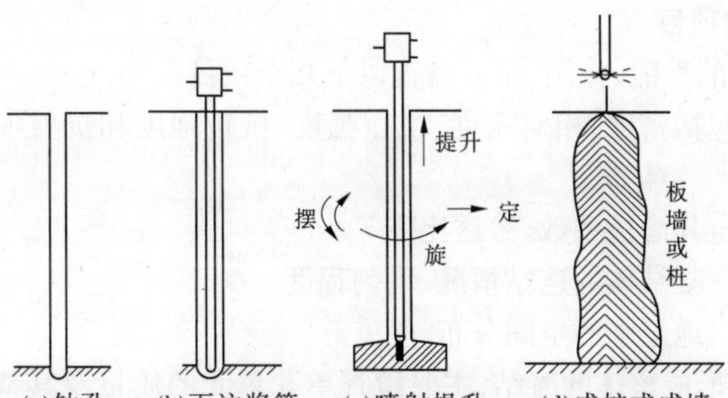

图 7-17　施工程序示意图

1. 钻孔

首先把钻机对准孔位，用水平尺掌握机身水平，垫稳、垫牢、垫平机架。控制孔位偏差不大于 1～2 cm。钻孔要深入基岩 0.5～1.0 m。钻进过程要记录完整，终孔要经值班技术员签字认可，不得擅自终孔。

严格控制孔斜，孔斜率可根据孔深经计算确定，以两孔间所形成的防渗凝结体保证结合，不留孔隙为准则。孔深大于 15 m 的，以用磨盘钻造孔为好，每钻进 3～5 m，用测斜仪量测一次，发现孔斜率超过规定应随时纠正。

2. 下喷射管

将喷射管下放到设计深度，将喷嘴对准喷射方向，不准偏斜是关键。用振动钻时，下管与钻孔合为一体进行。为防止喷嘴堵塞，可采用边低压送水、气、浆，边下管的方法，或临时加防护措施，如包扎塑料布或胶布等。

3. 喷射灌浆

当喷射管下到设计深度后，送入合乎要求的水、气、浆，喷射 1～3 min；待注入的浆液冒出后，按预定的提升、旋转、摆动速度自下而上边喷射边转动、摆动，边提升，直到设计高度，停送水、气、浆，提出喷射管。

喷射灌浆开始后，值班技术人员必须时刻注意检查注浆的流量、气量、压力，以及旋、摆、提升速度等参数是否符合设计要求，并且随时作好记录。

4. 清洗

当喷射到设计高度后，喷射完毕，应及时将各管路冲洗干净，不得留有残渣，以防堵塞，尤其是浆液系统更为重要。通常是将浆液换成水进行连续冲洗，直到管路中出现清水为止。

5. 充填

为解决凝结体顶部因浆液析水而出现的凹陷现象，每当喷射结束后，随即在喷射孔内进行静压充填灌浆，直至孔口液面不再下沉为止。

四、施工质量检查

高压喷射灌浆工程是以防渗加固为目的的地下隐蔽工程，其质量的好坏，一般不易直接观察，而必须采取必要的方法和手段进行检查。

(一)质量检查的项目

根据凝结体本身的性能、作用,主要检查以下几个项目:

(1)力学特性。包括密度、相对密度、抗压强度、抗折强度和抗剪强度、弹性模量、溶蚀性等。

(2)抗渗性。测定其渗透系数、渗透比降等。

(3)整体连续性。凝结体的连结情况、均匀程度。

(4)形状与尺寸。地层中的空间分布、厚度等。

由多个单孔喷射形成整体的凝结,主要检查单孔单元的质量及其整体的连续性和与周边建筑物连接的密闭牢固性。

作为防渗工程,主要是检查凝结体的抗渗性、抗折强度和弹性模量及检查整体的连贯密闭性。有针对性地确定其项目,并结合施工前后地层地下水位的变化、施工期间的自检和施工后的效果进行观测分析,对工程质量作出全面评价。

(二)质量检查方法

目前,国内检查的方法有室内试验、开挖检查、钻孔检查、围井检查、整体效果检查、电探及载荷试验等。

1. 室内试验

一是施工前进行浆液配比试验;二是在现场用各种方法取样,在室内进行物理力学性能测定。

2. 开挖检查

现场喷射施工完成,当凝结体具有一定强度后,选取典型部位开挖暴露凝结体,可直接描绘及用回弹仪、测波仪等进行测试,并开挖取样,深度一般为 2 ~ 3 m,取样,可检查其整体连续性、形状及尺寸等。

3. 钻孔检查

当喷射凝结体具有相当强度后,利用钻机在其上钻孔,可作三种检查(多用于旋喷桩):

(1)取出样品观察分析和加工,然后送入室内进行物理力学性能试验,检查施工质量是否达到设计要求。

(2)在钻好的凝结体内进行压水、注水试验,测定其渗透系数。

(3)对凝结体通过钻孔进行标准贯入度试验,测其坚硬密实程度。

除此之外,还可在防渗墙体上、下游钻孔进行水位或抽水观测,通过喷射灌浆前后的水位变化分析其防渗效果,通过置于防渗板墙两侧钻孔中的超声波发生接收器,也可检测防渗板墙的整体连贯性。

4. 围井检查

对于用做防渗体的定喷和摆喷板墙,多采用施工板墙一侧加喷 2 ~3 孔,与原板墙构成三边或四边形围井的方法检查。当围井待凝一定时间后,在井内打孔进行压水、注水试验。其结果将直接反映该施工段质量。由于围井后加的二面或三面板墙,质量再好也不会弥补检查施工段的缺陷或质量事故,故已成为目前较为常用的检查方法之一。围井检查示意图见图 7-18。

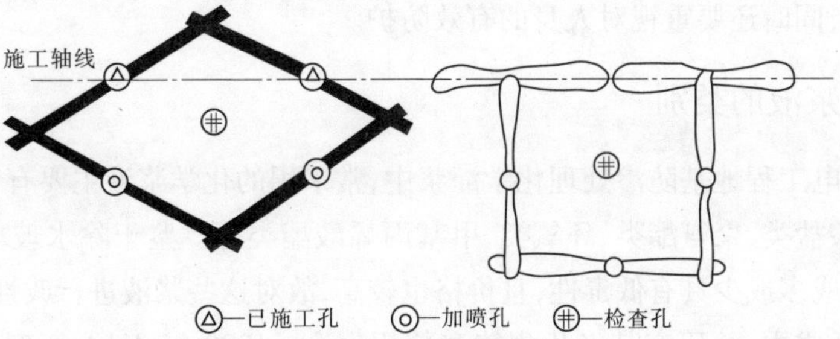

图 7-18　围井检查示意图

5. 整体效果检查

作为防渗工程，最终效果应是施工前后渗流量的变化，基坑闭气后抽水效果等，而作为地基加固工程，其最终效果应是沉降的大小。上述几种方法均是局部的、随机的，不能决定完整体处理效果。因此，施工完毕后应注意采集有关渗流资料或沉降资料，以整体防渗效果为最终验收标准。

6. 其他检查方法

配合上述方法进行强度及防渗性能检查的还有激光法、电探法和同位素法，后两种方法能间接判断集中渗漏带，渗流流速、流向，全面检查防渗处理技术的防渗效果。

第五节　化学灌浆施工

一、化学灌浆的意义和作用

化学灌浆是在水泥灌浆的基础上发展起来的一种以化学材料作为浆液的新型灌浆方法。

水泥灌浆的应用虽最为普遍，但也有一定的局限性。在某些不良地质条件下，例如断层、岩石破碎带、泥化夹层、岩石微细裂隙等，使用水泥灌浆处理，有时难以见效，而采用化学灌浆就较易解决这些问题。

防渗帷幕采用化学灌浆时，一般情况下先进行水泥灌浆，在此基础上再进行化学灌浆，这样既可提高帷幕灌浆质量，也比较经济。

二、化学浆液的特性

(1)化学浆液的黏度低，有的接近于水，灌浆效果好。

(2)化学浆液的聚合时间可以比较准确地控制，对灌浆施工非常有利。

(3)化学浆液聚合后所形成的聚合体的渗透系数很小，一般可达 $10^{-6} \sim 10^{-8}$ cm/s，或更小，抗渗性强，防渗效果好。

(4)有些化学浆液聚合体本身强度及其与岩石或混凝土的黏结强度都比较高，可承受高水头，稳定性和耐久性好。

(5)有机高分子化学浆液即使经过改性后，仍具有低毒性，使用时应特别注意，切实防止污染环境,同时还要重视对人身的有效防护。

三、化学浆液的类别

在水利水电工程地基防渗处理化学灌浆中,常采用的化学浆液主要有水玻璃类、丙烯酰胺类、丙烯酸盐类、聚氨酯类、环氧类、甲基丙烯酸酯类等。鉴于除水玻璃类外,有机高分子化学浆液或多或少具有低毒性,且价格也较高,故对这些浆液进行改性,以减除毒性,改善性能,降低成本,并研究其老化规律和使用寿命。1990 年,EAA 新型浆材(环氧类)问世,在这些方面均有所改进和创新,已取得可喜成果。

此外,我国于 20 世纪 80 年代,开展了用国产栲胶配制单宁类化学浆材的研究。经检测证实,该浆材无毒或基本无毒,但在水利水电工程地基灌浆处理方面尚未正式使用,其灌浆效果尚待验证。

四、化学灌浆的应用

目前,在大坝基岩处理方面化学灌浆仅起辅助作用,着重解决一些水泥灌浆难以见效的问题。对具有低毒性的化学浆液,原则上应尽量不用或少用。但在堵漏和混凝土裂缝灌浆处理方面,由于效果好,化学灌浆日益显示出其优越性。

五、化学灌浆施工

化学灌浆机理与水泥灌浆机理不同,化学浆液渗入地基十分缓慢,每段灌浆时间常长达十几小时,甚至几十小时。故不可采用水泥灌浆技术。

(1)化学灌浆方法。按浆液的混合方式来区分,有单液法灌浆和双液法灌浆两种。单液法灌浆施工简便,采用较多。

(2)压送浆液的动力。帷幕化学灌浆多采用电动式比例泵或其他化学浆泵进行灌注,其主要优点是能保持连续供浆。小型工程也有采用手压泵的。

(3)灌浆方式。采用纯压式。

(4)灌浆开始条件。①以灌前压水试验透水率值为准:大于某值,如 3 Lu 或 5 Lu 时,灌注水泥浆;小于某值时,则进行化学灌浆。②以在设计灌浆压力下求得孔段的注入率值为准,大于某值,例如大于 3 L/min 或 5 L/min 时,灌注水泥浆;小于某值时,进行化学灌浆。一般情况下宜采用后者。

(5)灌浆结束标准。注入率小于 0.1 L/min 或基本不吸浆时结束。为了防止灌浆时间过长,有的工程还规定了当灌浆时间达到若干小时后也可结束灌浆。

(6)浆液聚合时间的确定。这是保证灌浆质量的一个重要因素,应根据地质条件、被灌介质、灌浆目的、注入率、施工工艺等情况而定。

(7)灌浆结束后应注意的事项。剩余的废浆应倒在指定的地点,不得乱扔、乱倒,特别是不要倒入与饮用水源有联系的沟渠中,以免污染水源。

复习思考题

7-1　什么叫灌浆？

7-2　作为灌浆用的材料，应具有哪些特性？

7-3　钻进施工应注意的事项有哪些？

7-4　钻孔如何进行冲洗？

7-5　灌浆前为什么要进行压水试验？灌浆施工如何进行压水试验？

7-6　灌浆施工次序如何划分？

7-7　帷幕孔的灌浆次序如何确定？

7-8　灌浆结束的条件有哪些？

7-9　简述灌浆质量事故及处理方法。

7-10　帷幕灌浆效果如何进行检查？

7-11　灌浆处理地基的目的是什么？

7-12　灌浆施工的主要程序是什么？

7-13　固结灌浆和帷幕灌浆的目的有什么不同？

第八章 施工导流与截流

学习指导

学习目标:掌握施工导流的基本方法及适用条件,掌握施工导流方案的选择;掌握围堰的平面布置;掌握截流的方式、截流时间,截流材料种类、尺寸和数量的确定;熟悉人工降低地下水位法的相关知识。

学习重点:施工导流的方法及适用条件,施工导流方案的选择;围堰的平面布置;截流的方式、截流时间的确定,截流材料种类、尺寸和数量的确定。

在江河上修建水工建筑物,需要解决工程施工与通航、渔业、供水、灌溉及水电站运行等水资源综合利用的矛盾,对施工过程中的水流进行控制(简称施工水流控制,又称施工导流)。广义上可以概括为:采取“导、截、拦、蓄、泄”等工程措施,来解决施工和水流蓄泄之间的矛盾,把水流导向下游或拦蓄起来,避免水流对水工建筑物施工的不利影响,以保证水工建筑物的施工有一个良好的施工条件,在施工期内不影响或尽可能少影响水资源的综合利用。

施工过程中导流设计的主要任务是:周密地分析研究水文、地形、地质、水文地质、枢纽布置及施工条件等基本资料,在保证上述要求的前提下,选定导流标准,划分导流时段,确定导流设计流量;选定导流方案及导流建筑物的型式;确定导流建筑物的布置、构造及尺寸;拟订导流建筑物的修建、拆除、堵塞的施工方法以及截断河床水流、拦洪度汛及基坑排水的措施等。

第一节 施工导流方法

河床上修建水利水电工程时,为了使水工建筑物能在干地上进行施工,需要用围堰围护基坑,并将河水引向预定的泄水建筑物泄向下游,这就是施工导流。

施工导流的方法大体上分为两类:一类是全段围堰法导流(即河床外导流),另一类是分段围堰法导流(即河床内导流)。

一、全段围堰法导流

全段围堰法导流是在河床主体工程的上下游各建一道拦河围堰,使上游来水通过预先修筑的临时或永久泄水建筑物(如明渠、隧洞等)泄向下游,主体建筑物在排干的基坑中进行施工,主体工程建成或接近建成时再封堵临时泄水道。这种方法的优点是工作面大,河床内的建筑物在一次性围堰的围护下建造,如能利用水利枢纽中的永久泄水建筑物导流,可大大节约工程投资。

全段围堰法按泄水建筑物的类型不同可分为明渠导流、隧洞导流、涵管导流、渡槽导流等。

(一)明渠导流

上下游围堰一次拦断河床形成基坑,保护主体建筑物在干地上进行施工,天然河道水流经河岸或滩地上开挖的导流明渠泄向下游的导流方式称为明渠导流。

1. 明渠导流的适用条件

如坝址河床较窄,或河床覆盖层很深,分期导流困难,且具备下列条件之一者,可考虑采用明渠导流。

(1)河床一岸有较宽的台地、垭口或古河道;

(2)导流流量大,地质条件不适于开挖导流隧洞;

(3)施工期有通航、排冰、过木要求;

(4)总工期紧,不具备挖洞经验和设备。

国内外工程实践证明,在导流方案比较过程中,如明渠导流和隧洞导流均可采用,一般倾向于明渠导流,这是因为明渠开挖可采用大型设备,加快施工进度,对主体工程提前开工有利。对于施工期间河道有通航、过木和排冰要求时,明渠导流更是明显有利。

2. 导流明渠布置

导流明渠布置分在岸坡上和滩地上两种布置型式,如图 8-1 所示。

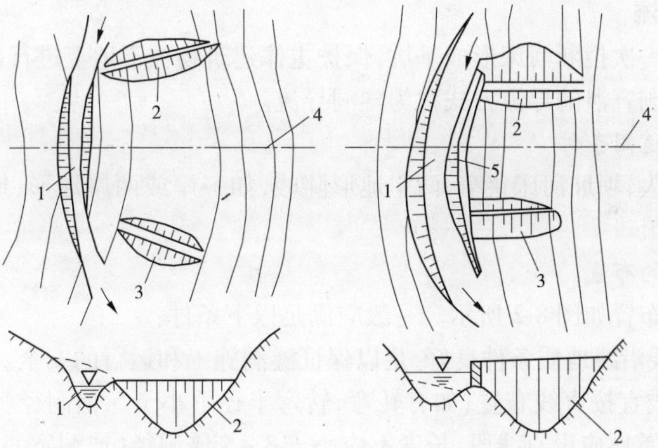

(a)在岸坡上开挖的明渠　　(b)在滩地上开挖并设有导墙的明渠

1—导流明渠;2—上游围堰;3—下游围堰;4—坝轴线;5—明渠外导墙

图 8-1　明渠导流示意图

1)导流明渠轴线的布置

导流明渠应布置在较宽台地、垭口或古河道一岸;渠身轴线要伸出上下游围堰外坡脚,水平距离要满足防冲要求,一般为 50 ~ 100 m;明渠进出口应与上下游水流相衔接,与河道主流的交角以 30°为宜;为保证水流畅通,明渠转弯半径应大于 5 倍渠底宽度;明渠轴线布置应尽可能缩短明渠长度和避免深挖方。

2)明渠进出口位置和高程的确定

明渠进出口力求不冲、不淤和不产生回流,可通过水力学模型试验调整进出口形状和位置,以达到这一目的;进口高程按截流设计选择,出口高程一般由下游消能控制;进出口高程和渠道水流流态应满足施工期通航、过木和排冰要求。在满足上述条件下,应尽可能抬高进出口高程,以减少水下开挖量。

3. 导流明渠断面设计

(1)明渠断面尺寸的确定。明渠断面尺寸由设计导流流量控制,并受地形地质和允许抗冲流速影响,应按不同的明渠断面尺寸与围堰的组合,通过综合分析确定。

(2)明渠断面形式的选择。明渠断面一般设计成梯形,渠底为坚硬基岩时,可设计成矩形。有时为满足截流和通航不同目的,也有设计成复式梯形断面的。

(3)明渠糙率的确定。明渠糙率的大小直接影响到明渠的泄水能力,而影响糙率大小的因素有衬砌的材料、开挖的方法、渠底的平整度等,可根据具体情况查阅有关手册确定。对大型明渠工程,应通过模型试验选取糙率。

4. 明渠封堵

导流明渠结构布置应考虑后期封堵要求。当施工期有通航、过木和排冰任务,明渠较宽时,可在明渠内预设闸门墩,以利于后期封堵。施工期无通航、过木和排冰任务时,应于明渠通水前,将明渠坝段施工到适当高程,并设置导流底孔和坝面口使二者联合泄流。

(二)隧洞导流

上下游围堰一次拦断河床形成基坑,保护主体建筑物在干地上进行施工,天然河道水流全部由导流隧洞宣泄的导流方式称为隧洞导流。

1. 隧洞导流适用条件

导流流量不大,坝址河床狭窄,两岸地形陡峻,如一岸或两岸地形、地质条件良好,可考虑采用隧洞导流。

2. 导流隧洞的布置

导流隧洞的布置如图 8-2 所示。一般应满足以下条件:

(1)隧洞轴线沿线地质条件良好,足以保证隧洞施工和运行的安全。

(2)隧洞轴线宜按直线布置,如有转弯,转弯半径不小于 5 倍洞径(或洞宽),转角不宜大于 60°,弯道首尾应设直线段,长度不应小于 3 ~ 5 倍洞径(或洞宽);进出口引渠轴线与河流主流方向夹角宜小于 30°。

(3)隧洞间净距、隧洞与永久建筑物间距、洞脸与洞顶围岩厚度均应满足结构和应力要求。

(4)隧洞进出口位置应保证水力学条件良好,并伸出堰外坡脚一定距离,一般距离应大于 50 m,以满足围堰防冲要求。进口高程多由截流控制,出口高程由下游消能控制,洞底按需要设计成缓坡或急坡,避免成反坡。

3. 导流隧洞断面设计

隧洞断面尺寸的大小,取决于设计流量、地质和施工条件,洞径应控制在施工技术和结构安全允许范围内,目前国内单洞断面面积多在 200 m^2 以下,单洞泄量不超过 2 000 ~ 2 500 m^3/s。

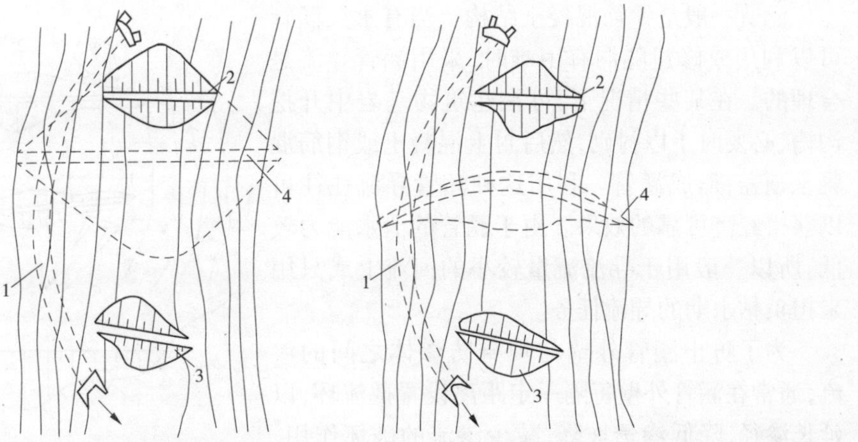

(a)土石坝枢纽　　(b)混凝土坝枢纽

1—导流隧洞;2—上游围堰;3—下游围堰;4—主坝

图 8-2　导流隧洞的布置示意图

隧洞断面形式取决于地质条件、隧洞工作状况(有压或无压)及施工条件,常用断面形式有圆形、马蹄形、方圆形,如图 8-3 所示。圆形多用于高水头处,马蹄形多用于地质条件不良处,方圆形有利于截流和施工,国内外导流隧洞采用方圆形较多。

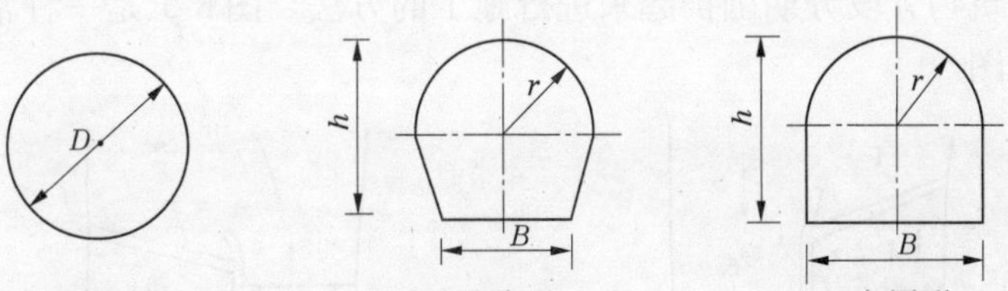

(a)圆形　　(b)马蹄形　　(c)方圆形

图 8-3　隧洞断面形式

洞身设计中,糙率 n 值的选择是十分重要的问题,糙率的大小直接影响到断面的大小,而衬砌与否、衬砌的材料和施工质量、开挖的方法和质量则是影响糙率大小的因素。一般混凝土衬砌糙率值为 0.014 ~ 0.017;不衬砌隧洞的糙率变化较大,光面爆破时为 0.025 ~ 0.032,一般炮眼爆破时为 0.035 ~ 0.044。设计时根据具体条件,查阅有关手册,选取设计的糙率值。对重要的导流隧洞工程,应通过水工模型试验验证其糙率的合理性。

导流隧洞设计应考虑后期封堵要求,布置封堵闸门门槽及启闭平台设施。有条件者,导流隧洞应与永久隧洞结合,以利于节省投资(如小浪底工程的三条导流隧洞后期将改建为三条孔板消能泄洪洞)。一般高水头枢纽工程,导流隧洞只可能与永久隧洞部分相结合,中低水头枢纽工程则有可能全部相结合。

(三)涵管导流

涵管导流一般在修筑土坝、堆石坝工程中采用。

涵管通常布置在河岸岩滩上,其位置在枯水位以上,这样可在枯水期不修围堰或只修小围堰而先将涵管筑好,然后再修上下游全断围堰,将河水引经涵管下泄,如图 8-4 所示。

涵管一般是钢筋混凝土结构。当有永久涵管可以利用或修建隧洞有困难时,采用涵管导流是合理的。在某些情况下,可在建筑物基岩中开挖沟槽,必要时予以衬砌,然后封上混凝土或钢筋混凝土顶盖,形成涵管。利用这种涵管导流往往可以获得经济可靠的效果。由于涵管的泄水能力较低,所以一般用于导流流量较小的河流上或只用来担负枯水期的导流任务。

为了防止涵管外壁与坝身防渗体之间的渗流,通常在涵管外壁每隔一定距离设置截流环,以延长渗径,降低渗透坡降,减少渗流的破坏作用。此外,必须严格控制涵管外壁防渗体的压实质量。涵管管身的温度缝或沉陷缝中的止水必须认真施工。

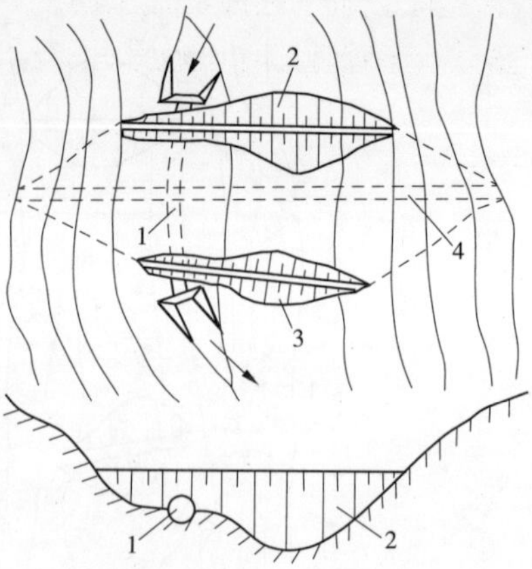

1—导流涵管;2—上游围堰;
3—下游围堰;4—土石坝

图 8-4　涵管导流示意图

二、分段围堰法导流

分段围堰法,也称分期围堰法或河床内导流,就是用围堰将建筑物分段分期围护起来进行施工的方法。图 8-5 是一种常见的分段围堰法导流布置示意图。

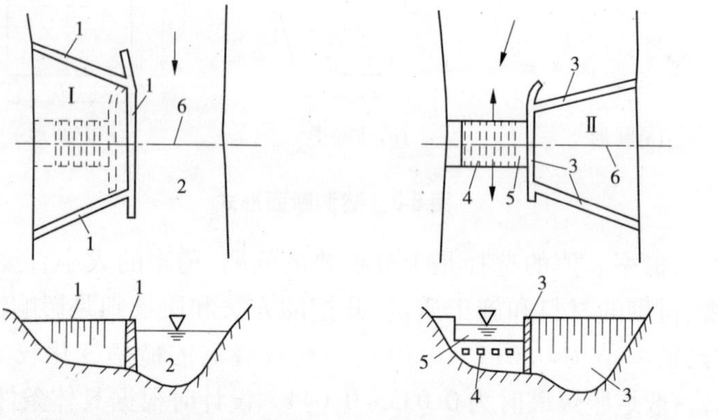

(a)一期导流(束窄河床导流)　　(b)二期导流(底孔与缺口导流)

1—一期围堰;2—束窄河床;3—二期围堰;4—导流底孔;5—坝体缺口;6—坝轴线

图 8-5　分段围堰导流布置示意图

所谓分段,就是从空间上将河床围护分成若干个干地施工的基坑段进行施工。所谓分期,就是从时间上将导流过程划分成阶段。如图 8-6 所示为导流分期和围堰分段的几种情况,从图中可以看出,导流的分期数和围堰的分段数并不一定相同,因为在同一导流分期中,建筑物可以在一段围堰内施工,也可以同时在不同段内施工。必须指出,段数分得愈多,围堰工程量愈大,施工也愈复杂;同样,期数分得愈多,工期有可能拖得愈长。因此,在工程实践中,二段二期导流法采用得最多(如葛洲坝工程、三门峡工程等都采用)。

只有在比较宽阔的通航河道上施工，不允许断航或其他特殊情况下，才采用多段多期导流法（如三峡工程施工导流就采用二段三期的导流法）。

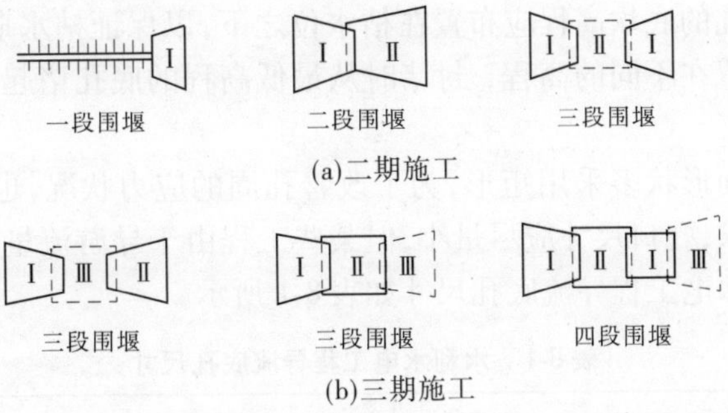

Ⅰ，Ⅱ，Ⅲ—施工分期

图 8-6　导流分期与围堰分段示意图

分段围堰法导流一般适用于河床宽阔、流量大、施工期较长的工程，尤其适用于通航河流和冰凌严重的河流上。这种导流方法的费用较低，国内外一些大、中型水利水电工程采用较广。分段围堰法导流，前期由束窄的原河道导流，后期可利用事先修建好的泄水道导流，常见泄水道的类型有底孔、缺口等。

（一）底孔导流

利用设置在混凝土坝体中的永久底孔或临时底孔作为泄水道，是二期导流经常采用的方法。导流时让全部或部分导流流量通过底孔宣泄到下游，保证后期工程的施工。如系临时底孔，则在工程接近完工或需要蓄水时要加以封堵。底孔导流的布置型式如图 8-7 所示。

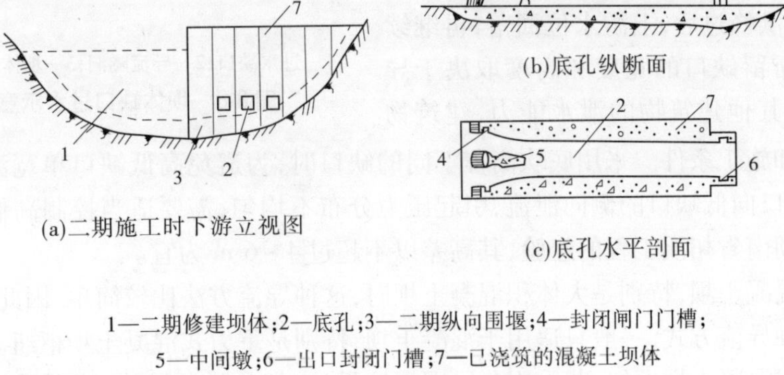

1—二期修建坝体；2—底孔；3—二期纵向围堰；4—封闭闸门门槽；
5—中间墩；6—出口封闭门槽；7—已浇筑的混凝土坝体

图 8-7　底孔导流的布置型式

采用临时底孔时，底孔的尺寸、数目和布置，要通过相应的水力学计算确定。其中，底孔的尺寸在很大程度上取决于导流的任务（过水、过船、过木和过鱼），以及水工建筑物结构特点和封堵用闸门设备的类型。底孔的布置要满足截流、围堰工程以及本身封堵等的要求。如底坎高程布置较高，截流时落差就大，围堰也高。但封堵时的水头较低，封堵措施就容易。一般底孔的底坎高程应布置在枯水位之下，以保证枯水期泄水。当底孔数目较多时可把底孔布置在不同的高程，封堵时从最低高程的底孔堵起，这样可以减少封堵时所承受的水压力。

临时底孔的断面形状多采用矩形，为了改善孔周的应力状况，也可采用有圆角的矩形。按水工结构要求，孔口尺寸应尽量小，但某些工程由于导游流量较大，只好采用尺寸较大的底孔。水利水电工程导流底孔尺寸如表 8-1 所示。

表 8-1　水利水电工程导流底孔尺寸

工程名称	底孔尺寸（宽×高）（m×m）	工程名称	底孔尺寸（宽×高）（m×m）
新安江（浙江省）	10×13	石泉（陕西省）	7.5×10.41
黄龙滩（湖北省）	8×11	白山（吉林省）	9×14.2

底孔导流的优点是：挡水建筑物上部的施工可以不受水流的干扰，有利于均衡连续施工，这对修建高坝特别有利。若坝体内设有永久底孔可以用来导流，则更为理想。底孔导流的缺点是：由于坝体内设置了临时底孔，使钢材用量增加；如果封堵质量不好，会削弱坝体的整体性，还有可能漏水；在导流过程中底孔有被漂浮物堵塞的危险；封堵时由于水头较高，安放闸门及止水等均较困难。

（二）坝体缺口导流

混凝土坝施工过程中，当汛期河水暴涨暴落，其他导流建筑物不足以宣泄全部流量时，为了不影响坝体施工进度，使坝体在涨水时仍能继续施工，可以在未建成的坝体上预留缺口，如图 8-8 所示，以便配合其他建筑物宣泄洪峰流量，待洪峰过后，上游水位回落，再继续修筑缺口。所留缺口的宽度和高度取决于导流设计流量、其他建筑物的泄水能力、建筑物的结构特点和施工条件。采用底坎高程不同的缺口时，为避免高低缺口单宽流量相差过大，产生高缺口向低缺口的侧向泄流，引起压力分布不均匀，需要适当控制高低缺口间的高差。根据湖南省柘溪工程的经验，其高差以不超过 4～6 m 为宜。

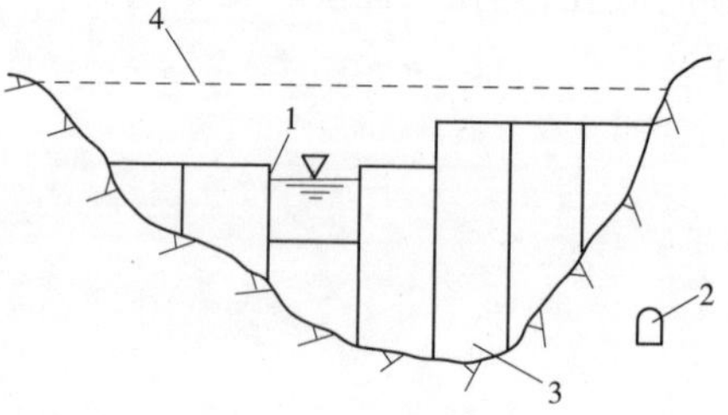

1—过水缺口；2—导流隧洞；3—坝体；4—坝顶

图 8-8　坝体缺口过水示意图

在修建混凝土坝，特别是大体积混凝土坝时，这种导流方法比较简单，因此常被采用。

上述两种导流方式，一般只适用于混凝土坝，特别是重力式混凝土坝枢纽。至于土石坝或非重力式混凝土坝枢纽，若采用分段围堰法导流，常与隧洞导流、明渠导流等河床外导流方式相结合。

上述两种导流方式，并不只适用于分段围堰法导流，在全段围堰法后期导流时，也常有采用；同样，隧洞导流和明渠导流，并不只适用于全段围堰法导流，在分段围堰法后期导流时，也常有应用。因此，选择一个工程的导流方式，必须因时因地制宜，绝不能机械地套用。

三、施工导流方案的选择

水利水电枢纽工程的施工，从开工到完建往往不是采用单一的导流方法，而是几种导流方法组合起来配合运用的，以取得最佳的技术经济效果。例如，三峡工程采用分期导流方式，分三期进行施工。第一期土石围堰围护右岸叉河，江水和船舶从主河槽通过；第二期围护主河槽，江水经导流明渠泄向下游；第三期修建碾压混凝土围堰拦断明渠，江水经由泄洪坝段的永久深孔和22个临时导流底孔下泄。这种不同导流时段不同导流方法的组合，通常就称为导流方案。

导流方案的选择受各种因素的影响。合理的导流方案，必须在周密地研究各种影响因素的基础上，拟订几个可能的方案，进行技术经济比较，从中选择技术经济指标优越的方案。

选择导流方案时考虑的主要因素如下。

（一）水文条件

河流的流量大小、水位变化的幅度、全年流量的变化情况、枯水期的长短、汛期洪水的延续时间、冬季的流冰及冰冻情况等，均直接影响导流方案的选择。一般来说，对于河床单宽流量大的河流，宜采用分段围堰法导流。对于水位变化幅度大的山区河流，可采用允许基坑淹没的导流方法，在一定时期内通过过水围堰和淹没基坑来宣泄洪峰流量。对于枯水期较长的河流，充分利用枯水期安排工程施工是完全必要的。但对于枯水期不长的河流，如果不利用洪水期进行施工，就会拖延工期。对于流冰的河流，应充分注意流冰的宣泄问题，以免流冰壅塞，影响泄流，造成导流建筑物失事。

（二）地形条件

坝区附近的地形条件，对导流方案的选择影响很大。对于河床宽阔的河流，尤其在施工期间有通航、过木要求的情况下，宜采用分段围堰法导流，当河床中有天然石岛或沙洲时，采用分段围堰法导流，更有利于导流围堰的布置，特别是纵向围堰的布置。例如，三峡水利枢纽的施工导流就曾利用了长江的中堡岛来布置一期纵向围堰，取得了良好的技术经济效果。在河段狭窄、两岸陡峻、山岩坚实的地区，宜采用隧洞导流。至于平原河道，河流的两岸或一岸比较平坦，或有河湾、老河道可以利用时，则宜采用明渠导流。

（三）工程地质及水文地质条件

河流两岸及河床的地质条件对导流方案的选择与导流建筑物的布置有直接影响。若河流两岸或一岸岩石坚硬、风化层薄，且有足够的抗压强度，则有利于选用隧洞导流。如果岩石的风化层厚且破碎，或有较厚的沉积滩地，则适合于采用明渠导流。由于河床的束窄，减小了过水断面的面积，使水流流速增大，这时为了河床不受过大的冲刷，避免把围堰基础淘空，应根据河床地质条件来决定河床可能束窄的程度。对于岩石河床，抗冲刷能力较强，河床允许束窄程度较大，甚至可达到88%，流速可增加到7.5 m/s。但对覆盖层较厚的河床，抗冲刷能力较差，其束窄程度都不到30%，流速仅允许达到3.0 m/s。此外，选择围堰型式时，基坑是否允许淹没，能否利用当地材料修筑围堰等，也都与地质条件有关。水文地质条件则对基坑排水工作和围堰型式的选择有很大关系。因此，为了更好地进行导流方案的选择,要对工程地质和水文地质勘测工作提出专门要求。

(四)水工建筑物的型式及其布置

水工建筑物的型式及其布置与导流方案相互影响，因此在决定建筑物的型式和枢纽布置时,应该同时考虑并拟订导流方案,而在选定导流方案时,又应该充分利用建筑物型式和枢纽布置方面的特点。

如果枢纽组成中有隧洞、渠道、涵管、泄水孔等永久泄水建筑物,在选择导流方案时应该尽可能加以利用。在设计永久泄水建筑物的断面尺寸并拟订其布置方案时,应该充分考虑施工导流的要求。

采用分段围堰法修建混凝土坝枢纽时,应当充分利用水电站与混凝土坝之间或混凝土坝溢流段和非溢流段之间的隔墙作为纵向围堰的一部分,以降低导流建筑物的造价。在这种情况下,对于第二期工程所修建的混凝土坝,应该核算它是否能够布置二期工程导流建筑物(底孔、预留缺口)。例如,三门峡水利枢纽溢流坝段的宽度主要就是由二期导流条件所控制的。与此同时,为了防止河床冲刷过大,还应核算河床的束窄程度,保证有足够的过水断面来宣泄施工流量。

就挡水建筑物的型式来说,土坝、土石混合坝和堆石坝的抗冲能力小,除采用特殊措施外,一般不允许从坝身过水,所以多利用坝身以外的泄水建筑物如隧洞、明渠等或坝身范围内的涵管来导流,这时,通常要求在一个枯水期内将坝身抢筑到拦洪高程以上,以免水流漫顶,发生事故。至于混凝土坝,特别是混凝土重力坝,由于抗冲能力较强,允许流速可达到 25 m/s,故不但可以通过底孔泄流,而且还可以通过未完建的坝身过水,使导流方案选择的灵活性大大增加。

(五)施工期间河流的综合利用

施工期间,为了满足通航、筏运、渔业、供水、灌溉或水电站运转等的要求,使导流问题的解决更加复杂。如前所述,在通航河流上,大多采用分段围堰法导流。要求河流在束窄以后,河宽仍能便于船只的通行,水深要与船只吃水深度相适应,束窄断面的最大流速一般不得超过 2.0 m/s,特殊情况需与当地航运部门协商研究确定。

对于浮运木筏或散材的河流,在施工导流期间,要避免木材壅塞泄水建筑物或者堵塞束窄河床。在施工中后期,水库拦洪蓄水时,要注意满足下游供水、灌溉用水和水电站运行的要求,有时为了保证渔业的要求,还要修建临时的过鱼设施,以便鱼群能洄游。

(六)施工进度、施工方法及施工场地布置

水利水电工程的施工进度与导流方案密切相关,通常是根据导流方案才能安排控制性进度计划。在水利水电枢纽施工导流过程中,对施工进度起控制作用的关键性时段主要有导流建筑物的完工期限、截断河床水流的时间、坝体拦洪的期限、封堵临时泄水建筑物的时间以及水库蓄水发电的时间等。但各项工程的施工方法和施工进度又直接影响到各时段中导流任务的合理性和可能性。例如,在混凝土坝枢纽中,采用分段围堰施工时,若导流底孔没有建成,就不能截断河床水流和全面修建第二期围堰,若坝体没有达到一定高程和没有完成基础及坝体接缝灌浆以前,就不能封堵底孔和使水库蓄水等。因此,施工方法、施工进度与导流方案三者是密切相关的。

此外,导流方案的选择与施工场地的布置亦相互影响。例如,在混凝土坝施工中,当混凝土生产系统布置在一岸时,以采用全段围堰法导流为宜。若采用分段围堰法导流,则应以混凝土生产系统所在的一岸作为第一期工程,因为这样两岸的交通运输问题比较容易解决。

在选择导流方案时,除综合考虑以上各方面因素外,还应使主体工程尽可能及早发挥效益,简化导流程序,降低导流费用,使导流建筑物既简单易行,又适用可靠。

第二节　围堰工程

围堰是导流工程中临时的挡水建筑物,用来围护施工中的基坑,保证水工建筑物能在干地上进行施工。在导流任务结束后,如果围堰对永久建筑物的运行有妨碍或没有考虑作为永久建筑物的一部分时,应予拆除。

水利水电工程中经常采用的围堰,按其所使用的材料,可以分为土石围堰、混凝土围堰、钢板桩格形围堰和草土围堰等。

按围堰与水流方向的相对位置,可以分为横向围堰和纵向围堰。

按导流期间基坑淹没条件,可以分为过水围堰和不过水围堰。过水围堰除需要满足一般围堰的基本要求外,还要满足围堰顶过水的专门要求。

选择围堰型式时,必须根据当时当地的具体条件,在满足下述基本要求的原则下,通过技术经济比较加以选定:

(1)具有足够的稳定性、防渗性、抗冲性和一定的强度;

(2)造价低,构造简单,修建、维护和拆除方便;

(3)围堰的布置应力求使水流平顺,不发生严重的水流冲刷;

(4)围堰接头和岸边连接都要安全可靠,不至于因集中渗漏等破坏作用而引起围堰失事;

(5)有必要时应设置抵抗冰凌、船筏的冲击和破坏的设施。

一、围堰的基本型式和构造

(一)土石围堰

土石围堰是水利水电工程中采用最为广泛的一种围堰形式,如图 8-9 所示。它是用当地材料填筑而成的围堰,不仅可以就地取材和充分利用开挖弃料作围堰填料,而且构造简单,施工方便,易于拆除,工程造价低,可以在流水中、深水中、岩基或有覆盖层的河床上修建。但其工程量较大,堰身沉陷变形也较大,如柘溪水电站的土石围堰一年中累计沉陷量最大达 40.1 cm,为堰高的 1.75%,一般为 0.8%~1.5%。

因土石围堰断面较大,一般用于横向围堰,但在宽阔河床的分期导流中,由于围堰束窄河床增加的流速不大,也可作为纵向围堰,但需注意防冲设计,以保围堰安全。

土石围堰的设计与土石坝基本相同,但其结构型式在满足导流期正常运行的情况下应力求简单,便于施工。

(二)混凝土围堰

混凝土围堰的抗冲与防渗能力强,挡水水头高,底宽小,易于与永久混凝土建筑物相

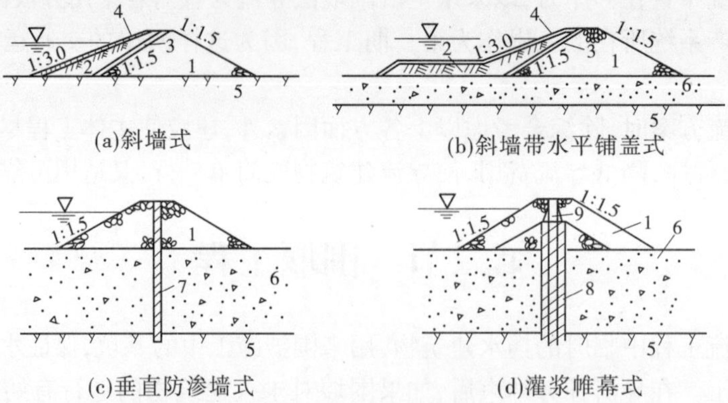

1—堆石体;2—黏土斜墙、铺盖;3—反滤层;4—护面;5—隔水层;
6—覆盖层;7—垂直防渗墙;8—灌浆帷幕;9—黏土心墙

图 8-9　土石围堰

连接,必要时还可以过水,因此应用比较广泛。在国外,采用拱形混凝土围堰的工程较多。近年,国内贵州省的乌江渡、湖南省凤滩等水利水电工程也采用过以拱形混凝土围堰作为横向围堰,但多数还是以重力式围堰作纵向围堰,如我国的三门峡、丹江口、三峡工程的混凝土纵向围堰均为重力式混凝土围堰。

1. 拱形混凝土围堰

拱形混凝土围堰(见图 8-10),一般适用于两岸陡峻、岩石坚实的山区河流,常采用隧洞及允许基坑淹没的导流方案。通常围堰的拱座是在枯水期的水面以上施工的。对围堰的基础处理,当河床的覆盖层较薄时需进行水下清基,若覆盖层较厚,则可灌注水泥浆防渗加固。堰身的混凝土浇筑则要进行水下施工,因此难度较高。在拱基两侧要回填部分砂砾料以利于灌浆,形成阻水帷幕。

拱形混凝土围堰由于利用了混凝土抗压强度高的特点,与重力式围堰相比,断面较小,可节省混凝土工程量。

2. 重力式混凝土围堰

采用分段围堰法导流时,重力式混凝土围堰往往可兼作第一期和第二期纵向围堰,两侧均能挡水,还能作为永久建筑物的一部分,如隔墙、导墙等。

重力式围堰可做成普通的实心式,与非溢流重力坝类似。也可做成空心式,三门峡工程的纵向围堰如图 8-11 所示。

纵向围堰需抗御高速水流的冲刷,所以一般均修建在岩基上。为保证混凝土的施工质量,一般可将围堰布置在枯水期出露的岩滩上。如果这样还不能保证干地施工,则通常需另修土石低水围堰加以围护。

重力式混凝土围堰现在有普遍采用碾压混凝土浇筑的趋势,如三峡工程三期导流横向围堰及纵向围堰均采用碾压混凝土。

(三)钢板桩格形围堰

钢板桩格形围堰是重力式挡水建筑物,由一系列彼此相接的格体构成。按照格体的平面形状,可分为筒形格体、扇形格体和花瓣形格体。这些形式适用于不同的挡水高度,应用较多的是圆筒形格体。图 8-12 所示为钢板桩格形围堰的平面示意图。它是由许多钢板桩通过锁口互相连接而成为格形整体。钢板桩的锁口有握裹式、互握式和倒钩式三种(见图 8-13)。格体内填充透水性强的填料,如砂、砂卵石或石渣等。在向格体内进行填料时,必须保持各格体内的填料表面大致均衡上升,因高差太大会使格体变形。

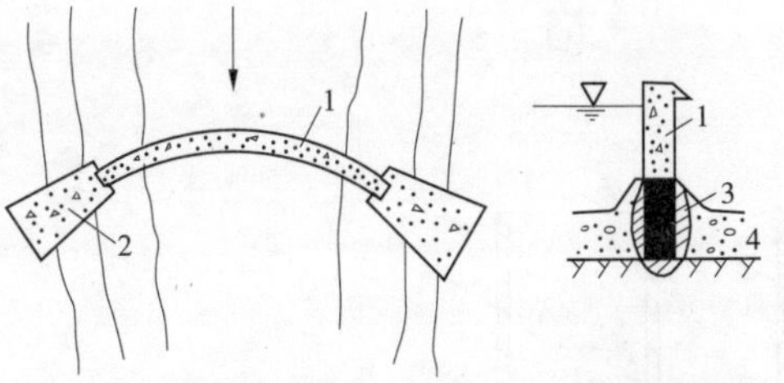

(a)平面图　　(b)横断面图

1—拱身;2—拱座;3—灌浆帷幕;4—覆盖层

图 8-10　拱形混凝土围堰

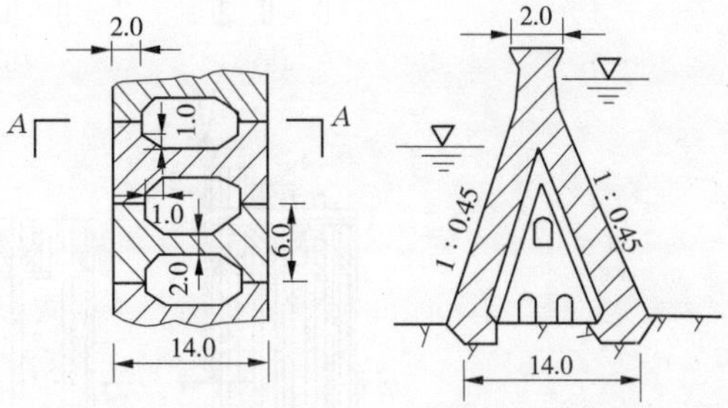

(a)平面图　　(b)A—A剖面

图 8-11　三门峡工程的纵向围堰(单位:m)

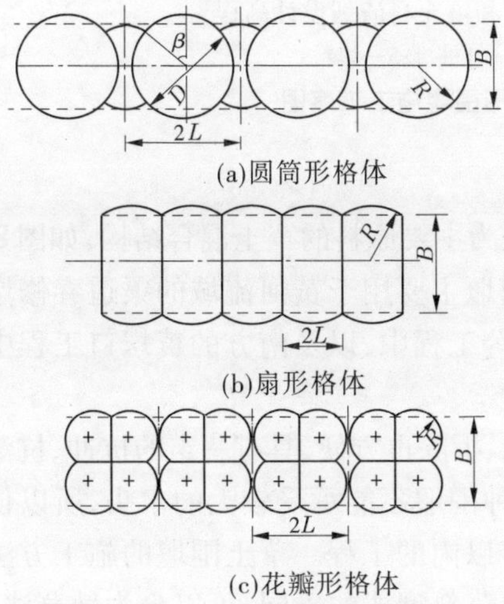

(a)圆筒形格体

(b)扇形格体

(c)花瓣形格体

图 8-12　钢板桩格形围堰平面示意图

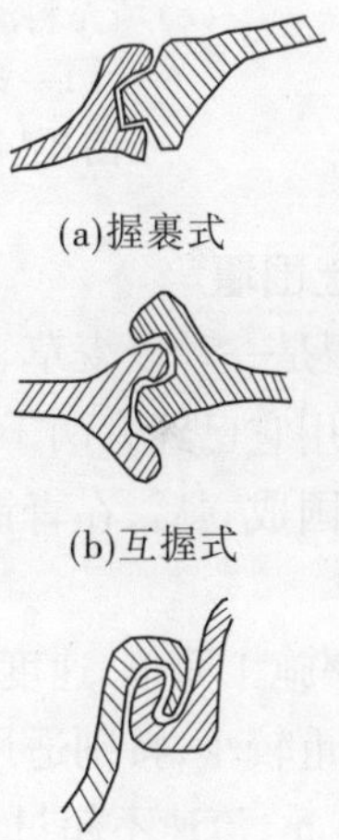

(a)握裹式

(b)互握式

(c)倒钩式

图 8-13　钢板桩锁口示意图

钢板桩格形围堰具有坚固、抗冲、防渗、围堰断面小,便于机械化施工等优点;钢板桩的回收率高,可达 70% 以上。尤其适用于束窄度大的河床段作为纵向围堰,但由于需要大量的钢材,且施工技术要求高,我国目前仅应用于大型工程中。

圆筒形格体钢板桩格形围堰,一般适用的挡水高度小于 15 ~ 18 m,可以建在岩基上或非岩基上,也可作为过水围堰用。

圆筒形格体钢板桩格形围堰的修建由定位、打设模架支柱、模架就位、安插钢板桩、打设钢板桩、填充料渣、取出模架及其支柱和填充料渣到设计高程等工序组成(见图 8-14)。圆筒形格体钢板桩格形围堰一般需在流水中修筑,受水位变化和水面波动的影响较大,施工难度较大。

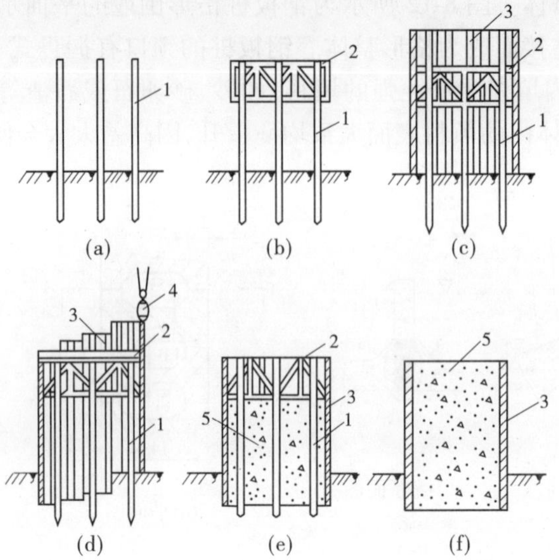

(a)定位、打设模架支柱;(b)模架就位;(c)安插钢板桩;(d)打设钢板桩;

(e)填充料渣;(f)取出模架及其支柱和填充料渣到设计高程

1—支柱;2—模架;3—钢板桩;4—打桩机;5—填料

图 8-14　圆筒形格体钢板桩格形围堰施工工序图

(四)草土围堰

草土围堰是一种以麦草、稻草、芦柴、柳枝和土为主要原料的草土混合结构,如图 8-15 所示,我国运用它已经有两千多年的历史。这种围堰主要用于黄河流域的渠道春修堵口工程中,新中国成立后,在青铜峡、盐锅峡、八盘峡等工程中,以及南方的黄坛口工程中均得到应用。

草土围堰施工简单、速度快、取材容易、造价低、拆除也方便,具有一定的抗冲、抗渗能力,堰体的容重较小,特别适用于软土地基。但这种围堰不能承受较大的水头,所以仅限水深不超过 6 m、流速不超过 3.5 m/s、使用期 2 年以内的工程。草土围堰的施工方法比较特殊,就其实质来说也是一种进占法。按其所用草料型式的不同,可以分为散草法、捆草法、埽捆法三种。按其施工条件可分为水中填筑和干地填筑两种。由于草土围堰本身的特点,水中填筑质量比干填法容易保证,这是与其他围堰所不同的,实践中的草土围堰,普遍采用捆草法施工。图 8-16 为草土围堰施工示意图。

二、围堰的平面布置

围堰的平面布置主要包括围堰内基坑范围确定和围堰轮廓布置两个问题。

(一)围堰内基坑范围确定

围堰内基坑范围大小主要取决于主体工程的轮廓和相应的施工方法。当采用一次拦断法导流时,围堰基坑是由上下游围堰和河床两岸围成的。当采用分期导流时,围堰基坑是由纵向围堰与上下游横向围堰围成的。在上述两种情况下,上下游横向围堰的布置,都取决于主体工程的轮廓。通常基坑坡趾到主体工程轮廓的距离,不应小于 20 ~ 30 m,以便布置排水设施、交通运输道路、堆放材料和模板等,如图 8-17 所示。至于基坑开挖边坡的大小,则与地质条件有关。

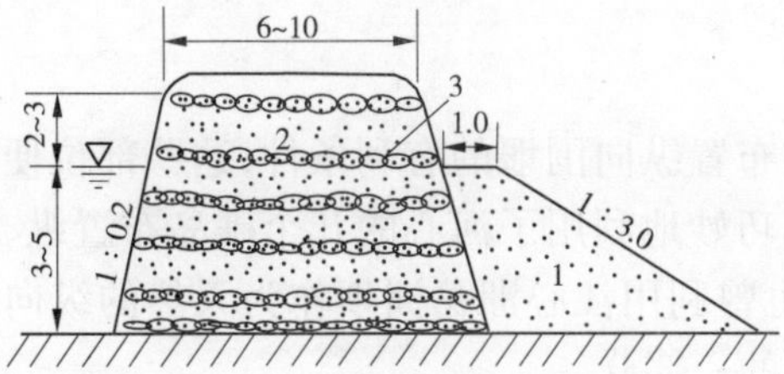

1—戗土;2—土料;3—草捆

图 8-15　草土围堰断面　(单位:m)

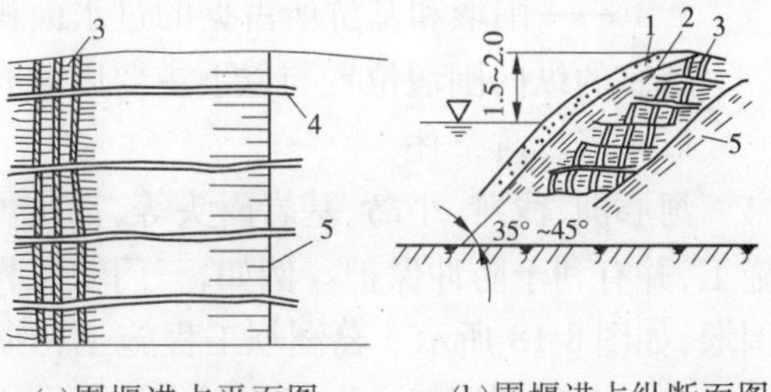

(a)围堰进占平面图　(b)围堰进占纵断面图

1—黏土;2—散草;3—草捆; 4—草绳;5—河岸线或堰体

图 8-16　草土围堰施工示意图　(单位:m)

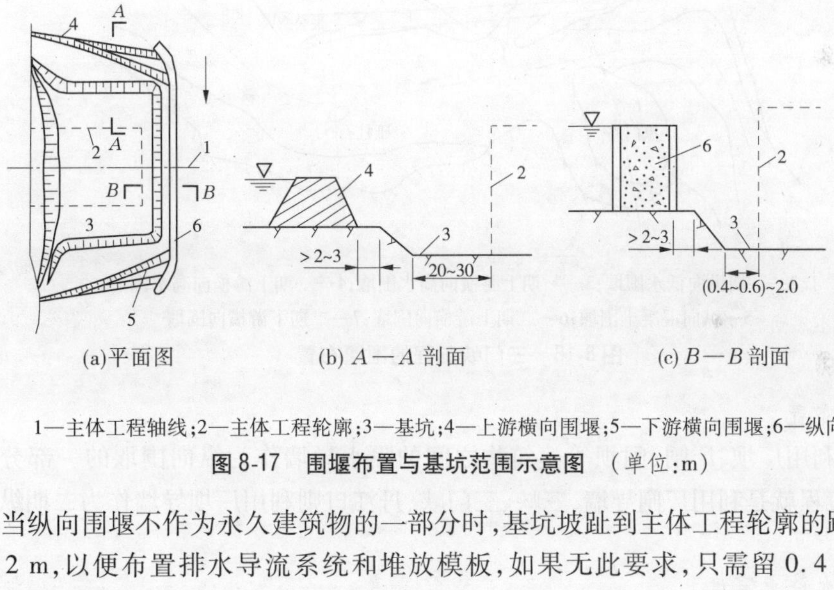

(a)平面图　(b) $A—A$ 剖面　(c) $B—B$ 剖面

1—主体工程轴线;2—主体工程轮廓;3—基坑;4—上游横向围堰;5—下游横向围堰;6—纵向围堰

图 8-17　围堰布置与基坑范围示意图　(单位:m)

当纵向围堰不作为永久建筑物的一部分时,基坑坡趾到主体工程轮廓的距离,一般不小于 2 m,以便布置排水导流系统和堆放模板,如果无此要求,只需留 0.4 ~ 0.6 m,如图 8-17(c)所示。

实际工程的基坑形状和大小往往是很不相同的。有时可以利用地形以减少围堰的高度和长度;有时为了照顾个别建筑物施工的需要,将围堰轴线布置成折线形;有时为了避开岸边较大的溪沟,也采用折线布置。为了保证基坑开挖和主体建筑物的正常施工,基坑范围应当留有一定富余。

(二)分期导流纵向围堰布置

在分期导流方式中,纵向围堰布置是施工中的关键问题, 选择纵向围堰位置,实际上就是要确定适宜的河床束窄度。束窄度就是天然河流过水面积被围堰束窄的程度,一般可用下式表示:

$$K = \frac{A_2}{A_1} \times 100\% \tag{8-1}$$

式中 K——河床的束窄程度(%),一般取值为47%~68%;

A_1——原河床的过水面积,m^2;

A_2——围堰和基坑所占据的过水面积,m^2。

适宜的纵向围堰位置与以下主要因素有关。

1. 地形地质条件

河心洲、浅滩、小岛、基岩露头等,都是可供布置纵向围堰的有利条件,这些部位便于施工,并有利于防冲保护。例如,三门峡工程曾巧妙地利用了河心的几个礁岛布置纵、横围堰,如图8-18所示。葛洲坝工程施工初期,也曾利用江心洲葛洲坝作为天然的纵向围堰。三峡工程利用江心洲三斗坪作为纵向围堰的一部分。

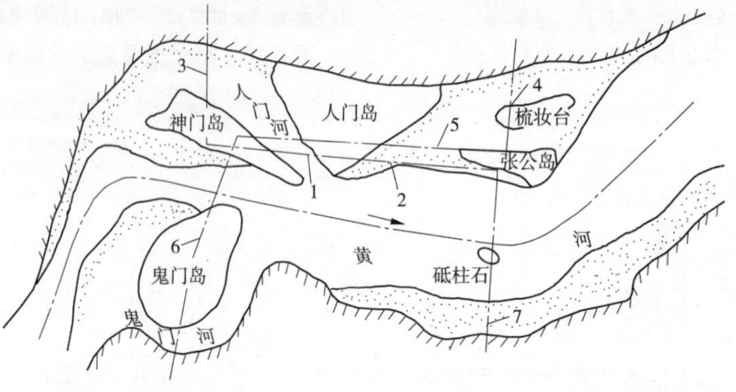

1、2——一期纵向低水围堰;3——一期上游横向高水围堰;4——一期下游横向高水围堰;5—纵向混凝土围堰;6—二期上游横向围堰;7—二期下游横向围堰

图8-18 三门峡工程的围堰布置

2. 水工布置

尽可能利用厂坝、厂闸、闸坝等建筑物之间的隔水导墙作为纵向围堰的一部分。例如,葛洲坝工程就是利用厂闸导墙,三峡、三门峡、丹江口则利用厂坝导墙作为二期纵向围堰的一部分。

3. 河床允许束窄度

允许束窄度主要与河床地质条件和通航要求有关。对于非通航河道,如河床易冲刷,一般均允许河床产生一定程度的变形,只要能保证河岸、围堰堰体和基础免受淘刷即可。束窄流速常可允许达到3 m/s左右,岩石河床允许束窄度主要视岩石的抗冲流速而定。

对于一般性河流和小型船舶,当缺乏具体研究资料时,可参考以下数据:当流速小于2.0 m/s时,机动木船可以自航;当流速小于3.0~3.5 m/s,且局部水面集中落差不大于0.5 m时,拖轮可自航;木材流放最大流速可考虑为3.5~4.0 m/s。

4. 导流过水要求

进行一期导流布置时,不但要考虑束窄河道的过水条件,而且还要考虑二期截流与导流的要求。主要应考虑的问题是,一期基坑中能否布置下宣泄二期导流流量的泄水建筑物,由一期转入二期施工时的截流落差是否太大。

5.施工布局的合理性

各期基坑中的施工强度应尽量均衡。一期工程施工强度可比二期低些,但不宜相差太悬殊。如有可能,分期分段数应尽量少一些。导流布置应满足总工期的要求。

以上五个方面,仅仅是选择纵向围堰位置时应考虑的主要问题。如果天然河槽呈对称形状,没有明显有利的地形地质条件可供利用,可以通过经济比较方法选定纵向围堰的适宜位置,使一、二期总的导流费用最小。

分期导流时,上下游围堰一般不与河床中心线垂直,围堰的平面布置常呈梯形,既可使水流顺畅,同时也便于运输道路的布置和衔接。当采用一次拦断法导流时,上下游围堰不存在突出的绕流问题,为了减少工程量,围堰多与主河道垂直。

纵向围堰的平面布置形状,对于过水能力有较大影响。但是,围堰的防冲安全,通常比前者更重要。实践中常采用流线型和挑流式布置。

三、围堰的拆除

围堰是临时建筑物,导流任务完成后,应按设计要求拆除,以免影响永久建筑物的施工及运转。例如,在采用分段围堰法导流时,第一期横向围堰的拆除,如果不合要求,势必会增加上下游水位差,从而增加截流工作的难度,增大截流料物的重量及数量。这类经验教训在国内外是不少的,如苏联的伏尔谢水电站截流时,上下游水位差是 1.88 m,其中由于引渠和围堰没有拆除干净,造成的水位差就有 1.73 m。又如下游围堰拆除不干净,会抬高尾水位,影响水轮机的利用水头,浙江省富春江水电站曾受此影响,降低了水轮机出力,造成不应有的损失。

土石围堰相对来说断面较大,拆除工作一般在运行期限的最后一个汛期过后,随上游水位的下降,逐层拆除围堰的背水坡和水上部分,如图 8-19 所示。但必须保证依次拆除后所残留的断面,能继续挡水和维持稳定,以免发生安全事故,使基坑过早淹没,影响施工。土石围堰的拆除一般可用挖土机或爆破开挖等方法。

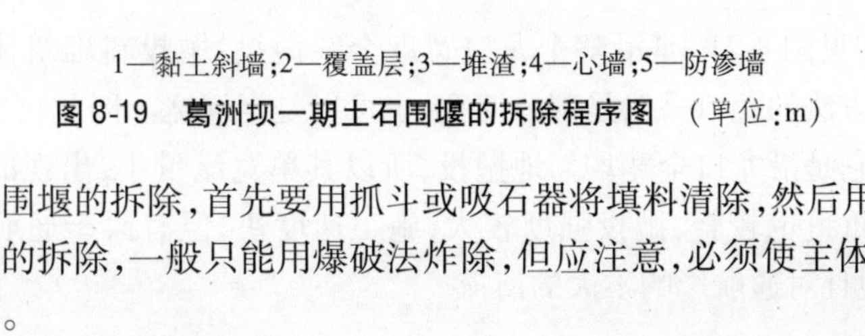

1—黏土斜墙;2—覆盖层;3—堆渣;4—心墙;5—防渗墙

图 8-19 葛洲坝一期土石围堰的拆除程序图 (单位:m)

钢板桩格形围堰的拆除,首先要用抓斗或吸石器将填料清除,然后用拔桩机起拔钢板桩。混凝土围堰的拆除,一般只能用爆破法炸除,但应注意,必须使主体建筑物或其他设施不受爆破危害。

第三节　截流工程

施工导流过程中，当导流泄水建筑物建成后，应抓住有利时机，迅速截断原河床水流，迫使河水经完建的导流泄水建筑物下泄，然后在河床中全面展开主体建筑物的施工，这就是截流工程。

截流过程一般为：先在河床的一侧或两侧向河床中填筑截流戗堤，逐步缩窄河床，称为进占。戗堤进占到一定程度，河床束窄，形成流速较大的泄水缺口叫龙口。为了保证龙口两侧堤端和底部的抗冲稳定，通常采取工程防护措施，如抛投大块石、铅丝笼等，这种防护堤端叫裹头。封堵龙口的工作叫合龙。合龙以后，龙口段及戗堤本身仍然漏水，必须在戗堤全线设置防渗设施，这一工作叫闭气。所以，整个截流过程包括戗堤进占、龙口裹头及护底、合龙、闭气等四项工作。截流后，对戗堤进一步加高培厚，修筑成设计围堰。

由此可见，截流在施工中占有重要地位，如不能按时完成，就会延误整个建筑物施工，河槽内的主体建筑物就无法施工，甚至可能拖延工期一年，所以在施工中常将截流作为关键性工程。为了截流成功，必须充分掌握河流的水文、地形、地质等条件，掌握截流过程中水流的变化规律及其影响。做好周密的施工组织，在狭小的工作面上用较大的施工强度在较短的时间内完成截流。

一、截流的方式

截流的基本方式有立堵法与平堵法两种。

（一）立堵法

立堵法截流（见图 8-20）是将截流材料从龙口一端向另一端或从两端向中间抛投进占，逐渐束窄龙口，直至全部拦断。

立堵法截流不需架设浮桥，准备工作比较简单，造价较低。但截流时水力条件较为不利，龙口单宽流量较大，出现的流速也较大，同时水流绕截流戗堤端部使水流产生强烈的立轴旋涡，在水流分离线附近造成紊流，易造成河床冲刷，且流速分布很不均匀，需抛投单个重量较大的截流材料。截流时由于工作前线狭窄，抛投强度受到限制。立堵法截流适用于大流量、岩基或覆盖层较薄的岩基河床，对于软基河床应采取护底措施后才能使用。

立堵法截流又分为单戗、双戗和多戗立堵截流，单戗适用于截流落差不超过 3 m 的情况。

（二）平堵法

平堵法截流（见图 8-21）是沿整个龙口宽度全线抛投，抛投料堆筑体全面上升，直至露出水面。这种方法的龙口一般是部分河宽，也可以是全河宽。因此，合龙前必须在龙口架设浮桥。由于它是沿龙口全宽均匀地抛投，所以其单宽流量小，出现的流速也较小，需要的单个材料的重量也较轻，抛投强度较大，施工速度快，但有碍于通航，适用于软基河床、河流架桥方便且对通航影响不大的河流。

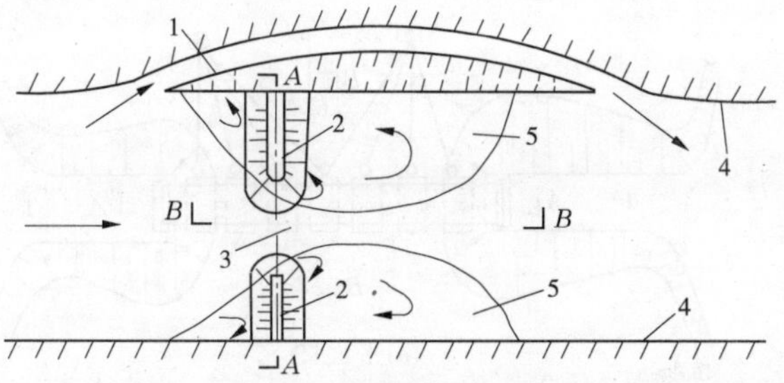

(a)双向进占

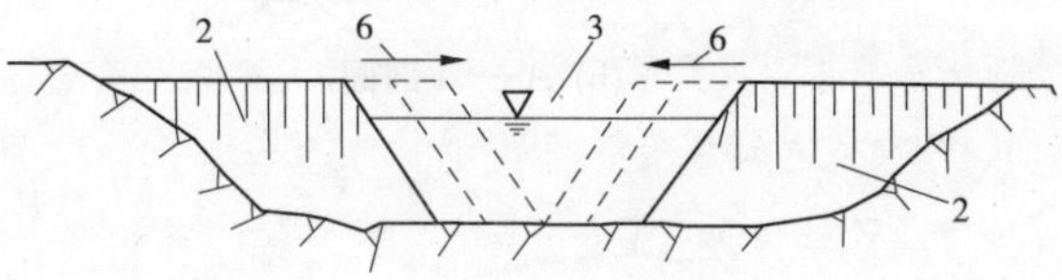

(b) A—A 剖面

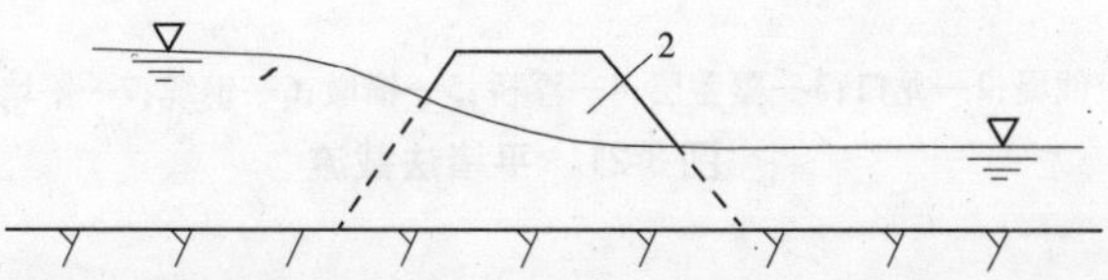

(c) B — B 剖面

1—分流建筑物;2—截流戗堤;3—龙口;4—河岸;5—回流区;6—进占方向

图 8-20　立堵法截流

(三)综合方式

1. 立平堵

为了充分发挥平堵水力学条件较好的优点,同时又降低架桥的费用,有的工程采用先立堵,后在栈桥上平堵的方式。苏联布拉茨克水电站,在截流流量 3 600 m^3/s、最大落差 3.5 m 的条件下,先立堵进占,缩窄龙口至 100 m,然后利用管柱栈桥全面平堵合龙。

多瑙河上的铁门工程,经过方案比较,决定采取立平堵方式,立堵进占结合管柱栈桥平堵。立堵段首先进占,完成长度 149.5 m,平堵段龙口 100 m,由栈桥上抛投完成截流,最终落差达 3.72 m。

2. 平立堵

对于软基河床,单纯立堵易造成河床冲刷,宜采用先平抛护底,再立堵合龙的方式,平抛多利用驳船进行。我国青铜峡、丹江口、大化及葛洲坝等工程均采用此法,三峡工程在二期大江截流时也采用了该方法,取得了满意的效果。由于护底均为局部性,故这类工程本质上同属立堵法截流。

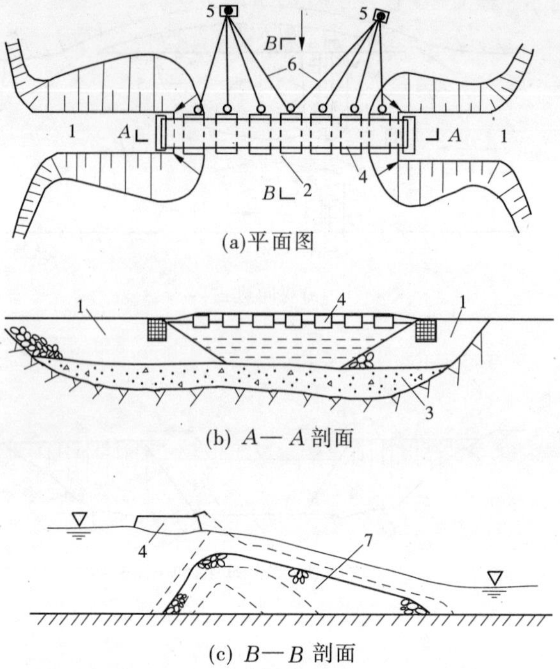

1—截流戗堤;2—龙口;3—覆盖层;4—浮桥;5—锚墩;6—钢缆;7—平堵截流抛石体

图 8-21　平堵法截流

二、截流时间的确定

截流时间应根据枢纽工程施工控制性进度计划或总进度计划决定,至于时段选择,一般应考虑以下原则,经过全面分析比较而定:

(1)尽可能在较小流量时截流,但必须全面考虑河道水文特性和截流应完成的各项控制工程量,合理使用枯水期。

(2)对于具有通航、灌溉、供水、过木等特殊要求的河道,应全面兼顾这些要求,尽量使截流对河道综合利用的影响最小。

(3)有冰冻河流,一般不在流冰期截流,避免截流和闭气工作复杂化,如特殊情况必须在流冰期截流应有充分论证,并有周密的安全措施。

根据以上所述,截流时间应根据河流水文特征、气候条件、围堰施工及通航过木等因素综合分析确定,一般多选在枯水期初,流量已有显著下降的时候,严寒地区应尽量避开河道流冰及封冻期。

三、截流材料种类、尺寸和数量的确定

(一)材料种类选择

截流时采用当地材料在我国已有悠久的历史,主要有块石、石串、装石竹笼等。此外,当截流水力条件较差时,还须采用混凝土块体。

石料容重较大，抗冲能力强，一般工程较易获得，而且通常也比较经济。因此，凡有条件者，均应优先选用石块截流。

在大中型工程截流中，混凝土块体的运用较普遍。这种人工块体制作、使用方便，抗冲能力强，故为许多工程采用(如三峡工程、葛洲坝工程等)。

在中小型工程截流中，因受起重运输设备能力限制，所采用的单个石块或混凝土块体的重量不能太大。石笼(如竹笼、铅丝笼、钢筋笼)或石串，一般使用在龙口水力条件不利的条件下。大型工程中除石笼、石串外，也采用混凝土块体串。某些工程，因缺乏石料，或河床易冲刷，也可根据当地条件采用梢捆、草土等材料截流。

(二)材料尺寸的确定

采用块石和混凝土块体截流时，所需材料尺寸可通过水力计算初步确定，然后考虑该工程可能拥有的起重运输设备能力，作出最后抉择。

(三)材料数量的确定

1. 不同粒径材料数量的确定

无论是平堵截流还是立堵截流，原则上可以按合龙过程中水力参数的变化来计算相应的材料粒径和数量。常用的方法是将合龙过程按高程(平堵)或宽度(立堵)划分成若干区段，然后按分区最大流速计算出所需材料的粒径和数量。实际上，每个区段也不是只用一种粒径材料，所以设计中均参照国内外已有工程经验来决定不同粒径材料的比例。例如，平堵截流时，最大粒径材料数量可按实际使用区段($Z=0.42Z_{max}\sim0.6Z_{max}$)考虑，也可按最大流速出现时起，直到戗堤出水时所用材料总量的70%~80%考虑。立堵截流时，最大粒径材料数量，常按困难区段抛投总量的1/3考虑。根据国内外十几个工程的截流资料统计，特殊材料数量占合龙段总工程量的10%~30%，一般为15%~20%。如仅按最终合龙段统计，特殊材料所占比例约为60%。

2. 备料量

备料量的计算，可以设计戗堤体积为准，另外还得考虑各项损失。平堵截流的设计戗堤体积计算比较复杂，需按戗堤不同阶段的轮廓计算。立堵截流戗堤断面为梯形，设计戗堤体积计算比较简单。戗堤顶宽视截流施工需要而定，通常取10~18 m者较多，可保证2~3辆汽车同时卸料。

备料量的多少取决于对流失量的估计。实际工程的备料量与设计用量之比多为1.3~1.5，个别工程达到2.0。例如，铁门工程达到1.35，青铜峡采用1.5，实际合龙后还剩下很多材料。因此，初步设计时备料系数不必取得过大，实际截流前夕，可根据水情变化适当调整。

(四)分区用料规划

在合龙过程中，必须根据龙口的流速流态变化采用相应的抛投技术和材料。这一点在截流规划时就应予以考虑。在截流中，合理地选择截流材料的尺寸或质量，对于截流的成败和截流费用的节省具有重大意义。截流材料的尺寸或质量取决于龙口的流速。各种不同材料的适用流速，即抵抗水流冲动的经验流速列于表8-2中。

表 8-2 截流材料的适用流速

截流材料	适用流速 (m/s)	截流材料	适用流速 (m/s)
土料	0.5~0.7	3 t 重大块石或钢筋石笼	3.5
20~30 kg 重石块	0.8~1.0	4.5 t 混凝土六面体	4.5
50~70 kg 重石块	1.2~1.3	5 t 重大块石、大石串或钢筋石笼	4.5~5.5
麻袋装土(0.7 m×0.4 m×0.2 m)	1.5	12~15 t 重混凝土四面体	7.2
ϕ0.5 m×2 m 装石竹笼	2.0	20 t 重混凝土四面体	7.5
ϕ0.6 m×4 m 装石竹笼	2.5~3.0	ϕ1.0 m×15 m 柴石枕	7~8
ϕ0.8 m×6 m 装石竹笼	3.5~4.0		

第四节 基坑排水

修建水利水电工程时，在围堰合龙闭气以后，就要排除基坑内的积水和渗水，以保持基坑处于基本干燥状态，以利于基坑开挖、地基处理及建筑物的正常施工。

基坑排水工作按排水时间及性质，一般可分为：①基坑开挖前的初期排水，包括基坑积水、基坑积水排除过程中的围堰堰体与基础渗水、堰体及基坑覆盖层中的含水量以及可能出现的降水的排除；②基坑开挖及建筑物施工过程中的经常性排水，包括围堰和基坑渗水、降水以及施工弃水量的排除。如按排水方法分，有明式排水和人工降低地下水位两种。

一、明式排水

（一）排水量的确定

1.初期排水量估算

初期排水主要包括基坑积水、围堰与基坑渗水两大部分。对于降雨，因为初期排水是在围堰或截流戗堤合龙闭气后立即进行的，通常是在枯水期内，而枯水期降雨很少，所以一般可不予考虑。除积水和渗水外，有时还需考虑填方和基础中的饱和水。

初期排水渗透流量原则上可按有关公式计算。但是，初期排水时的渗流量估算往往很难符合实际。因为，此时还缺乏必要的资料。通常不单独估算渗流量，而将其与积水排除流量合并在一起，依靠经验估算初期排水总流量 Q

$$Q = Q_1 + Q_s = k\frac{V}{T} \tag{8-2}$$

式中 Q_1——积水排除的流量，m^3/s；

Q_s——渗水排除的流量，m^3/s；

V——基坑积水体积，m^3；

T——初期排水时间，s；

k——经验系数，主要与围堰种类、防渗措施、地基情况、排水时间等因素有关，根据国外一些工程的统计，$k=4\sim10$。

基坑积水体积可按基坑积水面积和积水水深计算,这是比较容易的。但是初期排水时间 T 的确定就比较复杂,初期排水时间 T 主要受基坑水位下降速度的限制,基坑水位的允许下降速度视围堰种类、地基特性和基坑内水深而定。水位下降太快,则围堰或基坑边坡中动水压力变化过大,容易引起坍坡。下降太慢,则影响基坑开挖时间。一般认为,土围堰的基坑水位下降速度应限制在0.5~0.7 m/昼夜,木笼及板桩围堰等应小于1.0~1.5 m/昼夜。初期排水时间,大型基坑一般可采用5~7 d,中型基坑一般不超过3~5 d。

通常,当填方和覆盖层体积不太大,在初期排水且基础覆盖层尚未开挖时,可以不必计算饱和水的排除。如需计算,可按基坑内覆盖层总体积和孔隙率估算饱和水总水量。

按以上方法估算初期排水流量,选择抽水设备后,往往很难符合实际。在初期排水过程中,可以通过试抽法进行校核和调整,并为经常性排水计算积累一些必要资料。试抽时如果水位下降很快,则显然是所选择的排水设备容量过大,此时应关闭一部分排水设备,使水位下降速度符合设计规定。试抽时若水位不变,则显然是设备容量过小或有较大渗漏通道存在。此时,应增加排水设备容量或找出渗漏通道予以堵塞,然后再进行抽水。还有一种情况是水位降至一定深度后就不再下降,这说明此时排水流量与渗流量相等,据此可估算出需增加的设备容量。

2.经常性排水的排水量确定

经常性排水的排水量,主要包括围堰和基坑的渗水、降雨、地基岩石冲洗及混凝土养护用废水等。设计中一般考虑两种不同的组合,从中选其大者,以选择排水设备。一种组合是渗水加降雨,另一种组合是渗水加施工废水。降雨和施工废水不必组合在一起,这是因为二者不会同时出现。

1)降雨量的确定

在基坑排水设计中,对降雨量的确定尚无统一的标准。大型工程可采用20年一遇3日降雨中最大的连续6 h雨量,再减去估计的径流损失值(每小时1 mm),作为降雨强度。也有的工程采用日最大降雨强度,基坑内的降雨量可根据上述计算的降雨强度和基坑集雨面积求得。

2)施工废水

施工废水主要考虑混凝土养护用水,其用水量估算,应根据气温条件和混凝土养护的要求而定。一般初估时可按每立方米混凝土每次用水5 L,每天养护8次计算。

3)渗透流量计算

通常,基坑渗透总量包括围堰渗透量和基础渗透量两大部分。关于渗透量的详细计算方法,在水力学、水文地质和水工结构等书中均有介绍,详细计算时参考以上相关著作,这里就不再冗述。

在初步估算时,往往不可能获得较详尽而又可靠的渗透系数资料,此时可采用更简便的估算方法。当基坑在透水地基上时,可按照表8-3所列的参考指标来估算整个基坑的渗透流量。

表 8-3　1 m 水头下 1 m^2 基坑面积的渗透流量

土类	细砂	中砂	粗砂	砂砾石	有裂缝的岩石
渗透流量(m^3/h)	0.16	0.24	0.30	0.35	0.05～0.10

(二)基坑排水布置

排水系统的布置通常应考虑两种不同情况。一种是基坑开挖过程中的排水系统布置,另一种是基坑开挖完成后修建建筑物时的排水系统布置。布置时,应尽量同时兼顾这两种情况,并且使排水系统尽可能不影响施工。

基坑开挖过程中的排水系统布置,应以不妨碍开挖和运输工作为原则。一般常将排水干沟布置在基坑中部,以利两侧出土,如图 8-22 所示。随基坑开挖工作的进展,逐渐加深排水干沟和支沟。通常保持干沟深度为 1～1.5 m,支沟深度为 0.3～0.5 m。集水井多布置在建筑物轮廓线外侧,井底应低于干沟沟底。但是,由于基坑坑底高程不一,有的工程就采用层层设截流沟、分级抽水的办法,即在不同高程上分别布置截水沟、集水井和水泵站,进行分级抽水。

建筑物施工时的排水系统,通常都布置在基坑四周,如图 8-23 所示。排水沟应布置在建筑物轮廓线外侧,且距离基坑边坡坡脚不少于 0.3～0.5 m。排水沟的断面尺寸和底坡大小,取决于排水量的大小。一般排水沟底宽不小于 0.3 m,沟深不大于 1.0 m,底坡坡度不小于 0.002。在密实土层中,排水沟可以不用支撑,但在松土层中,则需用木板或麻袋装石来加固。

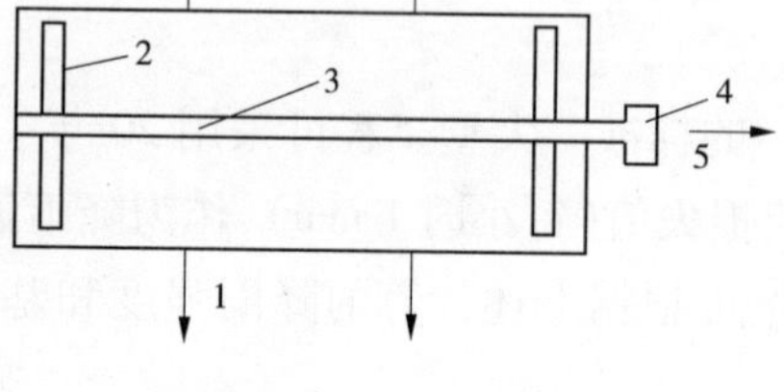

1—运土方向;2—支沟;3—干沟;
4—集水井;5—水泵抽水

图 8-22　基坑开挖过程中排水系统布置图

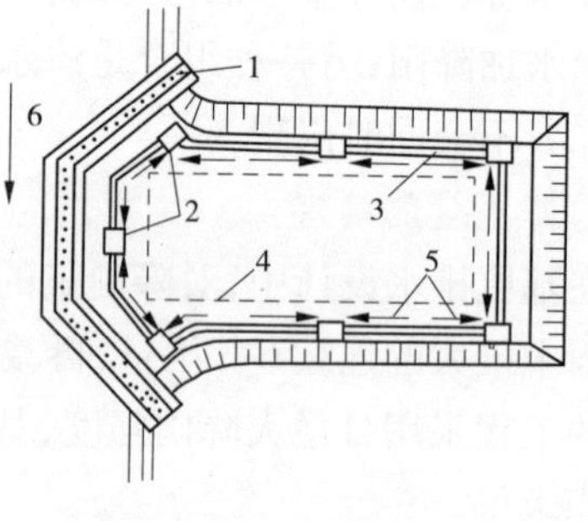

1—围堰;2—集水井;3—排水沟;
4—建筑物轮廓线;5—水流方向;6—河流

图 8-23　修建建筑物时基坑排水系统布置图

水经排水沟流入集水井后,利用在井边设置的水泵站,将水从集水井中抽出。集水井布置在建筑物轮廓线以外较低的地方,它与建筑物外缘的距离必须大于井的深度。井的容积至少要能保证水泵停止抽水 10～15 min,井水不致漫溢。集水井可为长方形,边长为 1.5～2.0 m,井底高程应低于排水沟底 1.0～2.0 m。在土中挖井,其底面应铺填反滤料,在密实土中,井壁用框架支撑在松软土中,利用板桩加固。如板桩接缝漏水,尚需在井壁外设置反滤层。集水井不仅可用来集聚排水沟的水量,而且还应有澄清水的作用,因为水泵的使用年限与水中含沙量的多少有关。为了保护水泵,集水井宜稍为偏大、偏深一些。

为防止降雨时地面径流进入基坑而增加抽水量,通常在基坑外缘边坡上挖、截水沟,以拦截地面水。截水沟的断面及底坡应根据流量和土质而定，一般沟宽和沟深不小于0.5 m，底坡坡度不小于0.002，基坑外地面排水系统最好与道路排水系统相结合，以便自流排水。为了降低排水费用，当基坑渗水水质符合饮用水或其他施工用水要求时，可将基坑排水与生活、施工供水相结合。丹江口工程的基坑排水就直接引入供水池，供水池上设有溢流闸门，多余的水则溢入江中。

明式排水系统最适用于岩基开挖。对砂砾石或粗砂覆盖层，当渗透系数 K_s 大于 2×10^{-1} cm/s，且围堰内外水位差不大时也可用。在实际工程中也有超出上述界限的，例如丹江口的细砂地基，渗透系数约为 2×10^{-2} cm/s，采取适当措施后，明式排水也取得了成功。不过，一般认为，当 $K_s<10^{-1}$ cm/s 时，以采用人工降低水位法为宜。

二、人工降低地下水位

在经常性排水过程中，为了保持基坑开挖工作始终在干地进行，常常要多次降低排水沟和集水井的高程，变换水泵站的位置，影响开挖工作的正常进行。此外，在开挖细砂土、砂壤土一类地基时，随着基坑底面的下降，坑底与地下水位的高差愈来愈大，在地下水渗透压力作用下，容易产生边坡脱滑、坑底隆起等事故，甚至危及临近建筑物的安全，给开挖工作带来不良影响。

而采用人工降低地下水位，可以改变基坑内的施工条件，防止流砂现象的发生，基坑边坡可以陡些，从而可以大大减少挖方量。人工降低地下水位的基本做法是：在基坑周围钻设一些井，地下水渗入井中后，随即被抽走，使地下水位线降到开挖的基坑底面以下，一般应使地下水位降到基坑底部0.5 ~1.0 m。

人工降低地下水位的方法，按排水工作原理可分为管井法和井点法两种。管井法是单纯重力作用排水，适用于渗透系数 $K_s=10\sim250$ m/d 的土层；井点法还附有真空或电渗排水的作用，适用于 $K_s=0.1\sim50$ m/d 的土层。

（一）管井法降低地下水位

管井法降低地下水位时，在基坑周围布置一系列管井，管井中放入水泵的吸水管，地下水在重力作用下流入井中，被水泵抽走。管井法降低地下水位时，须先设置管井，管井通常由下沉钢井管而成，在缺乏钢管时也可用木管或预制混凝土管代替。

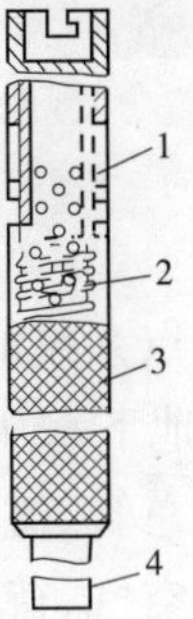

1—多孔管，钻孔面积占总面积的20% ~25%；2—绕成螺旋状的铁丝，ϕ3 ~4 mm；3—铅丝网，1 ~2 层；4—沉淀管

图 8-24 滤水管节的构造简图

井管的下部安装滤水管节（滤头），有时在井管外还需设置反滤层，地下水从滤水管进入井内，水中的泥沙则沉淀在沉淀管中。滤水管是井管的重要组成部分，其构造对井的出水量和可靠性影响很大。要求它过水能力大，进入的泥沙少，有足够的强度和耐久性。如图 8-24 所示是滤水管节的构造简图。

井管埋设可采用射水法、振动射水法及钻孔法下沉。射水法下沉时，先用高压水冲土下沉套管，较深时可配合振动或锤击(振动水冲法),然后在套管中插入井管,最后在套管与井管的间隙中间填反滤层和拔套管,反滤层每填高一次便拔一次套管,逐层上拔,直至完成。

管井中抽水可应用各种抽水设备,但主要的是普通离心式水泵、潜水泵或深井水泵,分别可降低水位3~6 m、6~20 m和20 m以上,一般采用潜水泵较多。用普通离心式水泵抽水,由于吸水高度的限制,当要求降低地下水位较深时,要分层设置管井,分层进行排水。

在要求大幅度降低地下水位的深井中抽水时,最好采用专用的离心式深井水泵。每个深井水泵都是独立工作的,井的间距也可以加大,深井水泵一般深度大于20 m,排水效果好,需要井数少。

(二)井点法降低地下水位

井点法和管井法不同,它把井管和水泵的吸水管合二为一,简化了井的构造。

井点法降低地下水位的设备,根据其降深能力分轻型井点(浅井点)和深井点等。其中,最常用的是轻型井点,它是由井管、集水总管、普通离心式水泵、真空泵和集水箱等设备所组成的一个排水系统,如图8-25所示。

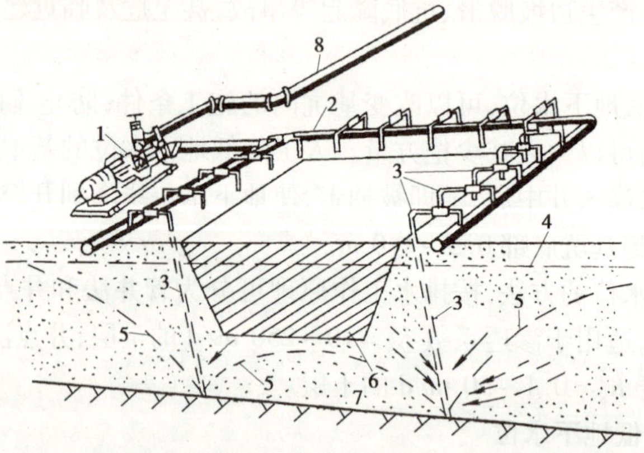

1—带真空泵和集水箱的离心式水泵;2—集水总管;3—井管;4—原地下水位;
5—排水后水面降落曲线;6—基坑;7—不透水层;8—排水管

图8-25 轻型井点系统

轻型井点系统的井点管为直径38~50 mm的无缝钢管,间距为0.6~1.8 m,最大可到3.0 m。地下水从井管下端的滤水管借真空泵和水泵的抽吸作用流入管内,沿井管上升汇入集水总管,流入集水箱,由水泵排出。轻型井点系统开始工作时,先开动真空泵,排除系统内的空气,待集水井内的水面上升到一定高度后,再启动水泵排水。水泵开始抽水后,为了保持系统内的真空度,仍需真空泵配合水泵工作。这种井点系统也叫真空井点。

井点系统排水时,地下水位的下降深度,取决于集水箱内的真空度与管路的漏气和水力损失。一般集水箱内真空度为80 kPa(400~600 mmHg),相应的吸水高度为5~8 m,扣去各种损失后,地下水位的下降深度为4~5 m。

当要求地下水位降低的深度超过4~5 m时,可以像管井一样分层布置井点,每层控制范围3~4 m,但以不超过3层为宜。分层太多,基坑范围内管路纵横,妨碍交通,影响施工,同时也增加挖方量,而且当上层井点发生故障时,下层水泵能力有限,地下水位回升,基坑有被淹没的可能。

真空井点抽水时,在滤水管周围形成一定的真空梯度,加速了土的排水速度,因此即使在渗透系数小到0.1 m/d 的土层中,也能进行工作。

布置井点系统时,为了充分发挥设备能力,集水总管、集水管和水泵应尽量接近天然地下水位。当需要几套设备同时工作时,各套总管之间最好接通,并安装开关,以便相互支援。

井管的安设,一般用射水法下沉。在距孔口1.0 m 范围内,应用黏土封口,以防漏气。排水工作完成后,可利用杠杆将井管拔出。

深井点与轻型井点不同,它的每一根井管上都装有扬水器(水力扬水器或压气扬水器),因此它不受吸水高度的限制,有较大的降深能力。

深井点有喷射井点和压气扬水井点两种,喷射井点由集水池、高压水泵、输水干管和喷射井管等组成。通常一台高压水泵能为30~35个井点服务,其最适宜的降水位范围为5~18 m 。喷射井点的排水效率不高,一般用于渗透系数为3~50 m/d、渗流量不大的场合。

压气扬水井点是用压气扬水器进行排水。排水时压缩空气由输气管送来,由喷气装置进入扬水管,于是管内容重较轻的水气混合液在管外水压力的作用下,沿扬水管上升到地面排走。为达到一定的扬水高度,就必须将扬水管沉入井中并有足够的潜没深度,使扬水管内外有足够的压力差。压气扬水井点降低地下水位最大可达40 m。

第五节　施工导流选择实例

导流方案的比较选择,应在同精度、同深度的几种可行性方案中进行,首先研究分析采用何种导流方案,然后再研究什么类型,在此全面分析的基础上,排除明显不合理的方案,保留可行的方案或可能的组合方案。以下是长江三峡水利枢纽工程施工导流选择实例。

【实例】 长江三峡水利枢纽工程(简称三峡工程),位于长江干流三峡河段,三峡工程由大坝、水电站厂房、通航建筑物等主要建筑物组成。大坝坝顶高程185 m,正常蓄水位175 m,汛期防洪限制水位145 m,枯季消落最低水位155 m,相应的总库容、防洪库容和兴利库容分别为393亿、221.5亿 m^3 和165亿 m^3。安装单机容量70万kW的水轮发电机组26台,总装机容量1 820万kW,年发电量847亿kWh。

选定的坝址位于西陵峡中的三斗坪镇。坝址地质条件优越,基岩为完整坚硬的花岗岩(闪云斜长花岗岩),地形条件也有利于布置枢纽建筑物和施工场地,是一个理想的高坝坝址。选定的坝线在左岸的坛子岭及右岸的白岩尖之间,并穿过河床中的一个小岛——中堡岛。该岛左侧为主河槽,右侧为支沟(称后河)。

施工导流方案:三斗坪坝址河谷宽阔,江中有中堡岛将长江分为主河床及后河,适于采用分期导流方案。长江为我国的水运交通动脉,施工期通航问题至关重要。分期导流方案设计必须结合施工期通航方案和枢纽布置方案一并研究。在可行性论证和初步设计阶段,对右岸导流明渠施工期通航和不通航两大类型的多种方案进行了大量的技术经济比较工作。1993 年 7 月，经国务院三峡建设委员会批准，确定为“三期导流，明渠通航”方案，如图 8-26 ~ 图 8-28 所示。

第一期围右岸（见图 8-26）。一期导流的时间为 1993 年 10 月至 1997 年 11 月，计 4 年。在中堡岛左侧及后河上下游修筑一期土石围堰，形成一期基坑，并修建茅坪溪小改道工程，将茅坪溪水导引出一期基坑。在一期土石围堰保护下挖除中堡岛，扩宽后河修建导流明渠、混凝土纵向围堰，并预建三期碾压混凝土围堰基础部分的混凝土。水仍从主河床通过。

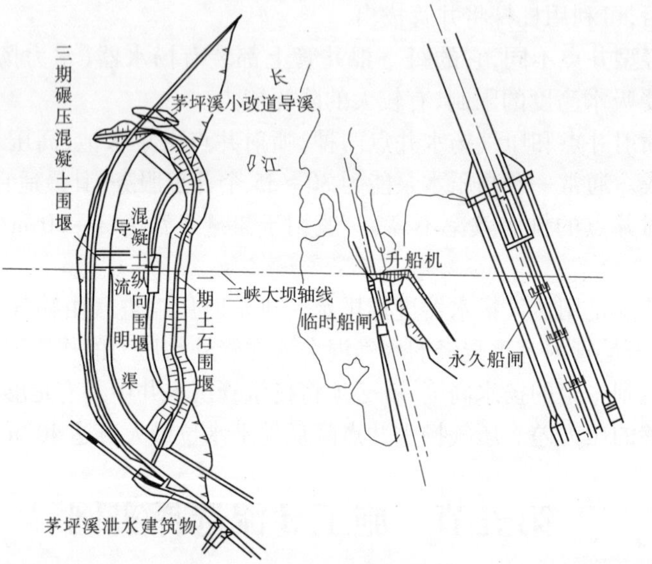

图 8-26　一期导流平面图

一期土石围堰形成后束窄河床约 30%。汛期长江水面宽约 1 000 m，当流量不大于长江通航流量 45 000 m^3/s 时，河床流速为 3 m/s 左右，因此船只仍可在主航道航行。一期土石围堰全长 2 502.36 m，最大堰高 37 m。堰体及堰基采用塑性混凝土防渗墙上接土工膜防渗型式，局部地质条件不良地段的地基采用防渗墙下接帷幕灌浆或高压旋喷桩柱墙等措施。混凝土纵向围堰全长 1 191.47 m，分为上纵段、坝身段与下纵段。坝身段为三峡大坝的一部分，下纵段兼作右岸电站厂房和泄洪坝段间的导墙。导流明渠为高低渠复式断面，全长 3 726 m，最小底宽 350 m；右侧高渠底宽 100 m，渠底高程 58 m（进口部位 59 m）；左侧渠底宽 250 m，渠底高程自上至下分别为 59 m、58 m、50 m、45 m、53 m。

第二期围左岸（见图 8-27）。二期导流时间为 1997 年 11 月至 2002 年 11 月，共计 5 年。

1997 年 11 月实现大江截流后，立即修建二期上下游横向围堰将长江主河床截断，并与混凝土纵向围堰共同形成二期基坑。在基坑内修建泄洪坝段、左岸厂房坝段及电站厂房等主体建筑物。二期导流时江水由导流明渠宣泄，船舶从导流明渠和左岸已建成的临时船闸通航。

二期上、下游土石围堰轴线长度分别为 1 440 m、999 m，最大高度分别为 75.5 m、57.0 m，基本断面为石渣堤夹风化砂复式断面，防渗体为 1 ~ 2 排塑性混凝土防渗墙上接土工合成材料，基岩防渗采用帷幕灌浆。二期围堰是在 60 m 水深中抛填建成的，工程量

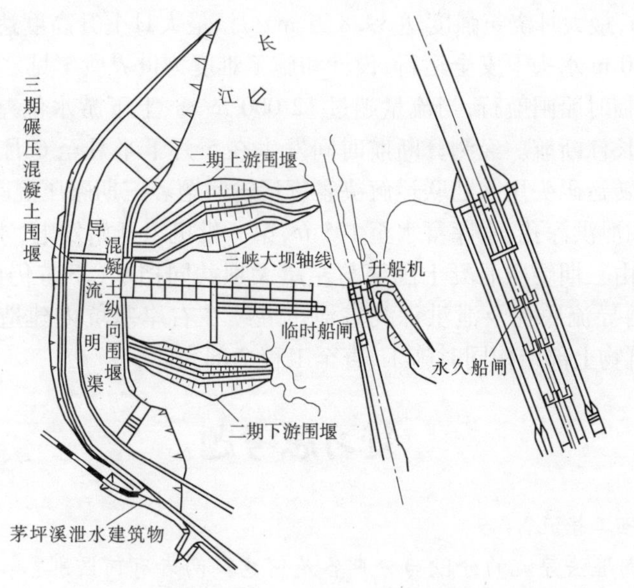

图 8-27　二期导流平面图

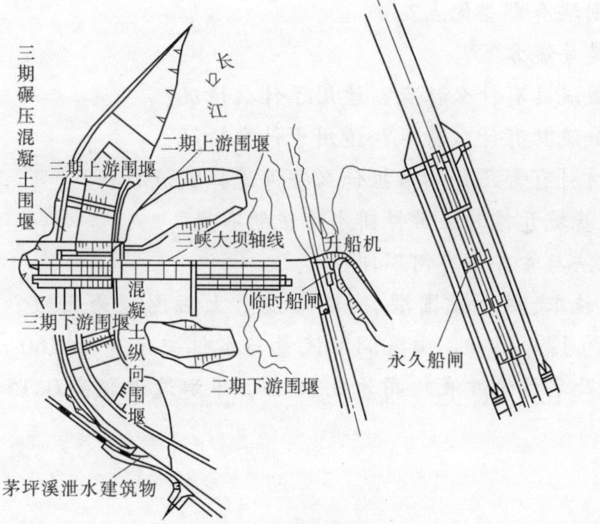

图 8-28　三期导流平面图

大、基础条件复杂、工期紧迫、施工技术难度极高，是三峡工程最重要的临时建筑物之一。

第三期再围右岸（见图8-28）。三期导流时间为2002～2009年，共计6.5年。总进度安排于2002年汛末拆除二期土石横向围堰，在导流明渠内进行三期截流，建造上下游土石围堰。在其保护下修建三期上游碾压混凝土围堰并形成右岸三期基坑，在三期基坑内修建右岸厂房坝段和右岸电站厂房。三期截流和三期碾压混凝土围堰施工是三峡工程施工中的又一关键技术问题。在导流明渠中截流时，江水从泄洪坝段内高程56.5 m的22个6.5 m×8.5 m的导流底孔中宣泄，截流最大落差达3.5 m，龙口最大流速6.13 m/s，技术难度与葛洲坝大江截流相当。碾压混凝土围堰要求在截流以后的120 d内，从高程50

m 浇筑到 140 m，最大月浇筑强度达 39.8 万 m^3/月，最大日上升高度达 1.18 m，且很快挡水并确保在近 90 m 水头下安全运行，设计和施工难度为世界所罕见。三期截流后到水库蓄水前，船只从临时船闸航行，当流量超过 12 000 m^3/s、上下游水位差超过 6 m 时，临时船闸不能运行，长江断航。经测算断航时间发生在 5 月下半月至 6 月上半月内，共计 33 d。断航期间设转运码头用水陆联运解决客货运输问题。三期碾压混凝土围堰建成后，即关闭导流底孔和泄洪深孔，水库蓄水至 135 m，第一批机组开始发电，永久船闸开始通航。水库蓄水以后，由三期碾压混凝土围堰与左岸大坝共同挡水（下游仍由三期土石围堰挡水），长江洪水由导流底孔及泄洪深孔宣泄。继续在右岸基坑内建造大坝和电站厂房。左岸各主体建筑物上部结构同时施工，直至工程全部完建。

复习思考题

8-1　何谓施工导流？

8-2　分段围堰法导流的分段与分期各是何意？两者有何区别？

8-3　分段围堰法选择河床束窄程度应考虑哪几方面的因素？

8-4　在何种情况下采用过水围堰允许基坑淹没的导流方法比较有利？

8-5　草土围堰有哪些优点？

8-6　什么是导流方案？

8-7　立堵截流具有什么特点？适用于什么情况？

8-8　平堵截流具有什么特点？适用于什么情况？

8-9　截流材料有哪几种？根据什么条件选择截流材料？

8-10　简述基坑开挖时经常性排水系统的布置。

8-11　井点法与管井法有何不同？

8-12　大坝施工，用全段围堰、隧洞导流。土石围堰为Ⅲ级。设计导流流量为 160 m^3/s，下游水位为 129.25 m。由隧洞泄流量与水位关系查得，160 m^3/s 泄流量时上游水位为 136.65 m，此水位的波浪爬高为 0.56 m。下游波浪爬高 0.15 m，求上、下围堰的堰顶高程。

第九章　基坑施工

学习指导

学习目标：掌握基坑开挖的要求和方法，掌握地基处理的方法。

学习重点：基坑开挖的要求和方法，地基处理的方法。

基坑的施工主要包括基坑开挖、地基的加固和排水处理。

一、基坑开挖

岩基开挖就是按照设计要求，将风化、破碎和有缺陷的岩层挖除，使水工建筑物建在完整坚实的岩石面上。开挖的工程量往往很大，从几万立方米到几十万立方米，甚至上千万立方米，需要投入大量的人力、资金和设备，占用很长的工期。因此，选择合理的开挖方法和措施，保证开挖的质量，加快开挖的速度，确保施工的安全，对于加快整个工程的建设具有重要的意义。

软基开挖的施工方法与一般土方开挖方法相同，由于地基的施工条件比较特殊，常会遇到很多困难，应采取相应的措施，确保开挖工作顺利进行。

二、地基处理

水工建筑的地基一般分为岩石地基、砂砾石地基和软土地基等。由于工程地质和水文地质作用的影响，天然地基往往存在不同程度、不同形式的缺陷，需要经过人工处理，使地基具有足够的强度、整体性、抗渗性和耐久性。

由于天然地基性状的复杂多样，各种建筑物对地基的要求各有不同。因此，不同的地质条件、不同的建筑物型式，要求采用不同的处理措施或方法。

土基是建筑工程中最常见的地基之一，土基处理通常是为了达到两个目的，或者是提高地基的承载能力，或者是改善地基的防渗性能。提高地基承载能力的方法称为土基加固，常见处理方法有换填法、强夯法、排水固结法、混凝土灌注桩、振动水冲法、旋喷加固法等。改善地基防渗性能的方法称为截渗处理，常见处理方法有防渗墙、帷幕灌浆、垂直铺塑、深层搅拌桩等。

岩基的一般地质缺陷，经过开挖和灌浆处理后，地基的承载力和防渗性能都可以得到不同程度的改善。常用处理措施包括断层破碎带的处理、软弱夹层的处理、岩溶处理以及基岩的锚固等。

第一节　基坑开挖

一、岩基开挖

(一)开挖前的准备工作

(1)熟悉基本资料:详细分析坝址区的工程地质和水文地质资料,了解岩性,掌握各种地质缺陷的分布及发育情况;

(2)明确水工建筑物设计对地基的具体要求;

(3)熟悉工程的施工条件和施工技术水平及装备力量;

(4)业主、地质、设计、监理等人员共同研究,确定适宜的地基开挖范围、深度和形态。

(二)坝基开挖注意事项

坝基开挖是一个重要的施工环节,为保证开挖的质量、进度和安全,应解决好以下几个方面的问题:

(1)做好基坑排水工作。在围堰闭气后,立即排除基坑积水及围堰渗水,布置好排水系统,配备足够的排水设备,边开挖基坑,边排水,降低和控制水位,确保开挖工作不受水的干扰。

(2)合理安排开挖程序。由于受地形、时间和空间的限制,水工建筑物基坑开挖一般比较集中,工种多,安全问题比较突出。因此,基坑开挖的程序,应本着自上而下,先岸坡,后河槽的原则。如果河床很宽,也可考虑部分河床和岸坡平行作业,但应采取有效的安全措施。无论是河床还是岸坡,都要由上而下,分层开挖,逐步下降。如图 9-1 所示。

(3)选定合理的开挖范围和形态。基坑开挖范围,主要取决于水工建筑物的平面轮廓,还要满足机械的运行、道路的布置、施工排水、立模与支撑的要求。放宽的范围一般从几米到十几米不等,由实际情况而定。开挖以后的基岩面,要求尽量平整,并尽可能略向上游倾斜,高差不宜太大,以利于水工建筑物的稳定。要避免基岩有尖突部分和应力集中,开挖形态如图 9-2 所示。

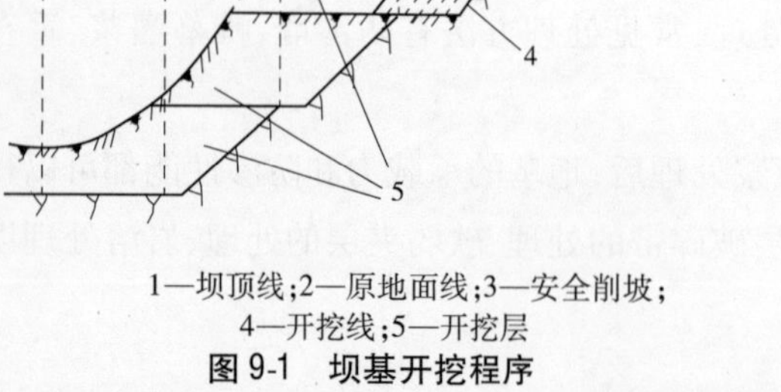

1—坝顶线;2—原地面线;3—安全削坡;
4—开挖线;5—开挖层

图 9-1　坝基开挖程序

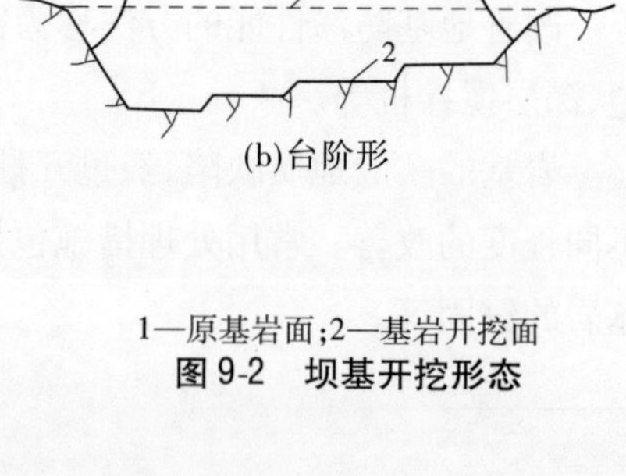

1—原基岩面;2—基岩开挖面

图 9-2　坝基开挖形态

(4)正确地选择开挖方法,保证开挖质量。岩基开挖的主要方法是钻孔爆破法,应采用分层梯段松动爆破;边坡轮廓面开挖,应采用预裂爆破或光面爆破;紧邻水平建基面,应预留岩体保护层,并对保护层进行分层爆破。

开挖偏差的要求为:对节理裂隙不发育、较发育、发育和坚硬、中硬的岩体,水平建基面高程的开挖偏差,不应大于 ±20 cm;设计边坡轮廓面的开挖偏差,在一次钻孔深度条件下开挖时,不应大于其开挖高度的 ±2%;在分台阶开挖时,其最下部一个台阶坡脚位置的偏差,以及整体边坡的平均坡度,均应符合设计要求。

保护层的开挖是控制基岩质量的关键,其要点是,分层开挖,梯段爆破,控制一次起爆药量,控制爆破震动影响。对于建基面 1.5 m 以上的一层岩石,应采用梯段爆破,炮孔装药直径不应大于 40 mm,手风钻钻孔,一次起爆药量控制在 300 kg 以内;保护层上层开挖,采用梯段爆破,控制药量和装药直径;中层开挖控制装药直径小于 32 mm,采用单孔起爆,距建基面 0.2 m 厚度的岩石,应进行撬挖。

边坡预裂爆破或光面爆破的效果应符合以下要求:在开挖轮廓面上,残留炮孔痕迹应均匀分布,对于节理裂隙不发育的岩体,炮孔痕迹保存率应达到 80% 以上,对节理裂隙较发育和发育的岩体,应达到 80% ~50%,对节理裂隙极发育的岩体,应达到 50% ~10%;相邻炮孔间岩面的不平整度,不应大于 15 cm;预裂炮孔和梯段炮孔在同一个爆破网络中时,预裂孔先于梯段孔起爆的时间不得小于 75 ~100 ms。

二、软基开挖

(一)淤泥

淤泥的特点是颗粒细、水分多、人无法立足,应视情况不同,分别采取措施。

1. 稀淤泥

稀淤泥的特点是含水量高,流动性大,此挖彼来,装筐易漏。当稀淤泥较薄、面积较小时,可将干砂倒入,进占挤淤,形成土埂,可在土埂上进行挖运作业;如面积大,要同时填筑多条土埂,分区治理,以防乱流;若淤泥深度大、面积广,可将稀泥分区围埂,分别排入附近挖好的深坑内。

2. 烂淤泥

烂淤泥的特点是淤泥层较厚,含水量较小,黏稠,锹插难拔,粘锹不易脱离。为避免粘锹,挖前先将锹蘸水,也可用三股钗或五股钗代替铁锹。为解决立足问题,采取一点突破,此法自坑边沿起,集中力量突破一点,一直挖到硬土上,再向四周扩展;或者采用苇排铺路法,即将芦席扎成捆枕,每三枕用桩连成苇排,铺在烂泥上,人在排上挖运。

3. 夹砂淤泥

夹砂淤泥的特点是淤泥中有一层或几层夹砂层。如果淤泥厚度较大,可采用前面之法挖除;如果淤泥层很薄,先将砂面晾干,能站人时,方可进行,开挖时连同下层淤泥一同挖除,露出新砂面。切勿将夹砂层挖混,造成开挖困难。

(二)流砂

采用明式排水开挖基坑时,由于形成了较大的水力坡降,造成渗流挟带细砂从坑底上冒,或在边坡上形成管涌、流土等现象,即为流砂。流砂现象一般发生在非黏性土中,主要与砂土的含水量、孔隙率、黏粒含量和动水压力的水力坡度有关,在细砂、中砂中常发生,也可能在粗砂中发生。治理流砂主要是解决好"排"与"封"的问题:"排"即及时将流砂层中的水排出,降低含水量和水力坡度;"封"即将开挖区的流砂封闭起来。如坑底翻砂冒水,可在较低的位置挖沉砂坑,将竹筐或柳条筐沉入坑底,水进筐内而砂被阻于其外,然后将筐内水排走。对于坡面流砂,当土质允许,流砂层又较薄(一般为 4 ~ 5 m)时,可采用开挖方法,一般放坡为 1:4 ~ 1:8,但这要扩大开挖面积,增加工程量。因此,基坑开挖中,常采取以下措施进行治理。

当挖深不大、面积较小时,可以采取护面措施。做法如下:

(1)砂石护面。在坡面上先铺一层粗砂,再铺一层小石子,各层厚 5 ~ 8 cm,形成反滤层,坡脚挖排水沟,做同样的反滤层,如图 9-3 所示,既防止渗水流出时挟带泥沙,又防止坡面径流冲刷。

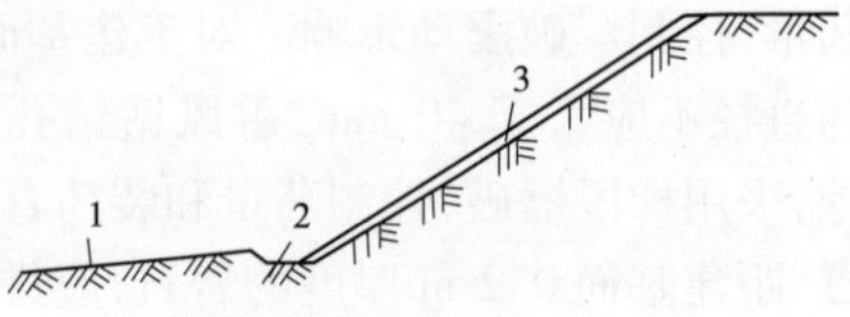

1—水闸基坑;2—排水沟;3—砂石护面

图 9-3 砂石护面

(2)柴枕护面。在坡面上铺设爬坡式柴枕,坡脚设排水沟,沟底及两侧均铺柴枕,以起到滤水拦砂的作用。如图 9-4 所示,一定距离打桩加固,防止柴枕下坍移动。

当基坑坡面较长、基坑挖深较大时,可采用柴枕拦砂法处理,如图 9-5 所示。其做法是:在坡面渗水范围的下侧打入木桩,桩内叠铺柴枕。

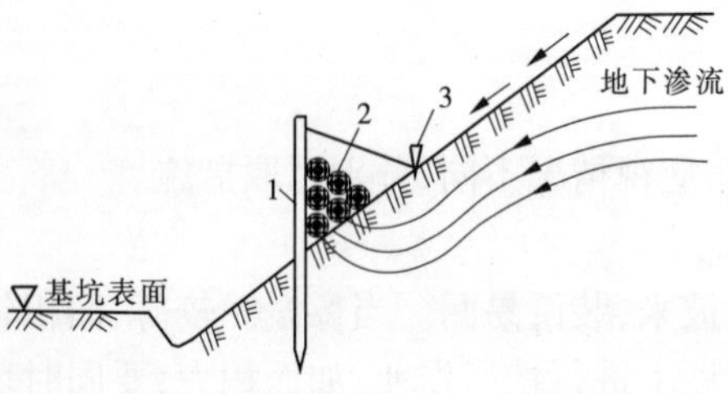

1—木桩;2—柴枕;3—小木桩

图 9-4 柴枕护面

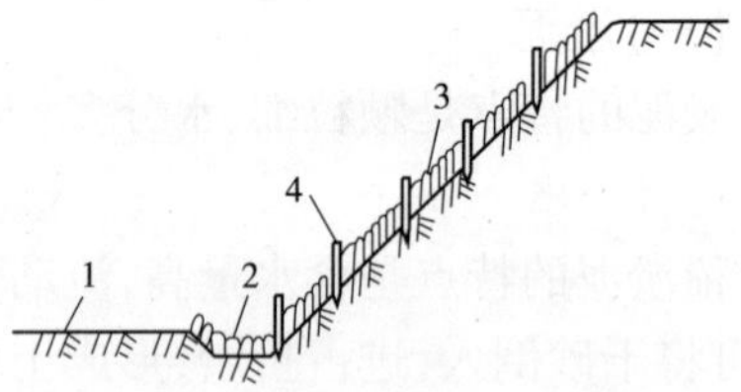

1—水闸基坑;2—排水沟;3—柴枕;4—钎枕桩

图 9-5 柴枕拦砂

(三)泉眼治理

泉眼产生的原因是基坑排水不畅,致使地下水从局部穿透薄弱土层,流出地面,或地基深层的承压水被击穿。发生的地点一般在地质钻孔处。如泉眼水为清水,只需将流水引向集水井,排出基坑外;如泉眼流出的是浑水,则抛铺粗砂和石子各一层,经过滤变为清水流出,再引向集水井,排出基坑外;如泉眼位于建筑物底部,先在泉眼上铺设砂石反滤层,用插入的铁管将泉水引出混凝土之外,浇筑混凝土,最后用较干的水泥砂浆将排水管堵塞。

第二节 地基处理

地基按地层的性质分为两大类:一类是岩基,另一类是软基(包括土基和砂砾石地基)。由于建筑物对地基的要求不同,处理地基的目的和方法也不同。开挖是地基处理中最常见的方法，但受工期、费用、开挖条件和机械设备性能等客观条件的限制，地基处理还需根据工程对地基处理的要求，采用更有效的方法。

一、土基处理

（一）土基加固

1. 换填法

换填法是将建筑物基础下的软弱土层或缺陷土层的一部分或全部挖去，然后换填密度大、压缩性低、强度高、水稳性好的天然或人工材料，并分层夯（振、压）实至要求的密实度，达到改善地基应力分布、提高地基稳定性和减少地基沉降的目的。

换填法的处理对象主要是淤泥、淤泥质土、湿陷性土、膨胀土、冻胀土、杂填土地基。水利工程中常用的垫层材料有砂砾土、碎（卵）石土、灰土、素土（主要指壤土）、中砂、粗砂、矿渣等。近年来，土工合成材料加筋垫层因其良好的处理效果而受到重视和广泛应用。换土垫层示意图见图 9-6。

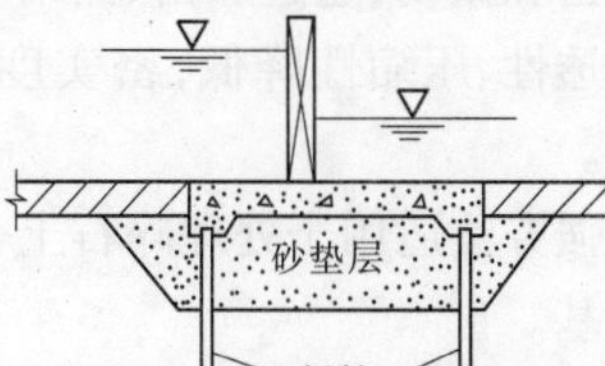

图 9-6　换土垫层示意图

换土垫层与原土相比，具有承载力高、刚度大、变形小的优点。砂石垫层还可提高地基排水固结速度，防止季节性冻土的冻胀，清除膨胀土地基的胀缩性及湿陷性土层的湿陷性。灰土垫层还可以促使其下土层含水量均衡转移，从而减小土层的差异性。

根据换填材料的不同，将垫层分为砂石（砂砾、碎卵石）垫层、土垫层（素土、灰土、二灰土垫层）、粉煤灰垫层、矿渣垫层、加筋砂石垫层等，其适用范围见表 9-1。

表 9-1　垫层的适用范围

垫层种类		适用范围
砂石（砂砾、碎卵石）垫层		多用于中小型工程的暗河、塘、沟等的局部处理。适用于一般饱和、非饱和的软弱土和水下黄土地基处理，不宜用于湿陷性黄土地基，也不宜用于大面积堆载、密集基础和动力基础的软土地基处理，可有条件地用于膨胀土基，不宜用于有地下水，且流速快、流量大的地基处理。不宜采用粉细砂做垫层
土垫层	素土垫层	适用于中小型工程及大面积回填、湿陷性黄土地基的处理
土垫层	灰土或二灰土垫层	适用于中小型工程，尤其适用于湿陷性黄土地基的处理，也可用于膨胀土地基处理
粉煤灰垫层		多用于大面积地基工程的填筑。粉煤灰垫层在地下水位以下时，其强度降低幅度在 30% 左右
干渣垫层		用于中小型工程，尤其适用于地坪、堆场等工程大面积的地基处理和场地平整等。对于受酸性或碱性废水影响的地基不得用干渣做垫层

在不同的工程中，垫层所起的作用也不同，如换土垫层和排水垫层。一般水闸、泵房基础下的砂垫层主要起换土作用，而在路堤和土坝等工程中，砂垫层主要起排水固结作用。

换土垫层视工程具体情况而异，若软弱土层较薄，采用全部换土；若软弱土层较厚，可采用部分换土。

2. 强夯法

强夯法又称动力固结法或动力加密法。这种方法是使用吊升设备将重锤（一般为10～25 t，最重达45 t）起吊至较大高度（一般为10～20 m，最高达26.6 m）后，让其自由落下，产生巨大的冲击能量（一般为1 100～4 000 kJ，最大可达8 000 kJ），对地基产生强大的冲击和振动，通过加密、固结和预加变形的作用，从而改善地基土的工程性质，使地基土的渗透性、压缩性降低，密实度、承载力和稳定性得到提高，湿陷性和液化可能性得以消除。

强夯法适用于处理碎石土、砂土及低饱和度的粉土、黏性土、杂填土、湿陷性黄土等各类地基。

强夯法具有设备简单、施工速度快、不添加特殊材料、造价低、适宜处理的土质类别多等特点，目前强夯法已成为我国最常用的地基处理方法之一。

3. 排水固结法

为了提高软土地基的承载能力，采取人为措施，使地基表层或内部形成水平或垂直排水通道，在自重或外荷作用下，加速排水和固结，从而提高强度。排水法又分为水平排水法和竖直排水法。

水平排水法是在软基的表面铺一层粗砂或级配好的砂粒石做排水通道，在垫层上堆土或其他荷载，使孔隙水压力增高，形成水压差，孔隙水通过砂垫层逐步排出，孔隙减小，土被压缩，密度增加，强度提高。

垂直排水法是在软土层中建若干排水井，灌入砂子，形成竖向排水通道，在堆土或外荷载作用下达到排水固结、提高强度的目的。此法也叫砂井预压法。由于排水距离短，从而大大缩短排水和固结时间。砂井直径一般多采用20～100 cm，井距采用1.0～2.5 m。井深主要取决于土层情况：软土层较薄时，砂井宜贯穿软土层；软土层较厚且夹有砂层时，一般可设在砂层上；软土层较厚又无砂层时，或软土层下有承压水时，则不应打穿。

4. 混凝土灌注桩

在软土地基上采用混凝土灌注桩支撑上部结构的荷载，提高承载力。混凝土灌注桩是在现场造孔，达到设计深度后，在孔内浇筑混凝土成桩。它具有桩柱直径大、承载能力强，并可根据桩身内力大小配筋，以节约钢材等优点。但该法施工中可能产生缩颈、断桩、夹土和混凝土离析等事故，应设法防止。

桩基础简称桩基，是提高土基承载能力最有效的方法之一。桩基是由若干个沉入土中的单桩组成的一种深基础，由基桩和连接于基桩桩顶的承台共同组成，承台和承台之间再用承台梁相互连接。若承台下只用一根桩（通常为大直径桩）来承受和传递上部结构（通常为柱）的荷载，这样的桩基础称为单桩基础；承台下有2根或2根以上基桩组成的桩基础为群桩基础。桩基础的作用是将上部结构的荷载，通过上部较软弱地层传递到深部较坚硬的、压缩性较小的土层或岩层。

按桩的传力方式不同，将桩基分为端承桩和摩擦桩，如图 9-7 所示。端承桩就是穿过软土层并将建筑物的荷载直接传递给坚硬土层的桩。摩擦桩是将桩沉至软弱土层一定深度，用以挤密软弱土层，提高土层的密实度和承载能力，上部结构的荷载主要由桩身侧面与土之间的摩擦力承受，桩间阻力也承受少量的荷载。

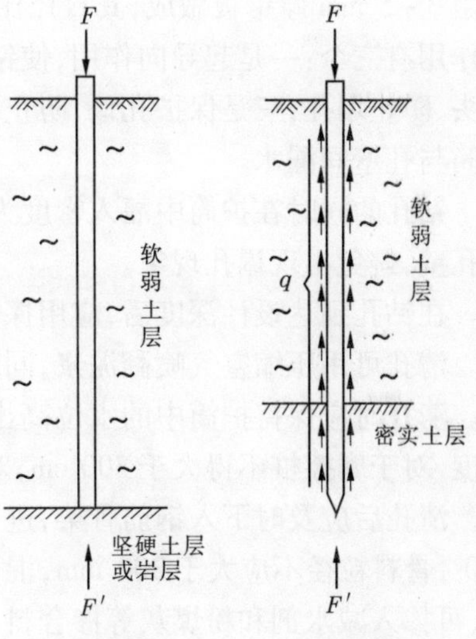

图 9-7　端承桩与摩擦桩

按桩的施工方法不同，有预制桩和灌注桩两类。预制桩是在工厂或施工现场用不同的建筑材料制成的各种形状的桩，然后用打桩设备将预制好的桩沉入地基土中。沉桩的方法有锤击沉桩、静力压桩、振动沉桩等。灌注桩是在设计桩位先成孔，然后放入钢筋骨架，再浇筑混凝土而成的桩。灌注桩按成孔的方法不同，分为泥浆护壁成孔灌注桩、干作业成孔灌注桩、套管成孔灌注桩、爆破成孔灌注桩等。

1）混凝土及钢筋混凝土灌注桩施工

混凝土及钢筋混凝土灌注桩（简称灌注桩），是直接在桩位上成孔，然后利用混凝土或砂石等材料就地灌注而成的。与预制桩相比，其优点是施工方便，节约材料，成本低；缺点是操作要求高，稍有疏忽，容易发生缩颈、断桩现象，技术间隔时间较长，不能立即承受荷载等。

2）钻孔灌注桩施工

钻孔灌注桩是先在桩位上用钻孔设备进行钻孔（用螺旋钻机、潜水电钻、冲孔机等冲钻而成，也可利用工具桩或将尖端封闭钢管打入土中，拔出成孔），然后灌注混凝土。钻孔灌注桩施工过程见图 9-8。

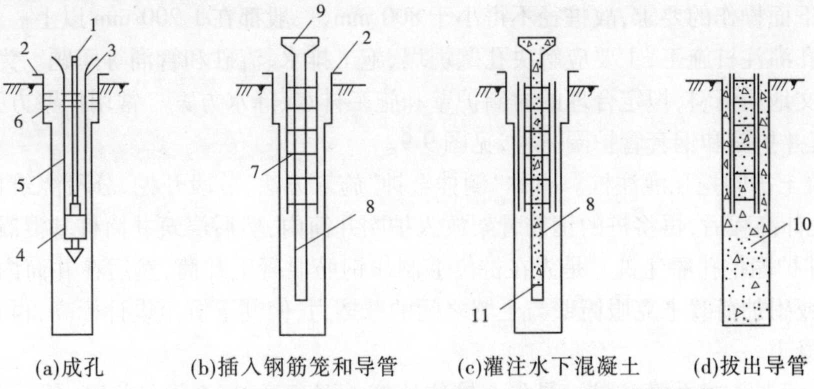

1—钻杆或悬挂绳；2—护筒；3—电缆；4—潜水电钻；5—输水胶管；
6—泥浆；7—钢筋骨架；8—导管；9—料斗；10—混凝土；11—隔水栓

图 9-8　钻孔灌注桩施工过程

在有地下水、流砂、砂夹层及淤泥等土层中钻孔时，先在测定桩位上埋设护筒，护筒一般由3～5 mm厚钢板做成，其直径比钻头直径大10～20 cm，以便钻头提升操作等。护筒的作用有三个：一是起导向作用，使钻头能沿着桩位的垂直方向工作；二是提高孔内泥浆水头，防止塌孔；三是保护孔口，防止孔口破坏。护筒定位应准确，埋置应牢固密实，防止护筒与孔壁间漏水。

钻孔的同时在护筒中灌入密度为1.1～1.3 g/cm^3 的黏土泥浆或膨润土泥浆，用以衬护孔壁，避免出现塌孔现象。

在钻孔到达设计深度后，应用探测器检查桩孔直径、深度和孔底情况，并及时进行清孔。清孔可用压缩空气喷翻泥浆，同时注入清水，被稀释的泥浆便夹杂着沉渣逐渐流出孔外。清孔时应保持护筒中的水位高出地下水位1.5 m，防止塌孔。清孔后桩底沉渣允许厚度，对于摩擦桩不得大于300 cm，对于端承桩不得大于100 cm。

清孔后应及时下入钢筋骨架，进行水下混凝土浇筑。水下混凝土强度等级不应低于C20，骨料粒径不应大于300 mm，混凝土坍落度为16～22 cm。为了改善混凝土的和易性，可掺入减水剂和粉煤灰等掺合料。水泥强度等级不低于32.5 MPa，每1 m^3 混凝土中水泥用量不少于350 kg。

3）挖孔灌注桩施工

随着建筑工业的发展，小直径单桩和群桩基础在承受大荷载或满足沉降要求等方面已受到一定限制，大直径灌注桩已被许多国家广泛采用，其直径为1～3 m，桩深为20～40 m，最深可达60～80 m。每根桩的承载力可达10 000～40 000 kN。大直径桩可采用机械挖孔灌注和人工挖孔灌注，下面仅介绍人工挖孔灌注桩的施工要点。

人工挖孔灌注桩是指在桩位上用人工挖直孔，每挖一段即施工一段支护结构，如此反复向下挖至设计深度，然后放下钢筋笼，浇筑混凝土而成桩。

人工挖孔灌注桩设备简单，对施工现场原有建筑物影响小，挖孔时，可直接观察土层变化情况，清除沉渣彻底，可同时开挖若干个桩孔，施工成本低等。

人工挖孔灌注桩挖孔，由一人在孔内用镐、锹、土筐等挖土，在地面用电动葫芦或手动卷扬机、三角架提土，用潜水泵抽出孔中积水。桩的直径除应满足设计承载力要求外，还应满足人在下面操作的要求，故桩径不得小于800 mm，一般都在1 200 mm以上。

人工挖孔灌注桩施工，主要应解决孔壁坍塌、施工排水、流砂和管涌等问题。为此，事先应根据水文地质资料，拟定合理的衬圈护壁和施工排水、降水方案。常用护壁方案有混凝土护圈、沉井护圈和钢套管护圈三种，见图9-9。

（1）混凝土护圈挖孔灌注桩。亦称“倒挂金钟”施工方法，分段开挖、分段浇筑护圈混凝土，直至设计高程后，再将桩的钢筋骨架放入护圈井筒内，然后浇筑井筒桩基混凝土。

（2）沉井护圈挖孔灌注桩。是先在桩位上制作钢筋混凝土井筒，然后在井筒内挖土，井筒靠自重或附加荷载来克服筒壁与土壤之间的摩擦力，使其下沉至设计标高，再在筒内浇筑桩基混凝土。

（3）钢套管护圈挖孔灌注桩。是先在桩位处打入钢套管，直至设计标高，然后将套管内的土挖出后浇筑桩基混凝土。待桩基混凝土浇筑完毕，随即将套管拔出移至另一桩位使用。

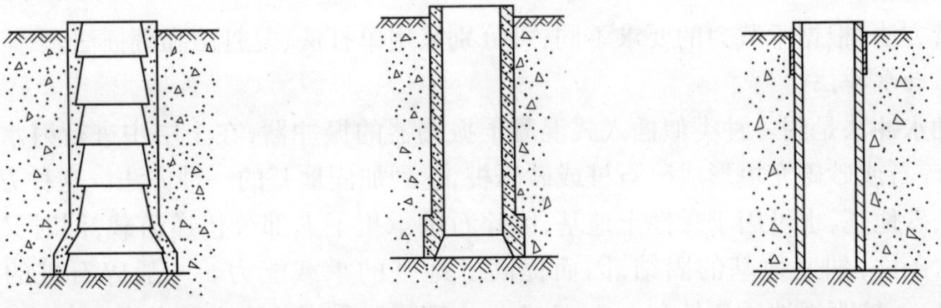

(a)混凝土护圈挖孔桩　　(b)沉井护圈挖孔桩　　(c)钢套管护圈挖孔桩

图 9-9　常用护壁方案

钢套管由 12 ~ 16 mm 厚的钢板焊接加工成型，其长度根据设计要求而定。当地质构造有流砂或承压含水层时，采用这种方法施工，可避免产生流砂和管涌现象，能确保施工安全。

挖孔时应注意井内排水，孔底施工人员必须戴安全帽，孔上必须有人监督防护，护壁应高出地面 200 ~ 300 mm，以防杂物掉入孔内，孔周围应设置安全防护栏杆，孔内照明应用安全电压，潜水泵必须有防漏电装置，设置鼓风机，向孔内输送洁净空气，排出有害气体等。

4）打拔管灌注桩施工

打拔管灌注桩，利用与桩的设计尺寸相适应的一根钢管，在端部套上预制的桩靴打入土中，然后将钢筋骨架放入钢管内，再浇筑混凝土，并随灌随将钢管拔出，利用拔管时的振动将混凝土捣实，其施工步骤如图 9-10 所示。

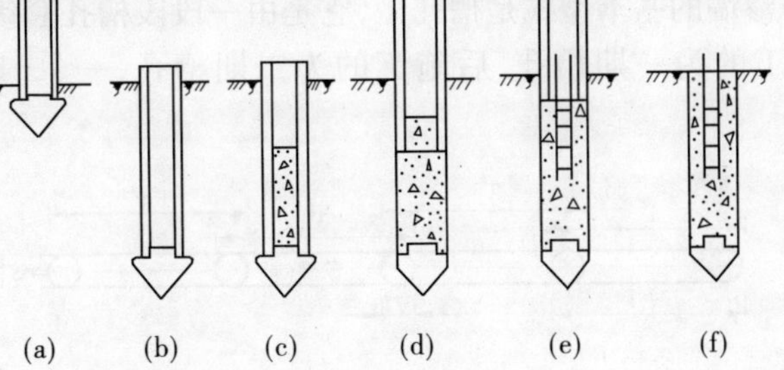

(a)　(b)　(c)　(d)　(e)　(f)

(a)就位；(b)沉入套管；(c)开始浇筑混凝土；(d)边锤击边拔管，继续浇筑混凝土；
(e)下钢筋笼，继续浇筑混凝土；(f)成型

图 9-10　打拔管灌注桩施工程序

沉管时必须将桩尖活瓣合拢。如有水泥或泥浆进入管中，则应将管拔出，用砂回填桩孔后，再重新沉入土中，或在钢管中灌入一部分混凝土后再继续沉入。

拔管速度，一般土层中为 1.2 ~ 1.5 m/min，在软弱土层中不得大于 0.8 ~ 1.0 m/min。在拔管过程中，每拔起 0.5 m 左右，应停 5 ~ 10 s，但保持振动，如此反复进行直到将钢管

拔离地面为止。

拔管方法,根据承载力的要求不同,可分别采用单打法、复打法和翻插法。

5. 振动水冲法

振动水冲法是用一种类似插入式混凝土振捣器的振冲器,在土层中进行射水振冲造孔,并以碎石或砂砾充填形成碎石桩或砂砾桩,达到加固地基的一种方法。这种方法不仅适用于松砂地基,也可用于黏性土地基,因碎石桩承担了大部分传递荷载,同时又改善了地基排水条件,加速地基的固结,因而提高了地基的承载能力。一般碎石桩的直径为0.6~1.1 m,桩距视地质条件在1.2~2.5 m内选择。采用此法应考虑要有充足的水源。

6. 旋喷加固法

旋喷加固法是利用旋喷机具建造旋喷桩以提高地基的承载能力,也可以做联锁桩或定向喷射形成连续墙,用于地基防渗。旋喷法适用于砂土、黏性土、淤泥等地基的加固,对砂卵石(最大粒径不大于20 cm)的防渗也有较好的效果。

喷射方法有单管法、二重管法和三重管法。

(二)截渗处理

由于受河道水流和地下水位的影响,河堤、大坝以及建筑物的地基会产生一定程度的渗透变形,严重时将危及建筑物的安全。解决的办法是截断渗流通道,以减小渗透变形。具体处理办法如下。

1. 防渗墙

防渗墙是修建在透水地基中的地下连续墙,可用于坝基、河堤的防渗加固。根据成墙材料和成墙工法的不同,常见的有塑性混凝土防渗墙和水泥土防渗墙。

1) 塑性混凝土防渗墙

塑性混凝土防渗墙具有结构可靠,防渗效果好的特点,能适应多种不同的地质条件,修建深度大,施工时几乎不受地下水位的影响。

塑性混凝土防渗墙的基本型式是槽孔型,它是由一段段槽孔套接而成的地下墙,施工分两期进行,先施工的为一期槽孔,后施工的为二期槽孔,一、二期槽孔套接成墙,见图9-11。

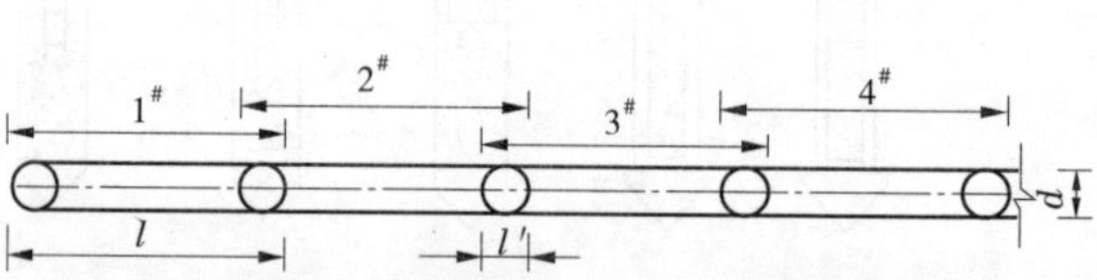

1#,3#——一期槽孔;2#,4#—二期槽孔

图9-11 槽孔型防渗墙的分期

防渗墙的施工程序为:造孔前的准备工作、泥浆固壁造孔、终孔验收和清孔换浆、浇筑防渗墙混凝土、全墙质量验收等。施工过程见图9-12。

(1)造孔前的准备工作。包括测量放线、确定槽孔长度、设置导向槽和辅助作业。

(2)泥浆固壁造孔。由于土基比较松软,为了防止槽孔坍塌,造孔时应向槽孔内灌注泥浆以维持孔壁稳定。注入槽孔内的泥浆除具有固壁作用外,在造孔过程中,还有悬浮泥土和冷却、润滑钻头的作用,渗入孔壁的泥浆和胶结在孔壁的泥皮,还有防渗作用。造孔

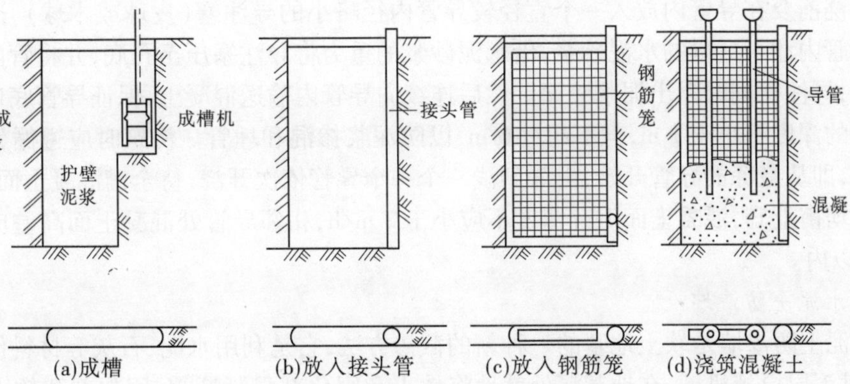

图 9-12　槽孔型防渗墙施工过程

用的泥浆可用黏土或膨润土与水按一定比例配制。

(3)终孔验收和清孔换浆。造孔后应做好终孔验收和清孔换浆工作。造孔完毕后，孔内泥浆特别是孔底泥浆常含有大量的土石渣，影响混凝土的浇筑质量。因此，在浇筑前，必须进行清孔换浆，以清除孔底的沉渣。

(4)泥浆下混凝土浇筑。特点是：不允许泥浆与混凝土掺混形成泥浆夹层；确保混凝土与不透水地基以及一、二期混凝土之间的良好结合；连续浇筑，一气呵成。

泥浆下混凝土浇筑常用直升导管法。导管由若干节直径为 20 ~ 25 cm 的钢管连接而成，沿槽孔轴线布置，由于防渗墙混凝土坍落度一般为 18 ~ 22 cm，其扩散半径为 1.5 ~ 2.0 m，故相邻导管之间的间距不宜大于 3.5 m，一期槽孔两端的导管距孔端以 1.0 ~ 1.5 m 为宜，二期槽孔两端的导管距孔端以 0.5 ~ 1.0 m 为宜；导管安装时，要求管底与孔底距离为 10 ~ 25 cm，以便导管中的皮球顺利浮出并排出导管内泥浆。导管顶部为受料斗，整个导管悬挂在导向槽上，如图 9-13 所示。

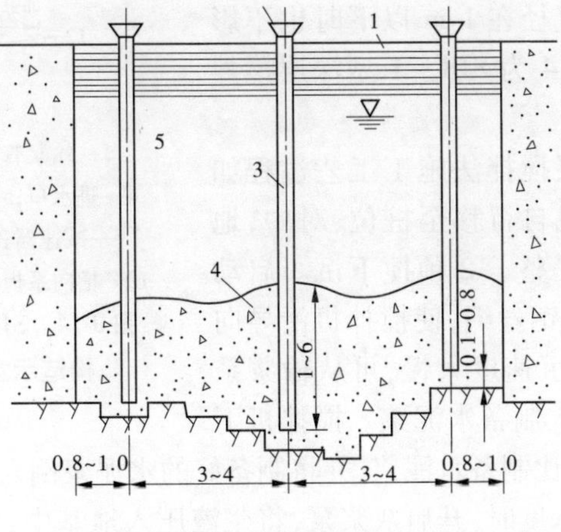

1—导向槽；2—受料斗；3—导管；4—混凝土；5—泥浆

图 9-13　槽孔型防渗墙　(单位：m)

开浇前要在导管内放入一个直径较导管内径略小的导注塞(皮球或木球),通过受料斗向导管内注入适量的水泥砂浆,借水泥砂浆的重力将导注塞压至孔底,并将管内泥浆排出孔外,导注塞同时浮出泥浆液面。然后连续向导管内输送混凝土,保证导管底口埋入混凝土中的深度不小于1 m,但不超过6 m,以防泥浆掺混和埋管。浇筑时应遵循先深后浅的顺序,即从最深的导管开始,由深到浅一个一个导管依次开浇,待全槽混凝土面浇平后,再全槽均衡上升,混凝土面上升速度不应小于2 m/h,相邻导管处混凝土面高差应控制在0.5 m以内。

2)水泥土防渗墙

水泥土防渗墙是软土地基的一种新的截渗方法,它是利用水泥、石灰等材料作为固化剂,通过深层搅拌机械,在地基深处就地将软土和固化剂强制搅拌,固化剂和软土经过一系列物理、化学反应后,软土便硬化成具有整体性、水稳定性和一定强度的良好地基。深层搅拌桩除能截断地下渗流通道外,还可达到加固地基,提高地基承载能力,减少沉降量和提高边坡稳定性的作用。

深层搅拌桩施工分干法和湿法两类。干法采用干燥状态的粉体材料作为固化剂,如石灰、水泥、矿渣粉等;湿法采用水泥浆等浆液材料作为固化剂。

(1)施工机械。深层搅拌机是进行深层搅拌施工的关键机械,目前有中心管喷浆方式和叶片喷浆方式两种。后者水泥浆从叶片上若干个小孔喷出,水泥浆与土体混合较均匀,这对大直径叶片和连续搅拌是适合的。但喷浆管易被土体堵塞,故只能使用纯水泥浆,且机械加工较为复杂。中心管喷浆方式中的水泥浆从两根搅拌轴之间的另一根管子输出,当叶片直径在1 m以下时也不影响搅拌的均匀性。图9-14为SJB－1型深层搅拌机的构造示意图。

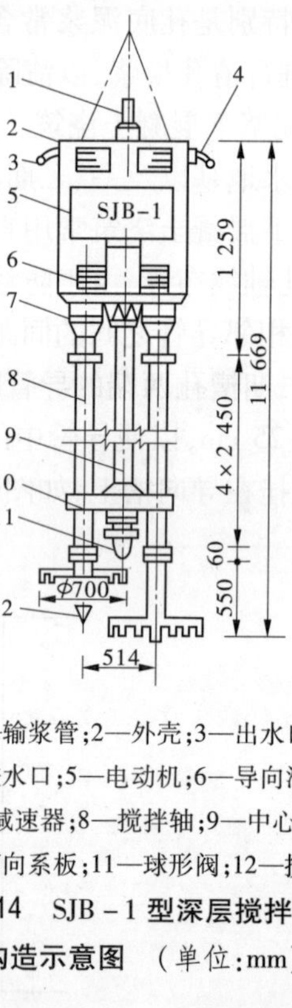

1—输浆管;2—外壳;3—出水口;4—进水口;5—电动机;6—导向滑块;7—减速器;8—搅拌轴;9—中心管;10—槽向系板;11—球形阀;12—搅拌头

图9-14　SJB－1型深层搅拌机的构造示意图　(单位:mm)

(2)施工程序。深层搅拌法施工工艺过程如下:①机械定位。搅拌机自行移至桩位、对中,地面起伏不平时,应进行平整。②预搅下沉。启动搅拌机电机,放松起重机钢丝绳,使搅拌机沿导向架搅拌切土下沉。如下沉速度太慢,可从输浆系统补给清水以利钻进。③制备水泥浆。搅拌机下沉时,按设计给定的配合比制备水泥浆,并将制备好的水泥浆倒入集料斗。④喷浆提升搅拌。搅拌机下沉到设计深度时,开启灰浆泵,将浆液压入地基中,并且边喷浆,边旋转,同时按设计要求的提升速度提升搅拌机。⑤重复上下搅拌。深层搅拌机提升至设计加固标高时,集料斗中的水泥浆应正好注完,为使软土搅拌均匀,应再次将搅拌机边旋转边沉入土中,至设计加固深度后再将搅拌机提升出地面。⑥清洗。向集料斗中注入适量清水,开启灰浆泵,清除全部管线中残存的水泥浆,并将黏附在搅拌头上的软土清除干净。⑦移至下一桩位,重复上述步骤,继续施工。

2. 高压喷射注浆

高压喷射注浆法,是利用钻机把带有特制喷嘴的注浆管钻进至土层的预定位置后,用高压泵将水泥浆液通过钻杆下端的喷射装置,以高速喷出,冲击切削土层,使喷流射程内土体破坏,同时钻杆一方面以一定的速度(20 r/min)旋转,另一方面以一定速度(15 ~ 30 cm/min)徐徐提升,使水泥浆与土体充分搅拌混合,胶结硬化后即在地基中形成具有一定强度(0.5 ~ 8.0 MPa)的固结体,从而使地基得到加固,详见第七章第四节。

二、岩基处理

岩基的一般地质缺陷,经过开挖和灌浆处理后,地基的承载力和防渗性能都可以得到不同程度的改善。但对于一些比较特殊的地质缺陷,如断层破碎带、缓倾角的软弱夹层、层理以及岩溶地区较大的空洞和漏水通道等,如果这些缺陷的埋深较大或延伸较远,采用开挖处理在技术上就不太可能,在经济上也不合算,常须针对工程具体条件,采用一些特殊的处理措施。

(一)断层破碎带的处理

由于地质构造原因形成的破碎带,有断层破碎带和挤压破碎带两种。经过地质错动和挤压,其中的岩块极易破碎,且风化强烈,常夹有泥质充填物。

对于宽度较小或闭合的断层破碎带,如果延伸不深,常采用开挖和回填混凝土的方法进行处理。即将一定深度范围内的断层和破碎风化岩层清理干净,直到新鲜岩基,然后再回填混凝土。如果断层破碎带需要处理的深度很大,为了克服深层开挖的困难,可以采用大直径钻头(直径在 1m 以上)钻孔,到需要深度再回填混凝土,或开挖一层回填一层,在回填的混凝土中预留竖井或斜井,作为继续下挖的通道,直到预定深度为止。

对于埋深较大且为陡倾角的断层破碎带,在断层出露处回填混凝土,形成混凝土塞(取断层宽度的 1.5 倍),必要时可沿破碎带开挖斜井和平洞,回填混凝土,与断层相交一定长度,组成抗滑塞群,并有防渗帷幕穿过,组成混合结构,如图 9-15 所示。

(二)软弱夹层的处理

软弱夹层是指基岩层面之间或裂隙面中间强度较低已经泥化或容易泥化的夹层,受到上部结构荷载作用后,很容易产生沉陷变形和滑动变形。软弱夹层的处理方法,视夹层产状和地基的受力条件而定。

对于陡倾角软弱夹层,如果没有与上下游河水相通,可在断层入口处进行开挖,回填混凝土,提高地基的承载力;如果夹层与库水相通,除对坝基范围内的夹层进行开挖回填混凝土外,还要对夹层入渗部位进行封闭处理。对于坝肩部位的陡倾角软弱夹层,主要是防止不稳定岩石塌滑,进行必要的锚固处理。

对于缓倾角软弱夹层,如果埋藏不深,开挖量不是很大,最好的办法是彻底挖除;如夹层埋藏较深,当夹层上部有足够的支撑岩体能维持基岩稳定时,可只对上游夹层进行挖除,回填混凝土,进行封闭处理,如图 9-16 所示。

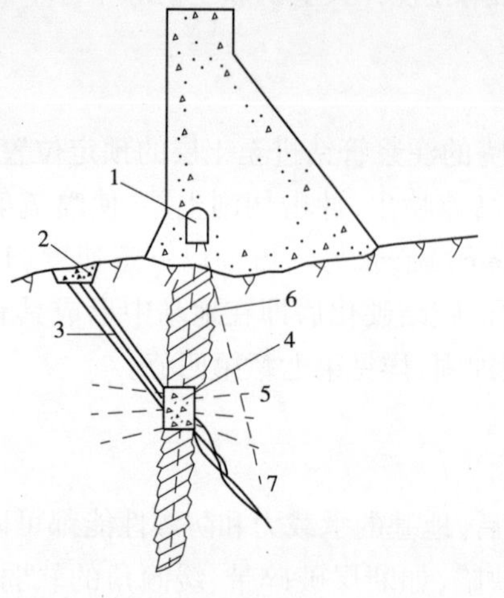

1—灌浆廊道；2—混凝土塞；3—断层破碎带；
4—水平混凝土塞；5—固结灌浆；6—灌浆帷幕；7—排水孔

图 9-15 陡倾角断层破碎带处理

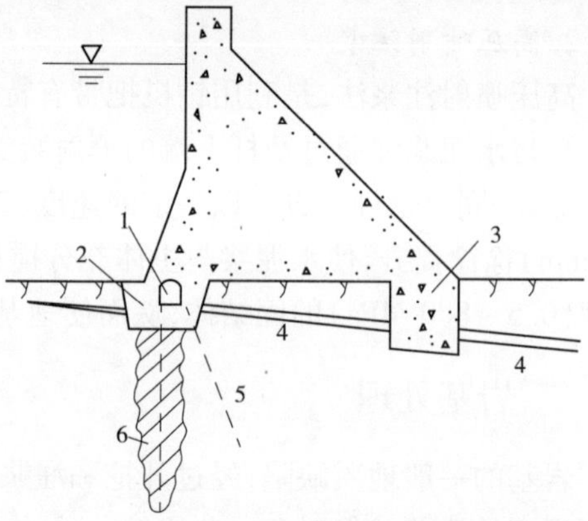

1—灌浆廊道；2—上游齿槽；3—下游齿槽；
4—软弱夹层；5—排水孔；6—灌浆帷幕

图 9-16 缓倾角软弱夹层处理

(三)岩溶处理

岩溶是可溶性岩层长期受地表水或地下水的溶蚀和溶滤作用后产生的一种自然现象。由岩溶现象形成的溶槽、漏斗、溶洞、暗河、岩溶湖、岩溶泉等地质缺陷，削弱基岩的承载能力，形成漏水的通道。处理岩溶的主要目的是防止渗漏，保证蓄水，提高坝基的承载能力，确保大坝的安全稳定。

对岩溶的处理可采取堵、铺、截、围、导、灌等措施。堵，就是堵塞漏水的洞眼；铺，就是在漏水的地段做铺盖；截，就是修筑截水墙；围，就是将间歇泉、落水洞等围住，使之与库水隔开；导，就是将建筑物下游的泉水导出建筑物以外；灌，就是进行固结灌浆和帷幕灌浆。

(四)基岩的锚固

基岩锚固是用预应力锚束对基岩施加预压应力的一种锚固技术，达到加固和改善地基受力条件的目的。

锚固技术由于效果可靠、施工方便、经济合理等优点，在国内外工程中得到广泛使用。在水利水电工程中，利用锚固技术可以解决以下几方面的问题：

(1)高边坡开挖时锚固边坡；

(2)坝基、岸坡抗滑稳定加固；

(3)锚固建筑物，改善受力条件，提高抗震性能；

(4)大型洞室支护加固；

(5)混凝土建筑物的裂缝和缺陷修补锚固；

(6)大坝加高加固。

锚固方法视工程具体条件不同而异，对于缓倾角软弱夹层，当分布较浅、层数较多时，可设置钢筋混凝土桩和预应力锚索进行加固。在基础范围，沿夹层自上而下钻孔或开挖竖井，穿过几层夹层，浇筑钢筋混凝土，形成抗剪桩，如图 9-17 所示。在一些工程中采用预应力锚固技术，加固软弱夹层，效果明显。其型式有锚筋和锚索，可对局部及大面积地基进行加固,如图 9-18 所示。

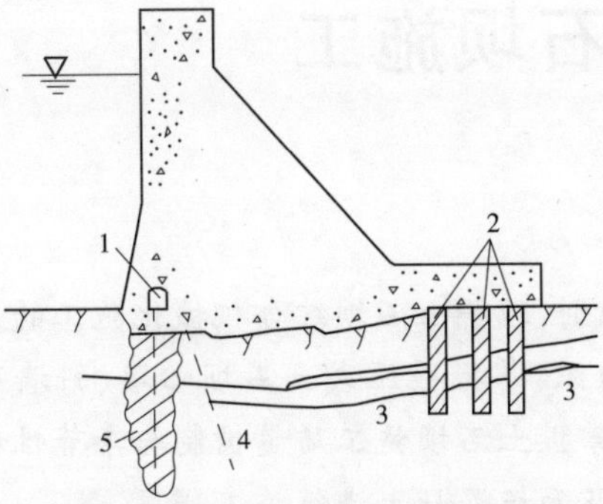

1—帷幕灌浆廊道;2—抗剪桩;3—软弱夹层;
4—排水孔;5—灌浆帷幕

图 9-17　抗剪桩锚固地基

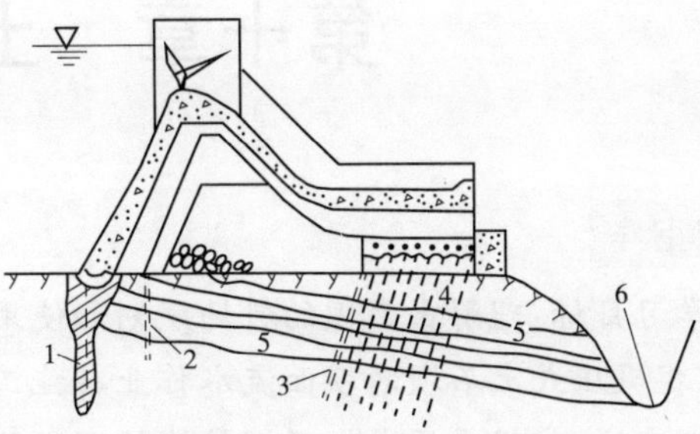

1—灌浆帷幕;2—排水孔;3—下游排水孔;
4—预应力锚索;5—软弱夹层;6—冲刷坑

图 9-18　预应力锚索锚固

三、砂砾石地基处理

砂砾石地基处理的方法有截渗和灌浆。砂砾石地基灌浆见第七章第二节,此处不再赘述;截渗见本节。

复习思考题

9-1　端承桩和摩擦桩各自的作用特点是什么?

9-2　简述预制桩和灌注桩各自特点。

9-3　灌注桩的成桩技术有哪些?

9-4　简述钻孔灌注桩施工方法及其常见问题及处理方法。

9-5　打管灌注桩在施工中易发生的质量事故有哪几种?

9-6　钢筋混凝土预制桩施工程序是怎样的?

9-7　钢筋混凝土预制桩沉桩常用的施工方法有哪些?

第十章　土石坝施工

学习指导

学习目标：理解土石坝的料场规划和使用原则，理解土石坝综合机械化施工的基本原则，掌握碾压式土石坝的坝面流水作业与施工组织，掌握碾压式土石坝心墙、斜墙及反滤料施工方法，掌握碾压式土石坝接缝处理措施，掌握土石坝施工质量控制与季节性施工措施，了解面板堆石坝材料质量要求、坝体的分区及面板混凝土浇筑施工程序。

学习重点：碾压式土石坝的坝面流水作业与施工组织；碾压式土石坝心墙、斜墙及反滤料施工方法，质量控制。

土石坝包括各种碾压式土坝、堆石坝和土石混合坝。土石坝由于可以就地取材，结构简单，易于施工，对坝基要求相对不高，所以随着大型高效施工机具的应用及机械化程度的提高，对筑坝材料及坝址条件的放宽、防渗结构和材料的改进、工期的缩短及费用的降低，为土石坝开辟了广阔的发展前景。当今国内外不仅中低坝广泛采用土石坝，高坝采用土石坝也越来越多，大有超越混凝土坝之势。

土石坝按施工方法可分为干填碾压、水中填土、水力冲填以及定向爆破筑坝等类型。干填碾压施工方法在土石坝中的应用最多。

第一节　碾压式土石坝施工

碾压式土石坝施工，包括准备作业（如基坑排水、三通一平及修建临时用房等）、基本作业（如土石料开挖、装运、铺卸、压实等）以及为基本作业提供保证条件的辅助作业（如清除料场的覆盖层、清除杂物、坝面排水、刨毛及加水等）和保证建筑物安全运行而进行的附加作业（如修整坝坡、铺砌块石、种植草皮等）。

一、坝基与岸坡处理

坝基与岸坡处理工程为隐蔽工程，必须按设计要求并遵循有关规定认真施工。

清理坝基、岸坡和铺盖地基时，应将树木、草皮、树根、乱石、坟墓以及各种建筑物等全部清除，并认真作好水井、泉眼、地道、洞穴等处理。坝基和岸坡表层的粉土、细砂、淤泥、腐殖土、泥炭等均应按设计要求和有关规定清除。对于风化岩石、坡积物、残积物、滑坡体等应按设计要求和有关规定处理。

坝肩岸坡的开挖清理工作，宜自上而下一次完成。对于高坝可分阶段进行。凡坝基和岸坡易风化、易崩解的岩石和土层，开挖后不能及时回填者，应留保护层，或喷水泥砂浆或喷混凝土保护。防渗体、反滤层和均质坝体与岩石岸坡接合，必须采用斜面连接，不得有台阶、急剧变坡及反坡。对于局部凹坑、反坡以及不平顺岩面，可用混凝土填平补齐，使其达到设计坡度。

防渗体或均质坝体与岸坡接合，岸坡应削成斜坡，不得有台阶、急剧变坡及反坡。岩石开挖清理坡度不陡于1∶0.75，土坡不陡于1∶1.15。防渗体部位的坝基、岸坡岩面开挖，应采用预裂、光面等控制爆破法，使开挖面基本平顺。必要时可预留保护层，在开始填筑前清除。人工铺盖的地基按设计要求清理，表面应平整压实。砂砾石地基上，必须按设计要求做好反滤过渡层。坝基中软黏土、湿陷性黄土、软弱夹层、中细砂层、膨胀土、岩溶构造等，应按设计要求进行处理。天然黏性土岸坡的开挖坡度，应符合设计规定。

对于河床基础，当覆盖层较浅时，一般采用截水墙（槽）处理。截水墙（槽）施工受地下水的影响较大，因此必须注意解决不同施工深度的排水问题，特别注意防止软弱地基的边坡受地下水影响引起塌坡。对于施工区内的裂隙水或泉眼，在回填前必须认真处理。

二、土石料场的规划

土石坝用料量很大，在坝型选择阶段应对土石料场全面调查，在施工前还应结合施工组织设计，对料场作进一步勘探、规划和选择。料场的规划包括空间、时间、质与量等方面的全面规划。

空间规划，是指对料场的空间位置、高程进行恰当选择，合理布置。土石料场应尽可能靠近大坝，并有利于重车下坡。用料时，原则上低料低用、高料高用，以减少垂直运输。最近的料场一般也应在坝体轮廓线以外300 m以上，以免影响主体工程的防渗和安全。坝的上下游、左右岸最好都有料场，以利于各个方向同时向大坝供料，保证坝体均衡上升。料场的位置还应利于排除地表水和地下水，对土石料场尚应考虑与重要建筑物和居民点保持足够的防爆、防震安全距离。

时间规划，是指料场的选择要考虑施工强度、季节和坝前水位的变化。在用料规划上力求做到近料和上游易淹的料场先用，远料和下游不易淹的料场后用；含水量高的料场旱季用，含水量低的料场雨季用。上坝强度高时充分利用运距近、开采条件好的料场，上坝强度低时用运距远的料场，以平衡运输任务。在料场使用计划中，还应保留一部分近料场供合龙段填筑和拦洪度汛施工高峰时使用。

料场质与量的规划，是指对料场的质量和储量进行合理规划。料场的质与量是决定料场取舍的前提。在选择和规划使用料场时，应对料场的地质成因、产状、埋深、储量及各种物理力学性能指标进行全面勘探和试验，选用料场应满足坝体设计施工质量要求。

料场规划时还应考虑主要料场和备用料场。主要料场，是指质量好、储量大、运距近的料场，且可常年开采；备用料场一般设在淹没区范围以外，以便当主要料场被淹没或因库水位抬高而导致土料过湿或其他原因不能使用时使用备用料场，保证坝体填筑的正常进行。主要料场总储量应为设计总强度的1.5～2.0倍，备用料场的储量应为主要料场的20%～30%。

此外，为了降低工程成本，提高经济效益，应尽量充分利用开挖料作为大坝填筑材料。当开挖时间与上坝填筑时间不相吻合时，则应考虑安排必要的堆料场加以储备。

三、土石料挖运组织

(一)综合机械化施工的基本原则

土石坝施工,由于工程量大,为降低劳动强度,保证工程质量,有必要采用综合机械化施工,组织综合机械化施工的原则如下:

(1)确保主要机械发挥作用。主要机械是指在机械化生产线中起主导作用的机械,充分发挥它的生产效率,有利于加快施工进度,降低工程成本。如土方工程机械化施工中,施工机械组合为挖掘机、自卸汽车、推土机、振动碾。挖掘机为主要机械,其他为配套机械,挖掘机如出现故障或工效降低,会导致停产或施工强度下降。

(2)根据机械工作特点进行配套组合。连续式开挖机械和连续式运输机械配合,循环式开挖机械和循环式运输机械配合,形成连续生产线。否则,需要增加中间过渡设备。

(3)充分发挥配套机械作用。选择配套机械,确定配套机械的型号、规格和数量时,其生产能力要略大于主要机械的生产能力,以保证主要机械的生产能力。

(4)便于机械使用、维修管理。选择配套机械时,尽量选择一机多能型,减少衔接环节。同一种机械力求型号单一,便于维修管理。

(5)合理布置、加强保养、提高工效。严格执行机械保养制度,使机械处于最佳状态,合理布置工作面和运输道路。

目前,一般在中小型的工程中,多数不能实现综合机械化施工,而采用半机械化施工,在配合时也应根据上述原则结合现场具体情况合理组织施工。

(二)挖运方案及其选择

(1)人工开挖,马车、拖拉机、翻斗车运土上坝。人工挖土装车,马车运输,距离不宜大于1 km;拖拉机、翻斗车运土上坝,适宜运距为2~4 km,坡度不宜大于0.5%~1.5%。

(2)挖掘机挖土装车,自卸汽车运输上坝。正向铲开挖、装车,自卸汽车运输直接上坝,通常运距小于10 km。自卸汽车可运各种坝料,运输能力高,设备通用性强,能直接铺料,转弯半径小,爬坡能力较强,机动灵活,使用管理方便,设备易于获得。目前,国内外土石施工普遍采用自卸汽车。

在施工布置上,正向铲一般采用立面开挖,汽车运输道路可布置成循环路线,装料时采用侧向掌子面,即汽车鱼贯式的装料与行驶。这种布置型式可避免汽车的倒车时间和挖掘机的回转时间,生产率高,能充分发挥正向铲与汽车的效率。

(3)挖掘机挖土装车,胶带机运输上坝。胶带机的爬坡能力强、架设简易,运输费用较低,运输能力也较大,适宜运距小于10 km。胶带机可直接从料场运输上坝;也可与自卸汽车配合,作长距离运输,在坝前经漏斗卸入汽车转运上坝;或与有轨机车配合,用胶带机转运上坝作短距离运输。

(4)斗轮式挖掘机挖土装车,胶带机运输上坝。该方案具有连续生产,挖运强度高,管理方便等优点。陕西石头河水库土石坝施工采用该挖运方案。

(5)采砂船挖土装车,机车运输,转胶带机上坝。国内一些大中型水电工程施工中,广泛采用采砂船开采水下的砂砾料,配合有轨机车运输。当料场集中,运输量大,运距大于10 km时,可用有轨机车进行水平运输。有轨机车的临建工程量大,设备投资较高,对线路坡度和转弯半径要求也较高;不能直接上坝,在坝脚经卸料装置转胶带机运土上坝。

选择开挖运输方案时,应根据工程量大小、土料上坝强度、料场位置与储量、土质分布、机械供应条件等综合因素,进行技术上比较和经济上分析,确定经济合理的挖运方案。

(三)挖运强度与设备

分期施工的土石坝,应根据坝体分期施工的填筑强度和开挖强度来确定相应的机械设备容量。

1. 坝体分期填筑强度 Q_D(m^3/h)

$$Q_D = KK_1 \frac{V_D}{TN} \tag{10-1}$$

式中 V_D——坝体分期填筑方量,m^3;

K——施工不均匀系数,可取1.2~1.3;

K_1——考虑沉陷、削坡、损失等影响系数,可取1.15~1.2;

T——分期时段的有效工作日数,d,按分期时段的总日数,扣除节假日、降雨及气温影响可能的停工日数计算;

N——每日的工作小时数,以20 h计。

2. 分期施工运输强度 Q_T(m^3/h)

$$Q_T = K_2 \frac{Q_D \rho_d}{\rho_y} \tag{10-2}$$

式中 K_2——土料运输损失系数,取1.05~1.10;

ρ_d——设计干密度,t/m^3;

ρ_y——土料运输的松散状态下密度,t/m^3。

3. 坝体分期施工的开挖强度 Q_c(m^3/h)

$$Q_c = K_3 \frac{Q_D \rho_d}{\rho_n} \tag{10-3}$$

式中 K_3——开挖及运输中的损失系数,可取1.05~1.10;

ρ_n——土料的天然密度,t/m^3。

4. 满足上坝填筑强度要求的挖掘机数量 N_c

$$N_c = \frac{Q_c}{P_c} \tag{10-4}$$

式中 P_c——每台挖掘机的生产率,m^3/h。

5. 满足上坝填筑强度要求的汽车数量 N_a

$$N_a = \frac{Q_c}{P_a} \tag{10-5}$$

式中 P_a——每辆汽车的生产率,m^3/h。

配合一台挖掘机所需的汽车数量,其总的生产率应略大于一台挖掘机的生产率,即 $nP_a \geqslant P_c$。

为了充分发挥自卸汽车的运输能效,应根据挖掘机械的斗容选择具有适宜容量的汽车型号。挖掘机装满一车斗数的合理范围应为3~5斗,通常要求装满一车的时间不超过

3.5 ~4 min,卸车时间不超过 2 min。

四、坝面作业与施工质量控制

(一)坝面作业施工组织

坝面作业包括铺土、平土、洒水或晾晒(控制含水量)、压实、刨毛(平碾碾压)、修整边坡、修筑反滤层和排水体及护坡、质量检查等工序。坝体土方填筑的特点是:作业面狭窄,工种多,工序多,机具多,施工干扰大。若施工组织不当,将产生干扰,造成窝工,影响工程进度和施工质量。为了避免施工干扰、充分发挥各不同工序施工机械的生产效率,一般采用流水作业法组织坝面施工。

采用流水作业法组织施工时,首先根据施工工序将坝面划分成几个施工段,然后组织各工种的专业队依次进入所划分的施工段施工。对同一施工段而言,各专业队按工序依次连续进行施工;对各专业队,则不停地轮流在各个施工段完成本专业的施工工作。施工队作业专业化,有利于工人技术熟练和提高;在施工过程中保持了人、地、机具等施工资源充分利用,避免了施工干扰和窝工。各施工段面积的大小取决于各施工期土料上坝强度。

对于某控制高程的坝面,流水施工段数 m 可按下式计算:

$$m = \frac{S}{W} \tag{10-6}$$

$$W = \frac{Q_T \Delta t}{h}$$

式中 S——某施工时段坝面工作面积,可按设计图纸由施工高程确定,m^2;

W——每个流水班次的铺土面积,m^2;

Δt——每个流水班次的作业时间,h;

h——铺土厚度,m。

对坝面流水作业的实施有如下要求。

如以 m' 表示流水工序数目。当 $m = m'$ 时,表明流水作业是在人、机、地等三不闲的情况下正常施工;当 $m > m'$ 时,表明流水作业是在“地闲”,机、人不闲的情况下进行施工;当 $m < m'$ 时,表明流水作业不能正常进行。出现第三种情况是坝体升高,工作面减小,所划分的流水工序过多所致的。解决的方法:①增大 m 值,可采用缩小流水单位时间的办法;②合并一些工序,以减小 m' 值,使 $m = m'$。坝面流水作业示意图如图 10-1 所示。

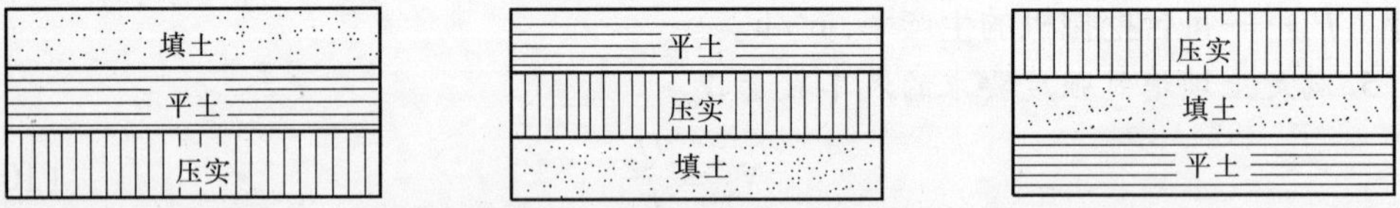

图 10-1　坝面流水作业示意图

(二)坝面填筑施工要求

1. 基本要求

铺料宜沿坝轴线方向进行,铺料应及时,严格控制铺土厚度,不得超厚。防渗体土料应用进占法卸料,汽车不应在已压实土料面上行驶。砾质土、风化料、掺合土可视具体情况选择铺料方式。汽车穿越防渗体路口段时，应经常更换位置，每隔 40 ~ 60 m 宜设专用道口，不同填筑层路口段应交错布置，对路口段超压土体应予以处理。防渗体分段碾压时，相邻两段交接带碾迹应彼此搭接，垂直碾压方向搭接带宽度应不小于 0.3 ~ 0.5 m，顺碾压方向搭接带宽度应为 1 ~ 1.5 m。平土要求厚度均匀，以保证压实质量，对于自卸汽车或皮带机上坝，由于卸料集中，多采用推土机或平土机平土。斜墙坝铺筑时应向上游倾斜 1% ~2% 的坡度，对均质坝、心墙坝应使坝面中部凸起，向上下游倾斜 1% ~2% 的坡度，以便排除雨水。铺填时土料要平整，以免雨后积水，影响施工。

2. 心墙、斜墙、反滤料施工

心墙施工中，应注意使心墙与砂壳平衡上升。心墙上升快，易干裂影响质量；砂壳上升太快，则会造成施工困难。因此，要求心墙填筑中应保持同上下游反滤料及部分坝壳平起，骑缝碾压。为保证土料与反滤料层次分明，采用土砂平起法施工。根据土料与反滤料填筑先后顺序的不同，又分为先土后砂法和先砂后土法。

先砂后土法。即先铺反滤料，后铺土料。当反滤料宽度较小(3 m)时，铺一层反滤料，填二层土料，碾压反滤料并骑缝压实与土料的结合带。因先填砂层与心墙填土收坡方向相反，为减少土砂交错宽度，碧口、黑河等坝在铺第二层土料前，采用人工将砂层沿设计线补齐，见图 10-2 。对于高坝，反滤层宽度圈套，机械铺设方便，反滤料铺层厚度与土料相同，平起铺料和碾压。如小浪底斜心墙，下游侧设两级反滤料，一级(20 ~ 0.1 mm)宽 6 m，二级(60 ~ 5 mm)宽 4 m，上游侧设一级反滤料(60 ~ 0.1 mm)，宽 4 m，其填筑次序见图 10-3。先砂后土法由于土料填筑有侧限，施工方便，工程较多采用。

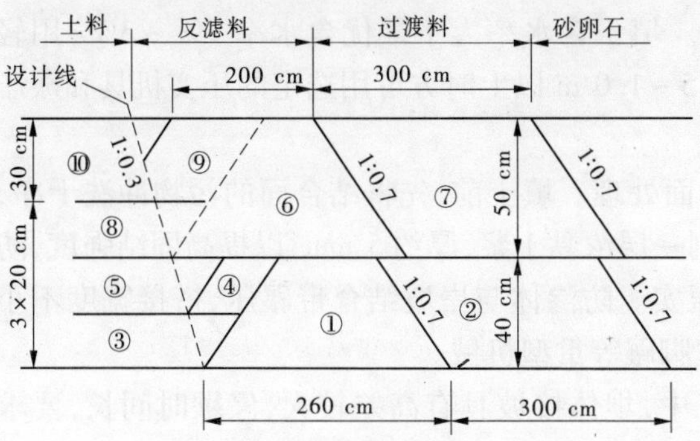

①~⑩—铺土顺序(①,②,③,④,⑤,⑧为压实区；⑥,⑦,⑨,⑩为未压实区)

图 10-2　先砂后土法(黑河坝)

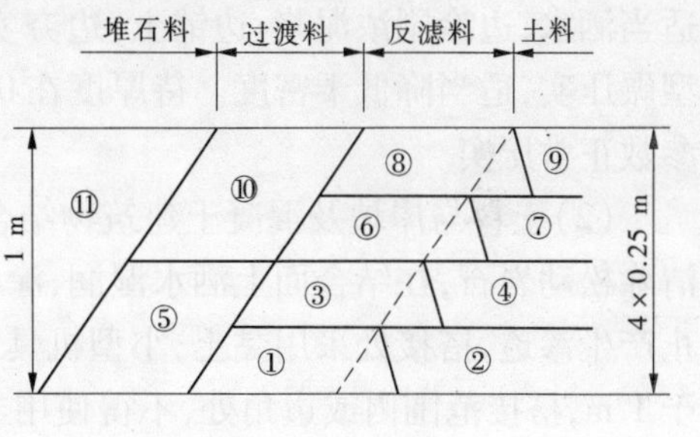

①~⑪—铺土顺序

图 10-3　多区料填筑次序(小浪底坝)

先土后砂法。即先铺土料，后铺反滤料，齐平碾压，如图 10-4 所示。由于土料压实时，表面高于反滤料，土料的卸、铺、平、压都是在无侧限的条件下进行的，很容易形成超坡。采用羊脚碾压实时，要预留 30 ~ 50 cm 松土边，避免土料被羊脚碾插入反滤层内。当连续晴天时，土料上升较快，应注意防止土体干裂。

对于塑性斜墙坝施工，则宜待坝壳修筑到一定高程甚至达到设计高程后，再行填筑斜墙土料，以便使坝壳有较大的沉陷，避免因坝壳沉陷不均匀而造成斜墙裂缝现象。斜墙应

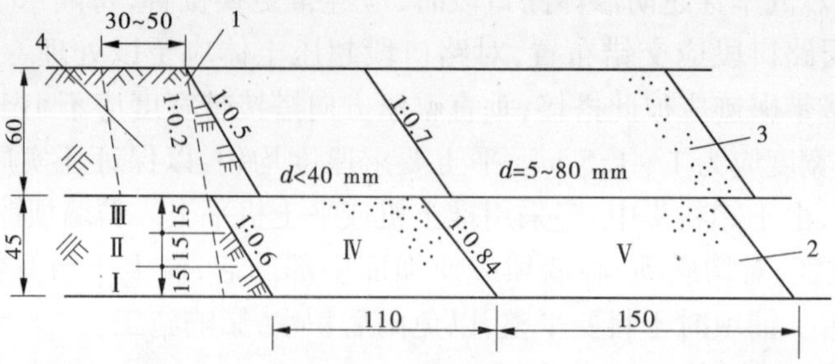

1—心墙设计线;2—已压实层;3—未压实层;Ⅰ,Ⅱ,Ⅲ,Ⅳ,Ⅴ—填料次序

图10-4 先土后砂法(碧口坝) (单位:cm)

留有余量(0.3~0.5 m),以便削坡,已筑好的斜墙应立即在其上游面铺好保护层防止干裂,保护层应随斜墙增高而增高,其相差高度不大于1~2 m。

(三)接缝处理

土石坝的防渗体要与地基、岸坡及周围其他建筑物的边界相接;由于施工导流、施工分期、分段分层填筑等要求,还必须设置纵向横向的接坡、接缝。这些结合部位是施工中的薄弱环节,质量控制应采取如下措施:

(1)土料与坝基结合面处理。一般用薄层轻碾的方法施工,不允许用重碾或重型夯,以免破坏基础,造成渗漏。黏性土地基:将表层土含水量调至施工含水量上限范围,用与防渗体土料相同的碾压参数压实,然后刨毛3~5 cm,再铺土压实。非黏性土地基:先洒水压实地基,再铺第一层土料,含水量为施工含水量的上限,采用轻型机械压实。岩石地基:先把局部不平的岩石修理平整、清洗干净,封闭岩基表面节理、裂隙。若岩石面干燥可适当洒水,边涂刷浓泥浆、边铺土、边夯实。填土含水率大于最优含水率1%~3%,用轻型碾压实,适当降低干密度。待厚度在0.5~1.0 m以上时方可用选定的压实机具和碾压参数正常压实。

(2)土料与岸坡及混凝土建筑物结合面处理。填土前,先将结合面的污物冲洗干净,清除松动岩石,在结合面上洒水湿润,涂刷一层浓黏土浆,厚约5 mm,以提高固结强度,防止产生渗透,搭接处采用黏土,小型机具压实。防渗体与岸坡结合带碾压,搭接宽度不小于1 m,搭接范围内或边角处,不得使用羊脚碾等重型机械。

(3)坝身纵横接缝处理。土石坝施工中,坝体接坡具有高差较大,停歇时间长,要求坡身稳定的特点。一般情况下,土料填筑力争平起施工,斜墙、心墙不允许设纵向接缝。防渗体及均质坝的横向接坡不应陡于1:3,高差不超过15 m。均质坝接坡宜采用斜坡和平台相间的型式,坡度和平台宽度应满足稳定要求,平台高差不大于15 m。接坡面可采用推土机自上而下削坡。坝体分层施工临时设置的接缝,通常控制在铺土厚度的1~2倍以内。接缝在不同的高程要错缝。

(4)渗体的铺筑作业应连续进行,如因故停工,表面必须洒水湿润,控制含水量。

(四)施工质量控制

施工质量的检查与控制是土石坝安全的重要保证,它应贯穿于土石坝施工的各个环节和施工全过程。在施工中除对地基进行专门检查外,对料场土料、坝身填筑以及堆石体、反滤料等填筑都应进行严格的检查和控制,在土石坝施工中应实行全面质量管理,建立健全质量保证体系。

1. 料场的质量检查和控制

各种筑坝材料应以料场控制为主，必须是合格的坝料方能运输上坝，不合格坝料应在料场处理合格后方能上坝，否则应废弃。在料场建立专门的质量检查站，按设计要求及规范有关规定进行料场质量控制，主要控制包括：是否在规定的料区开采，是否将草皮、覆盖层等清除干净；坝料开采加工方法是否符合规定；排水系统、防雨措施、负温下施工措施是否完备；坝料性质、级配、含水率是否符合要求。

2. 填筑质量检查和控制

坝面填筑质量是保证土石坝施工质量的关键。在土料填筑过程中，应对铺土厚度、土块大小、含水量、压实后的干密度等进行检查，并提出质量控制措施。对黏性土含水量可采用“手检”法，即手握土料能成团，手搓可成碎块，则含水量合格，准确检测应用含水量测定仪测定。取样所测定的干密度试验结果，其合格率应不小于90%，不合格干密度不得低于设计值的98%，且不能集中出现。黏性土和砂土的密度可用环刀法测定，砾质土、砂砾料、反滤料可用灌水法或灌砂法测定。

对于反滤层、过渡层、坝壳等非黏性土的填筑，除按要求取样外，主要应控制压实参数，发现问题应及时纠正。对于铺筑厚度、是否混有杂物、填筑质量等应进行全面检查。对堆石体主要应检查上坝块石的质量，风化程度，石块的重量、尺寸、形状，堆筑过程中有无离析架空现象发生。对于堆石的级配、空隙率大小，应分层分段取样，检查是否符合设计要求。根据地形、地质、坝料特性等因素，在施工特征部位和防渗体中，选定若干个固定断面，每升高5～10 m，取代表性试样进行室内物理力学性质试验，作为复核设计及工程管理的依据。所有质量检查的记录，应随时整理，分别编号存档备查。

坝体填筑质量的检查部位和次数见表10-1。

表10-1　坝体压实检查次数

<table>
<tr><th colspan="3">坝料类别及部位</th><th>检查项目</th><th>取样(检测)次数</th></tr>
<tr><td rowspan="5">防渗体</td><td rowspan="3">黏性土</td><td>边角夯实</td><td rowspan="3">干密度、含水率</td><td>2～3次/每层</td></tr>
<tr><td>碾压面</td><td>1次/(100～200 m³)</td></tr>
<tr><td>均质坝</td><td>1次/(200～500 m³)</td></tr>
<tr><td rowspan="2">砾质土</td><td>边角夯实</td><td rowspan="2">干密度、含水率
粒径大于5 mm砾石含量</td><td>2～3次/每层</td></tr>
<tr><td>碾压面</td><td>1次/(200～500 m³)</td></tr>
<tr><td colspan="3">反滤料</td><td>干密度、颗粒级配、含泥量</td><td>1次/(200～500 m³)，每层至少1次</td></tr>
<tr><td colspan="3">过渡料</td><td>干密度、颗粒级配</td><td>1次/(500～1 000 m³)</td></tr>
<tr><td colspan="3">坝壳砂砾(卵)料</td><td>干密度、颗粒级配</td><td>1次/(5 000～10 000 m³)</td></tr>
<tr><td colspan="3">坝壳砾质土</td><td>干密度、含水率、
粒径小于5 mm砾石含量</td><td>1次/(3 000～6 000 m³)</td></tr>
<tr><td colspan="3">堆石料*</td><td>干密度、颗粒级配</td><td>1次/(10 000～100 000 m³)</td></tr>
</table>

注：*表示堆石料颗粒级配试验组数可比干密度试验适当减少。

五、土石坝的季节性施工措施

（一）负温下填筑

我国北方的广大地区，每年都有较长的负温季节。为了争取更多的作业时间，需要根据不同的负温条件，采取相应措施，进行负温下填筑。负温下填筑可分为露天法施工和暖棚法施工两种方法，暖棚法施工所需器材多，一般只是气温过低时，在小范围内进行。露天施工要求压实时土料温度必须在 -1 ℃以上。当日最低气温在 -10 ℃以下，或在 0 ℃以下且风速大于 10 m/s 时，应停工；黏性土料的含水率不大于塑限的 90%，粒径小于 5 mm 的细砂砾料的含水率应小于 4%；填土中严禁带有冰雪、冻块；土、砂、砂砾料与堆石不得加水；防渗体不得受冻。施工可采取如下措施。

1. 防冻措施

降低土料含水量，或采用含水量低的土料上坝；挖取深层正温土料，加大施工强度，薄层铺筑，增大压实功能，快速施工，争取受冻前压实结束。

2. 保温措施

（1）加覆盖物保温，如树叶、干草、草袋、塑料布等；

（2）设保温冰层，即在土料面上修土埂放水冻冰，将冰层下的水放走，形成冰盖，冰盖下的空气夹层可起到保温作用；

（3）在土料表面进行翻松等。

（二）雨季施工

雨季施工最主要的问题是土料含水量的变化对施工带来的不利影响。雨季施工应采取以下有效措施：

（1）加强雨季水文气象预报，提前做好防雨准备，把握好雨后复工时机；

（2）充分利用晴天加强土料储备，晴天安排心墙和两侧反滤料与部分坝壳料筑高，以便在雨天继续填筑坝壳料，保持坝面稳定上升，来雨前用光面碾快速压实松土，防止雨水渗入；

（3）铺料时，心墙向两侧、斜墙向下游铺成 2% 的坡度，以利排水；

（4）做好坝面防雨保护，如设防雨棚、覆盖苫布、油布等；

（5）做好料场周围的排水系统，控制土料含水量。

第二节　面板堆石坝施工

一、堆石坝材料、质量要求及坝体分区

（一）堆石坝材料、质量要求

根据施工组织设计，查明各料场的储量和质量，如果利用施工中挖方石料，要按料场要求增作试验。一、二级高坝坝料室内试验项目应包括坝料的颗粒级配、相对密度、抗剪强度和压缩模量，垫层料、砂砾料、软岩料的渗透和渗透变形试验。100 m 以上的坝，应测定坝料的应力应变参数。

高坝垫层料要求有良好的级配，最大粒径为 80 ~ 100 mm，粒径小于 5 mm 的颗粒含量为 30% ~50%，粒径小于 0.075 mm 的颗粒含量不宜超过 8%，中低坝可适当降低要求。压实后应具有内部渗透稳定性、低压缩性、高抗剪强度，并具有良好的施工特性。用天然砂砾料作垫层料时，要求级配连续、内部结构稳定、压实后渗透系数为 1/1 000 ~ 1/10 000 cm/s。寒冷地区，垫层的颗粒级配要满足排水性要求。垫层料可采用人工砂石料、砂砾石料，或两者的掺料。

过渡料要求级配连续、最大粒径不宜超过 300 mm，可用人工细石料、经筛分加工的天然砂砾料等。压实后的过渡料要压缩性小、抗剪强度高、排水性好。

主堆石料可用坝基开采的硬岩堆石料，也可采用砂砾石料，但坝体分区应满足规范要求。硬岩堆石料要求压实后应有良好的颗粒级配，最大粒径不超过压实层厚度，粒径小于 5 mm 颗粒含量不宜超过 20%，粒径小于 0.075 mm 的颗粒含量不宜超过 5%。在开采之前，应进行专门的爆破试验。砂砾石料中粒径小于 0.075 mm 的颗粒含量超过 5% 时，宜用在坝内干燥区。

软岩堆石料压实后应具有较低的压缩性和一定的抗剪强度，可用于下游堆石区下游水位以上的干燥区，如用于主堆石区需经专门论证和设计。

（二）坝体分区

堆石坝坝体应根据石料来源及对坝料的强度、渗透性、压缩性、施工方便和经济合理性等要求进行分区。在岩基上用硬岩堆石料填筑的坝体分区如图 10-5 所示，从上游到下游分为垫层区、过渡区、主堆石区、下游堆石区；在周边缝下游应设置特殊垫层区；设计中可结合枢纽建筑物开挖石料和近坝可用料源增加其他分区。我国天然砂砾石比较丰富，对碾压砂砾石坝体的材料分区如图 10-6 所示，并根据需要调整。

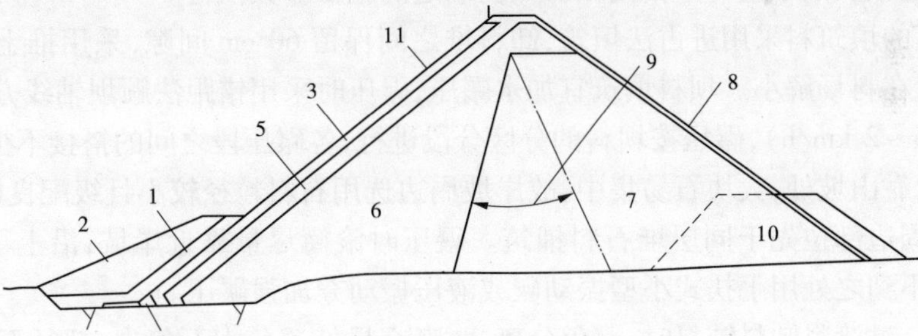

1—上游铺盖区；2—盖重区；3—垫层区；4—特殊垫层区；
5—过渡区；6—主堆石区；7—下游堆石区；8—下游护坡；
9—可变动的主堆石区与下游堆石区界面，角度依坝料特性及坝高而定；
10—抛石区（或滤水坝趾区）；11—混凝土面板

图 10-5 硬岩堆石料填筑的坝体主要分区示意图

垫层区的水平宽度应由坝高、地形、施工工艺和经济性比较确定。当用汽车直接卸料，推土机推平方法施工时，垫层区不宜小于 3 m，有专门的铺料设备时，垫层区宽度可减少，并相应增大过渡区的面积，主堆石区用硬岩时，到垫层区之间应设过渡区，为方便施工，其宽度不小于 3 m。

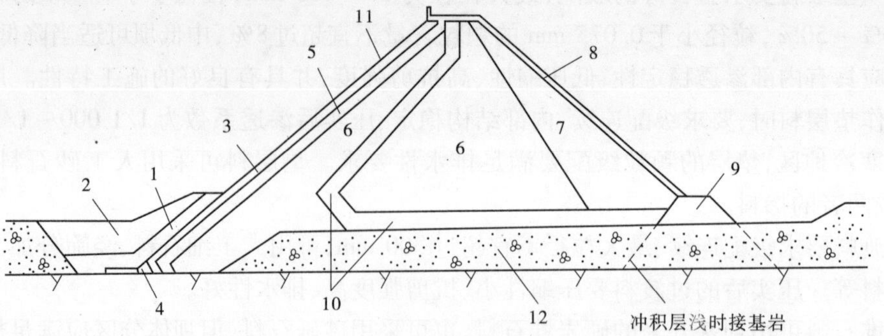

1—上游铺盖区；2—盖重区；3—垫层区；4—特殊垫层区；
5—过渡区；6—主堆石（砂砾石）区；7—下游堆石（砂砾石）区；
8—下游护坡；9—滤水坝趾区；10—排水区；11—混凝土面板；12—坝基冲积层

图 10-6　砂砾石坝体材料主要分区示意图

二、填筑工艺及质量控制

（一）坝体填筑工艺

坝体填筑原则上应在坝基、两岸岸坡处理验收以及相应部位的趾板混凝土浇筑完成后进行。由于施工工序及投入工程和机械设备较多，为提高工作效率，避免相互干扰，确保安全，坝料填筑作业应按流水作业法组织施工。坝体填筑的工艺流程为测量放样、卸料、摊铺、洒水、压实、质检。坝体填筑尽量做到平起、均衡上升。垫层料、过渡料区之间必须平起上升，垫层料、过渡料与主堆石料区之间的填筑面高差不得超过一层。各区填筑的层厚、碾压遍数及加水量等严格按碾压试验确定的施工参数执行。

堆石区的填筑料采用进占法填筑，卸料堆之间保留 60 cm 间隙，采用推土机平仓，超径石应尽量在料场解小。坝料填筑宜加水碾压，碾压时采用错距法顺坝轴线方向进行，低速行驶（1.5 ~2 km/h），碾压按坝料的分区分段进行，各碾压段之间的搭接不少于 1.0 m。在岸坡边缘靠山坡处，大块石易集中，故岸坡周边选用石料粒径较小且级配良好的过渡料填筑，同时周边部位先于同层堆石料铺筑。碾压时滚筒尽量靠近岸坡，沿上下游方向行驶，仍碾压不到之处用手扶式小型振动碾或液压振动夯加强碾压。

垫层料、过渡料卸料铺料时，避免分离，两者交界处避免大石集中，超径石应予剔除。超径石应在料场及时解小。填筑时自卸汽车将料直接卸入工作面，后退法卸料，碾压时顺坝轴线行驶，用推土机推平，人工辅助平整，铺层厚度等按规定的施工参数执行。垫层料的铺填顺序必须先填筑主堆石区，再填过渡层区，最后填筑垫层区。

下游护坡宜与坝体填筑平起施工，护坡石宜选取大块石，机械整坡、堆码，或人工干砌，块石间嵌合要牢固。

（二）垫层区上游坡面施工

垫层区上游坡面传统施工方法：在垫层料填筑时，向上游侧超出设计边线 30 ~ 40 cm，先分层碾压。填筑一定高度后，由反铲挖掘机削坡，并预留 5 ~ 8 cm 高出设计线，为了保证碾压质量和设计尺寸，需要反复进行斜坡碾压和修整，工作量很大。为保护新形成的坡面,常采用的形式有碾压水泥砂浆(珊溪坝)、喷乳化沥青(天生桥一级、洪家渡)、喷射混凝土(西北口坝)等。这种传统施工工艺技术成熟,易于掌握,但工序多,费工费时,坡面垫层料的填筑密实度难以保证。

混凝土挤压墙技术是混凝土面板坝上游坡面施工的新方法。1999 年首先在巴西埃塔面板堆石坝建设中使用,我国从 2001 年开始研究,并在公伯峡水电站、甘肃西流水大坝、湖北芭蕉河鹤峰水电站等项目中相继应用。挤压边墙施工法是在每填筑一层垫层料前,用边墙挤压机制出一个半透水混凝土小墙,然后在其下游面按设计铺填坝料,用振动碾平面碾压,合格后重复以上工序。挤压式边墙断面见图 10-7。挤压边墙施工简化了上游坡面传统的超填超碾、坡面整修、斜坡碾压等工序,施工简单易行,施工质量易于控制,降低劳动强度,避免垫层料的浪费,效率较高。挤压边墙技术在国内应用时间较短,施工工艺还有待进一步完善。黄河公伯峡面板堆石坝工程所使用的挤压机的施工速度为 40 ~60 m/h,平均速度为 44 m/h,挤压混凝土密实度为 2.0 ~2.2 t/m^3。

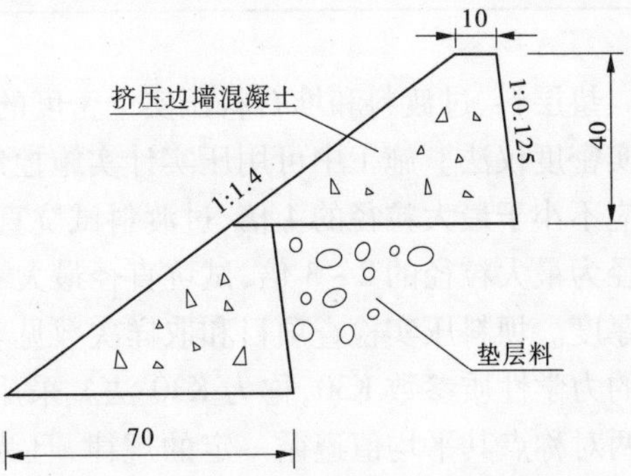

图 10-7　挤压式边墙断面　(单位:cm)

(三)质量控制

1.料场质量控制

在规定的料区范围内开采,料场的草皮、树根、覆盖层及风化层已清除干净;堆石料开采加工方法符合规定要求;堆石料级配、含泥量、物理力学性质符合设计要求,不合格料不允许上坝。

2.坝体填筑的质量控制

堆石材料、施工机械符合要求。负温下施工时,坝基已压实的砂砾石无冻结现象,填筑面上的冰雪已清除干净。坝面压实,应对压实参数和孔隙率进行控制,以碾压参数为主。铺料厚度、压实遍数、加水量等符合要求,铺料误差不宜超过层厚的 10%,坝面保持平整。堆石坝体压实参数需经压实试验确定,振动碾的压实参数可参考表 10-2。坝体填筑压实标准见表 10-3。

表 10-2　振动碾的压实参数

土石料类型	碾重(t)	铺料厚度(m)	碾压遍数	备注
砂砾料	13.5	1.2 ~1.6	4 ~6	
风化料	13.5	1.0 ~1.5	4 ~6	
石渣料	13.5	1.0 ~1.5	4	
堆石料	13.5	1.0 ~1.5	4 ~6	堆石最大粒径应比铺料层厚小 10 ~20 cm
	10.0	0.6 ~0.8	4 ~6	

表 10-3　坝体填筑压实标准

坝料	垫层料	砂砾石料	过渡料	主堆石料	下游堆石料
孔隙率(%)	15 ~ 20		18 ~ 22	20 ~ 25	23 ~ 28
相对密度		0.75 ~ 0.85			

垫层料、过渡料和堆石料压实干密度的检测方法,宜采用挖坑灌水法,或辅以表面波压实密度仪法。施工中可用压实计实施控制,垫层料可用核子密度计法。垫层料试坑直径应不小于最大粒径的 4 倍,过渡料试坑直径应不小于最大粒径的 3 ~ 4 倍,堆石料试坑直径为最大粒径的 2 ~ 3 倍,试坑直径最大不超过 2 m。以上三种料的试坑深度均为碾实层厚度。坝料压实检查项目和取样次数见表 10-4。填筑质量检测新方法:直接检测填筑土的力学性质参数 K30,称为 K30 法。采用 K30 法对坝体填筑质量进行检测,任选过圆心两对称点其平均值遵循一定的规律,且为线性。将 K30 法用于坝体填筑质量检测,可以减少挖坑取样的数量,快捷、准确地进行坝体填筑质量的检测。在公伯峡面板堆石坝施工中开展了对 K30 法的试验研究。

表 10-4　坝料压实检查项目和取样次数

坝料		检查项目	检查次数
垫层料	坝面	干密度、颗粒级配	1 次/(500 ~ 1 000 m^3),每层至少 1 次
		渗透系数	次数不定
	上游坡面	干密度、颗粒级配	1 次/(1 500 ~ 3 000 m^3)
	小区	干密度、颗粒级配	每 1 ~ 3 层 1 次
过渡区		干密度、颗粒级配	1 次/(3 000 ~ 6 000 m^3)
砂砾料		干密度、颗粒级配	1 次/(5 000 ~ 10 000 m^3)
堆石料*		干密度、颗粒级配	1 次/(10 000 ~ 100 000 m^3)

注:* 表示堆石料颗粒级配可比干密度试验次数适当减少。

三、钢筋混凝土面板分块和浇筑

(一)钢筋混凝土面板的分块

混凝土防渗面板包括趾板(面板底座)和面板两部分。防渗面板应满足强度、抗渗、抗侵蚀、抗冻要求。趾板设伸缩缝,面板设垂直伸缩缝、周边伸缩缝等永久缝和临时水平施工缝。垂直伸缩缝从底到顶布置,中部受压区,分缝间距一般为 12 ~ 18 m,两侧受拉区按 6 ~ 9 m 布置。受拉区设两道止水,受压区在底侧设一道止水,水平施工缝不设止水,但竖向钢筋必须相连。混凝土防渗面板分缝分块见图 10-8。

(二)防渗面板混凝土浇筑与质量

1. 面板施工

面板施工在趾板施工完毕后进行。面板一般采用滑模施工,由下而上连续浇筑。面板浇筑可以一期进行,也可以分期进行,需根据坝高、施工总计划而定。对于中低坝,面板

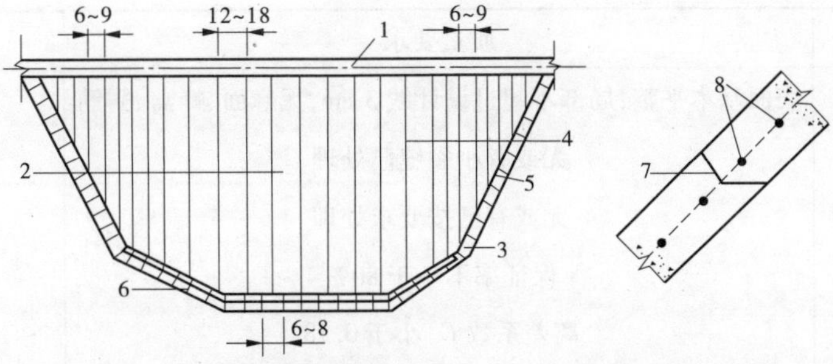

(a)分块示意图　　(b)施工缝

1—坝轴线;2—面板;3—趾板;4—垂直伸缩缝;5—周边伸缩缝;
6—趾板伸缩缝;7—水平伸缩缝;8—面板钢筋

图 10-8　混凝土防渗面板分缝分块　(单位:m)

宜一期浇筑,对于高坝,面板可一期或分期施工。为便于流水作业,提高施工强度,面板混凝土均采用跳仓施工。当坝高不大于 70 m 时,面板在堆石体填筑全部结束后施工,这主要考虑避免堆石体沉陷和位移对面板产生的不利影响。高于 70 m 的堆石坝,考虑需拦洪度汛,提前蓄水,面板宜分二期或三期浇筑,分期接缝应按施工缝处理。面板施工工艺流程见图 10-9。面板钢筋采用现场绑扎或焊接,也可用预制网片现场拼接。混凝土浇筑中,布料要均匀,每层铺料 250 ~ 300 cm。止水片周围需人工布料,防止分离。振捣混凝土时,要垂直插入,至下层混凝土内 5 cm,止水片周围用小振捣器仔细振捣。振动过程中,防止振捣器触及滑模、钢筋、止水片。脱模后的混凝土,要及时修整和压面。

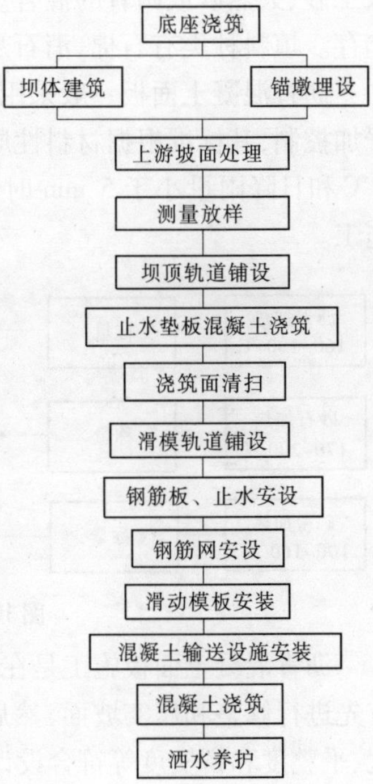

图 10-9　面板施工工艺流程

2. 面板混凝土浇筑质量检查项目和技术要求

面板混凝土浇筑质量检查项目和技术要求见表 10-5。

趾板每浇一块或每 50 ~ 100 m^3 至少有一组抗压强度试件,每 200 m^3 成型一组抗冻、抗渗检验试件。面板每班取一组抗压强度试件,抗渗检验试件每 500 ~ 1 000 m^3 成型一组,抗冻检验试件每 1 000 ~ 3 000 m^3 成型一组,不足以上数量者,也应取一组试件。

四、沥青混凝土面板施工

沥青混凝土由于抗渗性好,适应变形能力强,工程量小,施工速度快,正在广泛用于土石坝的防渗体。

表 10-5 面板混凝土浇筑质量检查项目和技术要求

项目	质量要求	检查方法
混凝土表面	表面基本平整,局部不超过设计线 3 cm,无麻面、蜂窝、露筋	测量观察
表面裂缝	无或有小裂缝已处理	观察测量
深层及贯穿裂缝	无或有已按要求处理	观察检测
抗压强度	保证率不小于 80%	试验
均匀性	离差系数 C_v 小于 0.18	统计分析
抗冻性	符合设计要求	试验
抗渗性	符合设计要求	试验

沥青混凝土面板所用沥青主要根据工程地点的气候条件选择,我国目前多采用道路沥青。粗骨料选用碱性碎石,其最大粒径一般为 15 ~ 25 mm;细骨料可选碱性岩石加工的人工砂、天然砂或两者的混合。骨料要求坚硬、洁净、耐久。按满足 5 d 以上施工需要量储存。填料种类有石棉、消石灰、水泥、橡胶、塑料等,其掺量由试验确定。

沥青混凝土面板一般采用碾压法施工,工艺流程如图 10-10 所示。施工中对温度要严加控制,其标准根据材料性质、施工地区和施工季节,由试验确定。在日平均气温高于 5 ℃和日降雨量小于 5 mm 时方可施工,日气温虽然在 5 ~ 15 ℃,风速大于 4 级也不能施工。

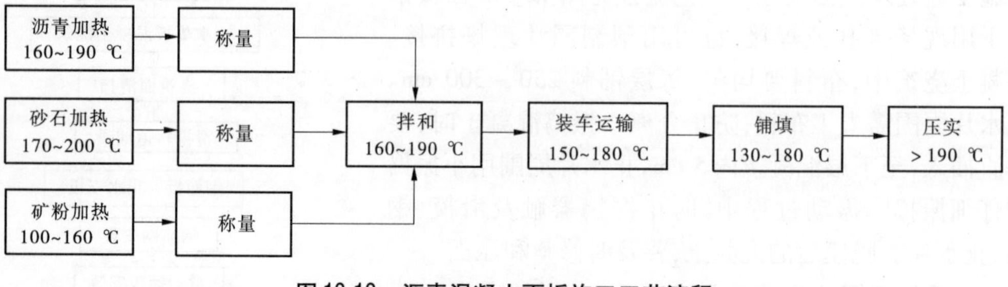

图 10-10 沥青混凝土面板施工工艺流程

沥青混凝土面板施工是在坡面上进行的,施工难度较大,尽量采用机械化流水作业。首先进行修整和压实坡面,然后铺设垫层,垫层料应分层压实,并对坡面进行修整,使坡度、平整度和密实度等符合设计要求,在垫层面上喷涂一层乳化沥青或稀释沥青。沥青混凝土面板多采用一级铺筑。当坝坡较长或因拦洪度汛需要设置临时断面时,可采用二级或二级以上铺筑。一级斜坡长度铺筑通常不超过 120 ~ 150 m,当采用多级铺筑时,临时断面应根据牵引设计的布置及运输车辆交通的要求,一般不小于 10 ~ 15 m。沥青混合料的铺筑方向多采用沿最大坡度方向分成若干条幅,自下而上依次铺筑。防渗层一般采用多层铺筑,各区段条幅宽度间上下层接缝必须相互错开,水平接缝的错距应大于 1 m,顺坡纵缝的错距一般为条幅宽度的 1/3 ~ 2/3。先用小型振动碾进行初压,再用大型振动碾二次碾压,上行振压,下行静压。施工接缝及碾压带间,应重叠碾压 10 ~ 15 cm。压实温度应高于 110 ℃，二次碾压温度高于 80℃。防渗层的施工缝是面板的薄弱环节，尽量加大条幅摊铺宽度和长度，减少纵向和横向施工缝。防渗层的施工缝以采用斜面平接为宜，斜面坡度一般为 45°。整平胶结层的施工缝可不作处理。上下层的层面必须干燥，间隔不超过 48 h。防渗层层间应喷涂一薄层稀沥青或热沥青，用喷洒法施工或橡胶刮板涂刷。

五、其他坝型施工

（一）抛填式堆石坝

抛填式堆石坝施工一般先建栈桥，将石块从栈桥上距填筑面 10～30 m 高处抛掷下来，靠石块的自重将石料冲实，同时用高压水枪冲射，把细颗粒碎石冲填到石块间的孔隙中。采用抛填式填筑成的堆石体孔隙率较大，所以在承受水压力后变形量大，石块尖角容易被压裂和剪裂，抗剪强度较低，在发生地震时沉降量更大。随着重型碾压机械的出现，目前此种坝型已很少采用。

（二）定向爆破堆石坝

定向爆破堆石坝是在河谷两岸或一岸对岩体进行定向爆破，将石块抛掷到河谷坝址，堆筑起大部分坝体。然后修整坝坡，并在抛填堆石体上加高碾压堆石体，直至坝顶。最后在上游坝坡堆筑反滤层、斜墙防渗体、保护层和护坡等。采用这种方法筑坝，一次爆破可得石方数万、数十万甚至上百万立方米，爆破抛射出的石块下落时以高速填入堆石体，紧密度较大，孔隙率可在 28% 以下，从而可节约大量人力、物力和财力。但爆破对山体的破坏作用较大，使岩体内的裂缝加宽，有时可形成绕坝渗流通道，并可使隧洞、溢洪道周围的地质条件以及岸坡的稳定条件恶化。因此，这种坝型主要适用于山高、坡陡、窄河谷、交通运输条件极为不便以及地质条件良好的中小型工程。

复习思考题

10-1　如何进行土石坝施工的坝料规划？

10-2　组织土石坝综合机械化施工的基本原则是什么？

10-3　常用的土石坝施工挖运方案有哪些？适用条件如何？

10-4　如何组织坝面施工流水作业？

10-5　碾压式土石坝施工包括哪些主要内容？

10-6　先土后砂法和先砂后土法的施工有何不同？各如何施工？

10-7　土石坝施工质量如何检查控制？

10-8　土石坝雨季和冬季施工中应采取哪些主要措施？

10-9　堆石坝堆石材料的质量要求有哪些？

10-10　堆石坝趾板和面板的施工程序是怎样的？

第十一章　混凝土坝施工

学习指导

学习目标：了解骨料开采量及骨料生产能力的确定，掌握混凝土生产系统组成和布置方法，掌握常用运输浇筑方案及其选择，掌握分缝原则和防裂措施，掌握碾压混凝土施工的基本要求及施工工艺。

学习重点：料场规划和骨料生产能力确定，常用运输浇筑方案，混凝土坝的分缝与分块，温度裂缝产生的原因及控制措施。

第一节　砂石骨料生产系统

砂石骨料在混凝土中起骨架作用。每立方米混凝土需1.3～1.5 m^3(松散体积)砂石骨料，所以骨料质量的好坏直接影响混凝土强度、水泥用量和温控要求，从而影响大坝的质量和造价。

砂石骨料生产系统主要由采料场、骨料加工厂、堆料场和内部运输系统等组成。其任务是及时供应混凝土拌和所需要的质量合格、数量充分、成本低廉的粗细骨料。骨料生产系统设计的主要内容有勘探和选择料场，确定料源、开采和运输方法；选择骨料加工厂位置，确定其生产能力和工艺流程；进行骨料堆存设计和质量控制等。

一、骨料料场规划

砂石骨料的主要原料来源于天然砂砾石料场(包括陆地料场、河滩料场和河床料场)，岩石料场和工程弃渣。

骨料料场规划应根据料场的分布、开采条件、可利用料的质量、储量、天然级配、加工要求、弃料多少、运输方式、运距远近、生产成本等因素综合考虑。

搞好砂石料场规划应遵循如下原则：

(1)首先要了解砂石料的需求、流域(或地区)的近期规划、料源的状况，以确定是建立流域或地区的砂石生产基地还是工程专用的砂石系统。

(2)应充分考虑自然景观、珍稀动植物、文物古迹保护方面的要求，将料场开采后的景观、植被恢复(或美化改造)列入规划之中，应重视料源剥离和弃渣的堆存，应避免水土流失，还应采取恢复环境的措施。在进行经济比较时应计入这方面的投资。当在河滩开采时，还应对河道冲淤、航道影响进行论证。

(3)满足水工混凝土对骨料的各项质量要求，其储量力求满足各设计级配的需要，并有必要的富裕量。初查精度的勘探储量，一般不少于设计需要量的3倍，详查精度的勘探储量，一般不少于设计需要量的2倍。

(4)选用的料场，特别是主要料场，应场地开阔，高程适宜，储量大，质量好，开采季节长，主辅料场应能兼顾洪枯季节互为备用的要求。

(5)选择可采率高，天然级配与设计级配较为接近，用人工骨料调整级配数量少的料场。任何工程应充分考虑利用工程弃渣的可能性和合理性。

(6)料场附近有足够的回车和堆料场地，且占用农田少，不拆迁或少拆迁现有生活、生产设施。

(7)选择开采准备工作量小，施工简便的料场。

如以上要求难以同时满足，在优质、经济、就近取材的原则下，可分别选择天然骨料、人工骨料，或两者相互补充。当工程附近有质量合格，储量满足工程需要，开采条件合适，且不构成环保和河道水运交通影响的天然砂石料时宜优先采用天然料场。若天然料运距太远，成本太高，才考虑采用人工骨料方案。组合骨料，则需确定天然骨料和人工骨料的最佳搭配方案。通常对天然料场中的超径石，通过加工补充短缺级配，形成生产系统的闭路循环，这是减少弃料，降低成本的好办法。

随着大型、高效、耐用的骨料加工机械的发展，管理水平的提高，人工骨料的成本接近甚至低于天然骨料，并且级配可按需调整，质量稳定，管理相对集中，受自然因素影响小，有利于均衡生产，减少设备用量，减少堆料场地，同时尚可利用有效开挖料。因此，采用人工骨料的工程越来越多。

有碱活性的骨料会引起混凝土的过量膨胀，一般应避免使用。当采用低碱水泥或掺粉煤灰时，碱骨料反应受到抑制，经试验证明对混凝土不致产生有害影响时，也可选用。当主体工程开挖渣料数量较多，且质量符合要求时，应尽量予以利用。它不仅可降低人工骨料成本，还可节省运渣费用，减少堆渣用地和环境污染。

二、骨料开采

(一)毛料开采量的确定

1. 天然砂砾料开采量的确定

毛料开采量取决于混凝土中各种粒径的骨料需要量和天然砂砾料中各种粒径骨料的含量。若设某工程共有 j 种标号的混凝土，相应的混凝土工程量为 V_j，混凝土中各粒径组的需要量为 e_{ij}(m^3/m^3)，则第 i 组骨料总需要量 q_i 为：

$$q_i = (1 + K_C) \sum_j e_{ij} V_j \quad (m^3,以松方计) \tag{11-1}$$

式中 K_C——混凝土出机以后的损失系数，为 0.01 ~ 0.02。

满足第 i 组骨料的净料总需要量为 q_i，则要求开采天然骨料的总量 Q_i 为：

$$Q_i = (1 + K) \frac{q_i}{K_P p_i} \quad (m^3,以自然方计) \tag{11-2}$$

式中 K——骨料生产过程的损耗系数，是各生产环节损耗系数的总和，即 $K = K_1 + K_2 + K_3 + K_4$，见表 11-1；

K_P——砂砾料的松散系数，取 1.15 ~ 1.35；

p_i——天然砂砾料中第 i 组骨料的百分含量。

表 11-1　生产过程中骨料损耗系数

产生损耗的生产环节	K_i	骨料粒径(mm)		
		<5	50~20 20~40	40~80 80~120
水上开采 水下开采	K_1	0.03 0.07	0.02 0.05	0.02 0.03
加工	K_2	0.07	0.02	0.01
运输堆存	K_3	0.05	0.03	0.02
混凝土生产	K_4	0.03	0.02	0.02

通常按不同粒径组所求的开采总量各不相同,取其中的最大开采量作为理论开采总量。实际施工中,大石含量通常过多,而中小石含量不足,若按中小石需要量开采,大石将过剩。为此,实际施工中选择的开采量往往介于最大值与最小值之间,于是有些粒径组会短缺,另一些粒径组则会有弃料。此时,可采取如下措施:

(1)调整混凝土的设计配合比,在许可范围内减少短缺粒径的需用量;

(2)设置破碎机,将富余大骨料加工,补充短缺粒径;

(3)改进生产工艺,减少短缺粒径组的损失;

(4)以人工骨料补充短缺粒径。

2. 采石场开采量的确定

当采用人工骨料时,采石场开采量主要取决于混凝土骨料需要量及块石开采成品获得率。计算公式为:

$$V_r = \frac{(1+K)\alpha V_0}{\beta\rho} \tag{11-3}$$

式中　V_r——采石场总开采量,m^3,以自然方计;

K——人工骨料损耗系数,对碎石,加工损失为 0.02~0.06,运输储存损失为 0.02~0.04,对于人工砂,加工损失为 0.08~0.20,运输储存损失为 0.02~0.06;

α——每立方米混凝土的骨料用量,t/m^3;

V_0——混凝土的总需用量,m^3;

β——块石开采成品获得率,取 80%~95%;

ρ——块石的密度,t/m^3。

若有有效开挖石料可供利用,应将利用部分扣除,确定实际开采石料量。

(二)开采方法

1. 水下开采天然砂砾料

从河床或河滩开挖天然砂砾料宜用索铲挖掘机和采砂船,采砂船应用中应注意:

(1)选择大型采砂船应考虑设备进场、撤退及下一工程衔接使用的可能性;

(2)选择合理开采水位,研究开采顺序和作业路线,尽可能创造静水和低流速开采条件,减少细砂与骨料的流失量。

2. 陆上开采天然砂砾料

陆上开采天然砂砾料所用设备和生产工艺与一般土石方开挖工程相同，主要使用挖掘机。至于运输方式则随料场条件而异，有的采用标准轨矿车或窄轨矿车，有的采用自卸汽车。

3. 碎石开采

采石场的开采可用洞室爆破和深孔爆破。洞室爆破比深孔爆破原岩破碎平均粒度大，超径量多，二次爆破量大，挖掘机生产率下降，粗碎负荷加重。洞室巷道施工条件差、劳动强度大。当深孔爆破的台阶尚未形成时，用洞室爆破进行削帮、揭顶并提供初期用料。深孔爆破，尤其是深孔微差挤压爆破应作为采石场的主要爆破方法。进行爆破设计时要注意开采石块的最大粒度与挖装、破碎设备相适应。

三、骨料加工

骨料加工厂的生产能力应满足混凝土浇筑的需要。混凝土浇筑强度是不均衡的，就其高峰值来说，又有高峰月浇筑强度和高峰时段月平均浇筑强度之分。若按高峰月浇筑强度考虑，系统设备过多，不经济；若按高峰时段月平均浇筑强度计算，则考虑了堆料场的调节作用，可以适当降低生产规模。确定骨料加工厂的生产能力有以下两种方法。

(1)按混凝土最高月浇筑强度计算，其公式为：

$$P = \frac{Qa}{mn}k \tag{11-4}$$

式中 P——骨料加工厂的生产能力，m^3/h；

Q——混凝土最高月浇筑强度，m^3/月；

a——混凝土所需砂石料数量，m^3/m^3；

m——每月工作天数，按 25 d 计；

n——每日工作时数，正常情况下按二班制 14 h 计算，如采用三班制，可按 20 h 计算；

k——生产不均匀系数，对天然骨料为 1.2～1.7，对人工骨料为 1.2～1.3。

该方法没有考虑骨料堆场的调节作用，所以计算出来的生产能力偏大。

(2)按骨料需要量累计曲线确定。先根据混凝土浇筑计划，绘出骨料需要量累计曲线，然后绘出骨料生产量累计曲线，如图 11-1 所示。生产量累计曲线始终位于需要量累计曲线的上方。它们之间的垂直距离，即为骨料成品料堆的储存量。此储量应不超过成品料堆的最大容量，但又不能小于最小安全储量。此外，生产量累计曲线的起点和终点，应比需要量累计曲线提前一定时间。一般起点提前时间为 10～15 d，终点也应相应提前，具体时间由施工计划定。

生产量累计曲线的各段斜率，代表加工厂各时段的生产强度。其中，斜率最大值即为加工厂的生产能力，斜率最大的时段即为骨料加工的高峰期。据此骨料加工厂的生产能力为：

$$P = \frac{V}{Tmn}\frac{k_1}{K_{时}} \tag{11-5}$$

式中 P——骨料加工厂的生产能力，m^3/h；

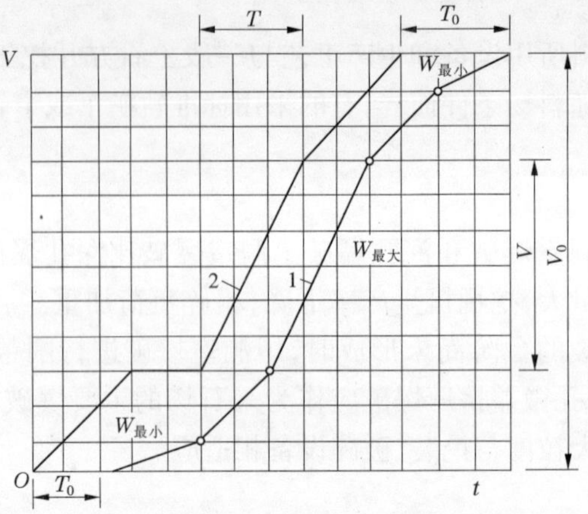

1—需要量累计曲线;2—生产量累计曲线

图 11-1 骨料生产量和需要量累计曲线

V——骨料加工高峰期的总产量,包括损失在内,m^3;

T——高峰期延续时间,月;

k_1——高峰期生产不均匀系数,为 1.0 ~ 1.4;

$K_{时}$——时间利用系数,约为 0.8;

其他符号意义同前。

四、骨料的储存

(一)骨料堆场的任务和种类

为了解决骨料生产与需求之间的不平衡应设置骨料堆场。骨料储存分毛料堆存、半成品料堆存和成品料堆存三种型式。毛料堆存用于解决骨料开采与加工之间的不平衡;半成品料(经过预筛分的砂石混合料)堆存用于解决骨料加工各工序之间的不平衡;成品料堆存用于保证混凝土连续生产的用料要求,并起到降低和稳定骨料含水量(特别是砂料脱水)、降低或稳定骨料温度的作用。

砂石料的总储量多少取决于生产强度和管理水平。通常按高峰时段月平均值的 50% ~80% 考虑,汛期、冰冻期停采时须按停采期骨料需要量外加 20% 裕度校核。

成品料仓各级骨料的堆存,必须设置可靠的隔墙,以防止骨料混级。隔墙高度按骨料自然休止角(34° ~37°)确定,并超高 0.8 m 以上。成品堆场容量,尚应满足砂石料自然脱水要求。

(二)骨料堆场的型式

(1)台阶式。如图 11-2 所示,利用地形的高差,将料仓布置在进料线路下方,由汽车或铁路矿车直接卸料。料仓底部设有出料廊道(又称地弄),砂石料通过卸料弧形阀门卸在皮带机上运出。为了扩大堆料容积,可用推土机集料或散料。这种料仓设备简单,但须有合适的地形条件。

(2)栈桥式。如图 11-3 所示,在平地上架设栈桥,栈桥顶部安装有皮带机,经卸料小车向两侧卸料。料堆呈棱柱体,由廊道内的皮带机出料。这种堆料的方式,可以增大堆料高度(可达9~15 m),减少料堆占地面积。但骨料跌落高度大,易造成逊径和分离,而且料堆自卸容积(位于骨料自然休止角斜线中间的容积)小。

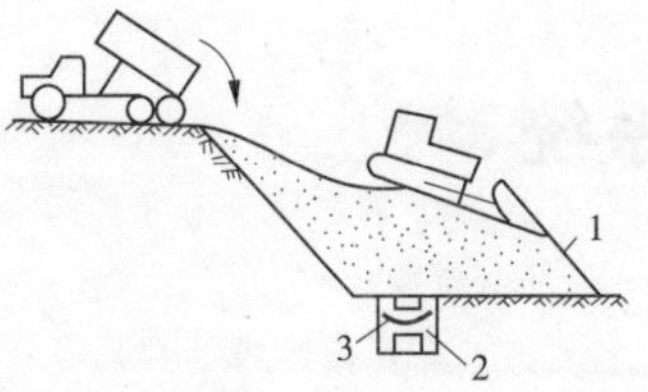

1—料堆;2—廊道;3—出料皮带机

图11-2 台阶式骨料堆

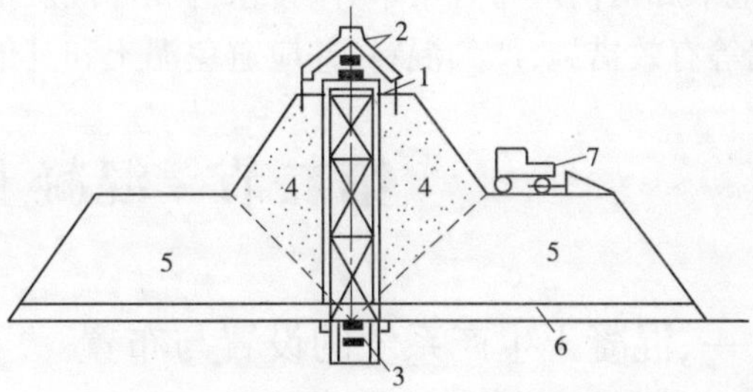

1—进料皮带机栈桥;2—卸料小车;3—出料皮带机;4—自卸容积;5—死容积;6—垫底损失容积;7—推土机

图11-3 栈桥式骨料堆

(3)堆料机堆料。堆料机是可以沿轨道移动,有悬臂扩大堆料范围的专用机械。双悬臂式堆料机如图11-4(a)所示。动臂式堆料机如图11-4(b)所示,动臂可以旋转和仰俯(变幅范围为±16°),能适应堆料位置和堆料高度的变化,避免骨料跌落过高,产生逊径。为了增大堆料高度,常将其轨道安装在土堤顶部,出料廊道则设于路堤两侧。

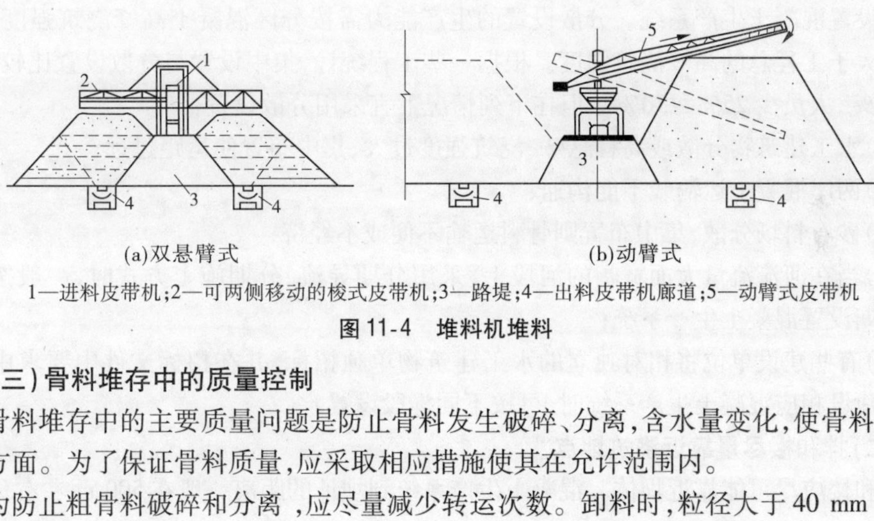

1—进料皮带机;2—可两侧移动的梭式皮带机;3—路堤;4—出料皮带机廊道;5—动臂式皮带机

图11-4 堆料机堆料

(三)骨料堆存中的质量控制

骨料堆存中的主要质量问题是防止骨料发生破碎、分离,含水量变化,使骨料保持洁净等方面。为了保证骨料质量,应采取相应措施使其在允许范围内。

为防止粗骨料破碎和分离,应尽量减少转运次数。卸料时,粒径大于40 mm骨料的自由落差大于3 m时,应设置缓降设施。同时,皮带机接头处高差应控制在1.5 m以内,并在用于衔接的溜槽内衬以橡皮,减轻石料冲击造成的破碎。堆料时,要避免形成大的斜坡。取料时应在同一料堆选2~3个不同取料点同时取料,以使同一级骨料粒径均匀。

储料仓除有足够的容积外,还应维持不小于6 m的堆料厚度。要重视细骨料脱水,并保持洁净。细骨料仓的数量和容积应满足细骨料脱水的要求。一般情况下,细骨料仓的数量应不少于3个,即1个仓堆料,1~2个仓脱水,1个仓使用,互相轮换。细骨料仓的堆料容积应满足混凝土浇筑高峰期10 d以上的需要,粗骨料仓的活容积应满足混凝土浇筑高峰期3 d以上的需要,拌和系统粗细骨料的堆存活容积应满足3~5 d的需要量。细骨料的含水率应保持稳定,人工砂饱和面干的含水率不宜超过6%。自然脱水情况下,砂达到其稳定含水量一般需5~6 d。

设计料仓时,料仓的位置和高程应选择在洪水位之上,周围应有良好的排水、排污设施,地下廊道内应布置集水井、排水沟和冲洗皮带机污泥的水管。各级骨料仓之间应设置隔墙等有效措施,严禁混料,并应避免泥土和其他杂物混入骨料中。

第二节　混凝土生产系统

一、混凝土生产系统的设置与布置

混凝土制备系统是为混凝土工程服务的主要生产系统。它包括混凝土拌和楼,各种原材料的储存、运输设施,混凝土拌和物运送设施,还有制冷、供热、加冰、风冷(或水冷)等许多配套设施。对它们进行合理的布置,以便充分发挥制备系统的效率,对于提高混凝土工程的质量和快速经济施工有着重要意义。混凝土生产系统设置与布置中应注意以下主要问题。

(一)合理设置混凝土生产系统

根据工程规模、施工组织的不同,水利水电工程可集中设置一个混凝土生产系统,也可分散设置混凝土生产系统。分散设置的生产能力需按分区混凝土高峰浇筑强度设计,其总和大于工程总的高峰浇筑强度。根据一些工程统计,集中设置与分散设置比较,规模约小15%,人员少25%~30%。但在下列情况下宜采用分散设置:

(1)水工建筑物分散或高程悬殊,浇筑强度过大,集中布置使运距过远;

(2)两岸混凝土运输线不能沟通;

(3)砂石料场分散,集中布置则骨料运输不便或不经济;

(4)当在河流流量大而宽阔的河段上,采用分期导流、分期施工方式时,一般按施工阶段分期设置混凝土生产系统;

(5)有些建设单位将相对独立的水工建筑物单独招标,并在招标文件中要求中标单位规划建设相应混凝土生产系统时,可按不同标段设置。

(二)拌和楼尽量靠近浇筑地点

拌和楼应尽可能靠近坝体。混凝土生产系统到坝址的距离一般在500 m左右。经论证,混凝土生产系统使用时间与永久性建筑物施工、运行时间错开时,也可占用永久建筑物场地,但使用时间重合时,应特别注意它们是否有干扰。

(三)妥善利用地形

混凝土生产系统应布置在地形比较平缓开阔处,其位置和高程要满足混凝土运输和浇筑施工方案要求。混凝土生产系统主要建筑物地面高程应高出当地20年一遇的洪水位;拌和楼、水泥罐、制冷楼、堆料场地弄等多属于高层或重载建筑物,对于地基要求较高。新安江工程混凝土系统场地狭窄,由于充分利用从100~40 m高程间70 m的自然高差,分成4个台阶进行紧凑布置,使工程量较类似规模的系统小得多。

（四）各个建筑物布置原则

各个建筑物布置紧凑，制冷、供热、水泥及粉煤灰等设施均宜靠近拌和楼；原材料进料方向与混凝土出料方向错开；每座拌和楼有独立出料线，使车辆进出互不干扰；出料能力应能满足多品种、多强度等级混凝土的发运，保证拌和楼不间断的生产；铁路线优先采用循环岔道方式；尽头线布置只能适应拌和楼生产能力较低的情况。

（五）输送距离要求

骨料供应点至拌和楼的输送距离宜在300 m以内。混凝土运输距离应按混凝土出机到入仓的运输时间不超过60 min计算，夏季不超过30 min。

（六）混合上料、二次筛分

下列情况下，可考虑采用混合上料，拌和楼顶二次筛分：

（1）堆料场距拌和楼较远，骨料分级轮换供料不满足生产需要；

（2）拌和楼采用连续风冷骨料，因料仓容量不足，不能维持冷却区必要的料层厚度；

（3）采用喷淋法冷却骨料，胶带机运行速度降低，以致轮换供料不能满足要求。

二、混凝土生产系统的组成

通常混凝土生产系统由拌和楼（站）、骨料储运设施、胶凝材料储运设施、外加剂车间、冲洗筛分车间、预冷热车间、空气站、实验室及其他辅助车间等组成。

拌和楼是混凝土生产系统的主要部分，也是影响混凝土生产系统的关键设备。一般根据混凝土质量要求、浇筑强度、混凝土骨料最大粒径、混凝土品种和混凝土运输等要求选择拌和楼。

（一）拌和楼型式的选择

拌和楼按结构布置可分为直立式、二阶式、移动式三种型式，按搅拌机配置可分为自落式、强制式及涡流式等型式。

1. 直立式拌和楼

直立式混凝土拌和楼将骨料、胶凝材料、料仓、称量、拌和、混凝土出料等各工艺环节由上而下垂直布置在一座楼内，物料只作一次提升。其适用于混凝土工程量大，使用周期长，施工场地狭小的水利水电工程。直立式混凝土拌和楼是集中布置的混凝土工厂，常按工艺流程分层布置，分为进料层、储料层、配料层、拌和层及出料层共五层。其中，配料层是全楼的控制中心，设有主操纵台，如图11-5所示。

骨料和水泥用皮带机和提升机分别送到储料层的分格仓内，料仓有5～6格装骨料，有2～3格装水泥和掺合料。每格料仓装有配料斗和自动秤，称好的各种材料汇入骨料斗内，再用回转式给料器送入待料的拌和机内，拌和用水则由自动量水器量好后，直接注入拌和机。拌好的混凝土卸入储料层的料斗，待运输车辆就位后，开启气动弧门出料。各层设备可由电子传动系统操作。

2. 二阶式拌和楼

二阶式混凝土拌和楼将直立式拌和楼分成两大部分。一部分是骨料进料、料仓储存及称量，另一部分是胶凝材料、拌和、混凝土出料控制等。两部分中间用皮带机连接，一般布置在同一高程上，也可以利用地形高差布置在两个高程上。这种结构布置型式的拌和

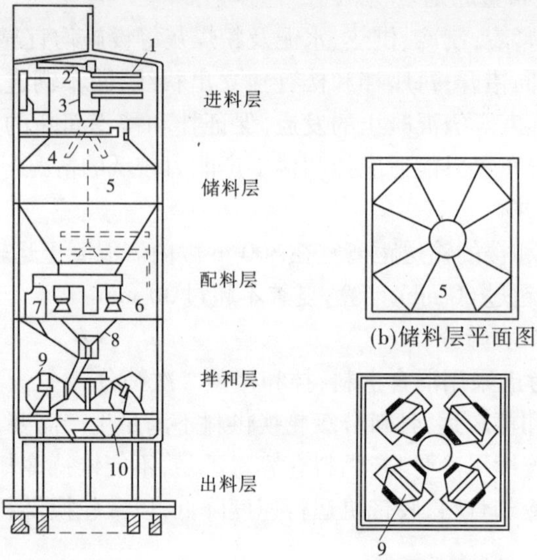

(a)立面图　　(b)储料层平面图　　(c)拌和层平面图

1—进料皮带机;2—水泥螺旋运输机;3—受料斗;4—分料器; 5—储料仓;6—配料斗;
7—量水器;8—骨料斗;9—拌和机;10—混凝土出料斗

图 11-5　混凝土拌和楼

楼安装拆迁方便,机动灵活。小浪底工程混凝土生产系统 4 ×3 000 L 拌和楼采用这种型式。

3. 移动式拌和楼

移动式拌和楼一般用于小型水利水电工程,混凝土骨料粒径在 80 mm 以下的混凝土。

(二)拌和设备容量的确定

混凝土生产系统生产能力一般根据施工组织安排的高峰月混凝土浇筑强度,计算混凝土生产系统小时生产能力

$$P = k_h \frac{Q_m}{mn} \tag{11-6}$$

式中　P——混凝土生产系统小时生产能力,m^3/h;

Q_m——高峰月混凝土浇筑强度,m^3/月;

m——月工作日数,一般取 25 d;

n—— 日工作小时数,一般取 20 h;

k_h——小时不均匀系数,一般取 1.5。

按式(11-6)计算的小时生产能力,应按设计浇筑安排的最大仓面面积、混凝土初凝时间、浇筑层厚度、浇筑方法等条件,校核所选拌和楼的小时生产能力,以及与拌和楼配备的辅助设备的生产能力等是否满足相应要求。

第三节　混凝土运输浇筑方案

混凝土供料运输和入仓运输的组合形式,称为混凝土运输浇筑方案。它是坝体混凝

土施工中的一个关键性环节,必须根据工程规模和施工条件,合理选择。

一、常用运输浇筑方案

(一)自卸汽车-履带式起重机运输浇筑方案

混凝土由自卸汽车卸入卧罐,再由履带式起重机吊运入仓。这种方案机动灵活,适用于工地狭窄的地形。履带式起重机多由挖掘机改装而成,自卸汽车在工地使用较多,所以能及早投产使用,充分发挥机械的利用率。但履带式起重机在负荷下不能变幅,兼受工作面与供料线路的影响,常需随工作面而移动机身,控制高度不大。适用于岸边溢洪道、护坦、厂房基础、低坝等混凝土工程。

(二)起重机-栈桥运输浇筑方案

采用门机和塔机吊运混凝土浇筑方案,常在平行于坝轴线方向架设栈桥,并在栈桥上安设门、塔机,如图 11-6 所示。混凝土水平运输车辆常与门、塔机共用一个栈桥桥面,以便于向门、塔机供料。

施工栈桥是临时性建筑物,一般由桥墩、梁跨结构和桥面系统三部分组成,桥上行驶起重机(门机或塔机)、运输车辆(机车或汽车),如图 11-7 所示。

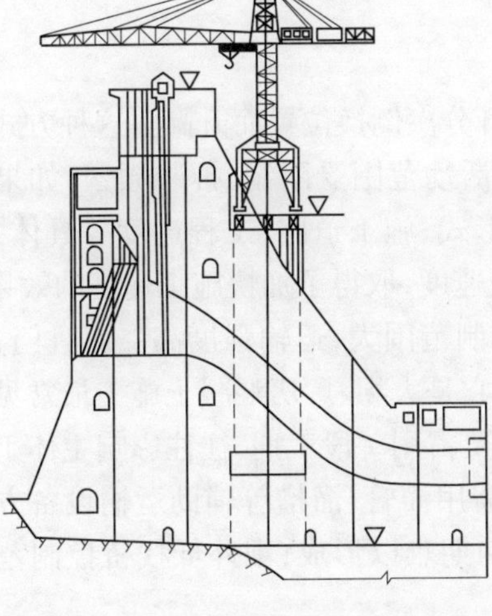

图 11-6　门机和塔机的工作桥示意图

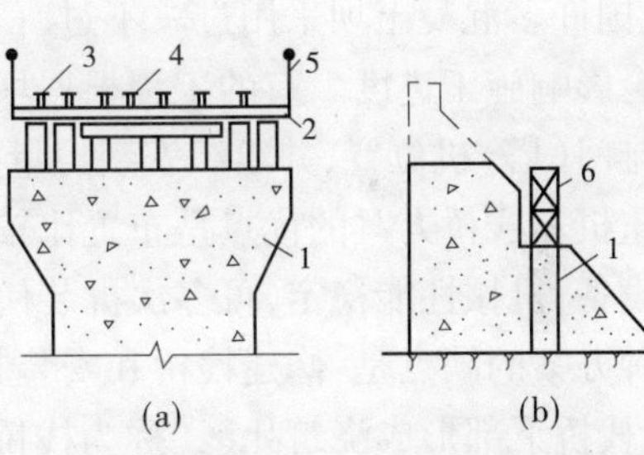

1—钢筋混凝土桥墩;2—桥面;3—起重机轨道;
4—运输轨道;5—栏杆;6—可拆除的钢架

图 11-7　塔机栈桥布置图

设置栈桥的目的有两个:一是为了扩大起重机的控制范围,增加浇筑高度;二是为起重机和混凝土运输提供开行线路,使之与浇筑工作面分开,避免相互干扰。

门、塔机选型,应与建筑物结构尺寸、混凝土拌和及供料能力相协调。合理选择栈桥的位置和高程,尽量减少门、塔机拆迁次数,是采用门、塔机时应当重点考虑的问题。门、塔机的布置型式主要有下面几种,如图 11-8 所示。

1. 坝外布置

当坝体宽度较小时,可将门、塔机布置在坝外(上游或下游或上、下游)。它与坝体的距离以不碰坝体和满足门、塔机安全运转为原则。门、塔机轨道铺设在混凝土埂子上,仅在低凹部位修建低栈桥。

2. 坝内独栈桥布置

将门、塔机栈桥布置在坝底宽的1/2处，栈桥高度视坝高、门(塔)机类型和混凝土拌和厂出料高程选定。

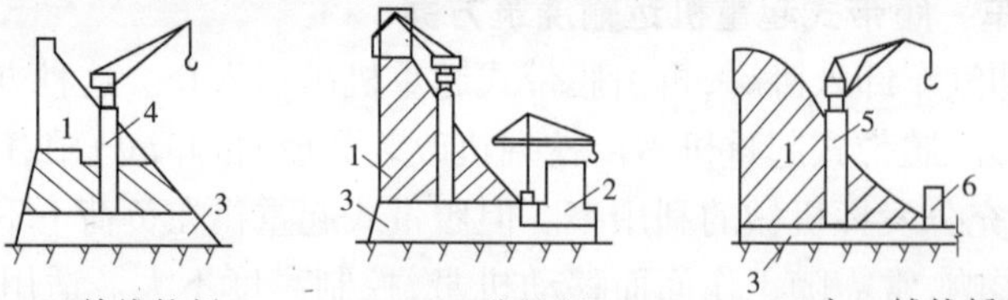

(a)单线栈桥 (b)双线栈桥 (c)主、辅栈桥

1—坝体;2—厂房;3—由辅助浇筑方案完成的部位;4—分两次升高的栈桥;5—主栈桥;6—辅助栈桥

图11-8 门、塔机栈桥的布置型式

3. 坝内多栈桥布置

坝底较宽的高坝，或有坝后式厂房的工程，需在坝内布置多道栈桥。栈桥需要"翻高"，门、塔机随之向上拆迁。

4. 主辅栈桥布置

在坝内布置起重机栈桥，在坝外布置运输混凝土的机车栈桥。这种布置取决于混凝土拌和厂供料高程和坝区地形等因素。

5. 蹲块布置

门、塔机设置在已浇筑的坝体上，随着坝体上升分次倒换位置而升高。这种方式施工简单，我国许多混凝土坝采用过。不过，门(塔)机活动范围受限制、拆装频繁，如果安排不周就会影响施工进度。有的工程根据坝体断面形式、施工道路、工程进度等具体条件，合理安排门(塔)机位置，并组织安装力量加快拆装速度，取得了加快施工速度的效果。

起重机-栈桥方案的优点是布置比较灵活，控制范围大，运输强度高。而且门、塔机为定型设备，机械性能稳定，可多次拆装使用，因此它是大坝、厂房混凝土施工最常见的方案。这种方案的缺点是:修建栈桥和安装起重机需要占用一段工期，往往影响主体工程施工;而且栈桥下部形成浇筑死区(称为栈桥压仓)，需用溜管、溜槽等辅助运输设备方能浇筑，或待栈桥拆除后浇筑。此外，坝内栈桥在施工初期难以形成;坝外低栈桥控制范围有限，且受导流方式的影响和汛期洪水的威胁。

(三)缆机运输浇筑方案

缆机运输浇筑方案，尤其适用于高山峡谷地区的混凝土高坝。采用缆机与选用其他起重机不同，不是先选定设备再进行施工布置，而是按工程的具体条件先进行施工布置，然后委托厂家设计制造，待设计方案确定后，再对施工布置作适当修改完善。采用缆机浇筑混凝土控制范围大，生产效率高，不受导流、度汛和基坑过水的影响。提前安装缆机还可协助截流、基坑开挖等项工作。采用缆机的主要缺点是塔架和设备的土建安装工程量大，设备的设计制造周期长，初期投资比较大。

缆机的类型很多，有辐射式、平移式、固定式、摆动式和轨索式等，最常用的是前两种。

一个工程往往需要布置多台缆机才能满足要求，在这种情况下布置时要仔细考虑，避免相互干扰。

1. 平移式缆机

几台缆机布置在同一轨道上，为了能使两台缆机同时浇筑一个仓位，可采取以下两种布置方法：

(1)同高程塔架错开布置，错开的位置按塔架具体尺寸决定。为了安全操作，一般主索之间的距离不宜小于7～10 m。

(2)高低平台错开布置。即在不同高程的平台上错开布置塔架。有的工程为了使高低平台的缆机能互为备用，布置成穿越式。这时要注意两层之间应有足够的距离，上层缆机满载时的吊罐底部与下层缆机的牵引索之间，应有安全距离。我国某工程采用穿越式布置，两层之间的距离不符合上述要求，发生了下层缆索将上层小车拉翻、主钩掉入河中的事故。

2. 辐射式缆机

当两台缆机共用一个固定塔架时，移动塔可布置在同一高程，也可布置在不同高程。

3. 平移式和辐射式混合布置

根据工程具体情况，可采用平移式与辐射式混合布置，两者也可形成穿越式。缆机布置的一般原则为：

(1)尽量缩小缆机跨度和塔架高度；

(2)控制范围尽量覆盖所有坝块；

(3)缆机平台工程量尽量小，双层缆机布置要使低缆浇筑范围不低于初期发电水位；

(4)供料平台要平直且尽量少压或不压坝块。

塔顶控制高程为：

$$H = H_0 + f + h_{min} + \Delta \qquad (11\text{-}7)$$

式中 H——缆机塔顶高程，m；

H_0——计划浇筑的最高部位高程，m；

f——缆机承重索垂度，可按跨度的5%计算；

h_{min}——吊罐底至承重索的最小距离，为6～10 m；

Δ——吊罐底至计划浇筑最高部位高程的安全距离，不小于1 m。

当塔顶高程确定后，即可根据两岸的陡缓和地质条件，确定塔架高度和缆机跨度。

塔架高度　$H_t = H - H_n$

式中 H_n——轨道顶面高程，m。

采用缆机方案，应尽量全部覆盖枢纽建筑物，满足高峰期浇筑量。图11-9是多台缆机布置方案示例，共3台20 t辐射式缆机，跨度420 m，主塔高40～60 m，副塔高15～20 m。其中，缆机3布置较低，主要担任厂

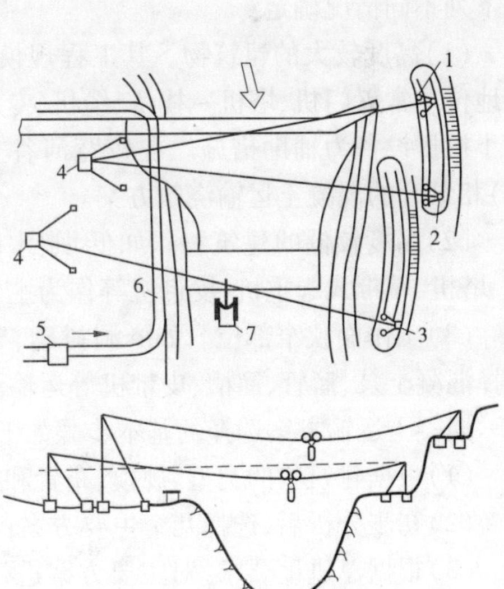

1,2,3—缆机；4—缆机固定塔；
5—拌和楼；6—混凝土运输轨道；7—吊罐

图11-9 缆机布置方案

房运输浇筑任务。

缆机方案布置，有时由于地形地质条件限制，或者为了节约缆机平台工程量和设备投资，往往缩短缆机跨度和塔架高度，甚至将缆机平台降至坝顶高程。这时，需要其他运输设备配合施工，还可以采用缆机和门、塔机结合施工的方案。

(四)皮带机运输混凝土

采用皮带机运输方案，常用自卸汽车运料到浇筑地点，卸入转料储料斗后，再经皮带机转运入仓，每次浇筑的高度约 10 m。适用于基础部位的混凝土运输浇筑，如水闸底板、护坦等。

二、混凝土运输浇筑方案的选择

混凝土运输浇筑方案对工程进度、质量、工程造价将产生直接影响，需综合各方面的因素，经过技术经济比较后进行选定。在方案选择时，一般需考虑下列因素：

(1)枢纽布置、水工建筑物类型、结构和尺寸，特别是坝的高度；

(2)工程规模、工程量和按总进度拟定的施工阶段控制性浇筑进度、强度及温度控制要求；

(3)施工现场的地形、地质条件和水文特点；

(4)导流方式及分期和防洪度汛措施；

(5)混凝土拌和楼(站)的布置和生产能力；

(6)起重机具的性能和施工队伍的技术水平、熟练程度及设备状况。

上述各种因素互相依存、互相制约。因此，必须结合工程实际，拟订出几个可行方案进行全面的技术经济比较，最后选定技术上先进、经济上合理、设备供应现实的方案。可按下列不同情况确定：

(1)高度较大的建筑物。其工程规模和混凝土浇筑强度较大，混凝土垂直运输占主要地位。常以门机、塔机－栈桥、缆机、专用皮带机为主要方案。以履带式起重机及其他较小机械设备为辅助措施。在较宽河谷上的高坝施工，常采用缆机与门、塔机(或塔带机)相结合的混凝土运输浇筑方案。

(2)高度较低的建筑物。如低坝、水闸、船闸、厂房、护坦及各种导墙等。可选用门机、塔机、履带式起重机、皮带机等作为主要方案。

(3)工作面狭窄部位。如隧洞衬砌、导流底孔封堵、厂房二期混凝土部分回填等，可选择混凝土泵、溜管、溜槽、皮带机等运输浇筑方案。

混凝土运输方案选择的基本步骤如下：

(1)根据建筑物的类型、规模、布置和施工条件，拟订出各种可能的方案；

(2)初步分析后，选择几个主要方案；

(3)根据总进度要求，对主要方案进行各种主要机械设备选型和需要数量的计算，进行布置，并论证实现总进度的可能性；

(4)对主要方案进行技术经济分析，综合方案的主要优缺点；

(5)最后选定技术上先进、经济上合理及设备供应现实的方案。

混凝土运输浇筑方案的选择通常应考虑如下原则：

(1)运输效率高,成本低,运输次数少,不易分离,容易保证质量;

(2)起重设备能够控制整个建筑物的浇筑部位;

(3)主要设备型号单一,性能优良,配套设备能使主要设备的生产能力充分发挥;

(4)在保证工程质量的前提下能满足高峰浇筑强度的要求;

(5)除满足混凝土浇筑外,能最大限度地承担模板、钢筋、金属结构及仓面的小型机具的吊运工作;

(6)在工作范围内,设备利用率高,不压浇筑块,或不因压块而延误浇筑工期。

三、起重机数量的确定

起重机的数量,取决于混凝土最高月浇筑强度和所选起重机的浇筑能力。

(一)起重机的浇筑能力计算

起重机吊运混凝土的生产率 P(m^3/h)为

$$P = K_{时} nq \tag{11-8}$$

式中 q——每次吊运的混凝土方量,m^3,通常以所配吊罐的容量计算;

n——起重机每小时循环吊运次数,与机械性能、工作条件和操作技术等情况有关,在正常情况下,缆机可按每小时 8 ~ 10 次考虑,门机和塔机可按 11 ~ 12 次考虑;

$K_{时}$——时间利用系数,可取 0.75 ~ 0.90。

单台起重机的月浇筑量 P_m 为

$$P_m = kk_2nmP \tag{11-9}$$

式中 m——每月工作天数,可取 25 d;

n——每天工作小时数,可取 20 h;

k_2——月的小时利用系数,可取 0.75 ~ 0.90;

k——综合作业影响系数,即计入辅助吊运工作对混凝土浇筑时间的影响,重力坝一般为 0.8 ~ 0.9,轻型坝一般为 0.7 ~ 0.8。

(二)起重机数量的确定

根据混凝土最高月浇筑强度确定起重机台数,公式为

$$N = \frac{Q_m}{P_m} \tag{11-10}$$

式中 N——起重机台数,取整数;

Q_m——混凝土最高月浇筑强度,m^3/月;

P_m——单台起重机的月浇筑量,m^3/月。

起重机数量确定后,再结合工程结构的特点、外形尺寸、地形地质等条件进行布置,并从施工方法上论证实现总进度的可能性。必须指出,大中型工程各施工阶段的浇筑部位和浇筑强度差别较大,因此应分施工阶段进行设备选择和布置,并注意各阶段的衔接。

第四节　混凝土的温度控制和分缝分块

一、混凝土温度控制

（一）混凝土的温度变化过程

混凝土在凝固过程中，释放大量水化热，使混凝土内部温度逐步上升。但对大体积混凝土，最小尺寸也常在 3 ~ 5 m 以上，而混凝土导热性能随热传导距离呈非线性衰减，大部分水化热将积蓄在浇筑块内，使块内温度达 30 ~ 50 ℃，甚至更高。由于内外温差的存在，随着时间的推移，坝内温度逐渐下降而趋于稳定，与多年平均气温接近。大体积混凝土的温度变化过程，可分为如图 11-10 所示的三个阶段，即温升期、冷却期（或降温期）和稳定期。显然，混凝土内的最高温度 T_{max} 等于混凝土浇筑入仓温度 T_p 与水化热温升值 T_r 之和。由 T_p 到 T_{max} 是温升期，由 T_{max} 到稳定温度 T_f 是降温期，之后混凝土体内温度围绕稳定温度随外界气温略有起伏。T_{max} 与 T_f 之差称混凝土体的最大温差，记为 ΔT。

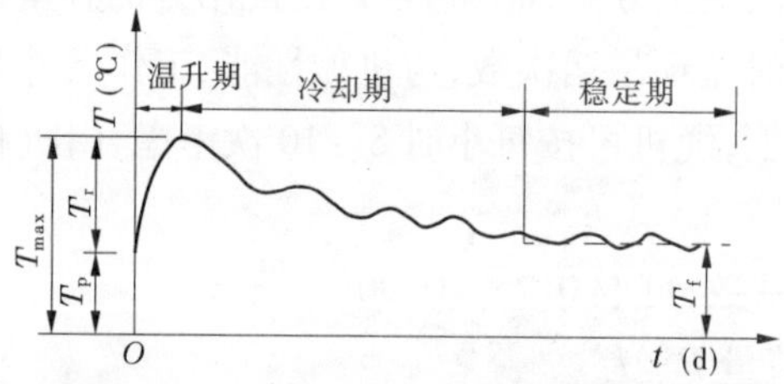

图 11-10　大体积混凝土的温度变化过程

（二）温度应力与温度裂缝

大体积混凝土的温度应力，是由于变形受到约束而产生的。其包括基础混凝土在降温过程中受基岩或老混凝土的约束；由非线性温度场引起各单元体之间变形不一致的内部约束；以及在气温骤降情况下，表层混凝土的急剧收缩变形，受内部热胀混凝土的约束等。由于混凝土的抗拉强度远低于抗压强度，在温度压应力作用下不致破坏的混凝土，当受到温度拉应力作用时，常因抗拉强度不足而产生裂缝。随着约束情况的不同，大体积混凝土温度裂缝有如下两种。

1. 表面裂缝

混凝土浇筑后，其内部由于水化热温升，体积膨胀，如受到岩石或老混凝土约束，在初期将产生较小的压应力，当后期出现较小的降温时，即可将压应力抵消。而当混凝土温度继续下降时，混凝土块内将出现较大的拉应力，但混凝土的强度和弹性模量随龄期而增长，只要对基础块混凝土进行适当的温度控制即可防止开裂。但最危险的情况是遇寒潮，气温骤降，表层降温收缩。内胀外缩，在混凝土内部产生压应力，表层产生拉应力。在混凝土内处于内外温度平均值的点应力为零，高于平均值的点承受压应力，低于平均值的点承受拉应力。

当表层温度拉应力超过混凝土的允许抗拉强度时，形成表面裂缝，其深度不超过 30 cm。这种裂缝多发生在浇筑块侧壁，方向不定，短而浅，数量较多。随着混凝土内部温度下降，外部气温回升，有重新闭合的可能。

2. 贯穿裂缝和深层裂缝

变形和约束是产生应力的两个必要条件。由于混凝土浇筑温度过高，加上混凝土的水化热温升，形成混凝土的最高温度，当降到施工期的最低温度或降到水库运行期的稳定温度时，即产生基础温差，由这种均匀降温产生混凝土裂缝，这种裂缝是混凝土的变形受外界约束而发生的，所以它整个端面均匀受拉应力，一旦发生，就形成贯穿性裂缝。由温度变化引起温度变形是普遍存在的，有无温度应力出现的关键在于有无约束。人们不仅把基岩视为刚性基础，也把已凝固、弹性模量较大的下部老混凝土视为刚性基础。这种基础对新浇不久的混凝土产生温度变形所施加的约束作用，称为基础约束。这种约束在混凝土升温膨胀期引起压应力，在降温收缩时引起拉应力。当此拉应力超过混凝土的极限抗拉强度时，就会产生裂缝，称为基础约束裂缝。由于这种裂缝自基础面向上开展，严重时可能贯穿整个坝段，故又称为贯穿裂缝，如图 11-11 所示。此种裂缝宽度随气温变化很敏感，表面宽度沿延伸方向的变化也是很明显的。此外，裂缝由接近基岩部位到顶端，是逐渐尖灭的。切割的深度可达 3 ~ 5 m 以上，故又称为深层裂缝。裂缝的宽度可达 1 ~ 3 mm，且多垂直基面向上延伸，既可能平行纵缝贯穿，也可能沿流向贯穿。

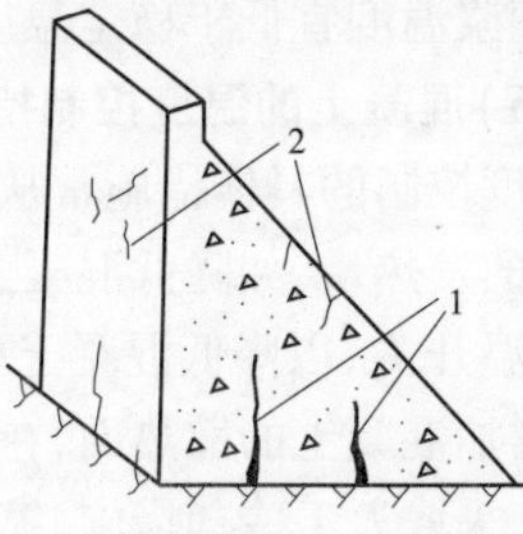

1—深层裂缝；2—表面裂缝

图 11-11　混凝土坝温度裂缝

（三）大体积混凝土温度控制的任务

大体积混凝土温度控制的首要任务是通过控制混凝土的拌和温度来控制混凝土的入仓温度；再通过一期冷却来降低混凝土内部的水化热温升，从而降低混凝土内部的最高温升，使温差降低到允许范围。

其次，大体积混凝土温控的另一任务是通过二期冷却，使坝体温度从最高温度降到接近稳定温度，以便在达到灌浆温度后及时进行纵缝灌浆。

（四）大体积混凝土温度控制标准

温度控制标准实质上就是将大体积混凝土内部和基础之间的温差控制在基础约束应力小于混凝土允许抗拉强度以内。表 11-2 是常态基础允许温差的控制标准。

表 11-2　常态基础允许温差的控制标准　（单位：℃）

距基础面高度 h	浇筑块长边的长度 L(m)				
	<17	17 ~ 21	21 ~ 30	30 ~ 40	40 至通仓
(0 ~ 0.2)L	26 ~ 24	24 ~ 22	22 ~ 19	19 ~ 16	16 ~ 14
(0.2 ~ 0.4)L	28 ~ 26	26 ~ 25	25 ~ 22	22 ~ 19	19 ~ 17

实践证明，控制混凝土的极限拉伸值，对于防止大体积混凝土产生裂缝具有同等重要的意义。设计部门对施工单位提出基础温差控制标准的同时，也提出混凝土允许的极限拉伸值的限制。

此外，当下层混凝土龄期超过28 d成为老混凝土时，其上层混凝土浇筑应控制上下层温差，要求上下层温差值不大于15～20 ℃。要满足以上要求，在施工中一般通过限制上层块体覆盖下层块体的间歇时间来实现。过长的间歇时间是使上下层块体温差超标的重要原因之一。确定灌浆温度是温控的又一标准。由于坝体内部混凝土的稳定温度随具体部位而异，一般情况灌浆温度并不恰好等于稳定温度。通常在确定灌浆温度时，将坝体断面的稳定温度场进行分区，对灌浆温度进行分区处理，各区的灌浆温度取各区稳定温度的平均值。但对某些特殊部位，例如底孔周围、空腹坝的空腹顶部，灌浆后可能出现自然超冷，灌浆温度宜低于稳定温度。在严寒地区，经论证，灌浆温度可高于稳定温度一定值。

（五）混凝土的温度控制措施

温度控制的具体措施常从混凝土的减热和散热两方面着手。所谓减热就是减少混凝土内部的发热量，如降低混凝土的拌和出机温度，以降低入仓浇筑温度 T_p；降低混凝土的水化热温升 T_r，以降低混凝土可能达到的最高温度 T_{max}。所谓散热就是采取各种散热措施，如增加混凝土的散热面，在混凝土温升期采取人工冷却降低其最高温升，当到达最高温度后，采取人工冷却措施，缩短降温冷却期，将混凝土块内的温度尽快地降到灌浆温度，以便进行接缝灌浆。

1. 降低混凝土水化热温升

1）减少每立方米混凝土的水泥用量

（1）根据坝体的应力场对坝体进行分区，对于不同分区采用不同强度等级的混凝土；

（2）采用低流态或无坍落度干硬性贫混凝土；

（3）改善骨料级配，选取最优级配，减少砂率，优化配合比设计，采取综合措施，以减少每立方米水泥用量；

（4）掺用混合材料，粉煤灰等掺合料的用量可达水泥用量的25%～40%；

（5）采用高效减水剂，高效减水剂不仅能节约水泥用量约20%，使28 d龄期混凝土的发热量减少25%～30%，且能提高混凝土早期强度和极限拉伸值。

2）采用低发热量的水泥

在满足混凝土各项设计指标的前提下，应采用水化热低的水泥，多用中热硅酸盐水泥和低热硅酸盐水泥，但低热硅酸盐水泥，因早期强度低、成本高，已逐步被淘汰。近年已开始生产低热微膨胀水泥，它不仅水化热低，且有微膨胀作用，对降温收缩还可以起到补偿作用，减小收缩引起的拉应力，有利于防止裂缝的发生。

2. 降低混凝土的入仓温度

1）合理安排浇筑时间

在施工组织上安排春、秋季多浇，夏季早晚浇、中午不浇，这是最经济有效降低入仓温度的措施。

2）加冰或加冷水拌和混凝土

混凝土拌和时，将部分拌和水改为冰屑，利用冰的低温和冰融解时吸收潜热的作用。实践证明混凝土拌和水温降低1 ℃，可使混凝土出机口温度降低0.2 ℃左右。这样，可最大限度将混凝土温度降低约20 ℃。规范规定加冰量不大于拌和用水量的80%。加冰拌和，冰与拌和材料直接作用，冷量利用率高，降温效果显著。但加冰后，混凝土拌和时间要适当延长,相应会影响生产能力。若采用冰水拌和或地下低温水拌和,则可避免这一弊端。

3)降低骨料温度

(1)成品料仓骨料的堆料高度不宜低于6 m,并应有足够的储备。

(2)搭盖凉棚,用喷雾机喷雾降温(砂子除外),水温2~5 ℃,可使骨料温度降低2~3 ℃。

(3)通过地弄取料,防止骨料运输过程中温度回升,运输设备均应有防晒隔热措施。

(4)水冷。使粗骨料浸入循环冷却水中30~45 min,或在通入拌和楼料仓的皮带机廊道、地弄或隧洞中装设喷洒冷却水的水管。喷洒冷却水皮带段的长度,由降温要求和皮带机运行速度而定。

(5)风冷。可在拌和楼料仓下部通入冷风,冷风经粗料的空隙,由风管返回制冷厂再冷。新近引进的附壁式冷风机制冷,冷却效果更好。细骨料难以采用风冷,若用风冷,由于细骨料的空隙小,效果不显著。

(6)真空气化冷却。利用真空气化吸热原理,将放入密闭容器的骨料,利用真空装置抽气并保持真空状态约30 min,使骨料气化降温冷却。

3. 加速混凝土散热

1)采用自然散热冷却降温

采用低块薄层浇筑,并适当延长散热时间,即适当增长间歇时间。基础混凝土和老混凝土约束部位浇筑层厚以1~2 m为宜,上下层浇筑间歇时间宜为5~10 d。在高温季节已采用预冷措施时,则应采用厚块浇筑,缩短间歇时间,防止因气温过高而热量倒流,以保持预冷效果。

2)预埋水管通水冷却

在混凝土内预埋蛇形冷却水管,通循环冷水进行降温冷却。在国内以往的工程中,多采用直径约为2.54 cm的黑铁管进行通水冷却,该种水管施工经验较多,施工方法成熟,水管导热性能好,但水管需要在工地附属加工厂进行加工制作,制作安装均不方便,且费时较多。此外,接头渗漏或堵管时有发生,材料及制安费用也较高,目前应用较多的是塑料水管。塑料软管充气埋入混凝土内,待混凝土初凝后再放气拔出,清洗后以备重复利用。冷却水管布置,平面上呈蛇形,断面上呈梅花形,如图11-12所示,也可布置成棋盘形。蛇形管弯头由硬质材料制作,当塑料软管放气拔出后,弯头仍留于混凝土内。

一期通水冷却目的在于削减温升高峰,减小最大温差,防止贯穿裂缝发生。一期通水冷却通常在混凝土浇后几小时便开始,持续时间一般为15~20 d。混凝土温度与水温之差,不宜超过25 ℃,通水流速以0.6 m/s为宜,水流方向应每24 h调换1次,每天降温不宜超过1 ℃,达到预定降温值方可停止。

二期通水冷却可以充分利用一期冷却系统。二期冷却时间一般为2个月左右,水温与混凝土内部温度之差,不应超过20 ℃,日降温不超过1 ℃。通常二期冷却应保证至少有10~15 ℃的降温,使接缝张开度有0.5 mm,以满足接缝灌浆对灌缝宽度的要求。冷却用水尽量利用低温地下水和库内低温水,只有当采用天然水不合要求时,才辅以人工冷却水。通水冷却应自下而上分区进行,通水方向可以24 h调换一次,以使坝体均匀降温。通水的进出口一般设于廊道内、坝面上、宽缝坝的宽缝中或空腹坝的空腹中。

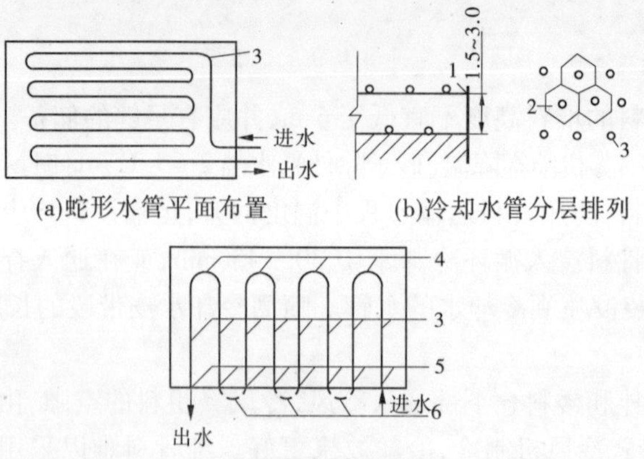

(a)蛇形水管平面布置　(b)冷却水管分层排列　(c)塑料软管平面布置

1—模板;2—每一根冷却水管冷却的范围;3—冷却水管;
4—钢弯管;5—钢管(l = 20 ~ 30 cm);6—胶皮管

图 11-12　冷却水管布置图　(单位:m)

在高温季节施工时,应根据具体情况,采取下列措施,以减少混凝土的温度回升:

(1)缩短混凝土的运输及卸料时间,入仓后及时进行平仓振捣,加快覆盖速度,缩短混凝土的暴晒时间;

(2)混凝土运输工具有隔热遮阳措施;

(3)宜采用喷雾等方法降低仓面气温;

(4)混凝土浇筑宜安排在早晚、夜间及利用阴天进行;

(5)当浇筑块尺寸较大时,可采用台阶式浇筑法,浇筑块厚度小于 1.5 m;

(6)混凝土平仓振捣后,采用隔热材料及时覆盖。

特殊部位的温度控制措施:

(1)对岩基深度超过 3 m 的塘、槽回填混凝土,应采用分层浇筑或通水冷却等温度控制,控制混凝土最高温度,将回填混凝土温度降低到设计要求的温度后,再继续浇筑上部混凝土。

(2)预留槽必须在两侧老混凝土温度达到设计规定后,才能回填混凝土。回填混凝土应在有利季节进行或采用低温混凝土施工。

(3)并缝块浇筑前,下部混凝土温度应达到设计要求。并缝块混凝土浇筑,除必须控制浇筑温度外,可采用薄层、短间歇均匀上升的施工方法,并应安排在有利季节进行。必要时,采用初期通水冷却或其他措施。

(4)孔洞封堵的混凝土宜采用综合温控措施,以满足设计要求。

(5)基础部分混凝土,应在有利季节进行浇筑。如需在高温季节浇筑,必须经过论证,并采取有效的温度控制措施,经批准后进行。

二、混凝土坝的分缝与分块

为控制坝体施工期混凝土坝温度应力并适应施工机械设备的浇筑能力,需要用垂直于坝轴线的横缝和平行于坝轴线的纵缝以及水平缝，将坝体划分为许多浇筑块进行浇筑。浇筑块的划分，应考虑结构受力特征、土建施工和设备埋件安装的方便。混凝土坝分块的基本型式有四种，如图 11-13 所示。

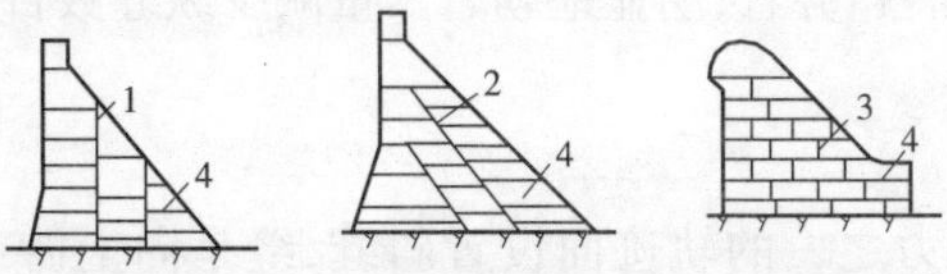

(a)纵缝分块法　(b)斜缝分块法　(c)错缝分块法　(d)通仓浇筑法

1—纵缝；2—斜缝；3—错缝；4—水平缝

图 11-13　大坝浇筑分缝分块的基本型式

(一)纵缝分块

纵缝分块是用平行于坝轴线的铅直缝把坝段分为若干柱状体，所以又称为柱状分块。沿纵缝方向存在着剪应力，而灌浆形成的接缝面的抗剪强度较低，需设置键槽以增强缝面抗剪能力。键槽的两个斜面应尽可能分别与坝体的两组主应力相垂直，从而使两个斜面上的剪应力接近于零，如图 11-14 所示。键槽的形式有两种：不等边直角三角形和不等边梯形。为了施工方便，各条纵缝的键槽往往做成统一的形式。

如图 11-15 所示，为了便于键槽模板安装并使先浇块拆模后不形成易受损的突出尖角，三角形键槽模板总是安装在先浇块的铅直模板的内侧面上，直角的对边是铅直的。为了使键槽面与主应力垂直，若上游块先浇，则应使键槽直角的短边在上、长边在下。反之，下游块先浇，则应长边在上、短边在下。施工中应注意这种键槽长短边随浇筑顺序而变的关系。

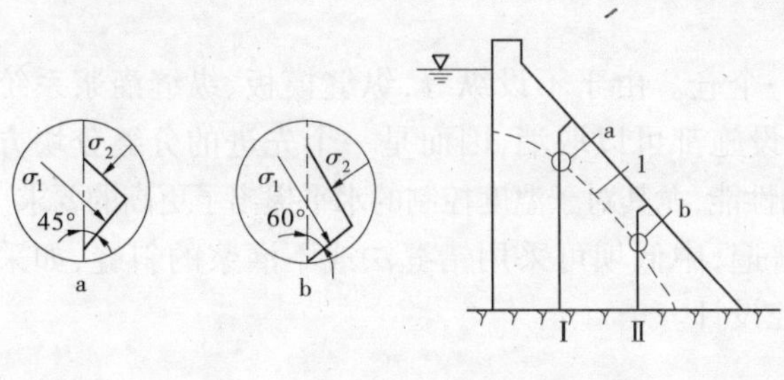

1—第一主应力轨迹；σ_1，σ_2—第一、第二主应力；Ⅰ，Ⅱ—竖缝编号

图 11-14　坝体主应力与竖缝键槽

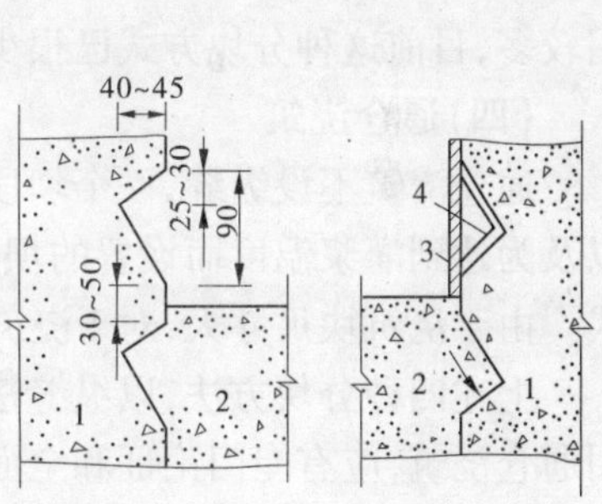

(a)上游块先浇　(b)下游块先浇

1—先浇块；2—后浇块；3—模板；4—键槽模板

图 11-15　键槽模板　(单位：cm)

在施工中由于各种原因常出现相邻块高差。混凝土浇筑后会发生冷却收缩和压缩沉降导致的变形。键槽面挤压可能引起两种恶果：一是接缝灌浆时浆路不通，影响灌浆质量；二是键槽被剪断。所以，相邻块的高差要作适当控制。高差控制多少，除与坝块温度及分缝间距等有关外，还与先浇块键槽下斜边的坡度密切相关。当长边在下，坡度较陡时，对避免挤压有利；当短边在下，坡度较缓时，容易形成挤压。所以，有些工程施工时，把相邻块高差区分为正高差和反高差两种。上游块先浇(键槽长边在下)形成的高差称为正高差，一般按 10 ~ 12 m 控制。下游块先浇(键槽短边在下)形成的高差称为反高差，从

严控制为5 ~6 m。

采用纵缝分块时,分缝间距越大,块体水平断面越大,纵缝数目和缝的总面积越小,接缝灌浆及模板作业工作量越少,但温度控制要求越严。如何处理它们之间的关系,要视具体条件而定。从混凝土坝施工发展趋势看,明显地朝着尽量减少纵缝数目,直至取消纵缝进行通仓浇筑的方向发展。

(二)斜缝分块

斜缝分块是大致沿两组主应力之一的轨迹面设置斜缝,缝是向上游或下游倾斜的。斜缝分块的主要优点是缝面上的剪应力很小,使坝体能保持较好的整体性。按理说,斜缝可以不进行接缝灌浆。如柘溪大头坝倾向上游的斜缝只作了键槽、加插筋和凿毛处理;但也有灌浆的,如桓仁大头坝的斜缝。

斜缝不能直通到坝的上游面,以避免库水渗入缝内。在斜缝终止处应采取并缝措施,如布置骑缝钢筋或设置并缝廊道,以免因应力集中导致斜缝沿缝端向上发展。

斜缝分块同样要注意均匀上升和控制相邻块高差。高差过大则两块温差过大,容易在后浇块上出现温度裂缝。

斜缝分块的主要缺点是坝块浇筑的先后顺序受到限制,如倾向上游的斜缝就必须是上游块先浇、下游块后浇,不如纵缝分块那样灵活。

(三)错缝分块

错缝分块,是用沿高度错开的纵缝进行分块,又叫砌砖法。浇筑块不大(通常块长20 m左右,块高1.5 ~4 m),对浇筑设备及温控的要求相应较低。因纵缝不贯通,也不需接缝灌浆。然而施工时各块相互干扰,影响施工速度;浇筑块之间相互约束,容易产生温度裂缝,尤其容易使原来错开的纵缝变为相互贯通。20世纪50年代以前,苏联在低坝中采用较多,目前这种分块方式已很少采用。

(四)通仓浇筑

通仓浇筑不设纵缝,一个坝段只有一个仓。由于不设纵缝,纵缝模板、纵缝灌浆系统以及为达到灌浆温度而设置的坝体冷却设施都可以取消,因而是一个先进的分缝分块方式。由于浇筑块尺寸大,对于浇筑设备的性能,尤其对于温度控制的水平提出了更高的要求。

上述四种分块方法,以纵缝法最为普遍,中低坝可采用错缝法或不灌浆的斜缝,如采用通仓浇筑,应有专门论证和全面的温控设计。

第五节　碾压混凝土施工

碾压混凝土是一种用土石坝碾压机具进行压实施工的干硬性混凝土,碾压混凝土具有水泥用量少、粉煤灰掺量高、可大仓面连续浇筑上升、上升速度快、施工工序简单、造价低等特点,但对其施工工艺要求较严格。

一、碾压混凝土原材料及配合比

(一)胶凝材料

碾压混凝土一般采用硅酸盐水泥、中热硅酸盐水泥、普通硅酸盐水泥等,胶凝材料用量一般为 120 ~ 160 kg/m^3,《水工碾压混凝土施工规范》(DL/T 5112—2000)中规定大体积建筑物内部碾压混凝土的胶凝材料用量不宜低于 130 kg/m^3。

(二)骨料

与常态混凝土一样,可采用天然骨料或人工骨料,骨料最大粒径一般为 80 mm。迎水面用碾压混凝土自身作为防渗体时,一般在一定宽度范围内采用二级配碾压混凝土。碾压混凝土砂率一般比常态混凝土高,取值为 32% 左右。对砂的含水率的控制要求比常态混凝土严格,砂的含水量不稳定时,碾压混凝土施工层面易出现局部集中泌水现象。

(三)外加剂

夏天施工一般应掺用缓凝型减水剂,以推迟凝结时间,利于层面结合;有抗冻要求时应掺用引气剂,增强碾压混凝土抗冻性,其掺量比普通混凝土高得多。

(四)掺合料

掺合料多用Ⅰ、Ⅱ级粉煤灰及其他活性掺合料。粉煤灰掺量应通过试验确定,一般为 50% ~70%,当掺量超过 65% 时,应作专门试验论证。

(五)水胶比

水胶比应根据设计提出的混凝土强度、拉伸变形、绝热温升和抗冻性要求确定,其值一般为 0.50 ~0.70。

(六)对碾压混凝土的要求

(1)混凝土质量均匀,施工过程中粗骨料不易发生分离。

(2)工作度适当 VC =5 ~12 s,拌和物较易碾压密实,混凝土密度较大。

(3)拌和物初凝时间较长,易于保证碾压混凝土施工层面的良好黏结,层面物理力学性能好。

(4)混凝土的力学强度、抗渗性能等满足设计要求,具有较高的拉伸应变能力。

(5)对于外部碾压混凝土,要求具有适应建筑物环境条件的耐久性。

(6)碾压混凝土配合比经现场试验后调整确定。

二、碾压混凝土拌和及运输

碾压混凝土一般可用强制式或自落式搅拌机拌和,也可采用连续式搅拌机拌和,其拌和时间一般比常态混凝土延长 30 s 左右,故而生产碾压混凝土时拌和楼生产率比常态混凝土低 10% 左右。碾压混凝土运输一般采用自卸汽车、皮带机、真空溜槽等方式,也有采用坝头斜坡道转运混凝土的。选取运输机具时,应注意防止或减少碾压混凝土骨料分离。

三、碾压混凝土浇筑施工工艺

(一)模板施工

规则表面采用组合钢模板,不规则表面一般采用木模板或散装钢模板。为便于碾压混凝土压实,模板一般用悬臂模板,可用水平拉条固定。对于连续浇筑上升的坝体,应特别注意水平拉条的牢固性。廊道等孔洞宜采用混凝土预制模板。碾压混凝土坝下游面为方便碾压混凝土施工,可做成台阶,并可用混凝土预制模板形成。

(二)平仓及碾压

碾压混凝土宜采用大仓面薄层连续铺筑,铺筑方法宜采用平层通仓法,碾压混凝土铺筑层应按固定方向逐条带摊铺,铺料条带宽根据施工强度确定,一般为4~12 m,铺料厚度为35 cm,压实后为30 cm,铺料后常用平仓机或平履带的大型推土机平仓。为解决一次摊铺产生骨料分离的问题,可采用二次摊铺,即先摊铺下半层,然后在其上卸料,最后摊铺成35 cm的层厚。采用二次摊铺,料堆之间及周边集中的骨料经平仓机反复推刮后,能有效分散,再辅以人工分散处理,可改善自卸汽车铺料引起的骨料分离问题。当压实厚度较大时,也可分2~3次铺筑。

一条带平仓完成后立即开始碾压,振动碾一般选用自重大于10 t的大型双滚筒自行式振动碾,作业时行走速度为1~1.5 km/h,碾压遍数通过现场试碾确定,一般为无振2遍加有振6~8遍。碾压条带间搭接宽度为10~20 cm,端头部位搭接宽度宜为100 cm左右。条带从铺筑到碾压完成控制在2 h左右。边角部位采用小型振动碾压实。碾压作业完成后,用核子密度仪检测其密度,达到设计要求后进行下一层碾压作业;若未达到设计要求,立即重碾,直到满足设计要求为止。模板周边无法碾压部位一般可加注与碾压混凝土相同水灰比的水泥浓浆后用插入式振捣器振捣密实。仓面碾压混凝土的*VC*值控制在5~10 s,并尽可能地加快混凝土的运输速度,缩短仓面作业时间,做到在下一层混凝土初凝前铺筑完上一层碾压混凝土。

当采用“金包银法”施工时,周边常态混凝土与内部碾压混凝土结合面尤其要注意做好接头质量。

(三)造缝

碾压混凝土一般采取几个坝段形成的大仓面通仓连续浇筑上升,坝段之间的横缝,一般可采取切缝机切缝(缝内填设金属片或其他材料)、埋设隔板或设置诱导孔等方法形成。切缝机切缝时,可采取“先切后碾”或“先碾后切”的方式,成缝面积不少于设计缝面的60%。埋设隔板造缝时,相邻隔板间隔不大于10 cm,隔板高度应比压实厚度低3~5 cm。设置诱导孔造缝是待碾压混凝土浇筑完一个升程后沿分缝线用手风钻造诱导孔,成孔后孔内应填塞干燥砂子,以免上层施工时混凝土填塞诱导孔。

(四)层、缝面处理

施工过程中因故中止或其他原因造成层面间歇的,视层面间歇时间的长短采用不同的处理方法。对于层面间歇时间超过直接铺筑允许时间的,应先在层面上铺一层垫层拌和物后,继续进行下一层碾压混凝土摊铺、碾压作业;间隔时间超过加垫层铺筑允许时间的层面即为冷缝。

垫层拌和物可使用与碾压混凝土相适应的灰浆、砂浆或小骨料混凝土。其中,砂浆的摊铺厚度为1.0~1.5 cm,碾压混凝土摊铺前,砂浆铺设随碾压混凝土铺料进行,不得超前,保证在砂浆初凝前完成碾压混凝土的铺筑。

施工缝及冷缝必须进行缝面处理,缝面处理可用刷毛、冲毛等方法清除混凝土表面的浮浆及松动骨料。层面处理完成并清洗干净,经验收合格后,先铺垫层拌和物,然后立即铺筑下一层混凝土继续施工。

(五)常态混凝土及变态混凝土施工

坝内常态混凝土宜与主体碾压混凝土同步进行浇筑。变态混凝土是在碾压混凝土拌和物的底部和中部铺洒同水灰比的水泥粉煤灰净浆,采用插入式振捣器将其振捣密实。灰浆应按规定用量在变态范围或距岩面或模板 30 ~ 50 cm 范围内铺洒。相邻区域混凝土碾压时与变态区域搭接宽度应大于 20 cm。

(六)碾压混凝土的养护

施工过程中,碾压混凝土的仓面应保持湿润。施工间歇期间,碾压混凝土终凝后即应开始洒水养护。对水平施工缝和冷缝,洒水养护应持续至下一层碾压混凝土开始铺筑为止;对永久暴露面,养护时间不宜小于 28 d。有温控要求的碾压混凝土,应根据温控设计采取相应的防护措施,低温季节应有专门防护措施。

四、碾压混凝土温度控制

(一)分缝分块

碾压混凝土施工一般采用通仓薄层连续浇筑,对于仓面很大而施工机械生产率不能满足层面间歇期要求时,对整个仓面分设几个浇筑区进行施工。为适应碾压混凝土施工的特点,碾压混凝土坝或围堰不设纵缝,横缝间距一般也比常态混凝土间距大,采用立模、切缝或在表面设置诱导孔。对于碾压混凝土围堰或小型碾压混凝土坝,也有不设横缝的通仓施工,例如隔河岩上游横向围堰及岩滩上下游横向围堰均未设横缝。对于大中型碾压混凝土坝如不设横缝,难免会出现裂缝,美国早期修建的几座未设横缝的大中型碾压混凝土坝均出现较大裂缝而不得不进行修补。

(二)碾压混凝土温度控制标准

由于碾压混凝土胶凝材料用量少,极限拉伸值一般比常态混凝土小,其自身抗裂能力比常态混凝土差,因此其温差标准比常态混凝土严,《混凝土重力坝设计规范》(DL 5108—1999)中规定,当碾压混凝土 28 d 极限拉伸值不低于 0.70×10^{-4}时,碾压混凝土基础容许温差见表 11-3。对于外部无常态混凝土或侧面施工期暴露的碾压混凝土浇筑块,其内外温差控制标准一般在常态混凝土基础上加 2 ~ 3 ℃。

表 11-3　碾压混凝土基础容许温差　(单位:℃)

距基础面高度 h	浇筑块长边长度 L		
	30 m 以下	30 ~ 70 m	70 m 以上
$(0\sim0.2)L$	18 ~ 15.5	14.5 ~ 12	12 ~ 10
$(0.2\sim0.4)L$	19 ~ 17	16.5 ~ 14.5	14.5 ~ 12

(三)碾压混凝土温度计算

由于碾压混凝土采用通仓薄层连续浇筑上升,混凝土内部最高温度一般采用差分法或有限元法进行仿真计算。计算时每一碾压层内竖直方向设置 3 层计算点,水平方向则根据计算机容量设置不同数量计算点。碾压混凝土因胶凝材料用量少,且掺加大量粉煤灰,其水化热温升一般较低,冬季及春秋季施工时期内部最高温度比常态混凝土低。

(四)冷却水管埋设

碾压混凝土一般采取通仓浇筑,且为保证层间胶结质量,一般安排在低温季节浇筑,不需要进行初、中、后期通水冷却,从而不需要埋设冷却水管。但对于设有横缝且需进行接缝灌浆,或气温较高,混凝土最高温度不能满足要求时,也可埋设水管进行初、中、后期通水冷却。三峡工程在碾压混凝土纵向围堰及纵堰坝身段下部碾压混凝土中均埋设了冷却水管。施工时冷却水管一般布设在混凝土缝面上,水管间距为 2 m,开始采用挖槽埋设,此法费工、费时,效果亦不佳。之后改在施工缝面上直接铺设,用钢筋或铁丝固定间距,开仓时用砂浆包裹,推土机入仓时先用混凝土做垫层,避免履带压坏水管。一般在收仓后 24 h 开始进行初期通水冷却,通水流量为 18 ~ 20 L/min,通水时间不少于 7 d,一般可降低混凝土最高温度 3 ~ 5 ℃。

(五)温控措施

碾压混凝土主要温控措施同常态混凝土。但铺筑季节受较大限制,高温季节表面水分散发影响层间胶结质量,一般要求在低温季节浇筑。

复习思考题

11-1 混凝土坝施工包括哪些主要施工过程?

11-2 混凝土坝施工的料场规划应遵守的原则是什么?

11-3 混凝土拌和楼,在平面上有哪几种布置型式?在立面上如何利用地形进行布置?

11-4 缆式起重机适用于何种情况?如何提高其生产率?

11-5 为使缆机完成全部混凝土浇筑任务,在布置上可采取哪些措施?

11-6 混凝土坝枢纽工程,常用的混凝土辅助浇筑方案有哪几种?

11-7 混凝土坝施工,选择混凝土运输浇筑方案应考虑哪些原则?

11-8 试说明贯穿裂缝的形成原因与危害。

11-9 混凝土表面裂缝产生的原因是什么?如何防止?

11-10 降低混凝土的入仓温度有哪些措施?

11-11 简述混凝土坝浇筑各种分缝分块法的适用条件及优缺点。

11-12 碾压混凝土具有哪些优点?

第十二章　地下工程施工

学习指导

学习目标：掌握地下工程施工程序与施工特点、施工方法及注意事项；掌握钻孔爆破设计的主要任务，确定炮孔布置；熟悉常用的钻孔、出渣运输、通风等机械设备，熟悉地下洞室衬砌种类，掌握隧洞现浇钢筋混凝土衬砌施工工艺流程；掌握锚喷施工支护原理及工艺流程。

学习重点：平洞、大型洞室、竖井和斜井的施工过程、施工特点、施工方法，钻孔爆破设计与爆破开挖作业循环图的编制，现浇钢筋混凝土衬砌支护和锚喷支护施工工艺流程。

水利水电工程中的地下工程，包括各种洞室、地下厂房、斜井和竖井等。目前，地下工程施工方法有钻眼爆破法及掘进机法，其中钻眼爆破法应用较为广泛。

地下工程施工主要包括洞室岩石开挖、出渣、临时支护、混凝土衬砌、洞室灌浆及质量检查等，同时还须妥善解决施工动力供应、洞内外交通运输、通风散烟、除尘、排水和照明等问题。

地下工程施工具有以下特点：施工场地受到限制，施工干扰大，施工组织比较复杂；工程地质和水文地质条件复杂多变，围岩安全稳定性问题突出；地下通风、采光、除尘等施工环境条件相对于露天作业有很大差别。

第一节　地下工程开挖方式

地下工程，按体形和布置型式可分为平洞、斜井、竖井和地下厂房。

一、平洞施工过程和施工特点

平洞（坡度小于等于6°的隧洞）施工常用钻眼爆破法开挖，其主要施工工序是钻孔、装药、爆破、通风散烟、清撬、出渣、检查及测量放线，在地质条件较差地段，应增加锚杆支护、混凝土衬砌、灌浆等工序，同时还需要进行排水、照明、供水、供电等辅助工作，保证平洞施工的顺利进行。因此，钻眼爆破法施工有以下特点：

（1）施工作业空间狭小，工序多，交叉作业多，施工干扰大，工期长。在长隧洞施工中，由于施工进度的要求，还需开挖施工支洞以增加工作面，增加了工程造价。

（2）洞线地质条件直接决定平洞的施工方法。岩石是成洞开挖的对象，又是成洞后支护的对象，在施工中应充分了解洞周围岩性质，根据不同围岩类别，采用不同的开挖方法和支护措施，发挥围岩的自承稳定能力，加快施工进度，节省工程造价。

（3）平洞施工基本上不受外界气候影响，但施工条件差，粉尘及有害气体不易排出。

因此,在施工中必须严格遵守安全操作规程,制订相应安全技术措施,确保施工人员生命安全。

二、平洞的施工方法

平洞开挖的基本要求是:开挖断面尺寸必须符合设计要求,尽可能减少超欠挖;控制装药量,尽量减小对洞周围岩的破坏,以提高围岩的自稳能力;同时使爆落的岩块大小适度,以便出渣;合理布置炮孔位置、炮孔数量和炮孔深度,以提高爆破效果,加快施工进度,降低工程造价。因此,必须根据洞线地质条件、平洞型式和断面尺寸、工期要求及施工机械特性等综合分析,经过经济技术比较后选定合理的开挖方法。

(一)全断面开挖法

全断面开挖是将平洞整个断面一次性钻孔爆破开挖成洞。衬砌或支护,须待全洞贯通以后或掘进相当距离后进行,并视围岩开挖后允许暴露的时间和总的施工安排而定。

全断面开挖一般适用于围岩坚固稳定,对应岩石坚固系数 $f \geqslant 8 \sim 10$,有大型开挖衬砌设备的情况。目前,国内外的全断面开挖高度一般为 8 ~ 10 m,主要由使用的多臂钻机或全断面掘进机的工作高度(直径)控制。

采用全断面开挖方法,洞内工作场面较大,施工组织较容易安排,施工干扰小,有利于提高平洞施工速度。

当缺乏大型施工机械设备而无法进行全断面开挖时,可采用断面分层开挖方法,即将工作面分为上下两层,上层超前 2 ~ 4 m,上下层同时爆破掘进。具体施工顺序是爆破散烟及安全检查后,清理上台阶的石渣,进行上层工作面的钻孔,同时下台阶出渣,清渣后下层工作面钻孔,钻孔完成后,上下层炮孔同时装药,一起爆破,保持上下工作面掘进深度一致,如图 12-1 所示。

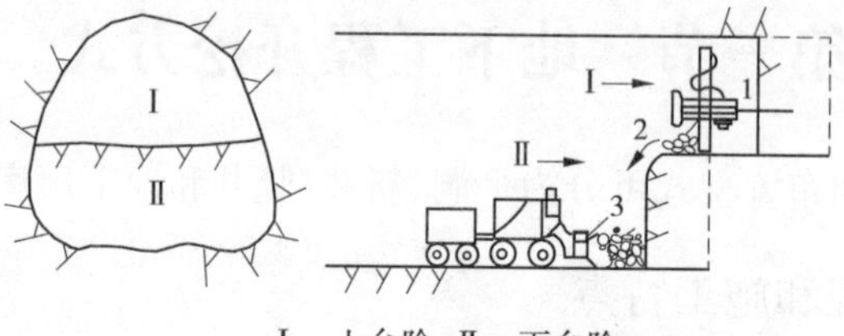

Ⅰ—上台阶;Ⅱ—下台阶;

1—上台阶钻孔;2—扒落石渣;3—出渣后钻孔

图 12-1　全断面台阶法掘进示意图

(二)导洞开挖法

导洞开挖就是在平洞中先开挖一个小断面的洞,作为先导,然后扩大至整个设计断面的开挖方法。

导洞的形状和尺寸应根据导洞位置、山岩压力、出渣运输、通风和排水等要求来确定。导洞断面较小有利于围岩的稳定;同时通过导洞开挖,可进一步探明地质情况,并利用导洞解决排水问题;导洞贯通以后还有利于改善洞内通风条件。

按照导洞在设计断面中的相对位置,导洞开挖法可分为下导洞开挖法、上导洞开挖法和上下导洞开挖法等不同方式,如图 12-2 所示。

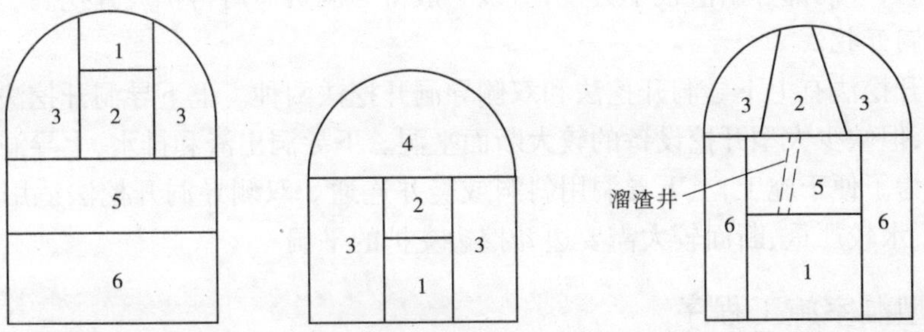

(a)上导洞开挖法　(b)下导洞开挖法　(c)上下导洞开挖法

1,2,3,4,5,6—开挖顺序

图 12-2　导洞法开挖

1. 下导洞开挖法

下导洞开挖法是导洞布置在断面下部中央,开挖后向上、向两侧扩大至全断面。其施工顺序是,先开挖下导洞,并架设漏斗棚架,然后向上拉槽至拱顶,再由拱部两侧向下开挖。上部岩渣可经漏斗棚架装车出渣,所以又称为漏斗棚架法,其优点是出渣线路不必转移,排水容易,工序之间施工干扰小。但遇地质条件较差时,施工不够安全。适用于围岩基本稳定的大断面隧洞或机械化程度较低的中小断面平洞。下导洞开挖法施工顺序如图 12-3 所示。

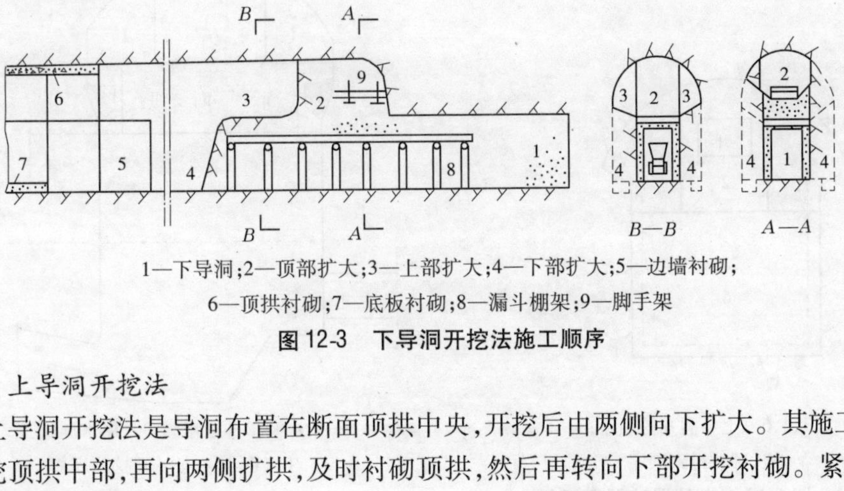

1—下导洞;2—顶部扩大;3—上部扩大;4—下部扩大;5—边墙衬砌;
6—顶拱衬砌;7—底板衬砌;8—漏斗棚架;9—脚手架

图 12-3　下导洞开挖法施工顺序

2. 上导洞开挖法

上导洞开挖法是导洞布置在断面顶拱中央,开挖后由两侧向下扩大。其施工顺序是,先开挖顶拱中部,再向两侧扩拱,及时衬砌顶拱,然后再转向下部开挖衬砌。紧水滩水电站导流隧洞开挖如图 12-4 所示。

此法优点是先开挖顶拱,可及时做好顶拱衬砌,下部施工在拱圈保护下进行,比较安全;缺点是需重复铺设风、水管道及出渣线路,排水困难,施工干扰大,衬砌整体性差,尤其是下部开挖时影响拱圈稳定。

3. 中心导洞法

中心导洞法是导洞布置在断面中央,导洞全线贯通后向四周辐射钻孔开挖。此法适用于围岩基本稳定,不需临时支护,且具有柱架式钻机的大中断面的平洞。其优点是:利用柱架式钻机,可以一次钻完四周辐射炮孔,钻孔和出渣可平行作业。缺点是:导洞和扩大部分并进时，导洞部分出渣很不方便，所以一般待导洞贯通后再扩大开挖。

4. 双导洞开挖法

双导洞开挖法有上下导洞开挖法和双侧导洞开挖法两种。上下导洞开挖法适用于围岩稳定性好，但缺少大型开挖设备的较大断面平洞。下导洞出渣和排水，上导洞扩大并对顶拱衬砌。为了便于施工，上下导洞用斜洞或竖井连通。双侧导洞开挖法适用于围岩稳定性差、地下水较严重、断面较大需要边开挖边支护的平洞。

三、大型洞室施工程序

水电站地下厂房的特点是断面很大，交叉洞口多，形成复杂的洞室群。许多地下厂房的吊车梁结构，采用岩锚梁式，与支护、混凝土浇筑等工序交叉施工，具有干扰大、劳动条件差、不安全因素较多等特点。如完建的四川二滩水电站的地下厂房断面面积达 1 620 m^2，其开挖尺寸为 280. 29 m×25. 5 m×65. 58 m。

大型洞室的施工，一般都要考虑变高洞为低洞，变大跨度为小跨度的原则，采取先拱部后底部，先外缘后核心，自上而下分部开挖与衬砌支护交叉的施工方法，以保证施工过程中围岩的稳定。20 世纪 70 年代以前，大断面地下厂房开挖多采取多导洞分层施工方法。自鲁布革水电站地下厂房施工开始，大都采用喷锚支护技术、岩锚吊车梁结构和大型施工机械，简化了分部开挖程序，加快了施工进度，如图 12-5 所示。

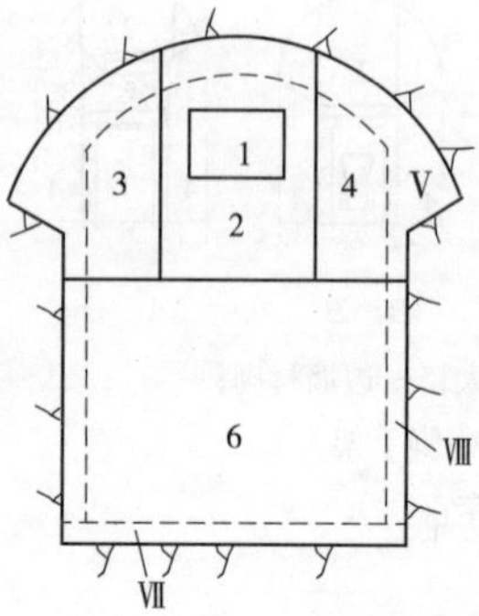

1,2,3,4,6—上导洞开挖顺序；

Ⅴ,Ⅶ,Ⅷ—衬砌顺序

图 12-4 紧水滩水电站导流隧洞开挖

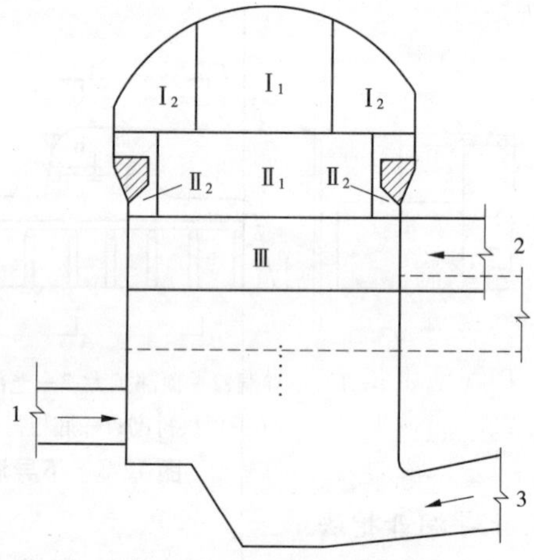

1—引水洞；2—运输洞；3—尾水洞；

I_1，I_2，II_1，II_2，Ⅲ—开挖顺序

图 12-5 地下厂房分层施工示意图

地下厂房施工通常可分为拱顶、主体和交叉洞等三大部分。顶拱开挖应根据围岩条件和断面大小，采用全断面法开挖或先开挖中导洞两侧跟进的分部开挖方法，如图 12-6(a)所示。层高一般为 7 ~9 m，采用预裂爆破或光面爆破成型。若围岩稳定性较差，则采取开挖两侧导洞，中间岩柱起支撑作用的先墙后拱法，如图 12-6(b)所示。若围岩稳定性很差，则可采用肋墙肋拱法施工，即先开挖上下侧壁导洞，沿导洞跳格开挖并衬砌边墙(肋墙)；然后利用上部侧壁导洞跳格开挖并衬砌顶拱(肋拱)；最后再挖除肋拱、肋墙之间的岩体，完成肋拱、肋墙之间的衬砌，如图 12-6(c)所示。

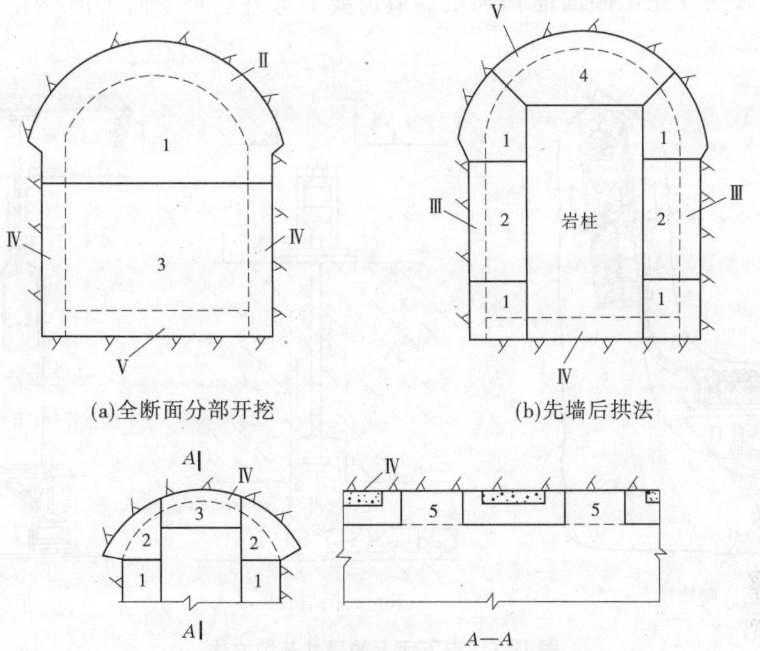

(a)全断面分部开挖　(b)先墙后拱法

(c)肋墙肋拱法

1,2,3,4,5—开挖顺序；Ⅱ,Ⅲ,Ⅳ,Ⅴ—衬砌顺序

图12-6　地下厂房顶拱部分的施工程序

四、竖井、斜井和斜洞的施工程序

井线与水平夹角大于75°为竖井，井线与水平夹角48°～75°为斜井，洞线与水平夹角6°～48°为斜洞。由于竖井和斜洞具有各自的特点，其施工方法分述如下。

（一）竖井

竖井的施工特点是竖向作业，竖向开挖、出渣和竖向衬砌。竖井往往与水平隧洞相通。可先挖通这些水平通道，为竖井施工的出渣和衬砌材料运输等创造有利条件。一般竖井开挖有全断面法和导井法两种。

1. 全断面法

竖井的全断面施工方法一般按照自上而下的程序进行。该法施工程序简单，但施工时要注意：①做好竖井锁口，确保井口稳定；②起重提升设备应有专门设计，确保人员、设备和石渣的安全提升；③做好井内外排水、防水设施；④在围岩稳定性较差或不良地层中修筑竖井，宜开挖一段衬砌一段，或采用预灌浆方法加固后再进行开挖、衬砌；⑤井壁有不利的节理裂隙组合时，要及时进行锚固。

2. 导井法

导井法即在竖井的中部先开挖导井（断面面积4～5 m^2），然后扩大的施工方法。扩大开挖的石渣，经导井落入井底，由井底水平通道运出洞外，以减轻出渣工作量。导井开挖亦可采用自上而下或自下而上的作业。前者常采用普通钻爆法、一次钻孔分段爆破法或大钻机钻进法；后者常需要用钻机钻出一个贯通的小口径导轨，然后再用爬罐法、反井钻机法或吊罐法开挖出断面面积满足溜渣需要的导井。自下而上的导井开挖方法如图 12-7 所示。

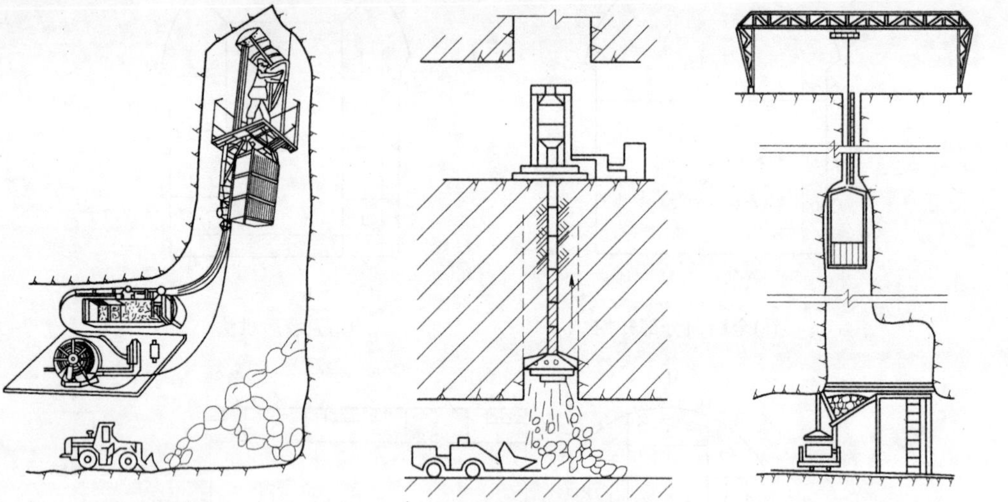

(a) 爬罐法　　(b) 反井钻机法　　(c) 吊罐法

图 12-7　自下而上的导井开挖方法

钻爆法、大钻机钻进法和吊罐法由于工作条件差，钻孔偏差大，一般只适用于深度不大的井。爬罐法所需劳动力少，开挖进度快，是目前开挖导井的主要方法。反井钻机法具有钻进快、精度高、施工安全、质量好等优点，较适用于中等硬度岩石。

扩大开挖可以自上而下逐层下挖，也可以自下而上，常用溜渣作业，逐层上挖。前者自竖井周边至导井口，应留有适当的坡度，以便出渣，但要控制渣面高于导井井口，以保证井内人员安全。后者多用于围岩稳定性较好的小断面竖井。

(二) 斜井和斜洞

倾角大于 48°的斜井洞室开挖，施工条件与竖井相近，可按竖井开挖方法施工。倾角为 6°～30°的斜洞，一般采用自上而下的全断面开挖法，用卷扬机提升出渣，挖通后衬砌。倾角为 30°～48°的斜洞可采用自下而上挖导井，自上而下扩大开挖法，尽可能利用重力溜渣，不能自动溜渣时，应辅以电动扒渣机扒渣，以减轻扩大出渣的劳动强度。

第二节　钻孔爆破法开挖

钻孔爆破法主要施工顺序为钻孔、装药爆破、出渣及相应的辅助工作。

一、钻孔爆破设计

钻孔爆破设计的主要任务是：确定开挖断面的炮孔布置，即各类炮孔的位置、方向和深度；确定各类炮孔的装药量、装药结构及堵孔方式；确定各类炮孔的起爆方法和起爆顺序。

(一) 炮孔类型及布置

按炮孔的作用可将炮孔分为掏槽炮孔、崩落炮孔和周边炮孔，如图 12-8 所示。

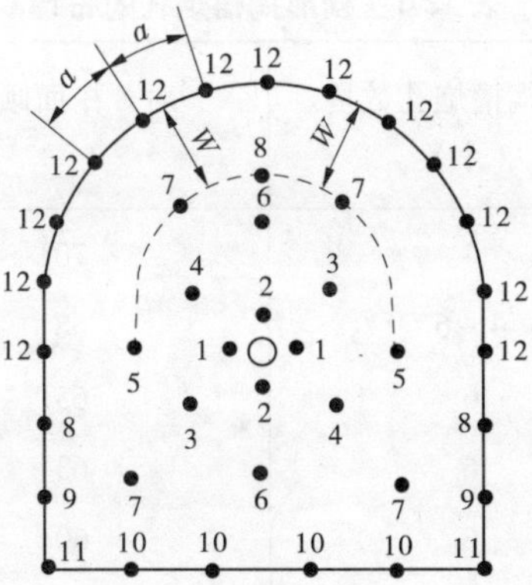

1,2—掏槽炮孔;3~8—崩落炮孔;9~12—周边炮孔

图 12-8 光面爆破炮孔布置图

1. 掏槽炮孔

掏槽炮孔的主要作用是增加临空面,以提高爆破效果,常布置于开挖断面的中部。按布孔的形式可分为楔形掏槽、锥形掏槽和直孔掏槽等三类。楔形掏槽与锥形掏槽的钻孔方向与开挖断面是斜交的,故又称为斜孔掏槽。常见掏槽炮孔布置简图如图 12-9 所示。

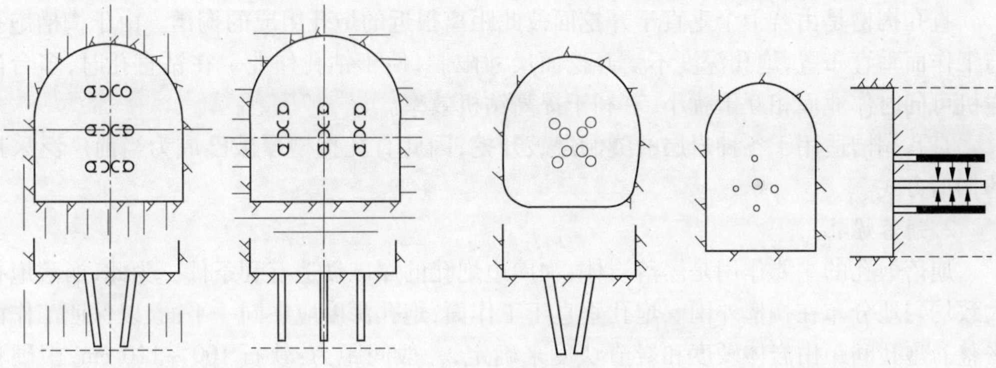

(a)楔形掏槽　　(b)锥形掏槽　　(c)直孔掏槽

图 12-9 常见掏槽炮孔布置简图

1)楔形掏槽

由 2~4 对对称的相向倾斜的炮孔组成,爆破后能形成楔形掏槽。对于层理大致垂直或倾斜的岩层,往往采用垂直楔形掏槽。水平楔形掏槽适用于岩层层理接近于水平的围岩或整体均匀的围岩,但因向上倾斜钻孔作业比较困难,运用较少,楔形掏槽炮孔的夹角与布置可根据岩石的坚固系数值选定,见表 12-1。

在较坚硬岩体中,用分层楔形掏槽方法,即第一层掏槽炮孔用较小的倾角,孔深为第二层掏槽炮孔的 0.5~0.7 倍,第二层掏槽炮孔用较大的倾角(70°~75°)。

表 12-1　楔形掏槽炮孔的布置

岩石坚固系数 f	最少掏槽炮孔数量（个）	对开挖面倾角（°）	成对掏槽炮孔的距离（cm）
2 ~ 6	4	70	50
6 ~ 8	4 ~ 6	68	45
8 ~ 10	6	65	40
10 ~ 13	6	63	35
13 ~ 16	6	60	25
16 ~ 18	6	58	20
18 ~ 20	6 ~ 8	53	20

2）锥形掏槽

数个掏槽炮孔呈角锥形布置，各孔以大体相同角度向中心轴线倾斜，孔底趋于集中，但不贯通，爆破后形成锥形掏槽。炮孔倾斜角度一般为 60° ~ 70°，岩石越硬，倾角越小。按炮孔数目的不同，分三角锥、四角锥、五角锥等。

3）直孔掏槽

直孔掏槽是由若干个垂直于开挖面彼此距离很近的炮孔组成的掏槽。由于掏槽炮孔与工作面垂直布置，炮孔深度不受开挖面尺寸限制，便于钻孔作业。在钻直孔时，多台凿岩机可同时作业而相互干扰小，有利于提高钻机效率。

直孔掏槽适用于各种岩层的隧洞爆破开挖，因此直孔掏槽爆破已成为当前广泛采用的掏槽方式。

2. 崩落炮孔

崩落炮孔的主要作用是爆落岩体，为周边炮孔的爆破创造有利条件。为此，崩落炮孔大致均匀地分布在掏槽外围。炮孔垂直于工作面，炮孔深度应在同一平面，以保证工作面平整。炮孔间距由岩体硬度和岩渣块度来确定，一般间距为：软石 100 ~ 120 cm，中硬石 80 ~ 100 cm，坚硬石 60 ~ 80 cm，特硬石 50 ~ 60 cm。

3. 周边炮孔

周边炮孔的主要任务是控制开挖轮廓，布置在开挖断面的四周。周边炮孔的孔口应距开挖断面设计边线 10 ~ 20 cm，以利于钻孔作业。钻孔时应控制孔的倾斜角度和深度，使孔底落在同一平面上。孔底距设计边界的距离视岩石的硬度而确定。中硬岩石，孔底可达到设计边界；软岩，孔底在设计边界内 10 cm；坚硬岩石，孔底应超出设计边界 10 ~ 15 cm。

为了减弱对围岩的影响和减少超欠开挖量，对于开挖断面上的周边孔，应采用轮廓控制光面爆破技术。根据工程地质条件，用“类比法”初选爆破参数，然后通过试验调整，据以指导施工。图 12-8 所示为光面爆破全断面开挖法的炮孔布置示意图。常用隧洞光面爆破参数的设计参考值见表 12-2。

表 12-2　隧洞光面爆破参数的设计参考值

岩石类别	岩石极限抗压强度(MPa)	周边孔间距 a (cm)	周边孔抵抗线 W(cm)	周边孔密集系数 $M = a/W$	线装药密度 Q_x(g/m)
硬岩	>59	55 ~ 65	60 ~ 80	0.9 ~ 1.0	300 ~ 350
中硬岩	29 ~ 59	45 ~ 60	60 ~ 75	0.8 ~ 0.9	200 ~ 300
软岩	<29	35 ~ 45	45 ~ 55	0.7 ~ 0.8	80 ~ 120

注:炮孔直径 40 ~ 50 mm;炮孔深度 1.0 ~ 3.5 m;2 号岩石硝铵炸药,药卷直径 20 ~ 25 mm。

(二)炮孔数量和装药量

工作面上炮孔数量和装药量,受岩层性质、炸药性能、爆破时自由面状况、炮孔大小和深度、装药方式、工作面的形状和大小以及岩渣的块度等多种因素的影响。

1. 炮孔数量

初步计算时,可应用装药量平衡原理计算炮孔数量,即炮孔数目正好能容纳该次爆破岩体所必须的炸药用量。常用计算公式为:

$$N = \frac{Q}{\gamma\alpha L} = \frac{KSL}{\gamma\alpha L} = \frac{KS}{\gamma\alpha} \qquad (12\text{-}1)$$

其中 $$\gamma = 100(\pi/4)d^2\rho k; \quad L = (0.5 \sim 0.8)B \qquad (12\text{-}2)$$

式中 N——一次掘进循环中开挖面上的炮孔总数;

Q——一次爆破的炸药用量,kg;

L——炮孔深度,m;

γ——单个炮孔每米装药量,kg/m,见表 12-3;

d——药卷直径,cm;

ρ——炸药密度,kg/m^3;

k——装药压紧系数,通常硝铵炸药,$k = 1.0$,硝化甘油炸药,$k = 1.2$;

α——炮孔的装药影响系数,见表 12-4;

B——开挖断面宽度,m;

K——单位耗药量,kg/m^3,见表 12-5;

S——开挖断面面积,m^2。

表 12-3　2 号岩石铵梯炸药 γ 值

药卷直径(mm)	32	35	38	40	45	50
γ (kg/m)	0.78	0.96	1.10	1.25	1.59	1.90

2. 炮孔装药量

根据炮孔的位置不同,需要不同的装药量,并在爆破开挖过程中加以检验和修正。

1)导洞部分

掏槽炮孔　$$q_{掏} = 1.15Q_{导}/N_{导} \qquad (12\text{-}3)$$

崩落炮孔　$$q_{崩} = 0.85Q_{导}/N_{导} \qquad (12\text{-}4)$$

周边炮孔 $$q_{周}=Q_{导}/N_{导} \tag{12-5}$$

式中 $q_{掏}$、$q_{崩}$、$q_{周}$——掏槽炮孔、崩落炮孔、周边炮孔的单孔装药量，kg；

$Q_{导}$、$N_{导}$——导洞一个循环的总装药量、导洞一个循环的炮孔数目。

表 12-4 炮孔的装药影响系数 α 值

炮孔类型	岩石坚固系数 f	炸药威力		
		低级（猛度 10～12 mm）	中级（猛度 13～15 mm）	高级（猛度 16～17 mm）
掏槽炮孔	12～15	0.72～0.75	0.70～0.72	0.68～0.70
	8～10	0.70～0.72	0.68～0.70	0.66～0.68
	5～7	0.68～0.70	0.65～0.68	0.62～0.66
	3～4	0.65～0.68	0.63～0.65	0.60～0.62
	1.5～2.0	0.63～0.65	0.60～0.63	0.58～0.60
崩落炮孔与周边炮孔	12～15	0.64～0.65	0.62～0.64	0.60～0.62
	8～10	0.62～0.64	0.60～0.62	0.58～0.60
	5～7	0.60～0.62	0.58～0.60	0.56～0.58
	3～4	0.54～0.56	0.52～0.54	0.50～0.52
	1.5～2.0	0.52～0.54	0.50～0.52	0.48～0.50

表 12-5 单位耗药量 K 值 （单位：kg/m^3）

炸药	部位	开挖断面（m^2）	岩石级别									
			<Ⅵ	Ⅶ	Ⅷ	Ⅸ	Ⅹ	Ⅺ	Ⅻ	XⅢ	XⅣ	XⅤ
硝铵炸药	导洞	4～6	0.99	1.53	1.63	1.83	2.01	2.32	2.66	2.84	3.05	3.28
		6～9	0.81	1.24	1.33	1.49	1.63	1.89	2.11	2.30	2.51	2.67
		9～12	0.76	1.08	1.15	1.29	1.42	1.63	1.83	2.01	2.26	2.31
	扩大		0.55	0.62	0.66	0.71	0.78	0.83	0.90	0.99	1.05	1.17
	挖底		0.49	0.54	0.58	0.61	0.64	0.60	0.70	0.73	0.80	0.86

2）扩大部分

$$q_{扩}=Q_{扩}/N_{扩} \tag{12-6}$$

式中 $q_{扩}$、$Q_{扩}$、$N_{扩}$——扩大部分的单孔装药量、扩大部分一个循环的总装药量、扩大部分一个循环的炮孔数目。

3. 炮孔深度

炮孔深度主要与开挖面的尺寸、掏槽型式、岩层性质、钻机、自由面数目和循环作业时间的分配等因素有关。加大炮孔深度无疑可以提高掘进速度。但是炮孔深度增加，钻孔速度与炮孔利用率将降低，炸药消耗量亦随之增加。合理的炮孔深度，能提高爆破效果、降低开挖费用、加快掘进速度。因此，合理的炮孔深度，应综合分析确定。

合理的炮孔深度还应与循环作业时间相协调，循环作业时间常采用 4 h、6 h、8 h、16 h、24 h 等。

二、钻孔爆破循环作业

钻孔爆破法开挖地下工程,其施工工序包括:钻孔、装药、堵塞、设备撤离、起爆、通风排烟、安全检查与处理、临时支护、出渣、延长运输线路和风水电管线铺设等。掘进一次的工序组合称为钻孔爆破循环作业。每完成一次循环作业,工作面大致按炮孔深度向前推进一段,如此周而复始,直到开挖结束。

(一)钻孔作业

钻孔作业强度很大,所花时间常占循环时间的1/4～1/2,且钻孔的质量对洞室开挖规格、爆破效率和施工安全影响极大。目前,常用钻孔设备有凿岩机和凿岩台车。

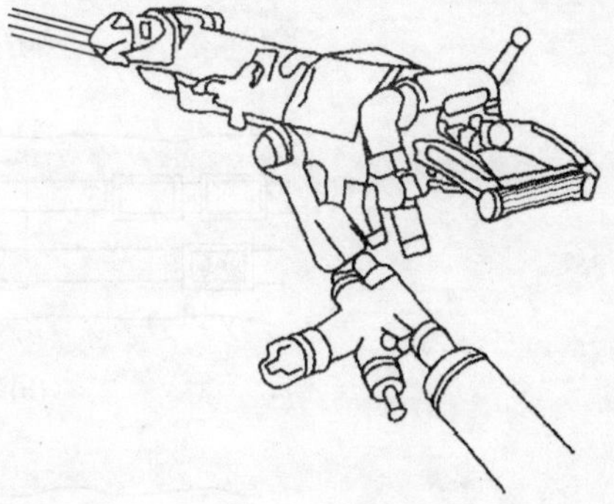

图 12-10　YT－23 型气腿凿岩机

凿岩机可分为手持式、柱架式和气腿式。如图 12-10 所示为目前常见的 YT－23 型气腿凿岩机。凿岩台车有窄轨式台车,履带式、轮胎式多臂台车,其特点是凿岩机可由支架自由移动至需要位置,并借助推动装置自动推进凿岩,提高了钻孔孔位的精度和钻孔速度,适用于围岩稳定性较好的大中断面,如图 12-11 所示。

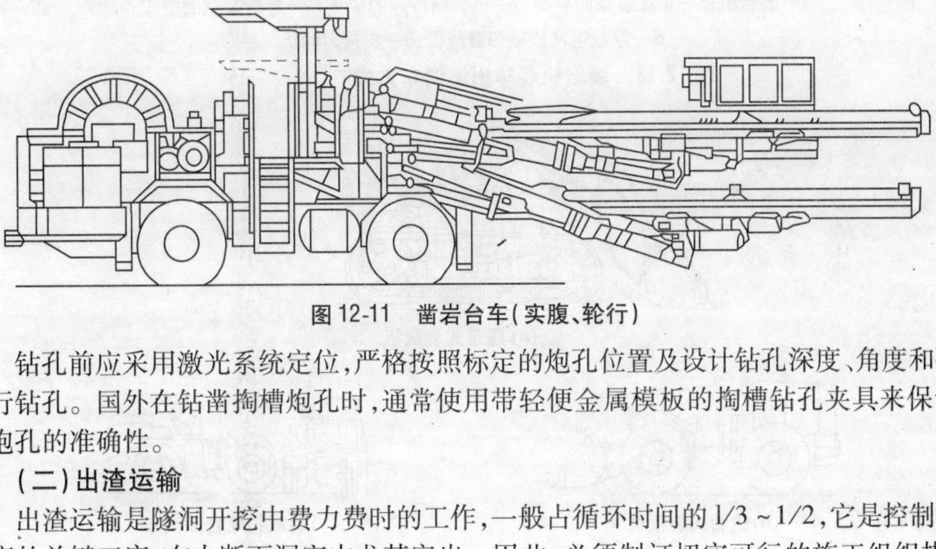

图 12-11　凿岩台车(实腹、轮行)

钻孔前应采用激光系统定位,严格按照标定的炮孔位置及设计钻孔深度、角度和孔径进行钻孔。国外在钻凿掏槽炮孔时,通常使用带轻便金属模板的掏槽钻孔夹具来保证掏槽炮孔的准确性。

(二)出渣运输

出渣运输是隧洞开挖中费力费时的工作,一般占循环时间的1/3～1/2,它是控制掘进速度的关键工序,在大断面洞室中尤其突出。因此,必须制订切实可行的施工组织措施,规划好洞内外运输线路和弃渣场地,通过计算选择配套的运输设备,拟订装渣运输设备的调度运行方式和安全运行措施。

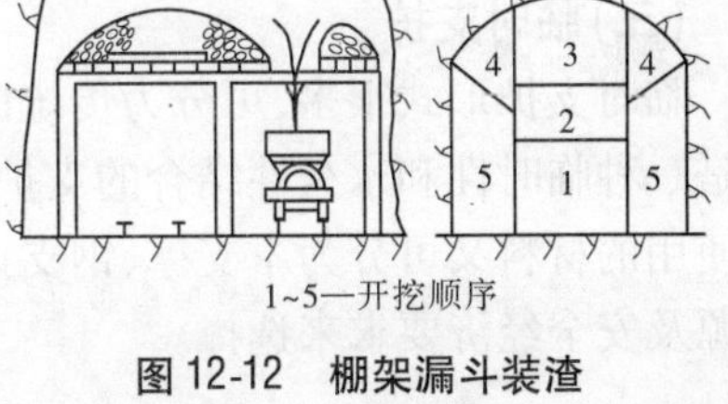

1~5—开挖顺序

图 12-12　棚架漏斗装渣

常见配套方式有:棚架漏斗装渣,机车牵引斗车出渣;装岩机装渣,机车牵引斗车或矿车出渣;装载机或挖掘机装渣,自卸汽车出渣,如图 12-12～图 12-14 所示。

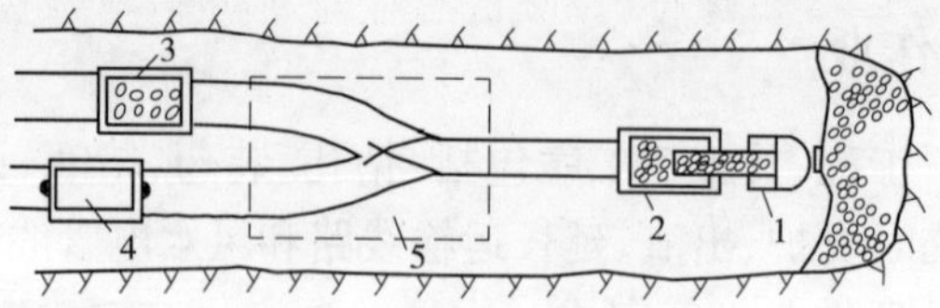

(a)浮放道岔双线调车

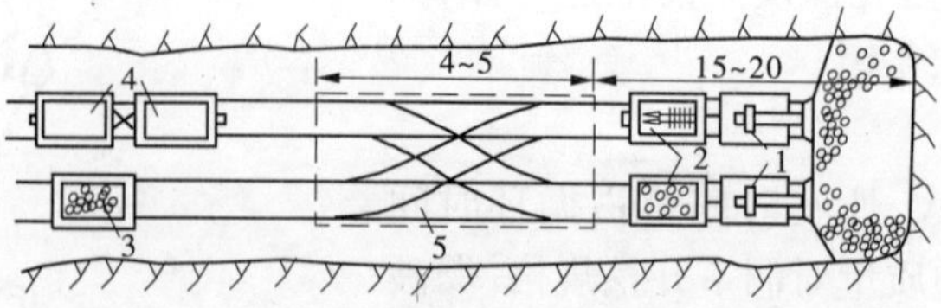

(b)菱形渡线钣双线调车

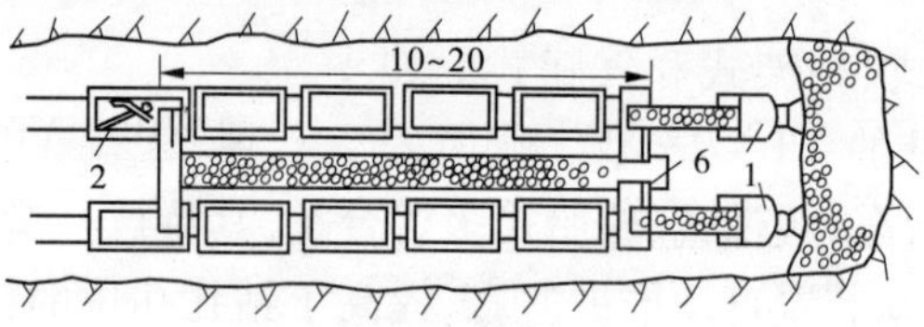

(c)皮带运输机分料双线调车

1—装岩机;2—正在装载的矿车;3—已装满待运的矿车;4—等待装载的空车;

5—浮放道岔或菱形渡线钣;6—皮带运输机

图 12-13　装岩机装车出渣调车方式　(单位:m)

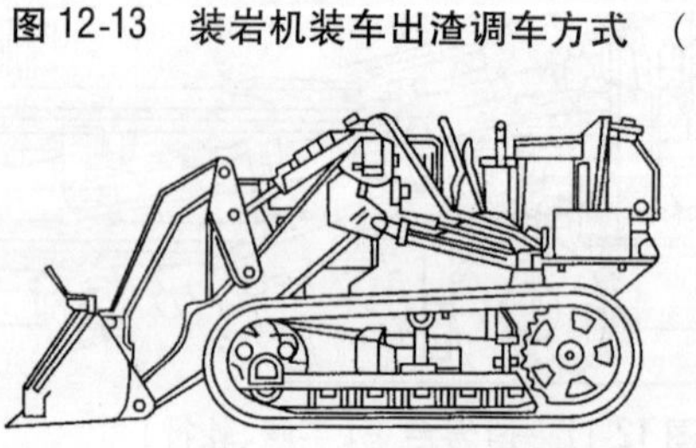

(a) 履带式装载机

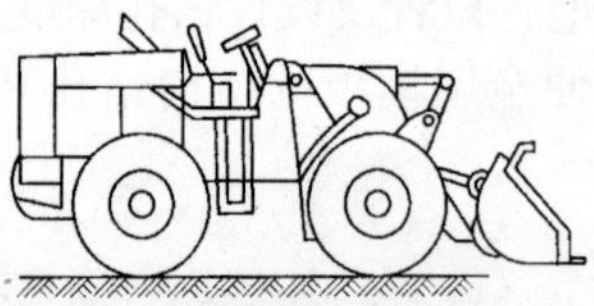

(b)轮胎式装载机

(c)装载机配自卸汽车

图 12-14　装载机及装渣示意图

(三)临时支护

临时支护形式很多,可分为传统的构架式支撑和锚喷支护两类。喷混凝土和锚杆支护是一种临时性和永久性结合的支护形式,应优先采用,该内容将在本章第五节介绍。按照使用的材料又可分为木支撑、钢支撑、预制钢筋混凝土支撑等。应根据地质条件、材料来源及安全经济要求来选择。

木支撑具有质量轻,加工、架立方便,损坏前有显著变化,不会突然折断等优点。其结构形式分为门框形、拱形和扇形。由于木支撑要耗费大量木材,故已少用。

钢支撑承载能力强,占空间小,可多次使用,但使用钢材多,一次性费用高,其结构形式分为门框形和拱形。在破碎且不稳定的岩层中,当支撑不能拆除需要留在混凝土衬砌中时,也需要采用钢支撑。

预制钢筋混凝土支撑用于围岩软弱,山岩压力大,支撑需留在衬砌内,钢材又缺乏时,但因构件质量轻,安装运输不方便,所以只适用于中小断面。

(四)辅助作业

地下工程施工的辅助作业有通风、防尘、消烟、照明和风水电供应等工作,做好这些辅助作业,可以改善施工人员工作环境,加快施工进度。

1.通风、防尘及消烟

通风、防尘及消烟的目的是排除因钻孔、爆破、装岩、内燃机尾气等原因产生的有害气体,降低岩尘含量,及时供给工作面充足的新鲜空气,改善洞室内的温度、湿度和气流速度,使之符合洞室施工卫生要求。

通风方式有自然通风和机械通风两种,小于40 m的短洞可以采用自然通风。

一般多采用机械通风,其基本形式有压入式、吸出式和混合式三种,如图12-15所示。压入式通风是将新鲜空气通过风管直接送到工作面,混浊空气由洞身排至洞外。其优点是工作面很快获得新鲜空气,缺点是混浊空气容易扩散至整个洞室。风管端部布置离工作面不宜超过$6\sqrt{S}$ m(S为开挖面积,m^2)。吸出式通风是通过风管将工作面的混浊空气吸走并排出至洞外,新鲜空气由洞口流入洞内。其优点是工作面混浊空气较快地被吸出,但新鲜空气流入较缓慢。混合式通风是在爆破后进行排烟时用吸出式,经常性通风时用压入式,充分发挥上述两种方式的优点。

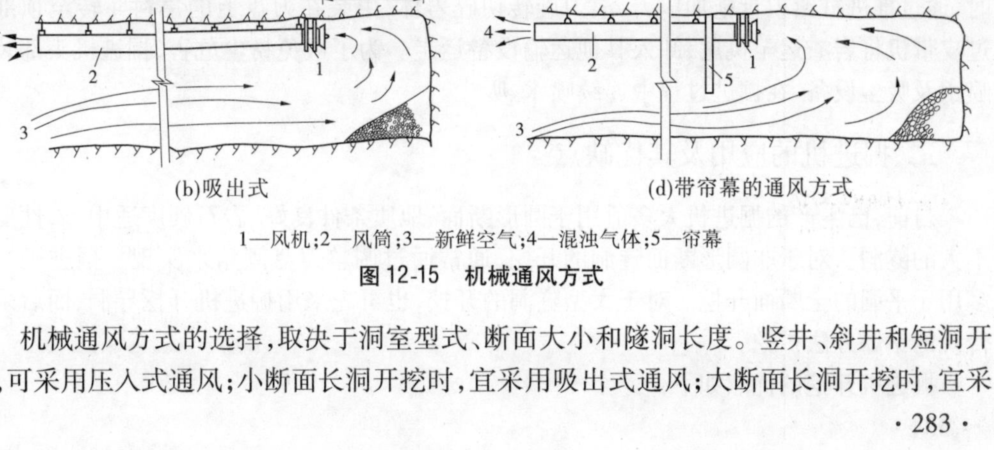

1—风机;2—风筒;3—新鲜空气;4—混浊气体;5—帘幕

图12-15 机械通风方式

机械通风方式的选择,取决于洞室型式、断面大小和隧洞长度。竖井、斜井和短洞开挖,可采用压入式通风;小断面长洞开挖时,宜采用吸出式通风;大断面长洞开挖时,宜采用混合式通风。

在改善通风的同时，还要重视粉尘和有害气体的控制。湿钻凿岩、爆破后喷雾降尘、出渣前对石渣喷水防尘等都是降低空气中粉尘含量行之有效的措施。洞内施工严禁使用汽油发动机，使用柴油机时，应加设废气净化装置，降低有害尾气的排放。

2. 风水电供应及排水

洞室在整个开挖循环作业中，风水电供应及排水需统筹考虑。输送到工作面的压缩空气，应保证风量充足，风压不低于500 kPa。施工用水的数量、质量和压力，应满足钻孔、喷锚、衬砌、灌浆等作业的要求。洞内动力、照明、电力起爆的供电线路应按需要分开架设，并注意防水和绝缘；洞内照明应采用36 V或24 V的低压电，保证照明亮度。洞内排水系统必须畅通，保证工作面和路面无积水。

第三节 掘进机开挖

掘进机是一种专用的隧洞掘进设备。它利用机械完成开挖、出渣及混凝土（钢）管片安装的联合作业，连续不断地进行掘进。掘进机从20世纪50年代开始在世界范围内得到应用，我国从20世纪60年代开始，曾先后在云南西洱河一级电站、引滦工程新王庄隧洞、天生桥二级水电站、甘肃引大入秦30A隧洞、山西引黄入晋隧洞、万家寨引水工程和秦岭铁道Ⅱ线等工程中应用，为我国隧洞掘进机施工积累了宝贵的经验。

一、掘进机的类型和工作原理

掘进机根据破碎岩石的方法，大致可以分为挤压式和切削式（铣削式）两种类型。挤压式主要是通过水平推进油缸，使刀盘上的滚刀强行压入岩体，并在刀盘旋转推进过程中，用挤压和剪切的联合作用破碎岩体。切削式利用岩石抗弯、抗剪强度低的特点，靠铣削（即剪切）加弯折，破碎岩体。

按照掘进机的作业面是否封闭可分为开敞式、单护盾掘进机和双护盾掘进机。开敞式掘进机适用于围岩稳定性好的场合，护盾式掘进机适用于围岩较软弱、需进行混凝土（钢）管片安装的场合。

掘进机一般由刀盘、机架、推进缸、套架、支撑缸、皮带机及动力间等部分组成。掘进时，通过推进缸给刀盘施加压力，滚刀旋转切碎岩体，由装在刀盘上的集料斗转至顶部通过皮带机将岩渣运至机尾，卸入其他运输设备运走。为了避免粉尘危害，掘进机头部装有喷水及吸尘设备，在掘进过程中连续喷水、吸尘。

二、掘进机的应用及其优缺点

目前，已生产的掘进机大多适用于圆形断面、地质条件良好、岩石硬度适中、岩性变化不大的隧洞。对于非圆形断面隧洞的开挖，通常通过调整刀盘倾角来实现。掘进机一般多用于平洞的全断面开挖。对于大型隧洞的开挖，也可先采用掘进机开挖导洞，而后采用传统的钻爆方法扩挖。

掘进机开挖的优点如下：

(1)利用机械切割、挤压破碎,能使掘进、出渣、衬砌支护等作业平行连续地进行,工作条件比较安全,节省劳力,整个施工过程能较好地实现机械化和自动控制;

(2)在地质条件单一、岩石硬度适宜的情况下,可以提高掘进速度;

(3)掘进机挖掘的洞壁比较平整,断面均匀,超欠挖量少,围岩扰动少,对衬砌支护有利。

掘进机开挖的缺点如下:

(1)设备复杂昂贵,安装费工费时。当隧洞长度较短时,采用掘进机并不经济。

(2)掘进机不能灵活适应洞径、洞轴线走向、地质条件与岩性等方面的变化。对于选定的掘进机,其允许的洞径变化不能超过 ±10%。由于掘进机机身长度的限制,隧洞的转弯半径不能小于 150 ~ 450 m。对于断层、破碎带等不良地质条件,掘进机的掘进速度将大大降低。对坚硬岩石,刀具磨损很快。

(3)刀具更换、风管送进、电缆延伸、机器调整等辅助工作等占用时间较长。若掘进机发生故障,会影响全部工程的施工。

(4)掘进机掘进时释放大量热量,工作面上环境温度较高,要求有较大的通风设备。

因此,选择掘进机掘进方案,必须结合工程具体条件,通过技术经济比较确定。

第四节　隧洞衬砌与灌浆

地下洞室开挖后,为了防止围岩风化和坍落,保证围岩稳定,往往要对洞壁进行衬砌。衬砌类型有现浇混凝土或钢筋混凝土衬砌、混凝土预制块或条石衬砌、预填骨料压浆衬砌等。本节仅介绍隧洞现浇混凝土及钢筋混凝土衬砌施工。

一、隧洞衬砌的分段分块及浇筑顺序

水工隧洞较长,纵向需要分段进行浇筑。分段长度根据围岩条件、隧洞断面尺寸、施工浇筑能力与混凝土冷却收缩等因素而定,一般分段长度以 9 ~ 15 m 为宜。当结构上设有永久伸缩缝时,可利用结构永久缝分段;当结构永久缝间距过大或无永久缝时,可设施工缝分段,并做好施工缝的处理。平洞衬砌施工中的分缝分块如图 12-16 所示。

分段浇筑的顺序有跳仓浇筑、分段流水浇筑和分段留空档浇筑等不同方式。当地质条件较差时,采用肋拱肋墙法施工,这是一种开挖与衬砌交替进行的跳仓浇筑法。对于无压平洞,结构上按允许开裂设计时,也可采用滑动模板连续施工的浇筑方式,以加快衬砌施工,但施工工艺必须严格控制。

衬砌施工在横断面上也常分块进行。一般分成底拱(底板)、边拱(边墙)和顶拱三块。横断面上的浇筑顺序,正常情况是先底拱(底板)、后边拱(边墙)和顶拱,其中边拱(边墙)和顶拱,可以连续浇筑,也可以分开浇筑,由浇筑能力或模板型式而定。地质条件较差时,可以先浇筑顶拱,后边拱(边墙)和底拱(底板)。当采用开挖和衬砌平行作业时,由于底板清渣无法完成,可采用先边拱(边墙)和顶拱,最后浇筑底拱(底板)的浇筑顺序。

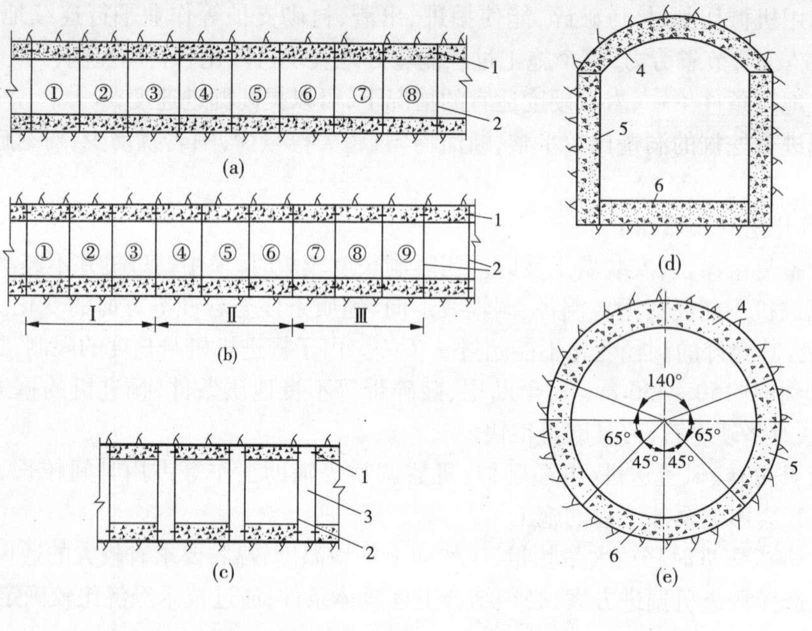

(a)跳仓浇筑:先浇①,③,⑤,…段,后浇②,④,⑥,…段;(b)分段流水浇筑:在大段Ⅰ,Ⅱ,Ⅲ,…之间进行流水作业;(c)分段留空档浇筑,空档宽 1 m 左右,最后浇筑;(d)在结构转折点设施工缝;(e)在内力较小部位设施工缝

①~⑨—分段序号;Ⅰ,Ⅱ,Ⅲ—流水段号;

1—止水;2—分缝;3—空档;4—顶拱;5—边拱(边墙);6—底拱(底板)

图 12-16　平洞衬砌施工中的分缝分块

二、隧洞衬砌模板

隧洞衬砌用的模板,按浇筑部位不同,可分为底拱模板、边拱(边墙)和顶拱模板,不同部位的模板,其构造和使用特点各不相同。

对底拱而言,当中心角较小时,可以像平底板浇筑那样,只立端部挡板,不用表面模板,在混凝土浇捣中,用弧形样板将表面刮成弧形。对于中心角较大的底拱,一般采用悬挂式弧形模板,见图 12-17。浇筑前,先立端部挡板和弧形模板的桁架,悬挂式弧形模板是随着混凝土的浇筑升高的,从中间向两旁逐步安装。安装时,应将运输系统的支撑与模板架支撑分开,避免引起模板位移走样。对洞径一致的中、大型隧洞的底拱浇筑,也可采用拖模法施工,但必须严格控制施工工艺。

边拱(边墙)和顶拱的模板,常用的有桁架式和移动式两种。

桁架式模板又称为拆移式模板,主要由面板、桁架、支撑及拉条等组成,通常是在洞外先将桁架拼装好,运入洞内安装就位,再安装面板,如图 12-18 所示。

移动式模板主要由车架、可绕铰转动的模板支架和钢模板组成。车架和支架用型钢构成,车架可通过行走机构移动,故又称为钢模台车,它具有全断面一次成型、施工进度快及成本低等优点,如图 12-19 所示。

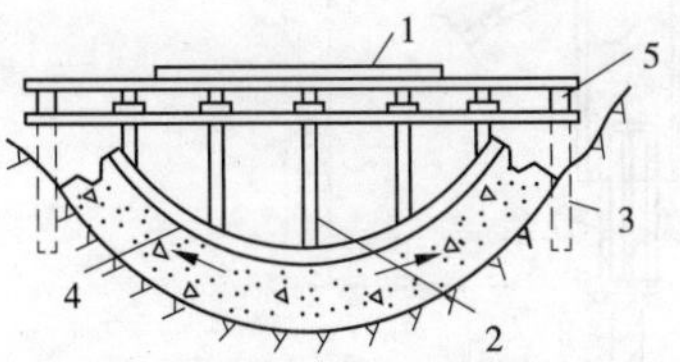

1—仓面板；2—模板桁架；3—桁架支柱；

4—弧形模板；5—纵梁

图 12-17　底拱模板

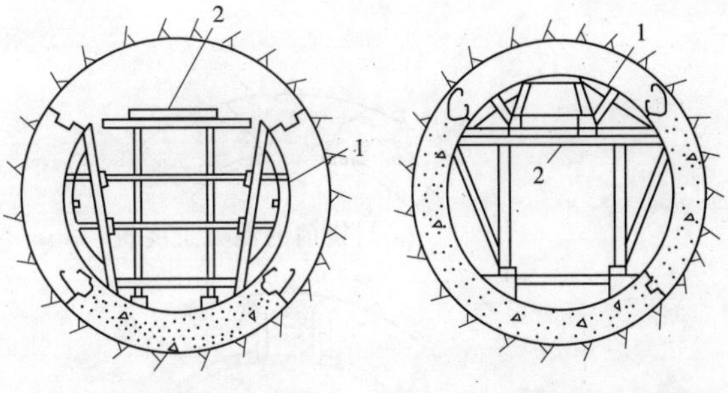

(a)边拱桁架式模板　　(b)顶拱桁架式模板

1—桁架式模板；2—工作平台或脚手架

图 12-18　桁架式模板

三、衬砌混凝土的浇筑和封拱

由于隧洞衬砌的工作面狭窄，混凝土的运输和浇筑以及浇筑前钢筋的绑扎安装等工作都较困难，采用合理的施工方案、先进的施工技术和组织设计尤为重要。隧洞衬砌内的钢筋，在洞外制作，运入洞内安装绑扎。绑扎钢筋工作常在立好模板并预留端部挡板的时候进行。钢筋靠预先插入岩壁的锚筋固定。如采用钢筋台车绑扎钢筋，则应先绑扎钢筋后立模板。

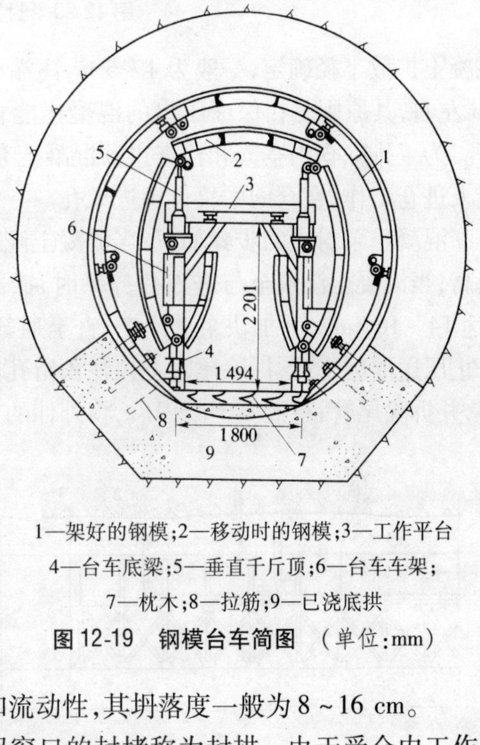

1—架好的钢模；2—移动时的钢模；3—工作平台

4—台车底梁；5—垂直千斤顶；6—台车车架；

7—枕木；8—拉筋；9—已浇底拱

图 12-19　钢模台车简图　（单位：mm）

隧洞衬砌多采用二级配混凝土。对中小型隧洞，混凝土一般采用斗车或轨式混凝土搅拌运输车，由电瓶车牵引运至浇筑部位；对大中型隧洞，则多采用 3 ~ 6 m^3 的轮式混凝土搅拌运输车运输。在浇筑部位，常用混凝土泵将混凝土压送并浇入仓内。泵送混凝土的配合比，应保证有良好的和易性和流动性，其坍落度一般为 8 ~ 16 cm。

在浇筑顶拱时，对浇筑段的最后一个预留窗口的封堵称为封拱。由于受仓内工作条件限制，使混凝土形成完整拱圈的封拱工作，常采取以下两种措施。

（一）封拱盒封拱

当最后一个顶拱预留窗口，工人无法操作时，退出窗口，并在窗口四周装上模框，将窗口浇筑成长方形，待混凝土强度达到 1 MPa 后，拆除模框，洞口凿毛，装上封拱盒封拱，如图 12-20 所示。

（二）混凝土泵封拱

使用混凝土泵浇筑顶拱混凝土时，封拱布置如图 12-21 所示。即将导管的末端接上冲天尾管，垂直穿过模板伸入仓内，冲天尾管的位置应用钢筋固定，尾管之间的间距根据

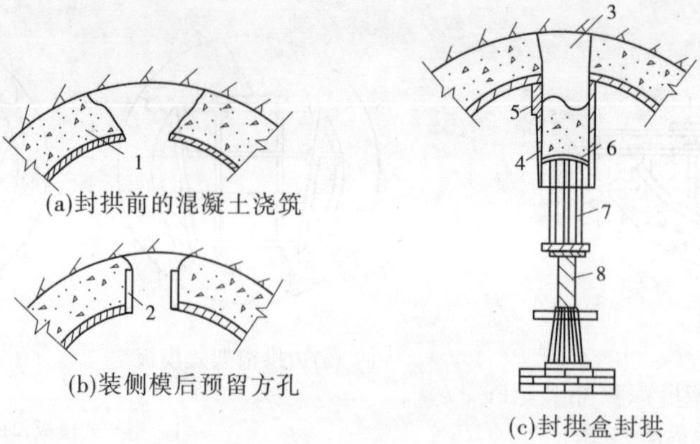

(a)封拱前的混凝土浇筑

(b)装侧模后预留方孔

(c)封拱盒封拱

1—已浇混凝土;2—模框;3—封拱部位;4—封拱盒;5—进料盒门;6—活动封拱板;7—顶架;8—千斤顶

图 12-20　封拱盒封拱示意图

混凝土扩散半径确定,一般为 4 ~ 6 m,离端部约 1.5 m,尾管出口与岩面的距离一般为 20 cm 左右,其原则是在保证压出的混凝土能自由扩散的前提下,越贴近岩面,封拱效果越好。为了排除仓内空气和检查拱顶混凝土充填情况,在仓内最高处设置通气孔。为了便于人进仓工作,在仓的中央设置进人孔。

混凝土泵封拱的步骤如下:当混凝土浇筑至顶拱仓面时,撤出仓内各种器材,并尽量填高;当混凝土浇筑至与进人孔齐平时,撤出仓内人员,封闭进人孔,增大混凝土坍落度(达 14 ~ 16 cm),并加快泵送深度,直至通气管开始漏浆或压入混凝土超过预计量时止;停止压送混凝土后,拆除尾管上包住预留孔眼的铁箍,从孔眼中插入钢筋,防止混凝土下落,并拆除尾管;待混凝土凝固后,将外伸的尾管割除,用灰浆抹平,如图 12-22 所示。

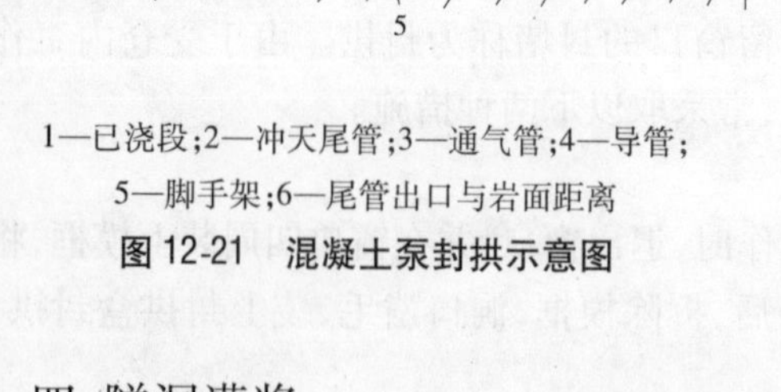

1—已浇段;2—冲天尾管;3—通气管;4—导管;
5—脚手架;6—尾管出口与岩面距离

图 12-21　混凝土泵封拱示意图

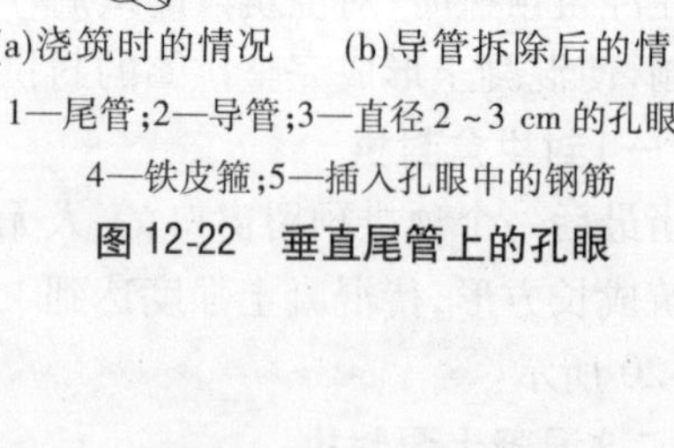

(a)浇筑时的情况　(b)导管拆除后的情况

1—尾管;2—导管;3—直径 2 ~ 3 cm 的孔眼;
4—铁皮箍;5—插入孔眼中的钢筋

图 12-22　垂直尾管上的孔眼

四、隧洞灌浆

隧洞灌浆有回填灌浆和固结灌浆。前者的作用是填塞围岩与衬砌间的空隙,所以只限于拱顶一定范围内;后者的作用是加固围岩,提高围岩的整体性和强度,其范围包括断面四周的围岩。

灌浆孔可在衬砌时预留,孔径为 38 ~ 50 mm。灌浆孔沿洞轴线 2 ~ 4 m 布置一排,各排孔位交叉排列。同时还需布置一定数量的检查孔,用以检查灌浆质量,如图 12-23 所示。

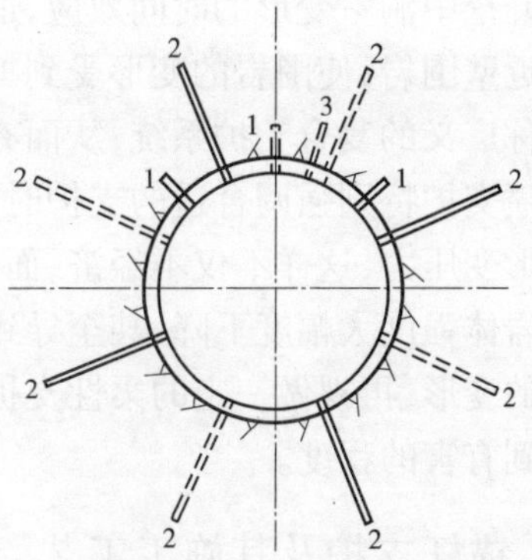

1—回填灌浆孔;2—固结灌浆孔;3—检查孔

图 12-23　灌浆孔的布置

水工隧洞灌浆应按先回填后固结的顺序进行,回填灌浆应在衬砌混凝土达到 70% 设计强度后尽早进行。回填灌浆结束 7 d 后再进行固结灌浆。灌浆前应对灌浆孔进行冲洗,冲洗压力不宜大于本段灌浆压力的 80%。回填灌浆须按分序加密原则进行,固结灌浆应按环间分序、环内加密的原则进行,灌浆压力、浆液浓度、升压顺序和结束灌浆标准应符合设计要求。

第五节　锚喷支护

地下洞室的开挖及形成,改变了围岩的原有应力场及受力条件,并在一定程度上影响围岩的力学性能,导致洞室变形,严重时出现掉块甚至坍塌等现象。因此,围岩的稳定是决定地下工程施工成败的关键问题。

锚喷支护是地下工程施工中对围岩进行保护与加固的主要技术措施。锚喷支护是在洞室开挖后,将围岩冲洗干净,适时喷上一层厚 3 ~ 8 cm 的混凝土,防止围岩松动。如发现围岩变形过大,可视需要及时加设锚杆或加厚混凝土,使围岩稳定。对于不同地层条件、不同断面大小、不同用途的地下洞室都表现出较好的适用性。在《水工建筑物地下开挖工程施工技术规范》(DL/T 5099—1999)中明确规定要优先采用锚喷支护。

锚喷支护的类型有:锚杆支护,喷射混凝土支护,喷射混凝土和锚杆联合支护,喷混凝土、锚杆、钢丝网、钢拱架等组合的联合支护,预应力锚索支护,喷浆支护等。锚喷支护具有显著的技术经济优势,根据大量工程统计,锚喷支护较之传统的模注混凝土衬砌,混凝土用量减少 50% 以上,开挖量减少 15% ~ 25%,可省去支模和灌浆工序,节省劳动力 50% 左右,造价降低 50% 左右,加快施工速度 1 倍以上。我国在水电、铁路、矿山、军工及城市建设等行业不同类型的地下洞室施工中,锚喷支护已经得到了广泛的运用。

一、新奥法与锚喷支护原理

20 世纪 50 年代奥地利学者 L·V·拉布采维兹等人,创建了新奥地利隧道工程施工法(简称新奥法)。新奥法核心思想是“在充分考虑围岩自身承载能力的基础上,因地制宜地搞好地下洞室的开挖与支护”。作为一个完整的概念,它强调运用光面爆破(或其他破坏围岩最小的开挖方法)、锚喷支护和施工过程中的围岩稳定状况监测,此亦称为新奥法的三大支柱。

新奥法运用锚喷支护,它的原理是:把围岩视为具有弹性、塑性及黏性的连续介质,利用岩体开挖中洞室变形的时间效应,适时采用既有一定刚度又有一定柔性的支护结构主动加固近壁围岩,使围岩的变形受到抑制,同时与围岩共同形成具有抵抗外力作用的承载拱圈或称广义的复合支护系统,从而有效增加洞室围岩稳定性。

锚喷支护特别强调合适的支护时机。过早了,支护结构要承担围岩向着洞室变形而产生的形变压力,这样不仅不经济,而且可能导致支护结构破坏;过迟了,围岩会因过度松弛而使岩体强度大幅度下降,甚至导致洞室破坏。正确的做法是:在洞室开挖后先让其产生一定的变形,再视做一定的柔性支护,使围岩与支护在加以限制的情况下共同变形,不致发展到有害的程度。

二、锚杆支护及其施工工艺

锚杆是锚固在岩体中的杆件,锚杆插入岩体后,与围岩共同工作,提高围岩的自稳能力。

(一)锚杆分类及作用

工程中常用的锚杆,按受力状态可分为张拉型锚杆和非张拉型锚杆。其中,张拉型锚杆又分为张拉锚杆和预应力锚杆。按锚固方式可分为全长黏结型锚杆、端头锚固型锚杆和摩擦型锚杆等。锚杆的类型如图 12-24 所示。

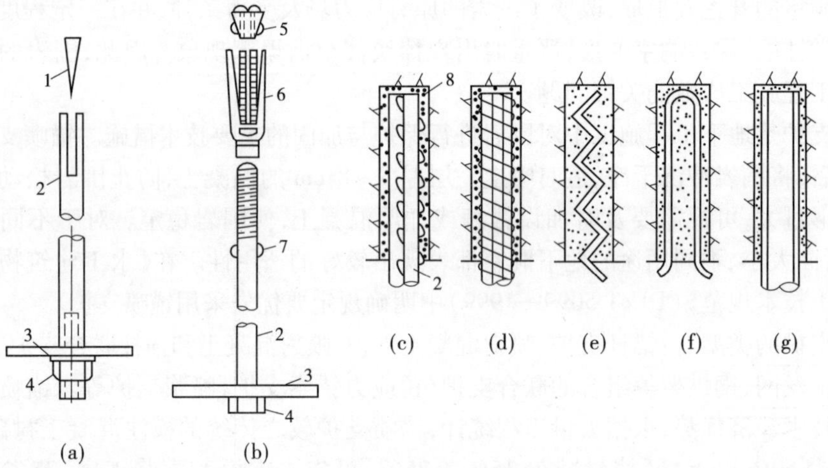

(a)楔缝式锚杆;(b)胀壳式锚杆;(c)螺纹或竹节钢筋砂浆锚杆;(d)中空螺纹或竹节钢筋砂浆锚杆;(e)波浪形钢筋砂浆锚杆;(f)倒 U 形钢筋砂浆锚杆;(g)钢管砂浆锚杆

1—楔块;2—锚杆;3—垫块;4—螺帽;5—锥形螺帽;6—胀圈;7—突头;8—水泥砂浆或树脂

图 12-24　锚杆的类型

楔缝式锚杆和胀壳式锚杆属于端头锚固型锚杆,如图 12-24(a)、(b)所示。其施工顺序是:将楔块(或锥形螺母)嵌入锚杆端部的楔瓣(或胀圈)内后,同时插入钻孔,使楔块(或锥形螺母)与孔底接触;再用冲击力(楔缝式)或用扳手旋转锚杆(胀壳式)使楔瓣(或胀圈)胀开,紧压孔壁;最后安上垫板,拧紧螺帽,将岩石压紧锚固。端头锚固型锚杆一般用做临时支护。

全长锚固的锚杆有砂浆锚杆和树脂锚杆等。如图 12-24(c) ~(g)所示。锚杆可用钢筋,也可用钢丝索或钢丝绳。为了充分发挥锚杆强度,尤其是用钢丝索或钢丝绳作锚杆时,可对锚杆施加预应力而成为预应力锚杆。全长锚固型锚杆一般用于永久支护。

(二)全长黏结型锚杆施工工艺流程

(1)先注浆后插杆。测量定位→钻机就位→造孔(钻头直径比锚杆直径大 15 mm 以上)→洗孔→灌注水泥砂浆→安装锚杆→封孔灌浆→检测。该工艺适用于垂直孔、下倾孔和临时支护锚杆。

(2)先插杆后注浆。测量定位→钻机就位→造孔(孔口注浆,钻头直径比锚杆直径大 25 mm 以上;孔底注浆,钻头直径比锚杆直径大 40 mm 以上)→洗孔→安装锚杆(附加进浆管和排气管)→灌注水泥砂浆→检测。该工艺适用于水平孔、仰角孔及永久性支护锚杆。

(三)锚杆布置

锚杆有局部锚杆和系统锚杆之分。局部锚杆主要用于加固危石,防止掉块,如图 12-24 所示。系统锚杆用于提高围岩的承载能力和整体性。系统锚杆在岩层中的布置和在围岩中的作用如图 12-25 ~ 图 12-27 所示。

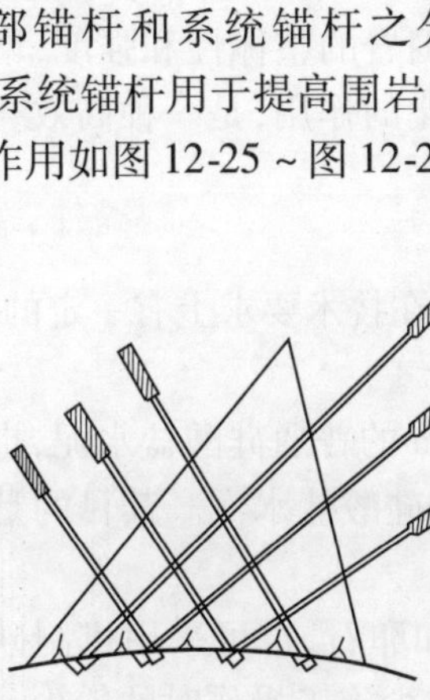

(a)顶拱楔形体

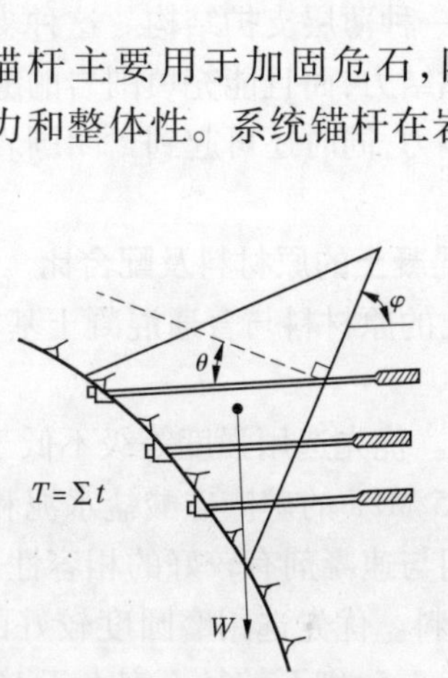

(b)边墙楔形体

图 12-25　围岩楔形体锚杆支护

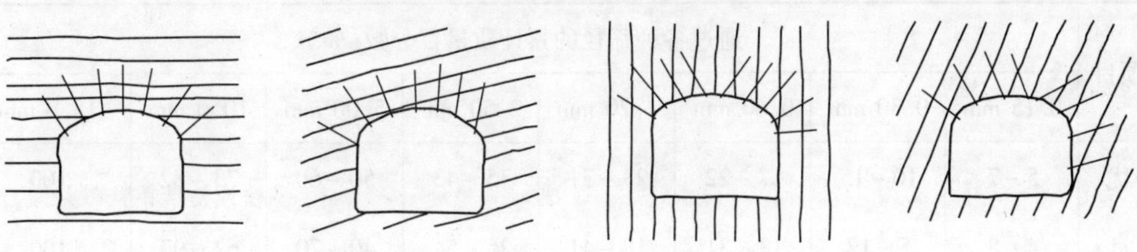

图 12-26　层理岩层中系统锚杆的布置

锚杆的布置参数一般可参照以下规定选取:

(1)加固危岩的锚杆必须插入稳定的岩体中,插入深度和间距视危岩的质量或滑动力确定。

(2)系统锚杆一般按梅花形排列,锚杆长度视洞室跨度、围岩特性和锚固部位而定,通常插入深度为 1.5 ~3.5 m。间距约为锚固深度的 1/2。

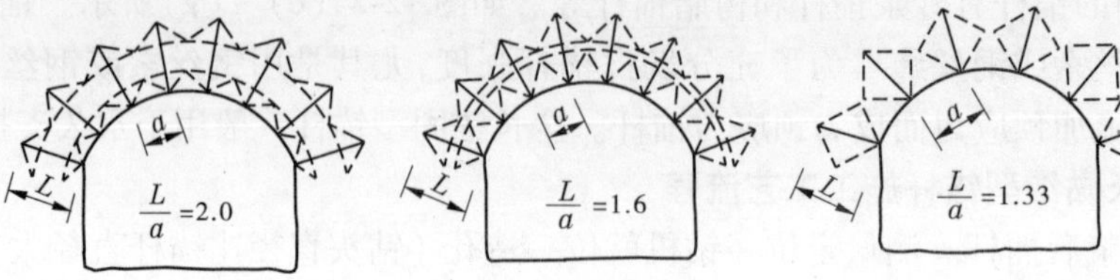

(a)形成较好的预压拱　　(b)预压拱很狭窄　　(c)形不成预压拱

图 12-27　围岩中的预压拱

三、喷混凝土施工

喷混凝土是将水泥、砂、石和外加剂等材料，按一定配合比拌和后，装入喷射机中，用压缩空气将混合料压送到喷头处，与水混合后高速喷到作业面上，快速凝固在被支护的洞室壁面，形成一种薄层支护结构。这种支护结构的主要作用是，喷射混凝土不但与围岩表面有一定的黏结力，而且能充填围岩的缝隙，提高围岩的整体性和强度，增强围岩抵抗位移和松动的能力，同时还可起到封闭围岩、防止风化的作用，是一种高效、早强、经济的支护结构。

（一）喷混凝土的原材料及配合比

喷混凝土的原材料与普通混凝土基本相同，但在技术要求上有一定的差别，现说明如下：

（1）水泥。优先选用强度等级不低于 42.5 MPa 的普通硅酸盐水泥，也可采用强度等级不低于 52.5 MPa 的矿渣硅酸盐水泥和火山灰质硅酸盐水泥。其目的是保证喷射混凝土的凝结时间与速凝剂有较好的相容性。

（2）砂石料。优先选用磨圆度较好的天然砂和卵石，也可采用机制砂石料。砂的细度模数应大于 2.5，细石粒径不宜大于 15 mm，以减少施工操作时的粉尘、回弹量和堵管。最大粒径为 15 mm 的级配应满足表 12-6 的要求。

表 12-6　喷射混凝土骨料级配

项目	通过各种筛径的累计质量百分数(%)							
	0.15 mm	0.30 mm	0.60 mm	1.20 mm	2.50 mm	5.00 mm	10.0 mm	15.0 mm
优	5 ~ 7	10 ~ 15	17 ~ 22	23 ~ 31	35 ~ 43	50 ~ 60	73 ~ 82	100
良	4 ~ 8	5 ~ 12	13 ~ 31	18 ~ 41	26 ~ 54	40 ~ 70	62 ~ 90	100

（3）水。喷混凝土用水与一般混凝土用水的要求相同。地下洞室中的混浊水和一切含有酸、碱侵蚀性的水不能使用。

（4）外加剂。为提高喷射混凝土的早期强度，增加一次喷射的厚度，宜在喷射混凝土中掺加速凝、早强、减水等外加剂，但掺入外加剂的喷混凝土的各项性能指标不得低于设计要求。在使用速凝剂时，水泥净浆试验的初凝时间应小于 5 min，终凝时间不得大于 10 min。

(5)硅粉。硅粉是在电弧炉中生产硅金属和硅铁合金的过程中产生的副产品，含有85% ~95%的无定形二氧化硅，平均粒径0.1 μm，为水泥颗粒粒径的1/100，颗粒呈圆形。在混凝土中掺入适量的硅粉，可以减少混凝土拌和物的泌水性和混凝土的孔隙率，提高混凝土的强度、抗渗性和耐久性。硅粉的一般掺量为水泥质量的5% ~15%。

喷射混凝土的配合比应满足混凝土强度和喷射工艺的要求，可按类比法选择后通过试验确定。喷射混凝土配合比可参考表12-7。

表12-7　各种喷射混凝土配合比及密度

喷射混凝土类型	水泥∶砂石	水灰比	砂率(%)	外加剂占水泥用量(%)	密度(kg/m^3)
干喷法	1.0∶4.0 ~1.0∶4.5	0.40 ~0.45	45 ~55	2 ~4	≥2.2×10^3
湿喷法	1.0∶3.5 ~1.0∶4.5	0.42 ~0.50	50 ~60	2 ~4	≥2.2×10^3
水泥裹砂喷射混凝土	1.0∶4.0 ~1.0∶4.5	0.40 ~0.52	55 ~70	2 ~4	≥2.2×10^3
钢纤维喷射混凝土	1.0∶3.0 ~1.0∶4.0	0.40 ~0.45	50 ~60	2 ~4	≥2.4×10^3

注:28 d龄期抗压强度为20 MPa，抗拉强度为1.5 MPa，黏结力≥0.5 MPa，抗渗等级P8。

(二)喷混凝土的施工工艺

喷混凝土的施工方法主要有干喷、湿喷及水泥裹砂法三种。主要区别是投料的程序不同，尤其是加水和速凝剂的时机不同。图12-28为不同喷射方式的工艺流程图。

1. 干喷法

干喷法是将水泥、砂、石和速凝剂加微量水干拌后，装入喷射机，用压缩空气将混合的干骨料压送到喷枪，再在喷嘴处与适量水混合，喷射到岩石表面。也可将干混合料压送到喷嘴处，再加液体速凝剂和水进行喷射。这种施工方法的优点是喷射机械较简单，机械清洗和故障处理容易，便于调节加水量，控制水灰比。但喷射时粉尘较大，回弹量大。

2. 湿喷法

湿喷法是将骨料和水拌和均匀后送到喷嘴处，再添加液体速凝剂，并用压缩空气补给能量进行喷射。优点是粉尘少、回弹量小、混凝土质量容易控制，应当发展应用。缺点是对喷射机械要求较高，机械清洗和故障处理较麻烦。

3. 水泥裹砂法(SEC砂浆法)

水泥裹砂法又称半湿喷或混合喷射法。其施工程序是先将一部分砂加第一次水拌湿，再投入全部水泥预制搅拌，然后加第二次水和减水剂拌和成SEC砂浆，同时将另一部分砂和石强制搅拌均匀。然后分别用砂浆泵和干式喷射机压送到混合管后喷出。由于水泥裹砂法是分次投料搅拌，混凝土的质量较干喷时要好，粉尘和回弹率也有大幅度降低。然而机械数量较多，工艺较复杂，机械清洗和故障处理很麻烦。尤其是水泥裹砂造壳技术的质量直接影响到喷射混凝土的质量，施工技术要求高。

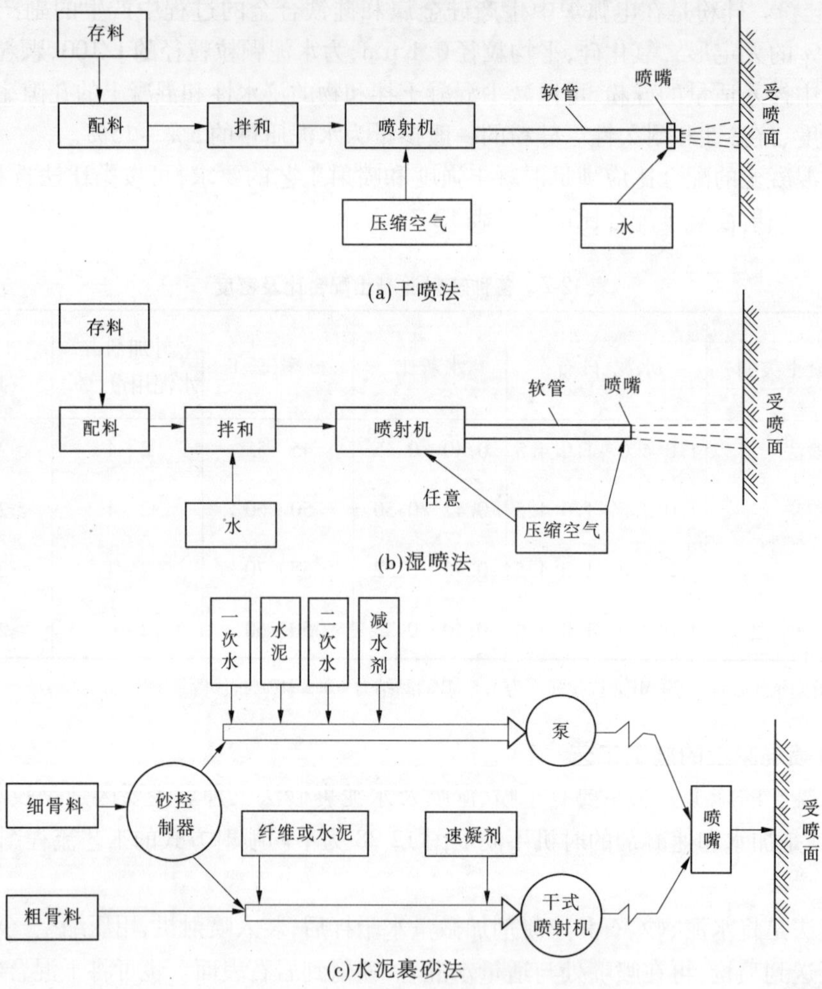

图 12-28　不同喷射方式的工艺流程图

(三)喷射混凝土机械设备

1. 喷射机

喷射机是喷射混凝土的主要设备,有干式喷射机和湿式喷射机两种。干式喷射机有双罐式、转体式和转盘式,如图 12-29 所示;湿式喷射机有挤压泵式、转体活塞式和螺杆泵式。泵式喷射机要求混凝土具有较大的流动性和大于 70% 的含砂率,机械构造复杂,清洗和故障处理麻烦,机械使用费较高,目前现场使用较少,有待进一步改进推广。

2. 机械手

喷头的喷射方向和距离,可采用人工控制或机械手控制。人工控制虽然可以近距离随时观察喷射情况,但劳动强度大,粉尘危害大,易危及人身安全,现场只用于解决少量和局部的喷射工作。机械手控制可避免以上缺点,喷射灵活方便,工作范围大,效率高,如图 12-30 所示。

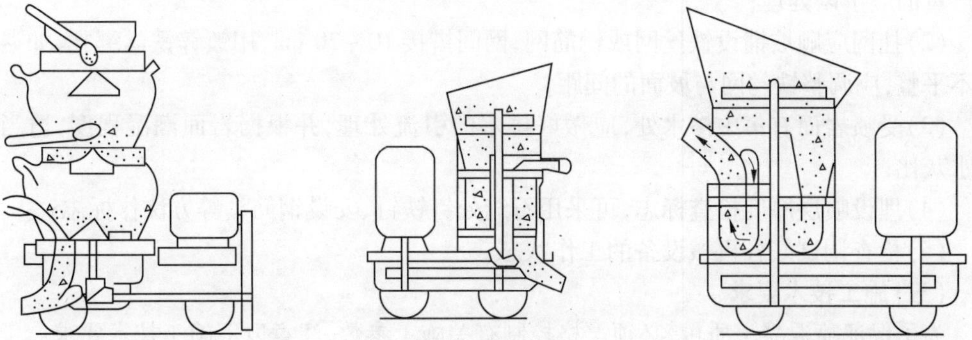

图 12-29　干式喷射机

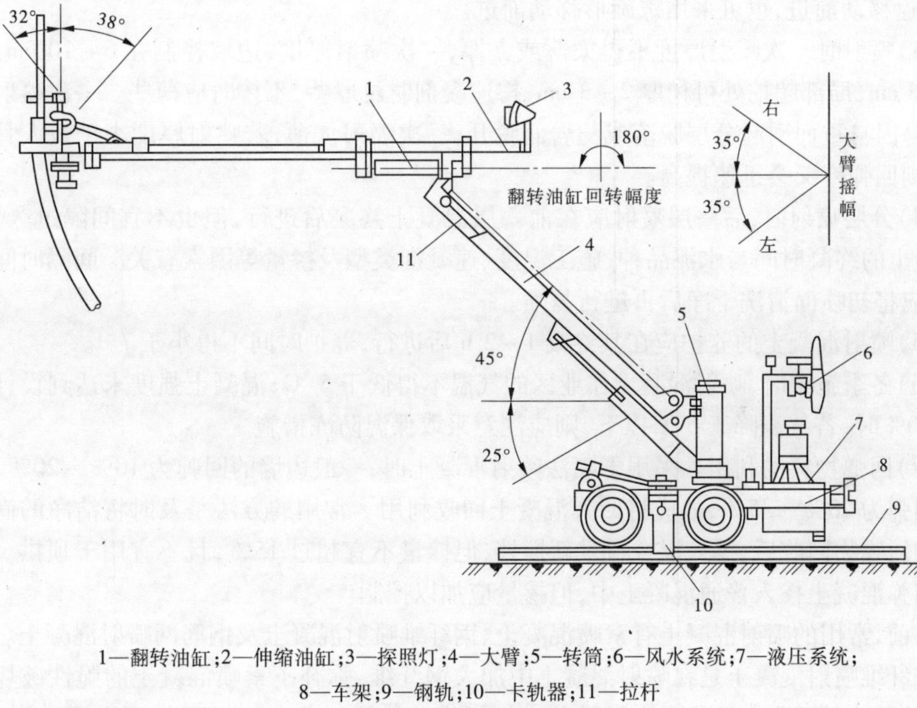

1—翻转油缸；2—伸缩油缸；3—探照灯；4—大臂；5—转筒；6—风水系统；7—液压系统；8—车架；9—钢轨；10—卡轨器；11—拉杆

图 12-30　喷射机械手

3. 其他

喷射混凝土的拌制用强制式搅拌机，喷射时的风压为 0.1～0.2 MPa，水压应稍高于风压。湿式喷射时，风压和水压均较干喷时高。输料管在使用过程中应转向，以减少管道磨损。

(四)喷前检查及准备

喷射混凝土前应做好以下工作：

(1)对开挖断面尺寸进行检查，清除松动危石，用高压风和水清洗受喷面，对欠挖、超挖严重的应予以处理；

(2)挂网应顺坡铺设铁丝网或钢筋网，网间搭接10～20 cm，用镀锌铁丝绑扎，如遇坡面不平整，应调整铁丝网与坡面的间距；

(3)受喷岩面有集中渗水处，应做好排水的引流处理，并根据岩面潮湿程度，适当调整水灰比；

(4)埋设喷层厚度检查标志，可采用石缝处钉铁钉、安设钢筋头等方法作标志；

(5)检查调试好各机械设备的工作状态。

(五)施工技术要求

为了保证喷混凝土质量，必须严格控制有关施工参数，注意以下施工技术要求：

(1)喷射时应分段(段长≤6 m)、分部、分块(2 m×2 m)进行，严格按先墙后拱、自下而上的顺序进行，以减少混凝土因重力作用而引发的滑动或脱落现象。

(2)喷头要垂直于受喷面，倾斜角度≤10°，距离受喷面0.8～1.2 m；喷头移动可采用S形往返移动前进，也可采用螺旋形移动前进。

(3)喷射时一次喷射厚度不得太薄或太厚，一次喷射厚度，边墙控制在6～10 cm，顶拱3～6 cm，局部超挖处可稍厚2～3 cm，掺速凝剂时可厚些，不掺时应薄些。一次喷射太厚，容易因自重而引起分层脱落或与岩面脱开；一次喷射太薄，若喷射厚度小于最大骨料粒径，则回弹率又会迅速提高。

(4)分层喷射时，后一层喷射应在前一层混凝土终凝后进行，但也不宜间隔过久，喷射混凝土的终凝时间与水泥品种、施工温度、速凝剂类型及掺量等因素有关。间隔时间较长时，应将初喷面清洗干净后再进行复喷。

(5)喷射混凝土的养护应在其终凝1～2 h后进行，养护时间不得小于7 d。

(6)冬季施工时，喷射混凝土作业区的气温不得低于5 ℃；混凝土强度未达到设计强度的50%时，若气温降于5 ℃以下，则应注意采取保温防冻措施。

(7)回弹物料的利用。采用干喷法喷射混凝土时，一般边墙的回弹为10%～20%，拱部的回弹为20%～35%，故应将回弹混凝土回收利用。常用的方法是及时将洁净的尚未凝结的回弹物回收后，掺入混合料重新搅拌，但掺量不宜超过15%，且不宜用于顶拱。也可将回弹混凝土掺入普通混凝土中，但掺量应加以控制。

目前，常用的喷射混凝土有素喷混凝土、钢纤维喷射混凝土及钢筋网喷射混凝土。

钢纤维喷射混凝土是在喷射混凝土中加大钢纤维，弥补了素喷混凝土的脆性破坏缺陷，改善了喷射混凝土的物理力学性能。钢纤维的掺量一般为喷混凝土质量的1.0%～1.5%，钢纤维喷射混凝土比素喷混凝土的抗压强度提高30%～60%，抗拉强度提高50%～80%，抗冲击性能提高8%～30%，抗磨损性能提高30%左右。所以，钢纤维喷射混凝土适用于承受强烈震动、冲击的动荷载的结构物，也适用于有耐磨要求，或不便配置钢筋但又要求有较高强度和韧性的工程中。

钢筋网喷射混凝土是在喷射混凝土之前，在岩面上挂设钢筋网，然后再喷射素混凝土。主要用于软弱破碎围岩，更多的是与锚杆构成联合支护，在我国隧洞工程中应用较多。

复习思考题

12-1 地下工程施工与地面工程施工比较有哪些特点？

12-2 简述平洞开挖的主要施工工序、施工特点。

12-3 平洞开挖方式有哪些？各有什么特点？

12-4 试比较上导洞开挖与下导洞开挖、全断面与断面分层开挖的优缺点和适用条件。

12-5 倾角小于48°的斜井与倾角大于48°的斜井开挖方法有何不同？

12-6 自上而下全断面法竖井施工应注意哪些问题？

12-7 钻孔爆破设计的主要任务包括哪几项？

12-8 各种类型掏槽炮孔各适用于何种情况？

12-9 平洞开挖循环作业的主要工序有哪些？

12-10 什么是封拱？用混凝土泵封拱有哪两种方式？

12-11 简述用混凝土泵封拱的施工程序。

12-12 喷锚支护施工的特点是什么？

12-13 局部锚杆和系统锚杆的作用各是什么？

12-14 简述喷混凝土的干喷与湿喷两种方法的不同点。

12-15 为保证喷混凝土的质量，必须注意控制哪些施工参数？

第十三章　渠系建筑物施工

学习指导

学习目标：正确进行水闸混凝土浇筑块划分，掌握底板、闸墩、胸墙、闸门槽、接缝止水、铺盖与反滤层的施工方法与施工技术要点，熟悉渠道施工开挖、渠堤填筑施工方法，熟悉大型渠道机械化衬砌的基本工作原理及施工工艺流程，掌握渡槽的施工方法及施工技术要点。

学习重点：水闸施工特点、施工内容、施工程序，水闸混凝土浇筑块划分；渠道的各种衬护技术及施工技术要点；渡槽的施工方法及施工技术要点。

渠系建筑物主要包括水闸、渠道、渡槽、倒虹吸管、涵洞、跌水与陡坡等。本章着重介绍水闸、渠道、渡槽工程的施工方法。

第一节　水闸施工

一、概述

水闸由上游连接段、闸室段和下游段三部分组成。平原地区水闸施工，一般场地比较开阔，便于施工场地布置。地基多为软土地基，开挖时施工排水较困难，基础处理比较复杂。拦河闸施工导流较困难，常需要一个枯水期完成主要工作量。

水闸施工首先要做好“四通一平”与临时设施的准备工作。施工内容主要有：施工导流工程与基坑排水；基坑开挖、基础处理及防渗排水设施的施工；闸室段的底板、闸墩、边墩、胸墙及交通桥、工作桥等施工；上下游连接段工程的铺盖、护坦、海漫、防冲槽的施工；两岸工程的上下游翼墙、齿墙、上下游护坡施工；闸门及启闭设备安装等。

一般大中型水闸的闸室多为混凝土及钢筋混凝土工程，其施工原则是：以闸室为主，两岸翼墙为辅，次要项目服从主要项目，穿插进行上下游连接段施工。

二、混凝土分缝分块与浇筑顺序

（一）分缝分块

水闸常由结构缝（包括沉陷缝和温度缝）分成许多结构块。当结构块较大时，为了施工方便，又须用施工缝分为若干小块，称为浇筑块。应根据施工条件（混凝土的生产、运输能力）以及浇筑的连续性等，对浇筑块的面积、体积和高度进行控制。

1. 浇筑块面积

以混凝土不产生冷缝为控制条件，则

$$A \leqslant \frac{Q_c K_{时}(t - t_1)}{h} \quad (m^2) \tag{13-1}$$

式中 Q_c ——浇筑仓面混凝土的实际生产能力，m^3/h；

$K_{时}$——时间利用系数，可取0.80～0.85；

t ——混凝土的初凝时间，h；

t_1 ——混凝土的运输、浇筑所占的时间，h；

h ——混凝土铺料厚度，m。

当采用斜层浇筑法时，筑块的面积可以不受限制。

2. 浇筑块的体积

浇筑块的体积不应大于混凝土拌和站的实际生产能力（当混凝土浇筑工作采用昼夜三班连续作业时，不受此限制），则浇筑块的体积：

$$V \leqslant Q_c m \quad (m^3) \tag{13-2}$$

式中 m——按一班或两班制施工时拌和站连续生产的时间，h。

3. 浇筑块的高度

浇筑块的高度一般根据立模条件确定，目前8 m高的闸墩可以一次立模浇筑到顶。施工中如果不采用三班制作业，还要受到混凝土在相应时间内的生产量限制，则浇筑块的高度：

$$H \leqslant \frac{Q_c m}{A} \quad (m) \tag{13-3}$$

水闸混凝土浇筑块划分时，在满足上述条件的前提下，划分浇筑块数目应尽可能少些，以减少施工缝，确保混凝土的质量和加快施工速度。

（二）浇筑顺序

水闸施工中混凝土浇筑是施工的主要环节，各部分应遵循以下浇筑顺序。

1. 先深后浅

先深后浅，即先浇深基础，后浇浅基础，以避免深基础的施工而扰动破坏浅基础土体，并可降低排水工作的难度。

2. 先重后轻

先重后轻，即先浇荷重较大的部分，待其完成部分沉陷以后，再浇筑与其相邻的荷重较小的部分，以减少两者间的沉陷差。

3. 先高后低

先高后低，即先浇影响上部施工或高度较大的工程部位。如闸底板与闸墩应尽量先安排施工，以便上部桥梁与启闭设备安装施工。而翼墙、消力池等可安排稍后施工。

4. 穿插进行

穿插进行，即在闸室施工的同时，可穿插铺盖、海漫等上下游连接段的施工。

三、闸底板施工

水闸底板有平底板与反拱底板两种。目前，平底板较为常用。

（一）平底板施工

闸室地基处理完成后，对软基宜先铺筑8～10 cm的素混凝土垫层，以保护地基，找平基面。垫层达到一定强度后，可进行绑扎钢筋、立模、搭设脚手架、清仓等工作。

底板浇筑时，混凝土入仓方式很多。可选择自卸汽车配合卧罐（载重汽车运立罐）水平运输，起重机吊运入仓和泵送混凝土入仓，不需要在仓面搭设脚手架。在中小型工程中，采用架子车或机动翻斗车等小型运输机具直接入仓时，需搭设仓面脚手架，其布置如图13-1所示。

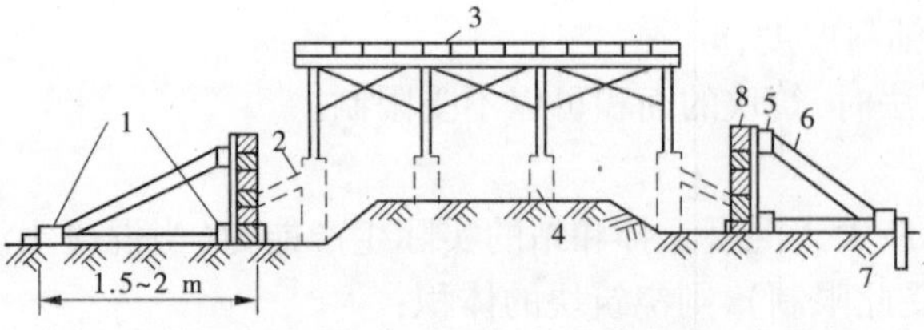

1—地龙木；2—内撑；3—仓面脚手架；4—混凝土柱；5—横围图；6—斜撑；7—木桩；8—模板

图13-1 底板立模与仓面脚手架（剖面图）

在搭设脚手架之前，应先预制混凝土支柱（断面约为15 cm×15 cm，高度略大于底板厚度，表面应凿毛洗净）的间距，视横梁的跨度而定。然后在混凝土柱顶上架立短木柱、斜撑、横梁等以组成脚手架。当底板浇筑接近完成时，可将脚手架拆除，并立即对混凝土表面进行抹面。

当底板厚度不大时，由于拌和站生产能力限制，混凝土可采用斜层浇筑法。当底板顺水流长度在12 m以内时，可采用连坯滚法浇筑，即安排两个作业组分层平层浇筑。先由两个作业组共同浇筑下游齿墙，待齿墙浇平后，第一组由下游向上游浇筑第一坯混凝土，抽出第二组去浇筑上游齿墙，当第一组浇到底板中部时，第二组的上游齿墙已基本浇平，然后将第二组转到下游浇筑第二坯，当第二坯浇到底板中部时，第一组已达到上游底板边缘，此时第一组再转回浇第三坯。如此连续进行，可缩短每坯间隔时间，因而可以避免冷缝的发生，保证工程质量，加快施工进度。

（二）反拱底板施工

1. *施工程序*

反拱底板对地基的不均匀沉陷反应敏感，因此必须注意施工程序，通常采用以下两种施工程序：

（1）先浇闸墩及岸墙，后浇反拱底板。为了减少水闸各部分在自重作用下的不均匀沉陷，可将自重较大的闸墩、岸墙等先行浇筑，并在控制基底不致产生塑性开展的条件下，尽快均衡上升到顶。对于岸墙还应考虑尽量将墙后还土夯填到顶。这样，使闸墩岸墙预压沉实，然后再浇反拱底板，从而底板的受力状态得到改善。此法目前采用较多，适用于黏性土或砂性土，对于砂土、粉砂地基由于土模较难成型，适宜于较平坦的矢跨比。

（2）反拱底板与闸墩岸墙底板同时浇筑。此法适用于地基较好的水闸，对于反拱底板的受力状态较为不利，但保证了建筑物的整体性，同时减少了施工工序，加快了进度。

2. *施工技术要点*

（1）反拱底板一般采用土模，必须先做好基坑排水工作，降低地下水位，使基土干燥，对于砂土地基排水尤为重要。

(2)挖模前必须将基土夯实，然后按设计圆弧曲线放样挖模，并严格控制曲线的准确性，土模挖出后，应先铺垫一层 10 cm 厚砂浆，待其具有一定强度后加盖保护，以待浇筑混凝土。

(3)采用先浇闸墩及岸墙，后浇反拱底板，在浇筑岸、墩墙底板时，应将接缝钢筋一头埋在岸、墩墙底板之内，另一头插入土模中，以备下一阶段浇入反拱底板。岸、墩墙浇筑完毕后，应尽量推迟底板的浇筑，以便岸、墩墙基础有更多的时间沉陷。为了减小混凝土的温度收缩应力，浇筑应尽量选择在低温季节进行，并注意施工缝的处理。

(4)采用反拱底板与闸墩岸墙底板同时浇筑，为了减少不均匀沉降对整体浇筑的反拱底板的不利影响，可在拱脚处预留一缝，缝底设临时铁皮止水，缝顶设"假铰"，待大部分上部结构荷载施加以后，便在低温期浇二期混凝土。

(5)在拱腔内浇筑门槛时，需在底板留槽浇筑二期混凝土，且不应使两者成为一个整体。

四、闸墩与胸墙施工

(一)闸墩施工

闸墩施工特点是高度大，厚度薄，门槽处钢筋稠密，预埋件多，工作面狭窄，模板易变形且闸墩相对位置要求严格等。所以，闸墩施工中主要工作是立模和混凝土浇筑。

1. 模板安装

(1)"对销螺栓、铁板螺栓、对拉撑木"支模法。此法虽需耗用大量木材、钢材，工序繁多，但对中小型水闸施工仍较为方便。立模时应先立墩侧的平面模板，后立墩头曲面模板。应注意两点：一是要保证闸墩的厚度，二是要保证闸墩的垂直度。单墩浇筑时，一般多采用对销螺栓固定模板，斜撑和缆风固定整个闸墩模板；多墩同时浇筑时，则采用对销螺栓、铁板螺栓、对拉撑木固定，如图 13-2 ~ 图 13-4 所示。

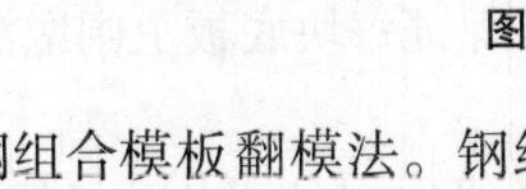

(a)对销螺栓和铁板螺栓

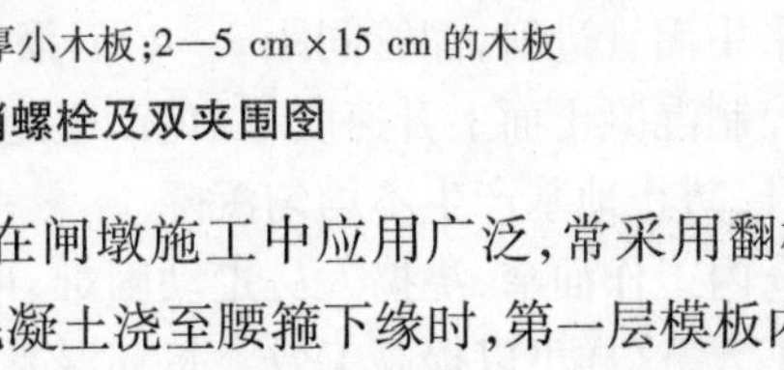

(b)双夹围图

1—每隔 1 m 一块的 2.5 cm 厚小木板；2—5 cm × 15 cm 的木板

图 13-2 对销螺栓及双夹围图

(2)钢组合模板翻模法。钢组合模板在闸墩施工中应用广泛，常采用翻模法施工。立模时一次至少立三层，当第二层模板内混凝土浇至腰箍下缘时，第一层模板内腰箍以下部分的混凝土须达到脱模强度(以 98 kPa 为宜)，这样便可拆掉第一层模板，用于第四层支模，并绑扎钢筋。依次类推，以避免产生冷缝，保持混凝土浇筑的连续性，如图 13-5 所示。

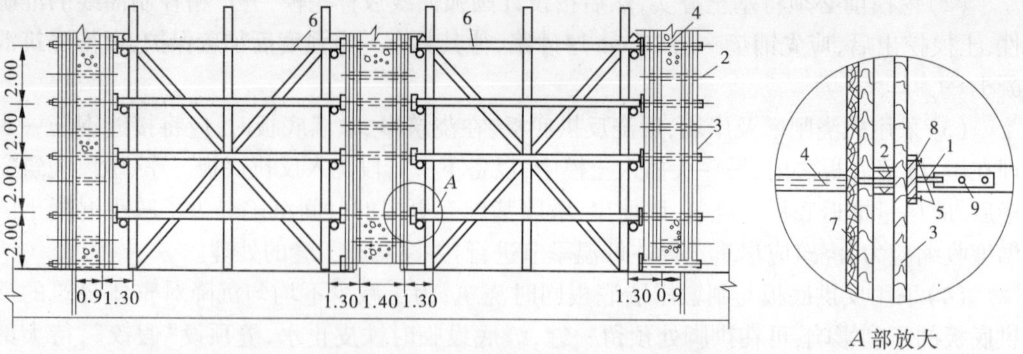

1—铁板螺栓;2—双夹围囹;3—纵向围囹;4—预埋塑料撑管;
5—马钉;6—钢管支撑;7—模板;8—木楔块;9—螺栓孔

图 13-3　铁板螺栓、对拉撑木支撑的闸墩模板　（单位:m）

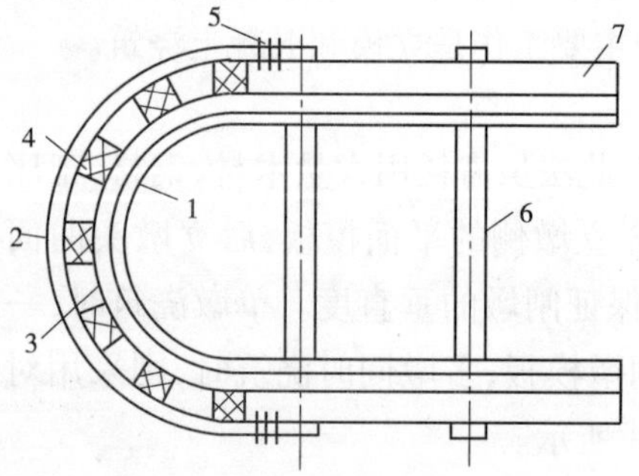

1—模板;2—半圆钢筋环;3—板墙筋;4—垂直围囹;5—扁铁;6—撑管;7—双夹围囹

图 13-4　闸墩圆头模板

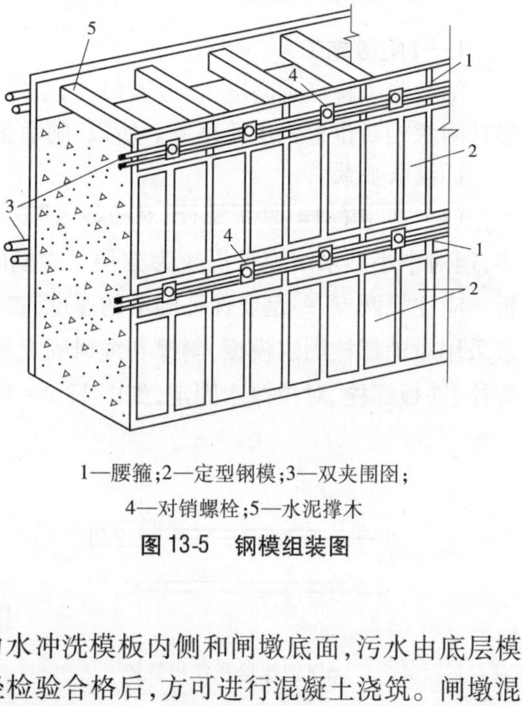

1—腰箍;2—定型钢模;3—双夹围囹;
4—对销螺栓;5—水泥撑木

图 13-5　钢模组装图

2. 混凝土浇筑

闸墩模板立好后,即可进行清仓,用压力水冲洗模板内侧和闸墩底面,污水由底层模板上的预留孔排出,清仓完毕堵塞预留孔,经检验合格后,方可进行混凝土浇筑。闸墩混凝土一般采用溜管进料,溜管间距 2 ~ 4 m,溜管底距混凝土面的高度应不大于 2 m。施工中要注意控制混凝土面上升速度,以免产生跑模现象,并保证每块底板上闸墩混凝土浇筑的均衡上升,防止地基产生不均匀沉降。

由于仓内工作面窄,浇捣人员走动困难,可把仓内浇筑面划分成几个区段,每区段内固定浇捣工人,这样可以提高工效。每坯混凝土厚度可控制在 30 cm 左右。

(二)胸墙施工

胸墙施工在闸墩浇筑后工作桥浇筑前进行,全部重量由底梁及下面的顶撑承受。下梁下面立两排排架式立柱,以顶托底板。立好下梁底板并固定后,立圆角板再立下游面板，然后吊线控制垂直。接着安放围囹及撑木，临时固定在下游立柱上，待下梁及墙身扎铁后再由下而上地立上游面模板，再立下游面模板及顶梁。模板用围囹和对销螺栓与支撑脚手相连接。胸墙多属板梁式简支薄壁构件，在立模时，先立外侧模板，等钢筋安装后再立内侧模板。最后，要注意胸墙与闸门顶止水设备安装。

五、止水与填料施工

为适应地基的不均匀沉降和伸缩变形，在水闸设计中均设置有结构缝（包括温度缝与沉陷缝）。凡位于防渗范围内的缝，都设有止水设施，止水设施分为垂直止水和水平止水两种，且所有缝内均应有填料。

（一）填料施工

填充材料常用的有沥青油毛毡、沥青杉木板及沥青芦席等。其安装方法有以下两种：

（1）将填充材料用铁钉固定在模板内侧，铁钉不能完全钉入，至少要留有1/3，再浇混凝土，拆模后填充材料即可贴在混凝土上。

（2）先在缝的一侧立模浇混凝土，并在模板内侧预先钉好安装填充材料的铁钉数排，并使铁钉的1/3留在混凝土外面，然后安装填料、敲弯钉尖，使填料固定在混凝土面上。缝墩处的填缝材料，可借固定模板用的预制混凝土块和对销螺栓夹紧，使填充材料竖立平直。

（二）止水施工

1. 水平止水

水闸水平止水大多利用塑料止水带或橡皮止水带，如图13-6所示。其安装与沉陷缝填料的安装方法一样，也有两种，具体见图13-7。

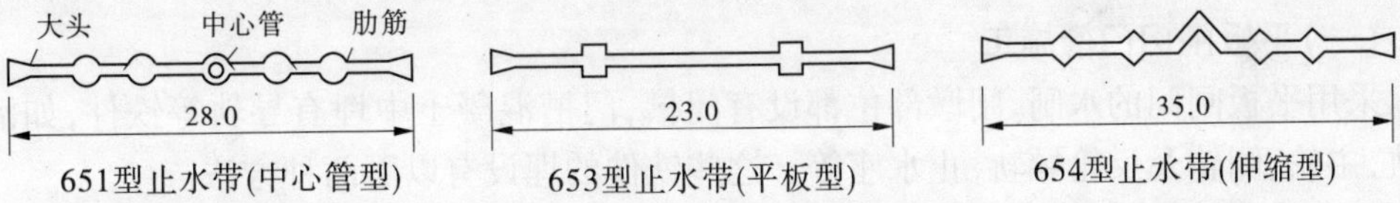

图13-6　塑料止水带　（单位：mm）

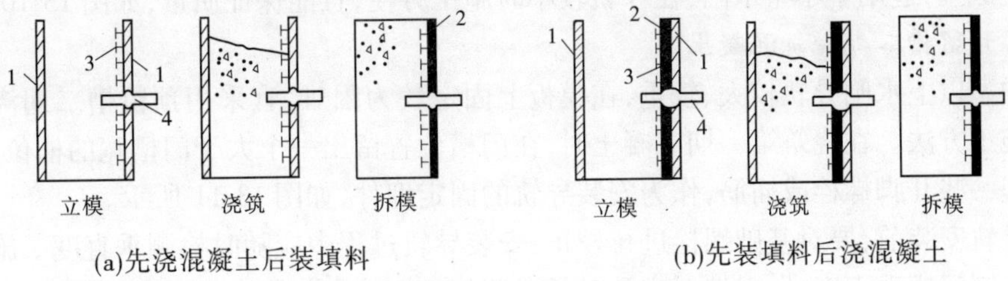

1—模板；2—填料；3—铁钉；4—止水带

图13-7　水平止水安装示意图

2. 垂直止水

垂直止水可以用止水带或金属止水片（铝片、镀锌或镀铜铁皮、不锈钢片、紫铜片），对重要结构,要求止水片与沥青井联合使用,其施工的方法见图 13-8、图 13-9。

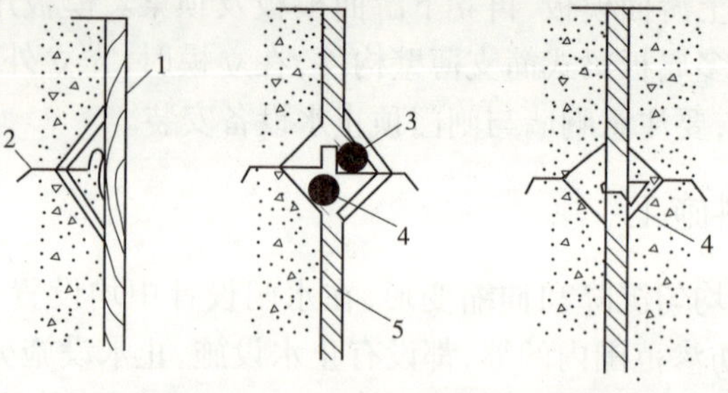

1—模板;2—金属止水片;3—预制混凝土块;4—灌热沥青;5—填料

图 13-8 垂直止水施工方法一(示意图)

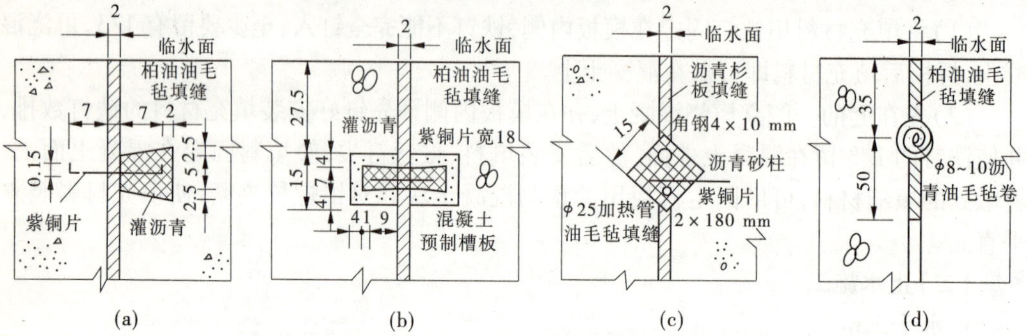

图 13-9 垂直止水施工方法二(示意图) (单位:mm)

六、门槽二期混凝土施工

(一)平板闸门门槽施工

采用平板闸门的水闸,闸墩部位都设有门槽,门槽混凝土中埋有导轨等铁件,如滑动导轨,主轮、侧轮及反轮导轨,止水座等。这些铁件的埋设有以下两种方法。

1. 直接预埋、一次浇筑混凝土

这种方法是在闸墩立模时将导轨等铁件直接预埋在模板内侧,施工时一次浇筑闸墩混凝土成型,适用于小型水闸,在导轨较小时施工方便,且能保证质量,如图 13-10 所示。

2. 预留槽二期浇筑混凝土

中型以上水闸导轨较大、较重,在模板上固定较为困难,宜采用预留槽二期浇筑混凝土的施工方法。在浇筑第一期混凝土时,在门槽位置留出一个大于门槽宽的槽位,并在槽内预埋一些开脚螺栓或插筋,作为安装导轨的固定埋件,如图 13-11 所示。

导轨安装前,要对基础螺栓进行校正,安装导轨过程中应随时检测垂直度。施工中应严格控制门槽垂直度,发现偏斜应及时予以调整。埋件安装检查合格,一期混凝土达到一定强度后,需用凿毛的方法对施工缝认真处理,以确保二期混凝土与一期混凝土的结合。

安装直升闸门的导轨之前,要对基础螺栓进行校正,再将导轨初步固定在预埋螺栓或钢筋上,然后利用锤球逐点校正,使其铅直无误,最终固定并安装模板。模板安装应随混凝土浇筑逐步进行。

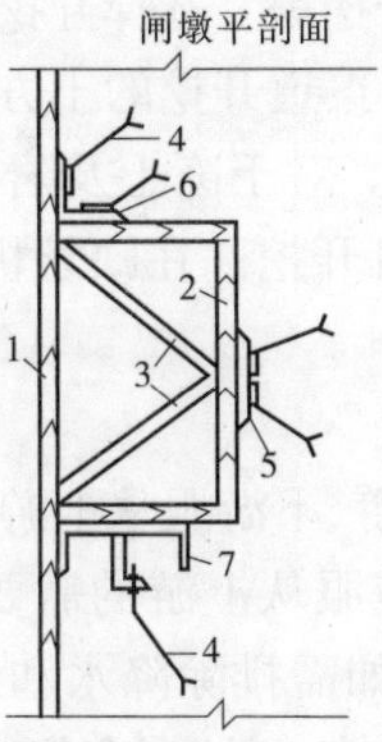

1—闸墩模板；2—门槽模板；3—撑头；4—开脚螺栓；
5—侧导轨；6—门槽角铁；7—滚轮导轨

图 13-10　直接预埋、一次浇筑混凝土

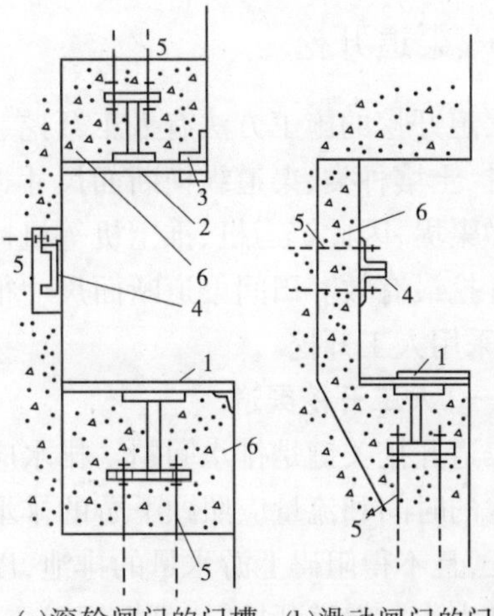

(a)滚轮闸门的门槽　(b)滑动闸门的门槽

1—主轮或滑动导轨；2—反轮导轨；3—侧水封座；
4—侧导轨；5—预埋螺栓；6—二期混凝土

图 13-11　门槽二期混凝土

(二)弧形闸门的导轨安装及二期混凝土浇筑

弧形闸门虽不设门槽，但闸门两侧亦设置转轮或滑块，因此也有导轨安装及二期混凝土施工。弧形闸门的导轨安装，需在预留槽两侧，先设立垂直闸墩侧面并能控制导轨安装垂直度的若干对称控制点。再将校正好的导轨分段与预埋的钢筋临时点焊接数点，待按设计坐标位置逐一校正无误，并根据垂直平面控制点，用样尺检验调整导轨垂直度后，再焊接牢固，如图 13-12 所示。

导轨就位后即可立模浇筑二期混凝土。二期混凝土应采用较细骨料并细心捣固，不要振动已装好的金属构件。门槽较高时，不能直接从高处下料，可以分段安装和浇筑。二期混凝土拆模后应对埋件进行复测，并作好记录，同时检查混凝土表面尺寸，清除遗留的杂物，以免影响闸门启闭。

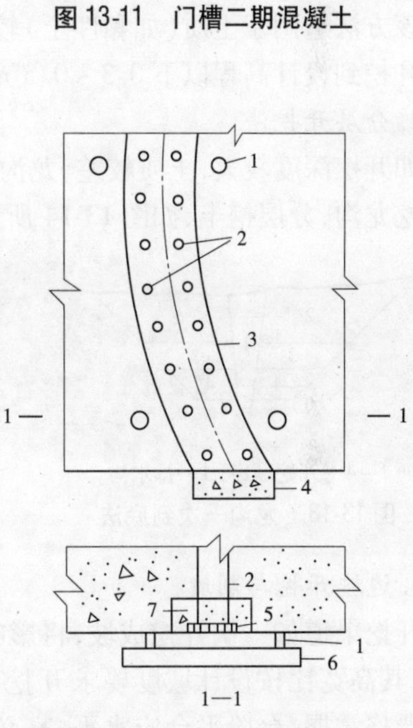

1—垂直平面控制点；2—预埋钢筋；3—预留槽；
4—底坎；5—侧轨；6—样尺；7—二期混凝土

图 13-12　弧形闸门导轨安装示意图

第二节　渠道施工

渠道施工包括渠道开挖、渠堤填筑和渠道衬护。其施工特点是工程量大，施工线路长，场地分散，施工工作面宽，可同时组织较多劳力施工，但工种单纯，技术要求较低。

一、渠道开挖

渠道开挖的施工方法有人工开挖、机械开挖和爆破开挖等。选择开挖方法，取决于技术条件、土壤种类、渠道纵横断面尺寸、地下水位等因素。渠道开挖的土方，多堆在渠道两侧用做渠堤，因此铲运机、推土机等机械得到广泛的利用。对于冻土及岩石渠道，以采用爆破开挖最有效。田间渠道断面尺寸很小，可采用开沟机开挖。在缺乏机械设备的情况下，则采用人工开挖。

（一）人工开挖渠道

渠道开挖关键是排水问题。排水应本着上游照顾下游、下游服从上游的原则，即向下游放水的时间和流量应照顾下游的排水条件，同时下游应服从上游的需要。一般下游应先开工，且不得阻碍上游水量的排泄，以保证水流畅通。如需排除降水和地下水，还必须开挖排水沟。渠道开挖时，可根据土质、地下水位、地形条件、开挖深度等选择不同的开挖方法。

1. 龙沟一次到底法

该方法适用于土质（如黏性土）较好、地下水来量小、总挖深 2～3 m 的渠道。一次将龙沟开挖到设计高程以下 0.3～0.5 m，然后由龙沟向左右扩大，如图 13-13 所示。

2. 分层开挖法

如开挖深度较大，土质较差，龙沟一次开挖到底有困难，可以根据地形和施工条件分层开挖龙沟，分层挖土，如图 13-14 所示。

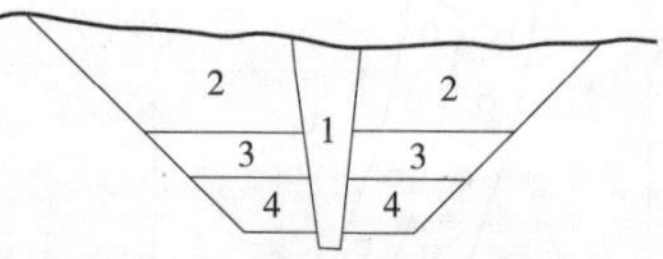

1～4—开挖顺序；1—排水沟

图 13-13　龙沟一次到底法

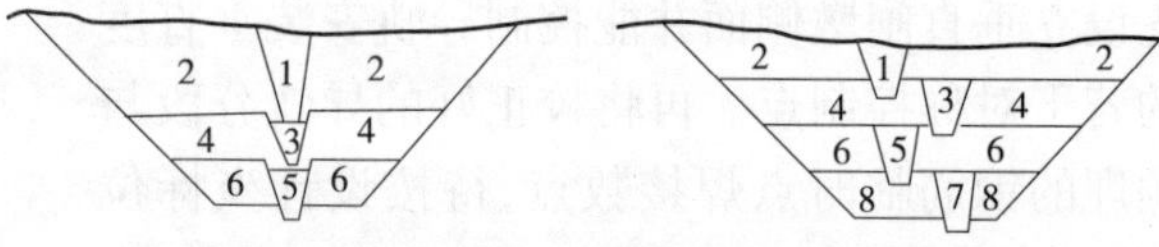

(a)中心龙沟法　　(b)滚龙沟法

1～8—开挖顺序；1,3,5,7—排水沟

图 13-14　分层开挖龙沟

3. 边坡开挖与削坡

开挖渠道如一次开挖成坡，将影响开挖进度。因此，一般先按设计坡度要求挖成台阶状，其高宽比按设计坡度要求开挖，最后进行削坡。这样施工削坡方量小，但施工时必须严格掌握，台阶平台应水平，高必须与平台垂直，否则会产生较大误差，增加削坡方量。

（二）机械开挖渠道

1. 推土机开挖渠道

采用推土机开挖渠道，其深度一般不宜超过 1.5～2.0 m，填筑渠堤高度不宜超过 2.0～3.0 m，其边坡不宜陡于 1∶2（见图 13-15）。在渠道施工中，推土机还可以平整渠底，清除植土层，修整边坡，压实渠堤等。

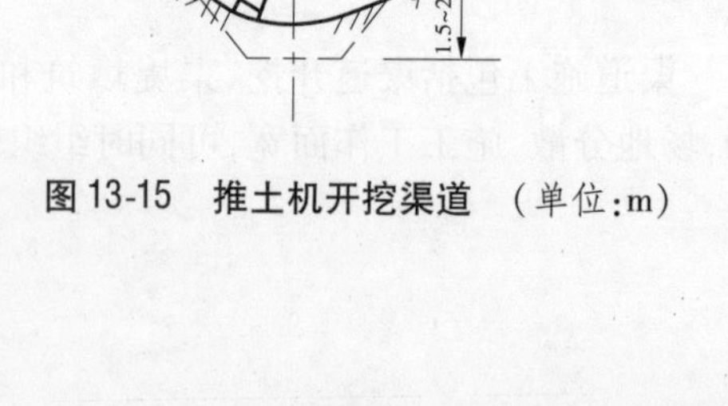

图 13-15　推土机开挖渠道　（单位：m）

2. 铲运机开挖渠道

半挖半填渠道或全挖方渠道就近弃土时，采用铲运机开挖最为有利。需要在纵向调配土方的渠道，如运距不远，也可用铲运机开挖。

铲运机开挖渠道的开行方式有环形开行和 8 字形开行两种：

(1)环形开行。当渠道开挖宽度大于铲土长度，而填土或弃土宽度又大于卸土长度时，可采用横向环形开行，如图 13-16(a)所示。反之，则采用纵向环形开行，如图 13-16(b)所示。铲土和填土位置可逐渐错动，以完成所需要的断面。

(2)8 字形开行。当工作前线较长，而填挖高差较大时，则应采用 8 字形开行方式，如图 13-16(c)所示。其进口坡道与挖方轴线间的夹角以 40°～60°为宜，夹角过大则转弯不便，夹角过小则加大运距。

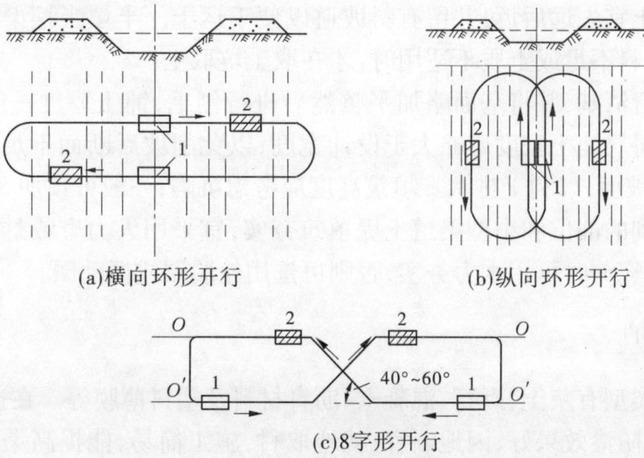

1—铲土；2—填土；O—O—填方轴线；O'—O'—挖方轴线

图 13-16　铲运机的开行路线

采用铲运机工作时，应本着挖近填远、挖远填近的原则施工。即铲土时先从填土区最近的一端开始，先近后远；填土则从铲土区最远的一端开始，先远后近，依次进行。这样不仅创造了下坡铲土的有利条件，还可以在填土区内保持一定长度的自然地面，以便铲运机能高速行驶。

3. 反向铲挖掘机开挖渠道

当渠道开挖较深时，采用反向铲挖掘机开挖较为理想。该方案有方便快捷、生产率高的特点，在生产实践中应用相当广泛，其布置方式有沟端开挖和沟侧开挖两种，如图 13-17所示。

(三)爆破开挖渠道

开挖岩基渠道和盘山渠道时，宜采用爆破开挖法。开挖程序是先挖平台再挖槽。开挖平台时，一般采用抛掷爆破，尽量将待开挖土体抛向预定地方，形成理想的平台。挖槽爆破时，先采用预裂爆破或预留保护层，再采用浅孔小爆破或人工清边清底。

二、渠堤填筑

筑堤用的土料，以黏土略含砂质为宜。如果用几种透水性不同的土料，应将透水性小

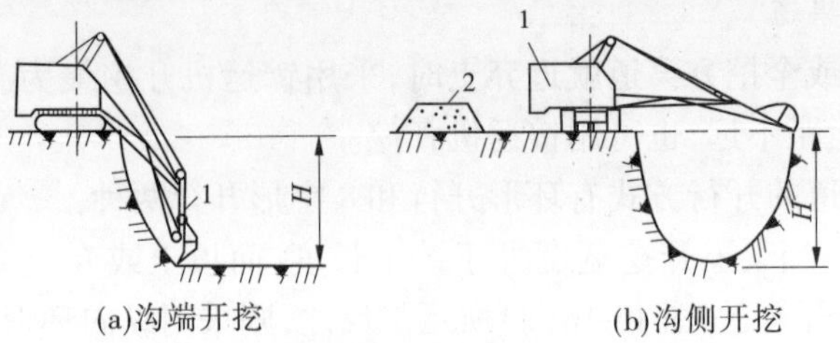

1—挖掘机;2—弃土堆

图 13-17 反向铲挖掘机开挖方式示意图

的填在迎水坡,透水性大的填在背水坡。土料中不得掺有杂质,并应保持一定的含水量,以利于压实。填方渠道的取土坑与堤脚应保持一定距离,挖土深度不宜超过 2 m,且中间应留有土埂。取土宜先远后近,并留有斜坡道以便于运土。半填半挖渠道应尽量利用挖方筑堤,只有在土料不足或土质不适用时,才在取土坑取土。

铺土前应先行清基,并将基面略加平整然后进行刨毛,铺土厚度一般为 20 ~ 30 cm,并应铺平铺匀。每层铺土宽度应略大于设计宽度,以免削坡后断面不足。堤顶应做成坡度为2% ~5% 的坡面,以利于排水。填筑高度应考虑沉陷,一般可预加 5% 的沉陷量。对于机械不能填筑到的部位和小型渠道土堤填筑夯实,宜采用人力夯或蛙式打夯机。对砂卵石填堤,在水源充沛时可用水力夯实,否则可选用轮胎碾或振动碾。

三、渠道衬护

渠道衬护的类型有灰土、砌石、混凝土、沥青材料及塑料薄膜等。在选择衬护类型时,应考虑以下原则:防渗效果好,因地制宜,就地取材,施工简易,能提高渠道输水能力和抗冲能力,减小渠道断面尺寸,造价低廉,有一定的耐久性,便于管理养护,维修费用低等。

(一)砌石衬护

在砂砾石地区,坡度大、渗漏性强的渠道,采用浆砌卵石衬护,有利于就地取材,是一种经济的抗冲防渗措施,同时还具有较高的抗磨能力和抗冻性,一般可减少渗漏量 80% ~90% 。施工时应先按设计要求铺设垫层,然后再砌卵石。砌卵石的基本要求是使卵石的长边垂直于边坡,并砌紧、砌平、错缝,坐落在垫层上(如图 13-18所示)。为了防止砌面被局部冲毁而扩大,每隔 10 ~ 20 m 距离用较大的卵石砌一道隔墙。渠坡隔墙可砌成平直形,渠底隔墙可砌成拱形,其拱顶迎向水流方向,以加强抗冲能力。隔墙深度可根据渠道可能冲刷深度确定。渠底卵石的砌缝最好垂直于水流方向,这样抗冲效果较好。不论是渠底还是渠坡,砌石缝面必须用水泥砂浆压缝,以保证施工质量。

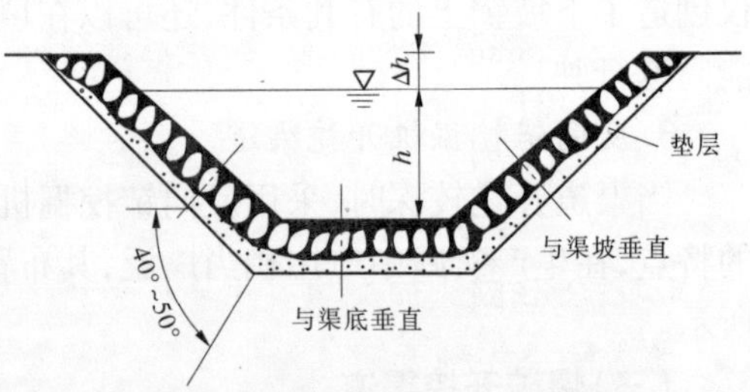

图 13-18 浆砌卵石渠道衬砌示意图

(二)混凝土衬护

混凝土衬护由于防渗效果好,一般能减少 90% 以上渗漏量,耐久性强,糙率小,强度高,便于管理,适应性强,因而成为一种广泛采用的衬护方法。

渠道混凝土衬砌,目前多采用板型结构,但小型渠道也采用槽型结构。素混凝土板常用于水文地质条件较好的渠段,钢筋混凝土和预应力钢筋混凝土板则用于地质条件较差和防渗要求较高的重要渠段,混凝土板按其截面形状的不同,又有矩形板、楔形板、肋梁板等不同型式。矩形板适用于无冻胀地区的各种渠道。楔形、肋梁板多用于冻胀地区的各种渠道。

大型渠道的混凝土衬砌多为就地浇筑,渠道在开挖和压实处理以后,先设置排水,铺设垫层,然后再浇筑混凝土。渠底采用跳仓法浇筑,但也有依次连续浇筑的。渠坡分块浇筑时,先立两侧模板,然后随混凝土的升高,边浇筑边安设表面模板。如渠坡较缓用表面振动器捣实混凝土,则不安设表面模板。在浇筑中间块时,应按伸缩缝宽度设立两边的缝子板。缝子板在混凝土凝固以后拆除,以便灌浇沥青油膏等填缝材料。

装配式混凝土衬砌,是在预制场制作混凝土板,运至现场安装和灌注填缝材料。预制板的尺寸应与起吊运输设备的能力相适应,装配式衬砌预制板的施工受气候条件影响较小,在已运用的渠道上施工,可减少施工与放水间的矛盾。但装配式衬砌的接缝较多,防渗、抗冻性能差,一般在中小型渠道中采用。

(三)沥青材料衬护

沥青材料具有良好的不透水性,一般可减少渗漏量 90% 以上,并具有抗碱类腐蚀能力,其抗冲能力则随覆盖层材料而定。沥青材料渠道衬护有沥青薄膜与沥青混凝土两类。

(1)沥青薄膜类防渗按施工方法可分为现场浇筑和装配式两种。现场浇筑又可分为喷洒沥青和沥青砂浆两种。①现场喷洒沥青薄膜施工,首先要将渠床整平、压实,并洒水少许,然后将温度为 200 ℃的软化沥青用喷洒机具,在 354 kPa 压力下均匀地喷洒在渠床上,形成厚 6 ~ 7 mm 的防渗薄膜。各层间需结合良好。喷洒沥青薄膜后,应及时进行质量检查和修补工作,最后在薄膜表面铺设保护层。一般素土保护层的厚度,小型渠道多用 10 ~ 30 cm,大型渠道多用 30 ~ 50 cm。渠道内坡以不陡于 1∶1.75 为宜,以免保护层产生滑动。②沥青砂浆防渗多用于渠底。施工时先将沥青和砂分别加热,然后进行拌和,拌好后保持在 160 ~ 180 ℃,即可进行现场摊铺,然后用大方铣反复烫压,直至出油,再做保护层。

(2)沥青混凝土衬护分现场铺筑与预制安装两种施工方法。现场铺筑与沥青混凝土面板施工相似。预制安装多采用矩形预制板。施工时为保证运用过程中不被折断,可设垫层,并将表面进行平整。安装时应将接缝错开,顺水流方向,不应留有通缝,并将接缝处理好。

(四)钢丝网水泥衬护

该方法是一种无模化施工。其结构为柔性,适应变形能力强,在渠道衬护中有较好的应用前景。钢丝网水泥衬护的做法是,在平整的基底(渠底或渠坡)上铺小间距的钢丝,然后再抹水泥砂浆或喷浆。其操作简单易行。

(五)塑料薄膜衬护

采用塑料薄膜进行渠道防渗,具有效果好、适应性强、重量轻、运输方便、施工速度快和造价较低等优点。用于渠道防渗的塑料薄膜厚度以 0.15 ~ 0.30 mm 为宜。塑料薄膜的铺设方式有表面式和埋藏式两种。表面式是将塑料薄膜铺于渠床表面,薄膜容易老化和遭受破坏。埋藏式是在铺好的塑料薄膜上铺筑土料或砌石作为保护层。由于塑料表面光滑,为保证渠道断面的稳定,避免发生渠坡保护层滑塌,渠床边坡宜采用锯齿形。保护层厚度一般不小于30 cm。

塑料薄膜衬护渠道施工大致可分为渠床开挖和修整、塑料薄膜的加工和铺设、保护层的填筑等三个施工过程。薄膜铺设前,应在渠床表面加水湿润,以保证薄膜能紧密地贴在基土上。铺设时,将成卷的薄膜横放在渠床内,一端与已铺好的薄膜进行焊接或搭接,并在接缝处填土压实,此后即可将薄膜展开铺设,然后再填筑保护层。铺填保护层时,渠底部分应从一端向另一端进行,渠坡部分则应自下向上逐渐推进,以排除薄膜下的空气。保护层分段填筑完毕后,再将塑料薄膜的边缘固定在顺渠顶开挖的堑壕里,并用土回填压紧。

塑料薄膜的接缝可采用焊接或搭接。搭接时为减少接缝漏水,上游一块塑料薄膜应搭在下游一块之上,搭接长度为50 cm。也可用连接槽搭接,如图13-19所示。

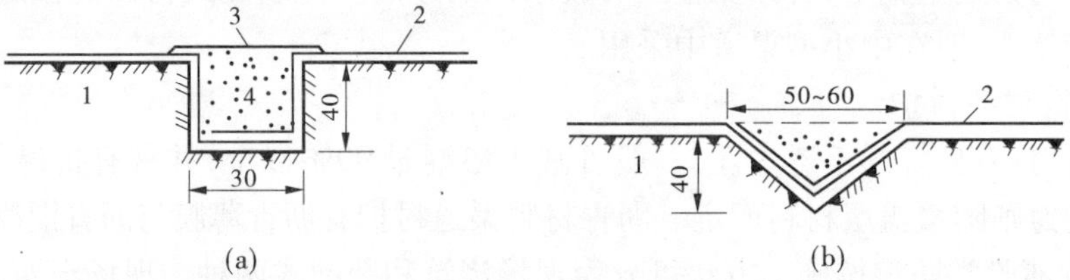

1—渠床;2—塑料薄膜;3—封顶塑料薄膜;4—回填夯实土

图13-19 有连接槽搭接式接缝示意图 (单位:cm)

第三节 装配式渡槽施工

装配式渡槽施工主要包括预制和吊装两个施工过程。

一、构件的预制

(一)槽架的预制

槽架是渡槽的支承构件,为了便于吊装,一般选择靠近槽址的场地预制。制作的方式有地面立模和砖土胎模两种。

(1)地面立模。在平坦夯实的地面上用1∶3∶8的水泥、黏土、砂浆抹面,厚约1 cm,压抹光滑作为底模,立上侧模后就地浇制,拆模后,当强度达到70%时,即可移出存放,以便重复利用场地。

(2)砖土胎模。其底模和侧模均采用砌砖或夯实土做成,与构件的接触面用水泥黏土砂浆抹面,并涂上脱模剂即可。使用土模应做好四周的排水工作。

高度在15 m以上的排架,如受起重设备能力的限制,可以分段预制。吊装时,分段定位,用焊接固定接头,待槽身就位后,再浇二期混凝土。

(二)槽身的预制

为了便于预制后直接吊装,整体槽身预制宜在两排架之间或排架一侧进行。槽身的方向可以垂直或平行于渡槽的纵向轴线，根据吊装设备和方法而定。要避免因预制位置选择不当，而在起吊时发生摆动或冲击现象。

U形薄壳梁式槽身的预制，有正置和反置两种浇筑方式。正置浇筑是槽口向上，优点是内模板拆除方便，吊装时不需翻身，但底部混凝土不易捣实，适用于大型渡槽或槽身不便翻身的工地。反置浇筑是槽口向下，优点是捣实较易，质量容易保证，且拆模快、用料少等，缺点是增加了翻身的工序。

矩形槽身的预制，可以整体预制也可分块预制。中小型工程，槽身预制可采用砖土材料制模，如图13-20所示。反置浇筑钢丝网水泥渡槽槽身木内模的结构图如图13-21所示。

(a)反置泥内模　(b)反置砖内模　(c)正置砖外模　(d)正置泥外模

1—1∶4水泥砂浆层，3～5 mm厚；2—砖砌体；3—渡槽；4—填土

图13-20　砖土材料内外模

二、梁式渡槽的吊装

装配式渡槽的吊装工作是渡槽施工中的主要环节，必须根据渡槽的型式、尺寸、构件重量、吊装设备能力、地形和自然条件、施工队伍的素质以及进度要求等因素，进行具体分析比较，选定快速简便、经济合理和安全可靠的吊装方案。

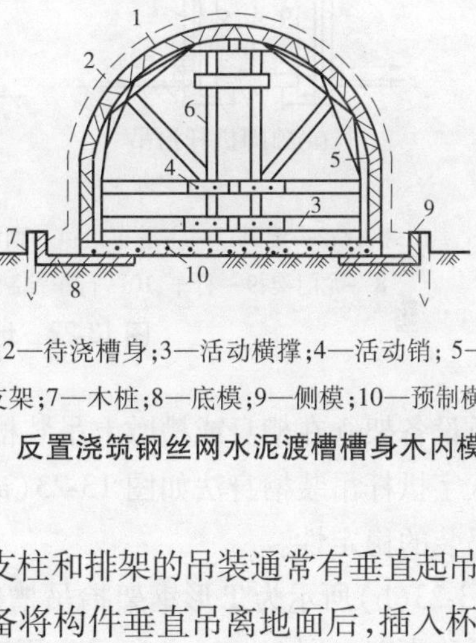

1—木内模；2—待浇槽身；3—活动横撑；4—活动销；5—内龙骨；6—内支架；7—木桩；8—底模；9—侧模；10—预制横拉梁

图13-21　反置浇筑钢丝网水泥渡槽槽身木内模结构图

(一)槽架的吊装

槽架下部结构有支柱、横梁和整体排架等。支柱和排架的吊装通常有垂直起吊插装和就地转起立装两种。垂直起吊插装是用起重设备将构件垂直吊离地面后，插入杯形基础，先用木楔(或钢楔)临时固定，校正标高和平面位置后，再填充混凝土作永久固定。就地转起立装法，与扒杆的竖立法相同。两支柱间的横梁，仍用起重设备吊装。吊装次序由下而上，将横梁先放置在临时固定于支柱上的三角撑铁上。位置校正无误后，即焊接梁与柱联系钢筋，并浇二期混凝土，使支柱与横梁成为整体。待混凝土达到一定强度后，再将三角撑铁拆除。

(二)槽身的吊装

装配式渡槽槽身的吊装，基本上可分为两类，即起重设备架立于地面上吊装及起重设备架立于槽墩或槽身上吊装。起重设备架立在地面上吊装槽身的方法如图 13-22 所示。

槽身重量和起吊高度不大时,采用两台或四台独脚扒杆抬吊,如图 13-22(a)所示。当槽身起吊到空中后,用副滑车组将枕头梁吊装在排架顶上。这种方法起重扒杆移行费时,吊装速度较慢。

龙门架抬吊的顶部设有横梁和轨道,并装有行车,如图 13-22(b)所示。操作上使四台卷扬机提升速度相同,并用带蝴蝶铰的吊具,使槽身四吊点受力均匀,槽身平稳上升。横梁轨道顶面要有一定坡度,以便行车在自重作用下能顺坡下滑,从而使槽身平移在排架顶上降落就位。采用此法吊装渡槽者较多。

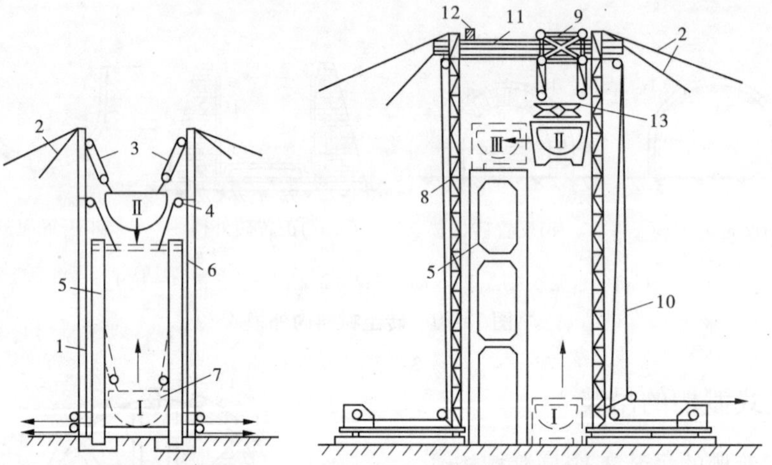

(a)独脚扒杆抬吊　　(b)龙门架抬吊

1—扒杆;2—缆风;3—主滑车组;4—副滑车组;5—排架;6—枕头木;7—预制槽身位置;
8—龙门架;9—行车;10—行车控制索;11—横梁;12—行车止动块;13—蝴蝶铰

图 13-22　地面吊装槽身示意图

起重设备架立在槽身或槽墩上吊装槽身的方法如图 13-23 所示。

双人字扒杆吊装槽身法如图 13-23(a)所示。此法不设侧向缆风,起重杆为人字形,以增加吊装的稳定性。

图 13-23(b)所示为 T 形钢架抬吊槽梁法,为了使槽梁能平移就位,在钢架顶部设置横梁和平移小车。图 13-23(c)所示为用四副门形钢架抬吊整体槽身。钢架用螺栓连接,以便重复使用。图 13-23(d)所示为湖北排子河采用的推拖式钢架吊装槽身法,渡槽跨度 25 m、质量 200 t。此桁架包括前端导架、中段起重架和后端平衡架三部分。桁架首尾的摇臂扒杆用来安装和拆除行走用的滚轮托架。为了使槽身在起吊时能错开牛腿,槽身的预制位置偏离渡槽中心线一个距离,并在槽底两端各留一缺口。当槽身上升高出牛腿后,再由平行装置移动到支承位置,平移装置由安装在底盘上的胶木滑道和螺杆驱动装置所组成。钢架是沿临时安放在现浇短槽身顶部的滚轮托架向前移动的,在钢架首部用牵引绳拉紧并控制前进方向,同时收紧推拖索,钢架便向前移动。

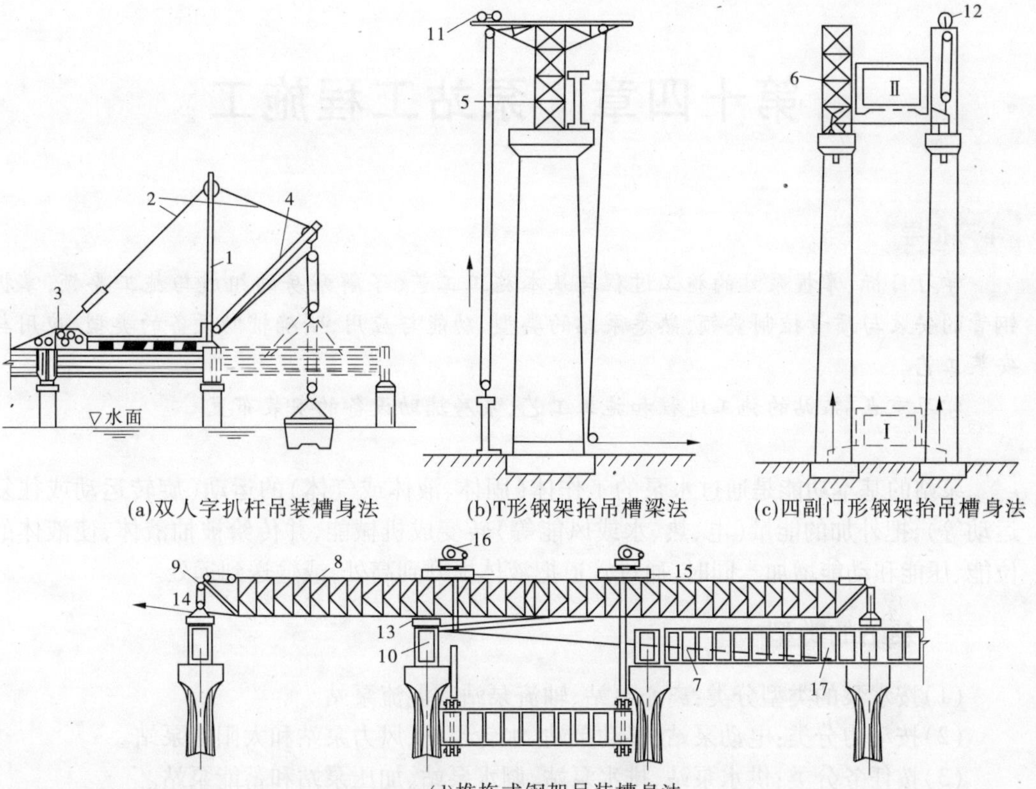

(a)双人字扒杆吊装槽身法　(b)T形钢架抬吊槽梁法　(c)四副门形钢架抬吊槽身法

(d)推拖式钢架吊装槽身法

1—钢管人字架；2—钢拉杆；3—起重卷扬机；4—人字形起重臂；5—T 形钢架；6—门形钢架；7—推拖索；8—钢架；9—扒杆；10—现浇短槽身；11—推拖定滑车；12—承重工字架；13—滚轮托架；14—牵引绳；15—平移装置底盘；16—平移小车；17—卷扬机

图 13-23　在槽身槽墩上吊装槽身方法示意图

复习思考题

13-1　简述水闸的施工特点、施工内容、施工程序。

13-2　水闸浇筑块的浇筑顺序，应依据哪些原则进行编排？

13-3　水闸浇筑为什么要逐块划分？浇筑块大小应怎样控制？

13-4　水闸底板的施工顺序如何确定？简述平底板浇筑混凝土时的入仓方法。

13-5　闸墩施工有何特点？立模时有什么要求？简述其施工方法。

13-6　何谓二期混凝土？浇筑时应注意哪些问题？

13-7　简述平面闸门槽与弧形闸门槽的施工方法及注意事项。

13-8　沉陷缝填料和止水的施工方法有哪些？质量要求如何？

13-9　简述铺盖及反滤层填筑的施工方法和要求。

13-10　简述采用铲运机、反向铲挖掘机开挖渠道的开行方式。

13-11　渠道衬护的方式有哪些？简述衬护机械化施工现场检查内容。

13-12　简述装配式渡槽施工的主要环节，梁式渡槽吊装方案确定时，应考虑的因素。

13-13　U 形薄壳渡槽槽身预制的方法有哪几种？简述其优缺点及适用条件。

第十四章　泵站工程施工

学习指导

学习目标：掌握泵站的施工过程与基本施工工艺，了解泵房的组成与施工要领，掌握钢管的安装与质量控制要领，熟悉泵站的类型、功能与应用，明确辅助设备的类型、应用与安装工艺。

学习重点：泵站的施工过程和施工工艺，泵房辅助设备的安装布置。

泵站的基本功能是通过水泵的工作体（固体、液体或气体）的运动（旋转运动或往复运动等），把外加的能量（电、热、水或风能等）转变成机械能，并传给被抽液体，使液体的位能、压能和动能增加。同时，通过管道把液体提升到高处，或输送到远处。

一、泵站的类型

（1）按水泵的类型分类：离心泵站、轴流泵站和混流泵站。

（2）按动力分类：电动泵站、机动泵站、水轮泵站、风力泵站和太阳能泵站。

（3）按任务分类：供水泵站、排水泵站、调水泵站、加压泵站和蓄能泵站。

二、泵站工程的组成

泵站工程主要由泵房、管道、进出水建筑物以及变电站等组成，见图 14-1。在泵房内安装由水泵、传动装置和动力机组组成的机组，还有辅助设备和电气设备等。进出水建筑物主要有取水、引水设施以及进水池和出水池（或水塔）等。泵站的管道包括进水管和出水管。进水管把水源和水泵进口连接起来，出水管则是连接水泵出口和出水池的管道。

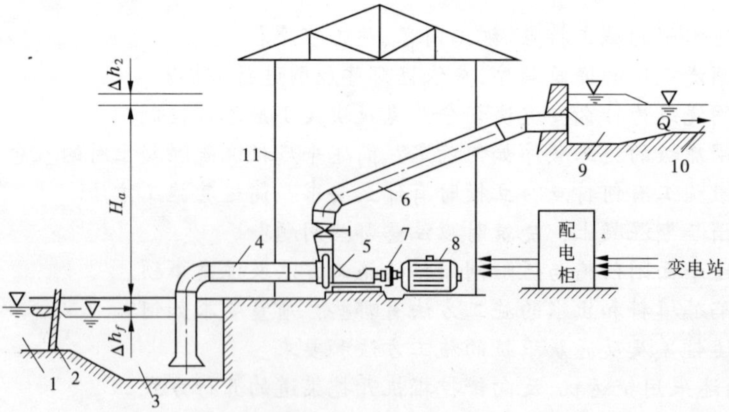

1—水渠；2—拦污栅；3—进水池；4—进水管；5—水泵；6—出水管；7—传动装置；8—电动机；9—出水池；10—干渠；11—泵房

图 14-1　泵站示意图

泵站投入运行后，水流即可经过进水建筑物和进水管进入水泵，通过水泵加压后，将水流送往出水池（或水塔）或管网，从而达到提水或输水的目的。

三、水泵的类型

水泵机组包括水泵、动力机和传动设备。它是泵站工程的主要设备，又称为主机组。泵站的辅助设备、电气设备和泵站中的各种建筑物都是为主机组的运行和维护服务的。

泵站工程中最常用的水泵为叶片泵。其按工作原理分为离心泵、轴流泵及混流泵，按泵轴安装形式分为立式、卧式和斜式，按电机是否能在水下运行分为常规泵机组和潜水电泵机组等。

第一节　泵房施工

泵房的施工工艺流程，见图14-2。

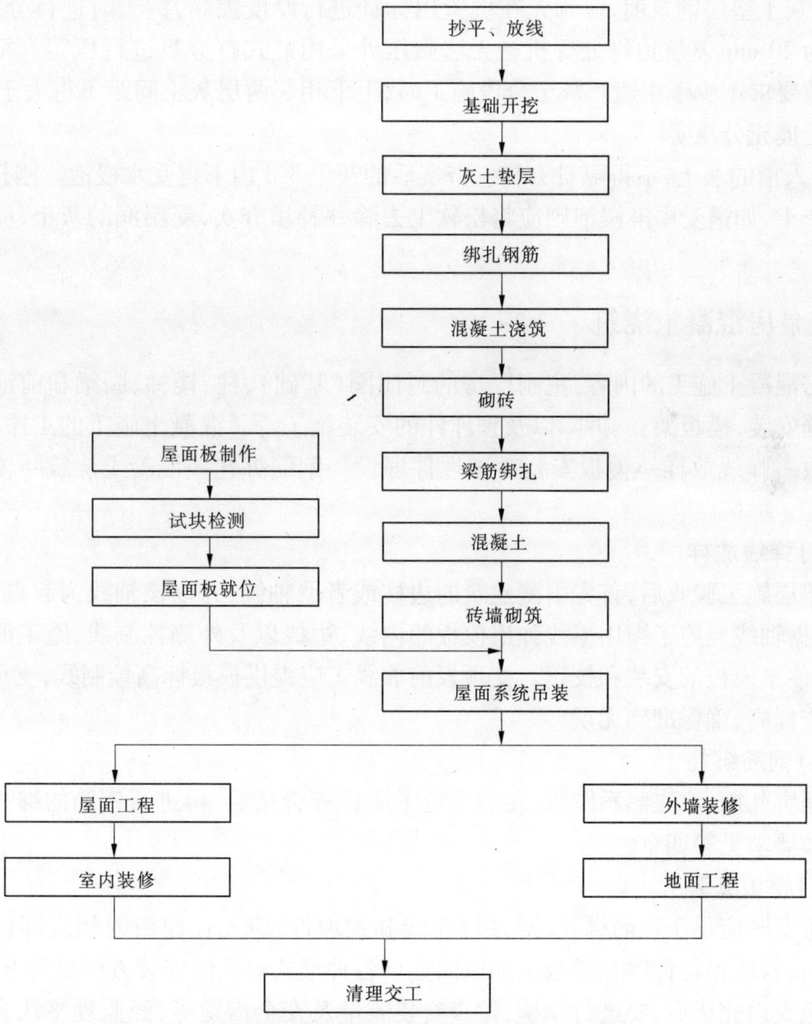

图14-2　泵房的施工工艺流程

一、泵房基础施工

(一)土方开挖

(1)恢复定线,放出边线桩,标上开挖深度。对不同开挖段采取不同的施工方法。

(2)土方开挖采用机械化施工方法:土方运距在 100 m 左右,选用推土机挖运;大体积的土方开挖远运,宜用挖装机械配合自卸汽车施工。

(3)土方开挖开工前,应考虑排水系统的布设,防止在施工中线路外的水流入线内,并将线路内的水(包括地面积水、雨水、地下渗水)迅速排出路基,保证施工顺利进行。

(二)灰土垫层施工

(1)施工前应进行验槽,应将积水、淤泥清除干净,等干燥后再进行灰土垫层的铺筑。

(2)灰土施工时,应适当控制其含水量,以用手紧握土料成团,两指轻捏能碎为宜,如土料水分过多或不足,可以凉干或洒水润湿。

(3)灰土垫层铺筑前,应预先在坑壁用标钎进行厚度控制,铺土时进行分层施工,每层厚度为 20 cm,基坑边缘处等机械无法碾压处采用蛙式打夯机进行压实。每层灰土的夯打遍数要求不少于 4 遍。灰土分段施工时,上下相邻两层灰土间距不得大于 50 cm,接缝处灰土应充分压实。

(4)入槽的灰土,不得隔日夯打。夯实后的灰土 3 d 内不得受水浸泡。刚打完或尚未夯实的灰土,如遭受雨淋浸泡则应将松软土去除并补填夯实,受湿润的灰土,应进行凉晒后使用。

二、泵房混凝土浇筑

泵房混凝土施工的内容:主副厂房的封闭圈(基础)、柱、楼梯、圈梁和前池混凝土施工及钢筋安装,模板架立、拆除以及预埋件的安装施工等。混凝土施工的工序是:前一道工序验收→弹线放样→模板安装→预埋件埋设→钢筋绑扎→混凝土浇筑→模板拆除→养护。

(一)弹线放样

在垫层施工验收后,首先引测建筑的边柱或者墙轴线,并以该轴线为起点,引出每条轴线,根据轴线与施工图用墨线弹出模板的内线、边线以及外侧控制线,施工前四线必须到位,以便于模板的安装和校正。支顶板前放线工应提供模板标高控制线,支顶板后质检员应检查标高,确保准确无误。

(二)钢筋绑扎

钢筋绑扎前,应先熟悉图纸,在前一道工序检查合格后,再进行钢筋的绑扎。钢筋绑扎的具体要求见第四章。

(三)模板安装

模板安装应早于钢筋绑扎,对预埋管线和预埋件,应先在模板的相应部位划线作标记,然后将管线预埋件等在模板上加以固定。各种形式模板的安装方法见第五章。

模板支设完毕后,要进行预检,检查安装质量及安全措施等,经监理签认合格后方可进行下道工序施工。另外,浇筑混凝土时,需有木工专门负责看管模板。

(四)混凝土浇筑

1. 主厂房封闭圈混凝土

从伸缩缝处分为两部分进行浇筑,封闭圈与壁柱、吊车柱一次浇筑完毕,为保证混凝土性能,浇筑时采用连续浇筑。柱浇筑时,应先浇筑 5 cm 厚比柱混凝土高一级标号的净浆接缝,严格分层浇捣,每浇筑层高 50 cm,采用插入式振动器仔细振捣。同时考虑到层高超过 2 m,在运输过程中不能直接下料,采用溜管或溜槽配合下料,以防离析。

2. 墙柱混凝土施工

墙柱混凝土浇筑时,宜从轴线两边对称进行,使整个楼层的柱模均匀受力,防止模板造成侧向偏位。为防止混凝土离析,做串筒或溜槽进行浇筑。

框架柱在全高范围内,不宜一次浇筑到顶,宜分段、分层浇筑,这样有利于模板稳定。同时,要严格控制下料速度,分层下料,确保混凝土振捣密实。

3. 梁板混凝土浇筑

(1)顶板混凝土的虚铺厚度应略大于板厚,用平板振捣器垂直浇筑方向来回振捣,并用铁插尺检查混凝土厚度,振捣完毕后用长木抹子抹平。施工缝处或有预埋件及插筋处用木抹子找平。浇筑板混凝土时不允许用振捣棒铺摊混凝土。

(2)顶板标高应根据引测到柱子主筋上标高控制线,用线拉成控制网,严格控制顶板标高。

(3)浇筑 2 ~6 h 后,在初凝前用木抹反复搓压三遍,使其表面密实,这样能较好地控制混凝土表面龟裂,减少混凝土表面水分的散发,促进养护。

4. 楼梯混凝土施工

(1)考虑工程实际情况,楼梯在结构施工完后施工,楼梯钢筋从结构中甩出钢筋接茬,楼梯梁与楼梯后浇筑混凝土,浇筑前,与结构接触面混凝土应凿毛。

(2)楼梯段混凝土自下而上浇筑,先振实底板混凝土,达到踏步位置时再与踏步混凝土一起浇捣,不断连续向上推进,并随时用木抹子将踏步上表面抹平、一次压光到位。

混凝土浇筑过程中应经常检查模板、支架、钢筋、铁件和预留洞口情况,发现模板有变形、移位时,应立即停止浇筑,并在已浇筑的混凝土终凝前修好。另外,在浇筑过程中,注意按要求进行混凝土质量检查和混凝土试块的预留。

5. 混凝土养护

柱及楼板混凝土均采用浇水养护,地下结构抗渗混凝土应连续浇水养护 14 d,大气温度较低时应注意用阻燃草被进行覆盖保温,特别应加强对底板混凝土的养护。地上结构应连续浇水养护 7 d,浇水次数以保证混凝土表面湿润为准。气候炎热的夏天,柱混凝土应满挂麻布后浇水,以增强养护效果。

(五)拆模

混凝土的拆模严格执行拆模申请制度,由分包方向总包方提出申请,相关工程师根据同条件养护试块的强度,下达拆模令,方可拆模。模板的拆除应严格按规范要求,并在混凝土施工时,留置两组试块,同条件养护,作为拆模的依据。混凝土若未达到强度要求,不得提前拆模,且根据设计要求混凝土施工完 3 d 内禁止施工下一道工序。

三、砖墙砌筑

(1)施工工艺流程:砖浇水→砂浆搅拌→砌砖墙→验评。

(2)主要施工方法。①砖浇水:黏土砖必须在砌筑前一天浇水湿润,一般以水浸入砖四边1.5 m为宜,含水率为10% ~15%,常温施工不得用干砖上墙,雨季不得使用含水率达饱和状态的砖砌墙。②砂浆搅拌:砂浆配合比应采用重量比,计量精度水泥为±2%,砂、灰膏控制在±5%以内。宜用机械搅拌,搅拌时间不少于1.5 min。③砌砖墙的组砌方法:砌体一般采用一顺一丁(满丁、满条)、梅花丁或三顺一丁砌法。砖柱不得采用先砌四周后填心的包心砌法。

四、屋面工程施工

(一)屋面板吊装

当屋架混凝土强度达到100%后方可吊装。吊装时,先在屋架上弦顶面标注几何中心线,并从跨度中央向两端标出屋面板的安装中心线,同时在端头标出安装中心线。吊装工艺流程:混凝土强度检测→绑扎→扶直就位→吊升→对位、临时固定、校正→最后固定。

屋架的绑扎点选在上弦节点处,对称于屋架的重心;扶直就位时可以采用正向扶直,起重机位于屋架下弦一边,扶直起吊时保持吊钩始终位于上弦中点的垂直上方。

(二)复合保温板施工

复合保温板施工操作工艺流程见图14-3。

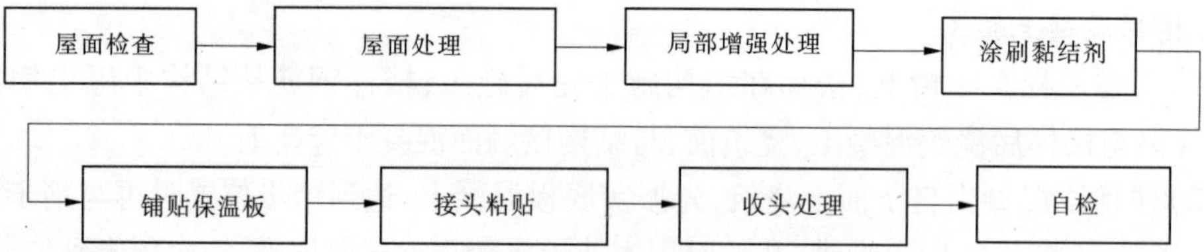

图14-3　复合保温板施工操作工艺流程

(三) 水泥砂浆找平层

水泥砂浆找平层采用吊车上料,人工进行平料。

(四)沥青防水卷材施工

沥青防水卷材施工工艺流程,见图14-4。

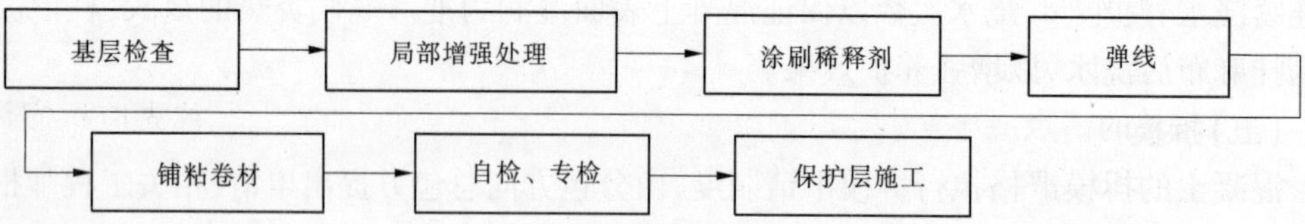

图14-4　沥青防水卷材施工工艺流程

五、门窗安装

门窗安装施工工序为:立门窗框→塞缝→装扇→装玻璃。

(1)塞缝。窗框固定好后复查平整度和水平度,再扫清边框处的浮土,洒水湿润基层,用1∶2水泥砂浆将窗口与窗框间的缝隙分层填实。待塞灰达到一定强度后,再拔去木楔,抹平表面。

(2)装扇。推拉窗要在上框内做导轨和滑轮,再进行窗扇的安装。

(3)装玻璃。安装时,先在型材安装玻璃部位支塞橡胶带,用玻璃吸手按入玻璃,前后垫实,使缝隙一致,然后塞入橡胶条密封。

六、勾缝

施工工艺流程:弹线找规矩→开缝、补缝→门窗四周塞缝→墙面浇水→勾缝→清扫墙面→找补漏缝→清理墙面。

(1)墙面勾缝前应浇水,润湿墙面。

(2)拌和砂浆:勾缝用砂浆的配合比为1∶1或1∶1.5(水泥∶砂),应注意随用随拌,不可使用过夜灰。

(3)勾缝:勾缝顺序应由上而下,先勾水平缝,后勾立缝。天气干燥时,对已勾好的缝浇水养护。

七、内、外墙装修施工

此处不再赘述,可参阅《房屋建筑学》。

第二节　桥式起重机及水泵组的安装

一、安装前的检验

(一)设备检验

1. 外观检验

(1)设备开箱检查前,必须查明所到设备的名称、型号和规格,检查设备的箱号和箱数以及包装情况有无损坏等。

(2)设备开箱验收时,先将设备顶板上的尘土打扫干净,防止尘土落入设备内。开箱时一般自顶板开始,查明情况后,再采用适当办法拆除其他箱板,要选择合适的开箱工具,不要用力过猛,以免损坏箱内设备。

(3)设备的清点应根据制造厂提供的设备装箱清单进行。清点时,首先应核实设备的名称、型号和规格,清点设备的零件、部件、附件、备件、专用工具及技术文件是否与装箱单相符。

(4)检查设备的外观质量,如有缺陷、损坏和锈蚀等情况,填写检查记录单,并经厂家确认。分析原因,查明责任,报主管部门进行研究处理。

2. 内部尺寸和性能检验

(1)水泵在安装过程中必须按说明书和原装图中的规定进行尺寸检验。

(2)高压电动机安装前的检验。

(3)风机、排水泵安装前检验:盘动转子是否灵活,有无卡阻碰撞,润滑油是否完好。

(4)蝶阀、伸缩节检验:闸板、套管的密封性,转轴回转配合情况;液控系统油箱、油管、配电箱等设备情况。

(5)桥式起重机检验:根据供货清单清点各类设备、材料,对于缺损件要及时反馈,以免影响设备的安装、调试及试运行。

(二)设备基础检验

工程主机泵、桥式起重机均为钢筋混凝土基础,由于设备安装要求保持相对位置不变,以及设备重量和运行振动力的存在,要求基础必须有足够的强度和刚度。因此,设备安装前必须对设备基础进行检验。

1. 主机泵基础检验

(1)按照主机泵、电动机的实际组合尺寸和设计图纸给定的标高,检验基础高程,偏差≤ ±10 mm;

(2)基础纵向中心线应垂直于横向中心线,与泵站纵横中心线要平行,偏差≤ ±5 mm;

(3)基础预留螺栓孔方位尺寸要符合设计尺寸的要求,内孔无积水杂物,孔位垂直。

2. 起重机基础检验

桥式起重机梁应平直,外观平滑整齐;螺孔位置准确,无堵塞。

二、桥式起重机安装

桥式起重机安装流程见图14-5。

(一)安装施工准备

(1)编制详细的施工组织措施报监理审核批准后并按施工措施准备工器具、材料,对施工人员进行安全教育,技术方案交底。

(2)备好方木、千斤顶、导链、卷扬机等工具,型号要与桥式起重机相对应。

(二)桥机轨道安装

(1)钢轨在安装前要校正,其侧面水平度不大于1/500,全长偏差不大于2 mm。钢轨两端面应平直,斜度不大于1 mm。

(2)钢轨安装前,压板、夹板、螺栓、垫片、垫板、车挡均应加工完毕,并做好高空作业安全防护的教育工作。

(3)据施工图纸,用测量仪器精确布线,严格控制安装尺寸使之满足下列要求:单轨中心线与设计中心线偏差不大于3 mm,两轨中心差不大于5 mm,同断面两轨高度差不大于8 mm,轨道接头,错位不大于1 mm,接缝1 ~3 mm,并保证伸缩量,纵向水平度不大于1/1 500,全长偏差不大于10 mm,两侧轨道接头位置应错开,其错开距离应大于前后车轮的轮距,轨道接头处左、右、上三个面的偏移均不大于1 mm。

(三)桥机吊装

(1)首先将桥机的大车行走台车利用汽车吊安装到上下游侧轨面上,利用楔子板将

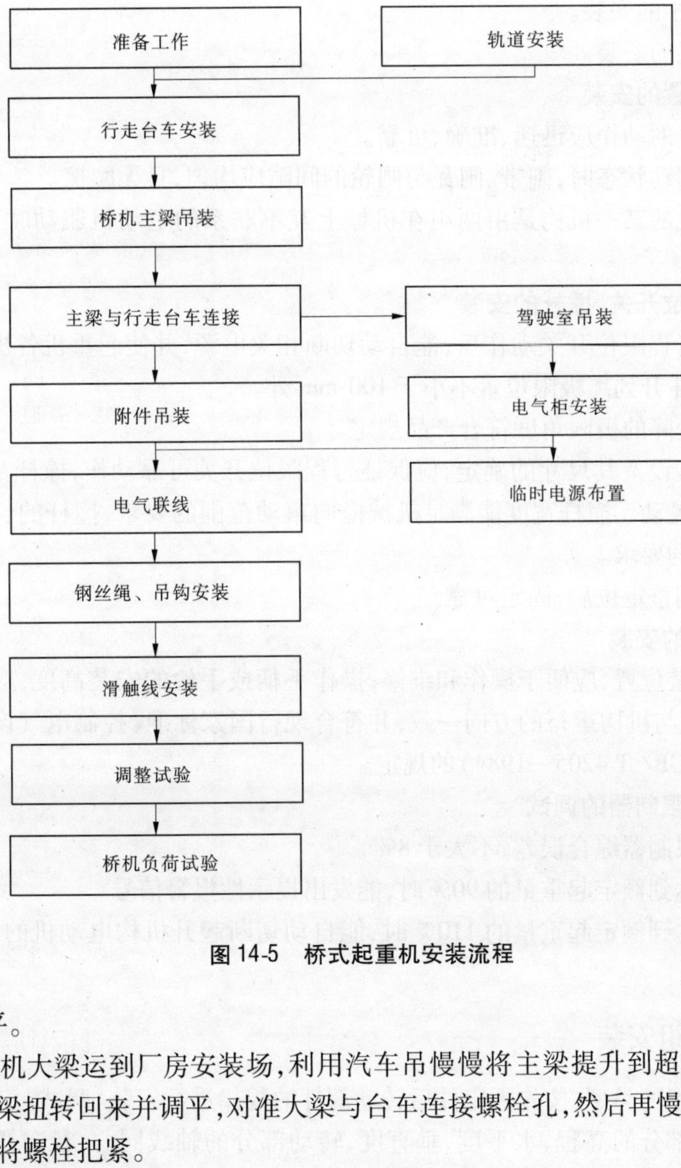

图 14-5　桥式起重机安装流程

台车调整水平。

(2)将桥机大梁运到厂房安装场,利用汽车吊慢慢将主梁提升到超过行走台车上面高程,再将主梁扭转回来并调平,对准大梁与台车连接螺栓孔,然后再慢慢地落到桥机行走台车上面,将螺栓把紧。

(3)利用汽车吊安装其他部件(包括操作室等)。

(四)桥机电气设备安装

按制造商和工程设计单位的图纸及技术文件组装桥机和调整试验。施工工艺及质量要求符合规定的标准和规范。

(1)悬吊式软电缆的安装。①当采用型钢做软电缆滑道时,型钢应安装平直,滑道平正光滑,机械强度符合要求。②悬挂装置的电缆夹,与软电缆可靠固定,电缆夹间的距离不大于 5 m。③软电缆安装后,其悬挂装置沿滑道移动灵活、无跳动、无卡阻。④软电缆移动段的长度,比起重机移动距离长 15% ~20% ,并加装牵引绳,牵引绳长度短于软电缆移动段的长度。⑤软电缆移动部分两端分别与起重机、钢索或型钢滑道牢固固定。

(2)起重机上电缆的敷设。

(3)配电屏、柜的安装。

(4)照明装置的安装。

(五)制动装置的安装

(1)制动装置的动作应迅速、准确、可靠。

(2)处于非制动状态时,闸带、闸瓦与闸轮的间隙应均匀,且无摩擦。

(3)当起重机的某一机构是由两组在机械上互不联系的电动机驱动时,其制动器的动作时间应一致。

(六)行程限位开关、撞杆的安装

(1)起重机行程限位开关动作后,能自动切断相关电源,并使起重机各机构在下列位置停止:吊钩、抓斗升到离极限位置不小于100 mm处。

(2)起重臂升降的极限角度符合产品规定。

(3)撞杆的装设及其尺寸的确定,应保证行程限位开关可靠动作,撞杆及撞杆支架在起重机工作时不晃动。撞杆宽度能满足机械横向窜动范围的要求,撞杆的长度能满足机械最大制动距离的要求。

(4)撞杆在调整定位后,固定可靠。

(七)控制器的安装

控制器的安装位置,应便于操作和维修;操作手柄或手轮的安装高度,应便于操作与监视,操作方向宜与机构运行的方向一致,并符合现行国家标准《控制电气设备的操作件标准运动方向》(GB/ T 4205—1984)的规定。

(八)起重量限制器的调试

(1)起重量限制器综合误差,不大于8%。

(2)当载荷达到额定起重量的90%时,能发出提示性报警信号。

(3)当载荷达到额定起重量的110%时,能自动切断起升机构电动机的电源,并发出禁止性报警信号。

三、主机泵组安装

根据主机泵组的类型,按先固定件后转动部件的规律进行安装、调试。安装过程中必须严格控制固定部分的高程、水平度、垂直度,转动部分的轴线同心、径向摆度及各部间隙,安装时使用泵站内桥式起重机。下面以卧式水泵类型介绍其安装过程。

(一)机泵及其附属设备基础预埋

(1)机泵及其附属设备基础、通风设备和通风管、起重机轨道、单轨小车轨道、启闭机基础等的螺杆、插筋、锚杆、型钢和钢板等预埋件的埋设应严格遵守施工详图和技术规范的要求。

(2)预埋件安装固定:机组模板安装完毕后,在混凝土浇筑前,将埋件就位,焊接固定在机座钢筋上,严格控制埋件的位置、高程,使高程误差控制在±5 mm范围内。

(3)机座一期混凝土浇筑时,应控制浇筑速度,以免在浇筑过程中使预埋件变形,混凝土浇筑高度距埋件顶部300 mm处为宜。

(4)机组钢架制作与安装:钢架的制作在施工平台上进行,按设计图纸和有关规范要求进行下料、加工、组焊。钢架安装在机座预埋件上,以焊接方式进行连接,先点焊,再调整找正,钢架水平度不超过 ±1 mm,高程偏差不大于 ±5 mm。钢架安装完成后,进行二期混凝土浇筑。

(二)水泵安装

机组基础检验合格后,对基础表面凿毛,清扫,对地脚螺栓预留孔作拉锚处理,并用测量仪器放出机组纵、横中心线。

用桥式起重机吊起水泵,并穿入地脚螺栓,同时选好位置安放临时垫铁,用四点吊线法将水泵逐个吊装就位。

浇灌地脚螺孔内二期混凝土:水泵检查和初平工作完成后,立即浇筑螺孔内二期细碎石混凝土。混凝土强度等级比原基础高一号,一般不低于 C25。浇二期混凝土时要振捣密实,防止螺栓歪斜,如设备外表飞溅混凝土浆,事后立即清理。

安放永久垫铁:在平垫下铺设不小于 30 mm 的细碎石混凝土,使斜铁上面与泵脚下加工面保持无缝接触,并作好铁件下落检查,各垫铁间接触应良好。

(三)电动机安装

(1)电动机联轴器安装与检验,安装联轴器时先清洗轴颈、联轴器孔和键槽,并用 0# 砂布去除轴的毛刺、杂质,联轴器采用外加温热装法,温升控制在 100~150 ℃即可。

(2)电动机的初平:用桥式起重机吊起电机穿地脚螺栓就位。支好临时性垫铁,电动机从底座和轴径处控制纵横水平(可与水泵初平同时进行),以水泵为准。用靠尺和百分表测量,初步调整到轴向同心差不大于 0.2 mm,径向同心差不大于 0.1 mm,水泵和电机联轴器采用弹性联结,两者之间间距为联轴器外径的 2%。

(3)安放永久垫铁、浇筑地脚螺孔二期混凝土。

第三节　钢管的安装

一、钢管安装

(一)钢管安装前的验收

(1)土建、水工工程的验收:与钢管安装有关的基础已施工完毕,基础的高程、方位必须符合设计要求,钢管支墩应有足够的强度和稳定性。

(2)钢管的验收:钢管的验收按照有关规程、规范、标准,检查钢管的材质、外径、内径、椭圆度、长度、角度、节口、防腐等项均符合设计要求。

(二)钢管的吊装、运输要点

(1)钢管运输前应对各种工器具进行检查,包括车辆、卡扣、钢丝绳、起重机等。

(2)起吊前应对参加施工人员进行安全交底,指定专职指挥人员,统一指挥信号。

(3)严禁吊运的钢管从人的上方通过或停留,应使钢管吊运通道沿途通畅。

(4)吊运中的钢管上严禁站人。

(5)钢管在运输过程中要用导链牢固封车,以防运输中钢管产生不安全因素。

(6)钢管吊离运输车时要缓缓升起,防止对运输车产生严重撞击。

(7)钢管被放置在台车上时要找好平衡度,以防钢管倾斜。

(8)钢管在运往安装位置前要检查拉台车的钢丝绳和滑轮,检查无误后再把钢管运到安装位置。

(9)钢管运往安装位置过程中,禁止钢管两侧有人员随行。

(三)钢管安装

1. 厂内钢管安装

1)安装顺序

厂内钢管安装随设备延续进行,即进出水钢管在机泵设备就位前先穿入封闭圈穿墙套管内,然后从水泵前后分别延续安装渐变管、伸缩节、蝶阀等。安装时要保证同水泵、蝶阀三者一体的公差要求,安装时用桥机、手拉葫芦及三脚架配合。

2)管节装配

管节运输就位后,首先调整钢管的里程、高程及中心,合格后将管节固定牢固。然后进行压缝(根据情况使用千斤顶)。压缝后进行点焊,点焊通常从下中心开始,自下而上顺序一直到上中心处汇合。环缝焊接除图纸规定外,应按安装顺序逐条进行,不得跳跃,不得在混凝土浇筑后再焊接内缝。钢管、支管、弯管、岔管、伸缩节等应按图纸要求进行安装,确保其高程与中心设计相符,与设计轴线的不平行度不应大于2/1 000。

装配完成后,钢管与支墩和锚栓焊接牢固,进行整体加固,防止混凝土回填过程中钢管上浮移位。钢管安装完成一段长度后,应进行误差校正,校正管道中心线、高程是否超出允许误差范围。钢管安装公差应符合下列要求:管口中心允许偏差,始装节管口中心允许偏差5 mm,与伸缩节、蝶阀、岔管连接的管节及弯管中心允许偏差6 mm,其他部位管节管口中心允许偏差15 mm。始装节里程偏差不应超过±5 mm,弯管起点里程偏差不应超过±10 mm。管口椭圆度不应大于5D/1 000。沿环缝两侧管口,相邻两内表面之间的最大错位不超过3 mm。

2. 镇墩钢管安装

镇墩钢管安装可随混凝土管进行。钢管上的人孔在现场割制安装,人孔最后安装。

3. 出水塔钢管安装

水塔钢管的安装分下段弯管、直管、伸缩节和管缝处理,钢管安装分段进行。

(1)基础预埋部分。这部分钢管在土建基础开始时进行,在基础测量放线后,对预埋件进行复测,清理修整,安装时中心线标高、垂直度、弯管水平度、角度要符合设计要求,同时要用槽钢对预埋钢管进行支撑、固定,以保证在浇筑混凝土时,钢管不发生位移和变形,埋管露出混凝土不小于300 mm,立口最好留出1 m左右。坡口在安装前处理好。

(2)水塔弯管安装时,如弯管全在混凝土内,则混凝土基座要打到管底高程,待弯管安调后再进行二次浇筑,如半埋弯管,仍需混凝土打到管底高程后再安弯管。

(3)立管组安。立管及伸缩节事先在地面进行组焊,待水塔基础强度达到要求后整体吊装安装。施工过程中要严格遵守安全规程及施工规范要求,并用垂球、经纬仪进行测量。

立管就位后要用槽钢进行拉焊固定,然后可进行水工部分的施工。同时进行环缝的焊接工作。支拉件在水塔混凝土完成后进行组焊。

(四)钢管焊接

钢管的焊接及焊缝质量检验按照钢管制作焊接工艺执行。

(五)涂装

钢管安装完成后,环缝内、外壁用钢丝轮除锈,按照工艺要求在钢管内壁刷防锈漆两道;钢管外壁涂装材料采用3301A不饱和聚酯树脂及玻璃纤维丝布。

涂装工艺应严格按照有关规程及合同文件技术条款中的全部条款执行。

二、穿墙套管管缝处理

穿墙套管管缝处理采用沥青油麻、水泥石人工掺拌、填封。封堵后必须保证其具有良好的止水性能和封闭黏结力,并能保证钢管的微量伸缩性能。

第四节 辅助设备安装与调试

泵站辅助设备主要有蝶阀、伸缩节、风机、消防、供排水系统及闸门启闭机、闸门拦污栅等。

一、蝶阀、伸缩节的安装

蝶阀、伸缩节安装前应进行全面检查、清理、擦洗,电动机液压系统、操作控制部分应完好,闸板密封传动轴要符合要求。安装时从泵口开始延续安装。安装时要注意以下事项:

(1)法兰面要保持垂直,偏差不大于1.5 mm,中心同设计中心重合,偏差不大于15 mm。

(2)胶垫安放要平整均匀,同法兰偏差不大于2 mm,标高不大于5 mm。

(3)伸缩节内外套管要调整均匀,伸缩量符合设计要求,偏差不大于±6 mm。

(4)各润滑部位要注油。注油时不得混入金属微粒、棉絮、灰渣。

(5)蝶阀安装后,要进行手动试验,若无异常,方可进行电动试验。同时进行开、关机时间调整,快关、慢关时间及角度调整,油系统泄漏补油压力调整等以及行程开关、信号灯是否可靠动作。

二、通风系统安装

泵站通风系统包括主厂房和副厂房通风系统。

(一)风管支、吊架的施工

风管支架基础埋件按施工图纸位置,可在土建单位绑钢筋时进行,预埋在混凝土中,如施工图未到位,可采用射钉、膨胀螺栓法进行安装。

风管与部件支、吊架的预埋件、射钉或膨胀螺栓应位置正确、牢固可靠,埋入部分应去除油污,并不得涂漆。

吊架的吊杆应平直,螺纹应完整、光洁。吊杆拼接可采用螺纹连接或焊接。

按风管的中心线找出吊杆安装位置。单吊杆在风管的中心线上,双吊杆可以按托板的螺栓孔距或风管的中心线对称安装。立管管卡安装时，应先把最上面的一个管件固定好，再用线坠在中心处，吊线下面的管卡即可按线进行固定。当风管较长时，需要安装一排支、吊架，可先把两端的安装好，然后以两端的支、吊架为基准，用拉线找出中间支、吊架的标高进行安装。

支、吊、托架安装应注意以下事项：

(1)支、吊、托架的标高必须正确。

(2)支、吊架的预埋件或膨胀螺栓埋入部分不得涂刷油漆，并应除去油污。

(3)支、吊架不得安装在风口、阀门、检查孔等处，以免妨碍检查维修操作。吊架不得直接吊在法兰上。

(4)圆形风管与支架托板接触的位置需垫弧形木块，否则会使风管变形。

(二)风管的吊装

(1)首先根据现场具体情况，在梁、柱及楼板上选择两个以上可靠的吊点，然后挂好导链用绳索将风管捆绑结实。风管需整体吊装时，绳索不得直接捆在风管上，应用长木板托住风管底部，四周应有软性材料做垫层。

(2)起吊时，当风管离地面200～300 mm时，停止起吊，仔细检查导链受力点或捆绑风管的绳索，绳扣是否牢靠，风管的重心是否正确，若没问题，再继续起吊。

(3)风管放在支、吊架上后，将所有托板和吊杆连接好。确定风管稳固好后，才可以解开绳扣，进行下一段风管的安装。

根据施工现场情况，可以在地面把风管连成一定的长度，然后采用吊装的方法就位。也可以把风管一节一节地安装在支架上逐节连接。安装顺序是先主管后支管、由下至上进行。

(三)风管的法兰连接

(1)按设计要求选择法兰垫，法兰垫料不能挤入或凸出风管内，否则会增大流动阻力，增加管内积尘。

(2)法兰垫料应尽量减少接头，接头应采用梯形或锥形连接，并涂胶粘牢。法兰连接后严禁往法兰缝隙内填塞垫料。

(3)法兰连接时先把两个法兰对正，把所有螺栓都穿入螺孔后，再把螺栓对称均匀地拧紧。连接好的风管，以两端法兰为基准，拉线检查风管连接是否平直。

(4)连接法兰的螺母在同一侧。

(四)通风机的安装

(1)安装风机前，必须先对风机进行外观检查，符合规定方可进行安装。

(2)通风机底座不用隔震装置而直接安装在基础上，用垫铁找平。

(3)通风机的基础，各部位尺寸应符合设计要求。预留孔灌浆前清除杂物，灌浆用细石混凝土，其强度等级比基础混凝土高一级，并捣固密实，地脚螺栓不得歪斜。固定通风机的地脚螺栓，除带有垫圈外，并有防松装置。

(4)通风机的进风管、出风管等装置应设有单独的支撑，并与基础或其他建筑物连接牢固；风管与风机连接时，不得强迫对口，机壳不承受其他机件的重量。

(5)轴流通风机安装时，机身应保持水平、牢固可靠。轴流通风机机身纵横向水平度允许偏差不大于0.20 mm/m。

三、消防、供排水系统安装

（一）管路安装

（1）管路及系统组件安装前应校直管子，并应清除管子内部的杂物；安装时应随时清除已安装管道内部的杂物。在具有腐蚀性的场所安装管路前，应按设计要求对管子、管件等进行防腐处理。

（2）管路系统安装后，按要求对各部件进行复查无误后，进行系统充水升压试验及各阀组动作试验，试验方法及程序经监理工程师批准后，在有关部门主持下，方可进行。整个系统建成后，按要求完成水压综合试验。

（3）焊接钢管管道下料采用机械切割方式，切割后的管口采用气动坡口机及砂轮机进行V形坡口的切削。

（4）明管安装位置偏差、水平弯曲和水平偏差均满足规范要求。

（5）法兰连接的管道应采取内外焊，内焊缝不得高于法兰工作面，且密封垫材质与工作介质、压力要求相符；丝扣连接的管路采取止、泄措施，并保证系统试压无渗漏。

（6）凡穿墙、楼板的管道，留洞尺寸应比其管外径大30 mm左右，其位置必须准确。管道安装后，采用水泥砂浆封闭孔洞。竖管的安装铅垂度，每米允许偏差不得超过2 mm。竖管的固定支架设置在距地面1.5~1.8 m高处。

（二）消防器材的安装

（1）安装室内消火栓，栓口应朝外，阀门中心距地面为1.2 m，允许偏差20 mm。阀门距箱侧面为140 mm，距箱后内表面为100 mm，允许偏差5 mm。

（2）室内消火栓箱在240 mm厚的砖墙上的安装方式为半暗装，箱体背后墙的厚度保留120 mm。消火栓栓口应朝外，栓口中心距地面为1.1 m。

（3）安装消火栓水龙带，水龙带与水枪和快速接头绑扎好后，根据箱内构造将水龙头挂在箱内的挂钉或水龙头带盘上。

（4）对于暗装或半暗装的消火栓箱，其预留孔洞的尺寸按图纸要求，或在左右两边及上边比消火栓箱外型尺寸每边加大10 mm，下边或侧面留出的接管位置的尺寸应便于消火栓接管。

（5）所有手提式灭火器均应放置在专用灭火器箱内或与消火栓箱合用的灭火器箱内，其设置高度：顶部离地面不大于1.5 m，底部离地面不小于0.15 m。

（三）排水泵安装

（1）设备安装前，应根据有关规定，对设备进行分解、清扫及检查。所有阀门、仪表、附件均进行检查、清扫，并按规定要求进行耐压试验和校验。

（2）工作泵、备用泵、吸水泵、出水管及出水管上的泄压阀、信号阀等的规格、型号、数量应符合设计要求；当出水管上安装闸阀时锁定在常开位置；消防水泵应采用自灌式引水或其他可靠的引水措施；消防水泵出水管上应安装试验用的放水阀及排水管，备用电源、自动切换装置的设置应符合设计要求。

（3）水泵接合器数量及进水管位置应符合设计要求，水泵接合器应进行充水试验，且系统最不利点的压力、流量应符合设计要求。

(4)泵安装完毕要进行试运转,无异常现象。

四、闸门、启闭机、拦污栅安装

(一)埋件安装

1. 安装程序

一期插筋的安装随土建施工进度进行。土建浇筑混凝土前,一期插筋必须按图纸要求高程安装完,经严格自检合格后,报请监理人批准方可通知土建浇筑混凝土。

用汽车吊将埋件运至孔口平台,并把埋件按图纸位置和安装顺序号,吊入二期混凝土槽内,悬挂好。按图纸尺寸和规范要求,将埋件调整到安装位置,加固。经严格自检检查合格后,报请监理人批准进行浇筑二期混凝土。

2. 安装技术要求

(1)埋件的测量点要精确可靠地放在线架上或其他部位。

(2)埋件就位调整完毕,应与一期混凝土中的锚筋(板)焊牢。严禁将加固材料直接焊在主轨、反轨、侧轨、门楣(胸墙)等的工作面上或水封座板上。

(3)埋件所有不锈钢材料的焊接接头,必须使用相应的不锈钢焊条进行焊接。

(4)埋件安装完毕后,应对所有的工作表面进行清理,门槽范围内影响闸门安全运行的外露物必须清除干净。应特别注意清除不锈钢水封座板表面的水泥浆,并对埋件的最终安装精度进行复测,如不锈钢水封座板有划痕,非常浅的划痕用角向磨光机打磨平,如果非常深就要用不锈钢焊条补焊并打磨平,满足图纸的技术要求,作好记录报给监理人。

(5)安装好的门槽,除主轨不锈方钢表面、水封座板的不锈钢表面外,其余外露表面均应按有关规定进行防腐处理。

(6)埋件安装结束后,经检查合格,应在5~7 d内浇筑二期混凝土。如过期或有碰撞,应予复测,复测合格,方可浇筑混凝土。

(二)闸门安装

1. 安装程序

闸门运到工地后,安装前进行门体各部位尺寸检查。如需要矫正变形,使用火焰加热烘烤法,绝对不能使用切割法。

检查闸门几何尺寸、偏差,满足图纸、规范要求后,焊接闸门节间焊缝。焊接顺序为先焊两侧边梁腹板,再焊中间隔板、面板,后焊接边梁中间翼板。

所有焊缝顺序都是从中间往两边焊接,面板焊缝跳跃焊接。主缝焊接后要进行气刨清理打磨,再进行焊接。焊接时,应分几次检查闸门几何尺寸、偏差,防止焊接产生过大变形。焊接结束后,经过充分冷却,对各项尺寸进行复查,复查结果要符合图纸、规范有关规定要求。

2. 安装技术要求

(1)所有主支承面应调整到同一平面上,其误差不得大于施工图纸和规范的规定。

(2)止水橡皮接头采用生胶热压法胶合,胶合接头处不得有错位、凹凸不平和疏松现象。

(3)闸门水封和压板一起配钻螺栓孔,螺栓孔采用专用钻头,使用旋转法加工,其孔径比螺栓直径小1 mm。

(4)止水橡皮安装后,两侧止水中心距离和顶止水中心至底止水底缘距离的允许偏差±3.0 mm,表面平面度为2.0 mm。闸门处于工作状态时,止水橡皮的压缩量应符合图样规定,其允许偏差为 $^{+1}_{-2}$ mm。

(5)平面闸门安装完毕,应作静平衡试验。试验方法为:将闸门自由地吊离地面100 mm,通过滚轮或滑道中心测量上下游方向与左右方向的倾斜,倾斜不应超过门高的1/1 000,且不大于8 mm,当超过上述规定时,应予配重调整。

3.平面闸门的试验

闸门安装完毕后,施工单位要会同监理人对平面闸门进行试验和检查。试验前应检查并确认充水装置在其行程内升降自如、密封良好。

平面闸门的试验项目包括以下内容:

(1)有水情况下全行程启闭试验。试验过程中,滑道或滚轮的运行无卡阻现象。在闸门全关位置,水封橡胶无损伤,漏光检查合格,止水严密。在本项试验的全过程中,必须对水封橡胶与不锈钢水封座板的接触面采用清水冲淋润滑,以防损坏水封橡胶。

(2)静水情况下的全行程启闭试验。本项试验应在无水试验合格后进行。试验、检查内容与无水试验相同(水封装置漏光检查除外)。

(3)动水启闭试验。按施工图纸要求进行动水条件下的启闭试验,试验水头尽可能与设计水头相一致。动水试验前,施工单位根据施工图纸及现场条件,编制试验大纲报送监理人批准后实施。

(4)通用性试验:必须分别在门槽中进行无水情况下的全行程启闭试验,并经检查合格。

(三)拦污栅安装

(1)将拦污栅运到孔口平台,按图纸位置和顺序摆放好。

(2)两节拦污栅的连接,除栅架边柱对齐外,栅条也应对齐,其最大的错位包括栅条的左右和前后位置应小于栅条厚度的0.5倍。

(3)拦污栅栅体吊入栅槽后,作升降试验,检查栅体在槽中的运行情况,做到无卡阻和各节连接可靠。

(四)启闭机安装

1.卷扬式启闭机安装

(1)利用汽车吊将动滑轮放在闸门上面,进行吊装卷扬机(可以拆掉卷筒或减速箱,分解进行吊装就位),连接传动轴。利用机架下面的楔子板调整机架水平,水平满足设计及规范要求后,进行加固楔子板焊接。

(2)卷扬式启闭机安装完毕,应全面检查,包括机械、电气部位。减速箱和液压部分注润滑油,其他部位注黄甘油等。

(3)检查合格后,接通临时电源进行空转试验,空转试验没有异常现象,进行钢丝绳的卷绕,按图纸要求进行。

(4)卷扬式启闭机安装完毕后,施工单位会同监理人进行以下项目的试验:①空载试验。起升机构和运行机构按《水利水电工程启闭机制造、安装及验收规范》(DL/T 5019—94)第7.3.2条的规定检查机械和电气设备的运行情况,应做到动作正确可靠、运行平稳、无冲击和其他异常现象。②静荷载试验。按施工图纸要求进行静荷载试验,以检验启闭机的机械和金属结构的承载能力。试验荷载依次采用额定荷载的70%、100%和125%。本项试验应按《水利水电工程启闭机制造、安装及验收规范》(DL/T 5019—94)的有关规定进行。③动荷载试验。按施工图纸要求,对各机构进行动荷载试验,以检验各机构的工作性能及门架的动态刚度。试验荷载依次采用额定荷载的100%和110%。试验时各机构应分别进行,当有联合动作试运转要求时,应按施工图纸和监理人的指示进行。试验时,作重复的启动、运转、停车、正转、反转等动作,延续时间至少1 h。各机构应动作灵活,工作平稳可靠。各限位开关、制动器、安全保护联锁装置、防爬装置等的动作应正确可靠。各零部件应无损坏现象,各连接处不得松动。

2.螺杆启闭机安装

(1)螺杆启闭机安装应根据起吊中心线找正,其纵、横向中心线偏差不应超过±3 mm,高程偏差不应超过±5 mm,水平偏差不应大于0.5/1 000。

(2)螺杆与闸门连接前,其不垂直度不应大于0.2/1 000,螺杆下端与滑块装置连接时,其倾斜方向与滑块槽倾斜方向一致。滑块槽对起重螺母中心偏差不应大于1 mm,不垂直度不应大于0.2/1 000,滑块在滑槽内上、下移动时应无卡阻现象,两侧间隙应在0.2~0.4 mm内。

(3)螺杆启闭机安装好后,应做好润滑、防护等工作。

复习思考题

14-1 泵站有哪些类型与功能?

14-2 泵站工程的组成如何?

14-3 简述泵房施工工艺顺序。

14-4 简述泵房屋面工程组成。

14-5 简述桥式起重机的安装工艺。

14-6 泵站中的辅助设备有哪些?如何进行安装?

参考文献

[1] 毛建平,金文良.水利水电工程施工[M].郑州:黄河水利出版社,2004.
[2] 张四维.水利工程施工[M].3版.北京:中国水利水电出版社.1996.
[3] 刘振飞.水利水电工程设计与施工新技术全书:第3卷[M].北京:海潮出版社,2002.
[4] 袁光裕.水利工程施工[M].4版.北京:中国水利水电出版社,2005.
[5] 司兆乐.水利水电枢纽施工技术[M].北京:中国水利水电出版社,2002.
[6] 中水东北勘测设计研究有限责任公司.SL303—2004水利水电工程施工组织设计规范[S].北京:中国水利水电出版社,2004.
[7] 朱照林.砌筑工长实用技术手册[M].北京:中国电力出版社,2008.
[8] 梁建林,胡育.水利水电工程施工技术[M].北京:中国水利水电出版社,2005.
[9] 冷涛,王美生,刘祥柱,等.施工实训[M].北京:中国水利水电出版社,2005.
[10] 中华人民共和国国家经济贸易委员会.DL/T 5169—2002水工混凝土钢筋施工规范[S].北京:中国电力出版社,2002.
[11] 张良杰,张为增.新型建筑模板实用技术[M].北京:中国建筑工业出版社,2007.
[12] 徐伟,等.模板与脚手架工程[M].北京:中国建筑工业出版社,2002.
[13] 李向东,郝雷,冷爱国,等.施工员[M].北京:中国水利水电出版社,2007.
[14] 水利水电工程施工手册编委会.混凝土工程[M]//水利水电工程施工手册:第3卷.北京:中国电力出版社,2002.
[15] 中华人民共和国国家经济贸易委员会.DL/T 5144—2001水工混凝土施工规范[S].北京:中国电力出版社,2002.
[16] 钟汉华,冷涛.水利水电工程施工技术[M].北京:中国水利水电出版社,2006.
[17] 徐玉杰.土石坝施工质量控制技术[M].郑州:黄河水利出版社,2008.
[18] 中华人民共和国国家经济贸易委员会.DL/T 5129—2001碾压式土石坝施工规范[S].北京:中国电力出版社,2001.
[19] 中华人民共和国国家经济贸易委员会.DL/T 5128—2001混凝土面板堆石坝施工规范[S].北京:中国电力出版社,2001.
[20] 梅锦煜,党立本.水利水电工程施工手册:第2卷[M].北京:中国电力出版社,2004.
[21] 张超然,水利水电工程施工手册:第3卷[M].北京:中国电力出版社,2004.
[22] 中华人民共和国国家经济贸易委员会.DL/T 5181—2003水电水利工程锚喷支护施工规范[S].北京:中国电力出版社,2003.
[23] 中华人民共和国国家经济贸易委员会.DL/T 5148—2001水工建筑物水泥灌浆施工技术规范[S].北京:中国电力出版社,2002.
[24] 中华人民共和国国家经济贸易委员会.DL/T 5110—2000水电水利工程模板施工规范[S].北京:中国电力出版社,2001.

参考文献

[1] [illegible] 2008.
[2] [illegible] 1996.
[3] [illegible] 北京：中国水利水电出版社，2002.
[4] [illegible] 2005.
[5] [illegible] 2002.
[6] [illegible] SL 303—2004 [illegible]
[illegible] 2004.
[7] [illegible] 2008.
[8] [illegible] 2005.
[9] [illegible] 2003.
[10] 中华人民共和国 [illegible] DL/T 5169—2002 [illegible]
[illegible]
[11] [illegible] 2004.
[12] [illegible] 2007.
[13] [illegible]
[14] [illegible]
[illegible] 2002.
[15] 中华人民共和国 [illegible] DL/T 5144—2001 [illegible]
[illegible] 2002.
[16] [illegible] 2006.
[17] [illegible] 2008.
[18] 中华人民共和国 [illegible] DL/T 5129—2001 [illegible]
[illegible] 2001.
[19] 中华人民共和国 [illegible] DL/T 5128—2001 [illegible]
中国电力出版社，2001.
[20] [illegible] 2006.
[21] [illegible] 2004.
[22] [illegible]
[illegible]
[23] 中华人民共和国 [illegible] DL/T 5148—2001 [illegible]
[illegible] 2002.
[24] 中华人民共和国 [illegible] DL/T 5110—2000 [illegible]
[illegible] 2001.